TCP/IP
入门经典（第6版）

[美] 乔·卡萨德（Joe Casad） 著

王士喜 邢颖 译

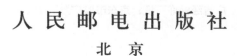

人民邮电出版社
北　京

图书在版编目（ＣＩＰ）数据

TCP/IP入门经典：第6版 / （美）乔·卡萨德
(Joe Casad) 著；王士喜，邢颖译. -- 北京：人民邮
电出版社，2018.5（2022.1重印）
　ISBN 978-7-115-48065-1

　Ⅰ．①T… Ⅱ．①乔… ②王… ③邢… Ⅲ．①计算机
网络—通信协议 Ⅳ．①TN915.04

中国版本图书馆CIP数据核字(2018)第052877号

版 权 声 明

◆ 著　　　　[美] 乔·卡萨德（Joe Casad）
　　译　　　　王士喜　邢　颖
　　责任编辑　傅道坤
　　责任印制　焦志炜

◆ 人民邮电出版社出版发行　　北京市丰台区成寿寺路 11 号
　　邮编　100164　电子邮件　315@ptpress.com.cn
　　网址　http://www.ptpress.com.cn
　　北京天宇星印刷厂印刷

◆ 开本：787×1092　1/16
　　印张：25　　　　　　　　　2018 年 5 月第 1 版
　　字数：618 千字　　　　　　2022 年 1 月北京第 7 次印刷
　　著作权合同登记号　图字：01-2016-9626 号

定价：79.00 元

读者服务热线：(010)81055410　印装质量热线：(010)81055316
反盗版热线：(010)81055315
广告经营许可证：京东市监广登字 20170147 号

内容提要

　　本书深入浅出地介绍了 TCP/IP 协议的入门知识。全书分为 6 个部分，共 24 章：首先介绍了 TCP/IP 基础知识；接着着重介绍了 TCP/IP 协议系统；然后介绍了 TCP/IP 联网的相关知识；第 4 部分对 TCP/IP 中使用的工具和服务进行了讲解；第 5 部分是与 Internet 相关的内容；第 6 部分则介绍了与运行中的 TCP/IP 相关的内容，比如电子邮件、流与播、云计算、物联网等。

　　本书叙述简明扼要、通俗易懂，不但适合计算机网络和 Internet 用户阅读参考，也可作为大专院校有关专业师生的教学参考书或者培训班教材。

作者简介

Joe Casad 是一名工程师、作家和编辑，在计算机网络和系统管理方面有大量著作，已经独立或合作编写了 12 本关于计算机和网络的图书。他当前是 *Linux Pro Magazine* 和 *ADMIN Magazine* 的首席编辑。在此之前，他是 *C/C++ User Journal* 的首席编辑和 *Sysadmin Magazine* 的技术编辑。

致谢

感谢 Laura Lewin、Olivia Basegio、Michael Thurston、Ronald McFarland、Jon Snader、Eric Spielman、Mandie Frank、Dhaya Karunanidhi 和 Abby Manheim 对本书出版所做的帮助。还要感谢下列人士对本书前一版本的贡献：Bob Willsey、Sudha Putnam、Wlater Glenn、Art Hammond、Jane Brownlow、Jeff Koch、Mark Renfrow、Vicki Harding、Mark Cierzniak、Marc Charney、Jenny Watson、Betsy Harris 和 Trina MacDonald。感谢 Xander、Mattie、Bridget 一直与我风雨共舟。感谢我的人生伴侣 Susan Riegar，当我们在峡谷、山巅冒险时，她一直在查看地图，为我指明前进方向。非常感谢编辑部门的工作人员，是他们将杂乱无章的文稿草案转换为格式规整而且优雅的文章。

目录

第1部分　TCP/IP 基础知识

第1章　什么是 TCP/IP ·················3

1.1　网络和协议 ····················3
1.2　TCP/IP 的开发 ··············5
1.3　TCP/IP 的特性 ··············6
　　1.3.1　逻辑编址 ···········7
　　1.3.2　路由选择 ···········8
　　1.3.3　名称解析 ···········9
　　1.3.4　错误控制和流量控制 ·····9
　　1.3.5　应用支持 ···········9
1.4　标准组织和 RFC ···········10
1.5　小结 ·······················11
1.6　问与答 ····················12
1.7　测验 ·······················12
　　1.7.1　问题 ···············12
　　1.7.2　练习 ···············12
1.8　关键术语 ··················13

第2章　TCP/IP 的工作方式 ·········14

2.1　TCP/IP 协议系统 ··········14
2.2　TCP/IP 和 OSI 模型 ·······16
2.3　数据包 ····················17
2.4　TCP/IP 网络概述 ··········18
2.5　小结 ·······················20
2.6　问与答 ····················20

2.7　测验 ·······················20
　　2.7.1　问题 ···············21
　　2.7.2　练习 ···············21
2.8　关键术语 ··················21

第2部分　TCP/IP 协议系统

第3章　网络访问层 ················25

3.1　协议和硬件 ···············25
3.2　网络访问层与 OSI 模型 ···26
3.3　网络架构 ··················27
3.4　物理寻址 ··················29
3.5　以太网 ····················29
3.6　剖析以太网帧 ·············30
3.7　小结 ·······················31
3.8　问与答 ····················31
3.9　测验 ·······················32
　　3.9.1　问题 ···············32
　　3.9.2　练习 ···············32
3.10　关键术语 ·················32

第4章　网际层 ····················34

4.1　IP 地址背景概述 ··········35
4.2　寻址与发送 ···············35
4.3　网际协议（IP）··········36
　　4.3.1　IP 报头字段 ·······38

4.3.2　IP 寻址 ············ 40

4.3.3　将 32 位的二进制地址转换
为点分十进制形式 ······ 41

4.3.4　十进制数值转换为二进制
八位组 ············ 43

4.3.5　特殊的 IP
地址 ············ 45

4.4　地址解析协议
（ARP） ············ 46

4.5　逆向 ARP（RARP） ······ 47

4.6　Internet 控制消息协议
（ICMP） ············ 47

4.7　小结 ············ 48

4.8　问与答 ············ 48

4.9　测验 ············ 48

4.10　练习 ············ 49

4.11　关键术语 ············ 49

第 5 章　子网划分和 CIDR ······ 51

5.1　子网 ············ 51

5.2　划分网络 ············ 52

5.3　老方法：子网掩码 ······ 53

5.4　新方法：CIDR ············ 59

5.5　小结 ············ 60

5.6　问与答 ············ 60

5.7　测验 ············ 61

5.7.1　问题 ············ 61

5.7.2　练习 ············ 62

5.8　关键术语 ············ 62

第 6 章　传输层 ············ 63

6.1　传输层简介 ············ 63

6.2　传输层概念 ············ 64

6.2.1　面向连接的协议和无连接
的协议 ············ 65

6.2.2　端口和套接字 ······ 66

6.2.3　多路复用/多路分解 ······ 68

6.3　理解 TCP 和 UDP ······ 68

6.3.1　TCP：面向连接的传输
协议 ············ 69

6.3.2　UDP：无连接传输
协议 ············ 73

6.4　防火墙和端口 ············ 75

6.5　小结 ············ 76

6.6　问与答 ············ 76

6.7　测验 ············ 77

6.7.1　问题 ············ 77

6.7.2　练习 ············ 77

6.8　关键术语 ············ 78

第 7 章　应用层 ············ 79

7.1　什么是应用层 ············ 79

7.2　TCP/IP 应用层与 OSI ······ 80

7.3　网络服务 ············ 80

7.3.1　文件和打印服务 ······ 81

7.3.2　名称解析服务 ······ 82

7.3.3　远程访问 ············ 82

7.3.4　Web 服务 ············ 83

7.4　API 和应用层 ············ 83

7.5　TCP/IP 工具 ············ 84

7.6　小结 ············ 84

7.7　问与答 ············ 84

7.8　测验 ············ 85

7.8.1　问题 ············ 85

7.8.2　练习 ············ 85

7.9　关键术语 ············ 85

第 3 部分　TCP/IP 联网

第 8 章　路由选择 ············ 89

8.1　TCP/IP 中的路由选择 ······ 89

8.1.1　什么是路由器 ······ 90

8.1.2　路由选择过程 ······ 91

8.1.3　路由表的概念 ······ 92

8.1.4　IP 转发 ············ 93

8.1.5　直接路由与间接路由 ······ 94

8.1.6　动态路由算法 ······ 96

8.2　复杂网络上的路由 ············ 98

8.3　内部路由器 ············ 99

8.3.1　路由信息协议（RIP） ······ 99

8.3.2 开放最短路径优先
（OSPF）·················100
8.4 外部路由器：BGP ·············100
8.5 无类别路由 ····················101
8.6 协议栈中的更高层 ·············101
8.7 小结 ···························102
8.8 问与答 ·························102
8.9 测验 ···························103
8.9.1 问题 ····················103
8.9.2 练习 ····················103
8.10 关键术语 ·····················103

第9章 连网 ·····················105

9.1 电缆宽带 ······················106
9.2 数字用户线路（DSL）·········107
9.3 广域网（WAN）···············107
9.4 无线网络连接 ·················108
9.4.1 802.11 网络 ············109
9.4.2 移动 IP ·················113
9.4.3 蓝牙 ····················114
9.5 拨号连接 ······················115
9.6 连接设备 ······················118
9.6.1 网桥 ····················118
9.6.2 HUB ····················118
9.6.3 交换机 ··················119
9.7 路由与交换的对比 ·············121
9.8 小结 ···························122
9.9 问与答 ·························122
9.10 测验 ··························123
9.10.1 问题 ···················123
9.10.2 练习 ···················123
9.11 关键术语 ·····················123

第10章 名称解析 ················125

10.1 什么是名称解析 ··············125
10.2 使用主机文件进行名称
解析 ·························127
10.3 DNS 名称解析 ···············128
10.4 注册域 ·······················132
10.5 名称服务器类型 ··············133

10.5.1 域和区域 ··············133
10.5.2 DNS 安全扩展
（DNSSEC）··········136
10.5.3 DNS 工具 ··············138
10.5.4 域名信息搜索
（DIG）··············140
10.5.5 PowerShell 工具 ······141
10.6 动态 DNS ····················141
10.7 NetBIOS 名称解析 ···········142
10.8 小结 ··························143
10.9 问与答 ·······················143
10.10 测验 ·························143
10.10.1 问题 ·················143
10.10.2 练习 ·················144
10.11 关键术语 ····················144

第11章 TCP/IP 安全 ···········145

11.1 什么是防火墙 ················145
11.1.1 选择防火墙 ···········146
11.1.2 DMZ ··················147
11.1.3 防火墙规则 ···········149
11.1.4 代理服务 ·············150
11.1.5 逆向代理 ·············150
11.2 攻击技术 ·····················151
11.3 入侵者想要什么 ··············151
11.3.1 证书攻击 ·············153
11.3.2 网络层攻击 ···········156
11.3.3 应用层攻击 ···········157
11.3.4 root 访问 ·············158
11.3.5 网络钓鱼 ·············159
11.3.6 拒绝服务攻击 ·········160
11.3.7 防范措施 ·············161
11.4 小结 ··························161
11.5 问与答 ·······················162
11.6 测验 ··························162
11.6.1 问题 ·················162
11.6.2 练习 ·················162
11.7 关键术语 ····················162

第12章 配置 ····················164

12.1 连接网络 ·····················164

12.2 服务器提供 IP 地址的情况 ····165
12.3 什么是 DHCP ·············165
12.4 DHCP 如何工作 ··········166
   12.4.1 中继代理 ···········167
   12.4.2 DHCP 时间字段 ·····168
12.5 配置 DHCP 服务器 ······168
12.6 网络地址转换（NAT）···169
12.7 零配置 ················171
12.8 配置 TCP/IP ···········173
   12.8.1 Windows ·········174
   12.8.2 Mac OS ··········177
   12.8.3 Linux ···········178
12.9 小结 ·················180
12.10 问与答 ··············180
12.11 测验 ···············180
   12.11.1 问题 ···········180
   12.11.2 练习 ···········181
12.12 关键术语 ············181

第 13 章 IPv6：下一代协议 ····183
13.1 为什么需要新的 IP ·····183
13.2 IPv6 报头格式 ·········185
   13.2.1 逐跳选项报头 ·····186
   13.2.2 目的选项报头 ·····186
   13.2.3 路由报头 ·········186
   13.2.4 分段报头 ·········187
   13.2.5 身份认证报头 ·····187
   13.2.6 有效载荷安全封装
       报头 ···········187
13.3 IPv6 寻址 ···········187
13.4 子网划分 ·············189
13.5 多播 ·················189
13.6 链路本地 ·············189
13.7 邻居发现 ·············190
13.8 自动配置 ·············190
13.9 IPv6 和服务质量 ······190
13.10 IPv6 和 IPv4 ········191
13.11 IPv6 隧道 ···········192
   13.11.1 6in4 和 6to4 ·····193
   13.11.2 TSP ···········193

13.12 小结 ···············194
13.13 问与答 ··············194
13.14 测验 ···············194
   13.14.1 问题 ···········194
   13.14.2 练习 ···········195
13.15 关键术语 ············195

第 4 部分 工具和服务

第 14 章 经典的工具 ·········199
14.1 连通性问题 ···········200
14.2 协议功能障碍和配置错误 ····200
   14.2.1 ping ···········201
   14.2.2 配置信息工具 ·····202
   14.2.3 地址解析协议 ·····203
14.3 线路问题 ·············205
14.4 名称解析问题 ·········205
14.5 网络性能问题 ·········206
   14.5.1 traceroute ·······206
   14.5.2 route ···········207
   14.5.3 netstat ··········208
14.6 Telnet ··············209
14.7 Berkeley 远程工具 ····211
14.8 安全外壳（SSH）······212
14.9 网络管理 ·············213
   14.9.1 简单网络管理协议 ·····213
   14.9.2 SNMP 地址空间 ····214
   14.9.3 SNMP 命令 ······216
   14.9.4 远程监控 ·········217
14.10 小结 ···············218
14.11 问与答 ··············218
14.12 测验 ···············219
   14.12.1 问题 ···········219
   14.12.2 练习 ···········219
14.13 关键术语 ············220

第 15 章 经典的服务 ·········222
15.1 HTTP ···············223
15.2 E-mail ··············223
15.3 FTP ················224

15.4 简单文件传输协议（TFTP） 227
15.5 文件和打印服务 227
　15.5.1 网络文件系统 228
　15.5.2 服务消息块和通用
　　　　　Internet 文件系统 228
15.6 轻型目录访问协议 229
15.7 远程控制 232
15.8 小结 233
15.9 问与答 233
15.10 测验 233
　15.10.1 问题 233
　15.10.2 练习 234
15.11 关键术语 234

第 5 部分　Internet

第 16 章　近距离了解 Internet 239

16.1 Internet 是什么样子的 239
16.2 Internet 上发生了什么 241
16.3 URI 和 URL 243
16.4 小结 245
16.5 问与答 245
16.6 测验 246
　16.6.1 问题 246
　16.6.2 练习 246
16.7 关键术语 246

第 17 章　HTTP、HTML 和万维网 248

17.1 什么是万维网 248
17.2 理解 HTML 251
17.3 层叠样式表 254
17.4 理解 HTTP 255
17.5 脚本 258
　17.5.1 服务器端脚本编程 258
　17.5.2 客户端脚本编程 259
17.6 Web 浏览器 260
17.7 语义 Web 263
　17.7.1 资源描述框架 263
　17.7.2 微格式 264
17.8 XHTML 265

17.9 HTML5 265
　17.9.1 HTML5 本地存储和离线
　　　　　应用程序的支持 266
　17.9.2 HTML5 绘图 267
　17.9.3 HTML5 嵌入式音频和
　　　　　视频 268
　17.9.4 HTML5 地理定位 268
　17.9.5 HTML5 语义 268
17.10 总结 269
17.11 问与答 269
17.12 测验 270
　17.12.1 问题 270
　17.12.2 练习 270
17.13 关键术语 271

第 18 章　Web 服务 272

18.1 内容管理系统 273
18.2 社交化网络 274
18.3 博客和维基 274
18.4 对等网络 276
18.5 理解 Web 服务 277
18.6 XML 279
18.7 SOAP 280
18.8 WSDL 281
18.9 Web 服务协议栈 281
18.10 REST 282
18.11 电子商务 284
18.12 小结 285
18.13 问与答 286
18.14 测验 286
18.15 关键术语 286

第 19 章　加密、跟踪和隐私 288

19.1 加密和保密 288
　19.1.1 算法和密钥 289
　19.1.2 对称（常规）加密 291
　19.1.3 非对称（公开密钥）
　　　　　加密 292
　19.1.4 数字签名 293
　19.1.5 数字证书 294

19.1.6 保护 TCP/IP ·············295
19.2 跟踪 ···············300
19.2.1 第三方 cookie ·········303
19.2.2 管理和控制 cookie ···303
19.2.3 脚本、像素和令牌 ···304
19.2.4 Do Not Track ·········306
19.3 匿名网络 ···········306
19.4 小结 ···············307
19.5 问与答 ·············308
19.6 测验 ···············308
19.6.1 问题 ···············308
19.6.2 练习 ···············308
19.7 关键术语 ···········309

第 6 部分　工作中的 TCP/IP

第 20 章　电子邮件 ·············313

20.1 什么是电子邮件 ·····313
20.2 电子邮件格式 ·······314
20.3 电子邮件的工作
　　 方式 ···············315
20.4 简单邮件传输协议
　　（SMTP）···········317
20.5 检索邮件 ···········319
20.5.1 POP3 ···············320
20.5.2 IMAP4 ·············320
20.6 电子邮件客户端 ·····320
20.7 webmail ·············322
20.8 垃圾邮件 ···········323
20.9 网络钓鱼 ···········325
20.10 小结 ···············325
20.11 问与答 ·············325
20.12 测验 ···············326
20.12.1 问题 ·············326
20.12.2 练习 ·············326
20.13 关键术语 ···········327

第 21 章　流与播 ·············328

21.1 流问题 ···········328
21.2 多媒体文件简介 ·····329
21.3 实时传输协议——

UDP 上的流 ···········331
21.4 实时消息协议——
　　 TCP 上的流 ···········334
21.5 SCTP 和 DCCP——
　　 取代传输层 ···········335
21.6 HTTP 上的流 ·········335
21.7 HTML5 和多媒体 ·····336
21.8 播客 ···············337
21.9 VoIP ···············338
21.10 小结 ···············339
21.11 问与答 ·············339
21.12 测验 ···············339
21.12.1 问题 ·············339
21.12.2 练习 ·············340
21.13 关键术语 ···········340

第 22 章　生活在云端 ·········341

22.1 什么是云 ···········341
22.1.1 软件即服务——
　　　 用户的云 ·········342
22.1.2 基础设施即服务——
　　　 IT 云 ···········344
22.1.3 平台即服务——
　　　 开发者云 ·········345
22.1.4 虚拟化和容器 ·····346
22.1.5 配置和编排 ·······348
22.1.6 现代数据中心的
　　　 兴起 ·············348
22.1.7 弹性云 ···········349
22.2 私有云 ·············350
22.3 计算的未来 ·········350
22.4 小结 ···············351
22.5 问与答 ·············351
22.6 测验 ···············351
22.6.1 问题 ·············351
22.6.2 练习 ·············351
22.7 关键术语 ···········352

第 23 章　物联网 ·············353

23.1 什么是物联网 ·······353

23.2　IoT 平台 ·············· 355

23.3　近距离了解 MQTT ··········357

23.4　射频识别 ··············358

23.5　总结 ··············360

23.6　问与答 ··············360

23.7　测验 ··············360

23.8　关键术语 ··············360

第 24 章　实现一个 TCP/IP 网络：系统

管理员生命中的 7 天 ········362

24.1　Hypothetical 公司简史 ·········362

24.2　Maurice 生命中的 7 天··········363

24.3　小结 ··············370

24.4　问与答 ··············370

24.5　测验 ··············370

24.5.1　问题 ··············370

24.5.2　练习 ··············370

24.6　关键术语 ··············371

附　录

附录 A　问题与练习的答案 ··········375

附录 B　资源 ··············385

第1部分　TCP/IP 基础知识

第 1 章　什么是 TCP/IP　　　　　　　　　　　　3

第 2 章　TCP/IP 的工作方式　　　　　　　　　14

第1章

什么是 TCP/IP

本章介绍如下内容：
- ➢ 网络和网络协议；
- ➢ TCP/IP 的历史；
- ➢ TCP/IP 的重要特性。

TCP/IP（Transmission Control Protocol/Internet Protocol，传输控制协议/互联网协议）是一个协议系统，它是一套支持网络通信的协议集合。要回答什么是协议，首先必须回答什么是网络。

本章将介绍网络的概念，并解释网络为什么需要协议。此外，还将介绍 TCP/IP 的概念、功能以及历史。

学完本章后，你可以：
- ➢ 定义术语"网络"；
- ➢ 解释什么是网络协议簇；
- ➢ 解释什么是 TCP/IP；
- ➢ 讨论 TCP/IP 的历史；
- ➢ 列出 TCP/IP 的一些重要特性；
- ➢ 了解监管 TCP/IP 和 Internet 的组织；
- ➢ 解释 RFC 是什么以及从哪里可以找到它们。

1.1 网络和协议

网络是计算机或类似计算机的设备之间通过常用传输介质进行通信的集合。通常情况下，传输介质是绝缘的金属导线，它用来在计算机之间携带电脉冲，但是传输介质也可以是电话线，甚至没有线路（比如在无线网络中）。

无论计算机如何连接，计算机之间的通信过程都需要将来自于其中一台计算机的数据，通过传输介质传输到另外一台计算机。在图 1.1 中，计算机 A 必须能够发送消息或请求到计算机 B。计算机 B 必须能够理解计算机 A 的消息，并通过将一条消息发回计算机 A 进行响应。

图 1.1

一个简化的局域网

计算机可以通过一个或多个应用程序与世界进行交互，这些应用程序用来执行特定任务和管理通信过程。在现代系统中，可以轻松地实现网络通信，以至于用户几乎感觉不到它的存在。例如，当你在网上冲浪时，你的 Web 浏览器正在与 URL 中指定的 Web 服务器进行通信。当你在 Windows Explorer 或 Mac OS Finder 中查看邻居计算机列表时，这些位于局域网中的计算机也相互通信，以表明它们的存在。在任何情况下，只要你的计算机隶属于一个网络，那么，该计算机上的应用程序就必须能够与该网络中其他计算机上的应用程序相互通信。

网络协议就是一套通用规则系统，用来帮助定义网络通信的复杂过程。网络协议指导着数据从一台计算机上的应用程序发出，通过操作系统的网络组件，去往网络硬件，然后跨越传输介质，通过目的计算机的网络硬件和操作系统，最终到达负责接收的应用程序（见图 1.2）。

图 1.2

网络协议簇的规则

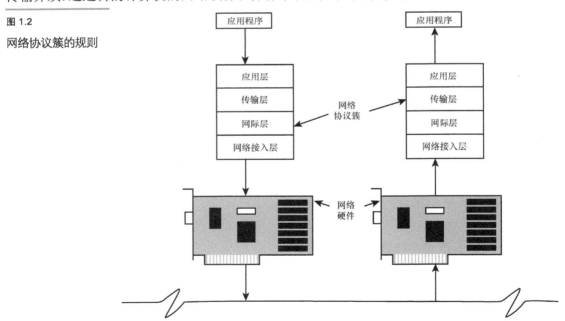

TCP/IP 协议定义了网络通信过程，更重要的是，定义了数据单元的格式和内容，以便接收计算机能够正确解释接收到的消息。TCP/IP 及其相关的协议构成了一套在 TCP/IP 网络中如何处理、传输和接收数据的完整系统，相关协议的系统，例如 TCP/IP 协议，被称为协议簇（Protocol Suite）。

格式化和处理 TCP/IP 传输的实际行为是由厂商实现的 TCP/IP 软件来执行的。例如，

Microsoft Windows 中的 TCP/IP 软件使得安装了 Windows 的计算机可以处理 TCP/IP 格式的数据，并参与到 TCP/IP 网络中。在阅读本书时，应该了解下列区别。

➤　TCP/IP 标准定义了 TCP/IP 网络的通信规则；

➤　TCP/IP 实现是一个软件组件，计算机通过它参与到 TCP/IP 网络中。

TCP/IP 标准的目的是确保所有 TCP/IP 的实现都能够很好地兼容，而不用管其版本或厂商。

标准与实现

　　在常见的 TCP/IP 讨论中，TCP/IP 标准和 TCP/IP 实现之间的区别往往很模糊，有时会误导读者。例如，作者通常会讨论到为其他层提供服务的 TCP/IP 模型的分层，实际上，不是 TCP/IP 模型提供服务，它只是定义了其应该提供的服务，而真正提供这些服务的则是实现了 TCP/IP 的厂商软件。

By the Way

1.2　TCP/IP 的开发

之所以要设计 TCP/IP，这是由它作为 Internet 协议系统的历史角色决定的。Internet 与其他高新技术的发展一样，最初是由美国国防部主持研究的。在 20 世纪 60 年代末期，美国国防部的官员开始注意到军队购置了大量而且型号不同的计算机。有些计算机不能够联网，而有些计算机利用一些不兼容的专属协议就可以编组到一个小型的封闭网络中。这里的"专属（Proprietary）"意味着该技术受到私有实体（比如一个公司）的控制。该实体不可能透露该协议的足够信息，这样用户就不能使用协议连接到其他（比如竞争对手）的网络协议中。

美国国防部的官员开始考虑是否可以利用这些分散的计算机来共享信息。这些有远见的官员创建了一个网络，被美国国防部高级研究计划署（ARPA）命名为 ARPAnet。

随着该网络逐渐成型，由 Robert E. Kahn 和 Vinton Cerf 领导的一组计算机科学家，开始研究通用的协议系统，以支持多种硬件并提供弹性的、可冗余的和分散的系统，该系统可以在全球范围内传输大量数据。这个研究的成果就是 TCP/IP 协议簇的开端。当美国国家科学基金会想建立连接到研究机构的网络时，它采纳了 ARPAnet 的协议系统，并开始构建 Internet。伦敦大学学院和其他欧洲研究结构致力于 TCP/IP 早期的开发，第一个跨越大西洋的通信测试开始于 1975 年左右。随着越来越多的大学和研究机构的逐步接入，Internet 现象开始传播到世界各地。

在随后的学习中你会知道，最初分散的 ARPAnet 已经演变成了当前的 TCP/IP 协议系统，并成为 Internet 比较成功的一个部分。TCP/IP 为这个分散的（decentralized）环境提供了两个重要的特性，如下所示。

➤　**端点验证**：两台实际通信的计算机都被称为端点，因为它们位于信息链的末端，负责确认和验证传输。所有的计算机都是对等操作，没有监视通信的中心模式。

➤　**动态路由选择**：节点通过多条路径连接，路由器基于当前的条件选择一条路径来传输数据。本书后面会详细介绍路由选择及其路由路径。

个人计算机的革命

当 Internet 开始流行的时候，大多数计算机是多用户系统。位于一个办公室（或园区）的多个用户通过称之为终端的文本屏幕界面设备连接到一台计算机中。尽管用户之间的工作相互独立，但实际上他们访问的是同一台计算机，而且这一台计算机只需要一条 Internet 连接来向一大组用户提供服务。个人计算机在 20 世纪 80 年代和 90 年代的兴起改变了这一局面。

在个人计算机的早期，大多数用户没有必要为联网而费心。但是随着 Internet 的发展超出了其最初的学术目的而进入民间之后，使用个人计算机的用户开始寻找接入 Internet 的方法。一种解决方案是使用 Modem 拨号连接，它是通过一条电话线来提供网络连接的。

但是用户还希望能够与办公室中的其他计算机连接起来，以达到共享文件和访问外围设备的目的。为了满足这一需求，局域网（Local Area Network，LAN）这一网络概念登上舞台。

早期的 LAN 协议不提供 Internet 连接，而且是围绕着专有的协议系统来设计的。很多协议不支持任何类型的路由选择。位于一个工作组的计算机使用这些专有协议中的其中一种相互通信，用户要么不使用 Internet，要么就是通过拨号线路分别连接 Internet。随着 Internet 服务提供商数量的增加，接入 Internet 的费用也逐渐降低，各个公司开始考虑采用一种永久、快速的 Internet 连接，而且这种连接可以永远在线。多种解决方案应运而生，它们可以让 LAN 用户接入到基于 TCP/IP 的 Internet。为了让这些局域网接入到 Internet，可以使用专门的网关来进行必要的协议转换。然而，随着万维网的成长，催生了终端用户与 Internet 的连接需求，这使得 TCP/IP 更为必要，而诸如 AppleTalk、NetBEUI 和 Novell 的 IPX/SPX 这样的专有 LAN 协议则丧失了用武之地。

包括 Apple 和 Microsoft 在内的操作系统厂商开始将 TCP/IP 作为局域网、Internet 的默认联网协议。TCP/IP 也在 UNIX 系统中成长起来，而且所有的 UNIX/Linux 版本都可以流畅地运行 TCP/IP。最终，TCP/IP 成为适用于小到小型办公室，大到大型数据中心的联网协议。

读者在第 3 章将知道，为了与 LAN 相适应，厂商在实现硬件相关的协议（这些协议是 TCP/IP 的基础）时，已经进行了大量的创新。

1.3　TCP/IP 的特性

TCP/IP 包括许多重要的特性，读者将在本书中学习到这些特性。请特别注意 TCP/IP 协议簇解决以下问题的方式：

- ➢　逻辑编址；
- ➢　路由选择；
- ➢　名称解析；
- ➢　错误控制和流量控制；
- ➢　应用支持。

这些问题是 TCP/IP 的核心。下面将介绍这些重要的特性，其细节将在本书后面的章节中讲解。

1.3.1 逻辑编址

网络适配器有一个唯一的物理地址。在以太网的例子中，当适配器出厂时，通常会为其分配一个物理地址，这个物理地址有时候称为 MAC 地址。当然，当前有许多当代设备提供了修改该物理地址的方法。在 LAN 中，低层的与硬件相关的协议使用适配器的物理地址在物理网络中传输数据。现在有多种类型的网络，而且它们传输数据所使用的方法也不相同。例如，在基本的以太网中，计算机直接在传输介质上发送消息。每台计算机的网络适配器监听局域网络中的每一个传输，以确定消息是否发送到它的物理地址。

> **注意**：并没有那么简单
>
> 当你在学习第 9 章时将会知道，今天的以太网比计算机直接在传输线路上发送信息的理想场景要复杂一些。以太网有时包含硬件设备，比如用来管理信号的交换机。

By the Way

当然，在大型网络中，每个网络适配器不能监听所有的信息（想象一下你的计算机监听在 Internet 中传输的所有数据）。当传输介质随着计算机越来越普及时，物理地址模式就不能有效地发挥作用。网络管理员经常使用设备（例如路由器）将网络分段，以减少网络的流量。在路由式网络中，管理员需要一种细分网络到更小的子网络（subnet）的方法，并且加入一个分层设计以便让信息有效地传输到它的目的地。TCP/IP 通过逻辑编址提供了这样的子网划分的能力。逻辑地址是一个通过网络软件来配置的地址。在 TCP/IP 中，计算机的逻辑地址称为 IP 地址。在第 4 章和第 5 章将学到，一个 IP 地址包括：

➢ 一个识别网络的网络 ID 数值；

➢ 一个识别网络中子网的子网 ID 数值；

➢ 一个识别子网中计算机的主机 ID 数值。

IP 编址系统也能让网络管理员在网络中加入一个合理的编址方案，这样地址的级数就能反映网络的内部结构。

> **注意**：Internet 就绪（Internet-Ready）地址
>
> 如果你的网络与 Internet 相隔离，就可以随意使用任何 IP 地址（只要网络遵循基本的 IP 编址规则）。但是，如果你的网络与 Internet 相连，互联网名称与数字地址分配机构（ICANN，成立于 1998 年）将分配一个网络 ID 给你的网络，该网络 ID 成为 IP 地址的第一部分（见第 4 章和第 5 章）。一个有趣的新技术是一个被称为网络地址转换（NAT）的系统，它可以让局域网使用不可在 Internet 上路由的私有 IP 地址范围。当需要与 Internet 通信时，NAT 会将这个地址转换为正式的 Internet 就绪地址。有关 NAT 的详情将在第 12 章介绍。

By the Way

在 TCP/IP 中，逻辑地址与具体硬件的物理地址之间的转换是使用地址解析协议（Address Resolution Protocol，ARP）和逆向地址解析协议（Reverse ARP，RARP）实现的。这两个协议将在第 4 章讲解。

1.3.2　路由选择

路由器是一种特殊的设备，能够读取逻辑地址信息，并将数据通过网络直接传送到它的目的地。最简单的应用是，路由器将一个局域子网从较大的网络中分离出去（见图 1.3）。

图 1.3

路由器将一个局域
网连接到一个大型
的网络上

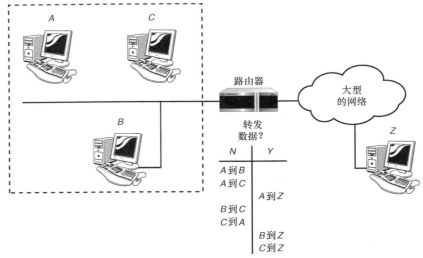

数据传输到位于局域子网上的另一台计算机或设备时，不用经过路由器，因此不会给大型网络的传输线路带来负担。如果数据要传送到子网以外的计算机上，路由器将负责转发数据。本章前面提到，大型网络（如 Internet）包括了许多路由器，并且提供从源到目的地的多条路径（见图 1.4）。

图 1.4

路由式网络

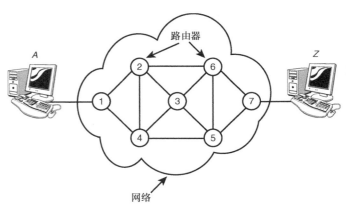

TCP/IP 包括了定义路由器如何找到网络路径的协议。有关 TCP/IP 路由选择和路由协议的更多知识将在第 8 章进行讲解。

By the Way

注意：其他过滤设备

　　你在第 9 章将学到，像网桥、交换机和智能 HUB 这样的网络设备也都可以过滤流量并减少网络流量。由于这些设备使用的都是物理地址而不是逻辑地址，因此它们不能执行图 1.4 中所示的复杂路由功能。

1.3.3 名称解析

尽管对用户而言,数字化的 IP 地址要比网络适配器的物理地址更友好,但是 IP 地址的设计初衷是方便计算机的操作,而不是用户。人们在记忆计算机的地址是 111.121.131.146 还是 111.121.131.156 时,可能会相当麻烦。因此,TCP/IP 同时提供了 IP 地址的另外一种结构,它以字母数字命名,可以方便用户的使用。这种结构称为域名或域名系统(Domain Name System,DNS)。域名到 IP 地址的映射称为名称解析。称为域名服务器的专用计算机中存储了用于显示域名和 IP 地址转换方式的表。

通常与 E-mail 或万维网相关联的计算机地址被表示为 DNS 名称(例如,www.microsoft.com、falcon.ukans.edu 和 idir.net),TCP/IP 的域名服务系统提供分层的域名服务器,这些服务器为网络中注册 DNS 的计算机提供域名和 IP 地址之间的映射。这意味着用户几乎不用输入或解读(decipher)真实的 IP 地址了。

DNS 是用于 Internet 的域名解析系统,也是最常见的域名解析方法。然而,也可以使用现有的其他技术将字母数字化的域名解析为 IP 地址。这些可用的替代系统的重要性在近年来逐渐淡化,但是域名解析服务,例如将 NetBIOS 解析为 IP 地址的 Windows Internet 命名服务(WINS)仍在世界范围内使用。

第 10 章将详细讲解 TCP/IP 名称解析。

1.3.4 错误控制和流量控制

TCP/IP 协议簇提供了确保数据在网络中可靠传送的特性。这些特性包括检查数据的传输错误(确保到达的数据与发送的数据一致)和确认成功接收到网络信息。TCP/IP 的传输层(见第 6 章)通过 TCP 协议定义了许多这样的错误控制、流量控制和确认功能。位于 TCP/IP 的网络访问层(见第 3 章)中的低层协议在错误控制的整体系统中也起到了一定作用。

1.3.5 应用支持

在同一台计算机上可以运行多种网络应用程序。协议软件必须提供某种方法来判断接收到的数据包属于哪个应用程序。在 TCP/IP 中,这个从网络到应用程序的接口是通过称为端口的逻辑通道系统实现的。每个端口有一个用于识别该端口的数字。可以把端口想象为计算机中的逻辑管道,数据通过这些管道实现在应用程序和协议软件之间的流动(见图 1.5)。

第 6 章将讲解在 TCP/IP 传输层的 TCP 和 UDP 端口。应用程序支持和 TCP/IP 应用层将在第 7 章详细讲解。

TCP/IP 簇还包括一些现成的应用程序,用来辅助完成各种网络任务。一些典型的 TCP/IP 功能见表 1.1。这些 TCP/IP 功能的详情将在第 14 章介绍。

图 1.5

应用程序通过称为端口的逻辑通道访问网络

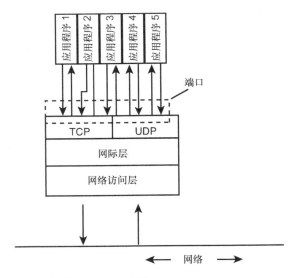

表 1.1   典型的 TCP/IP 功能

功　能	用　途
ftp	文件传输
Lpr	打印
Ping	配置/排错
NSlookup	配置/排错
Traceroute	配置/排错

By the Way

> **注意**：新纪元
>
> 　　像无线网络、虚拟专用网络（VPN）、物联网和 NAT 这样的技术增加了新的复杂性，这是 TCP/IP 的创造者难以想象的。而且下一代 IPv6 协议正在改变 IP 编址的格局。本书后面的章节将会详细介绍这些技术。

1.4 标准组织和 RFC

　　有多家组织一直在致力于 TCP/IP 和 Internet 的开发。表明 TCP/IP 植根于军方的另外一个证据是它有许多首字母缩略词，而且这些缩略词都很晦涩。在过去和现在仍然致力于TCP/IP 的组织有下面几家。

> ➢ **Internet 架构委员会（IAB）**：设置 Internet 的策略和负责 TCP/IP 标准未来发展的理事会。

> ➢ **Internet 工程任务组（IETF）**：研究和管辖工程任务的组织。IETF 被划分为研究 TCP/IP和 Internet 具体内容（比如应用、路由选择、网络管理等）的工作组。

> ➢ **Internet 研究任务组（IRTF）**：IAB 的分支机构，致力于长期的研究。

> ➢ **互联网名称与数字地址分配机构（ICNN）**：成立于 1998 年，协调 Internet 域名、IP地址和全球唯一协议参数（比如端口号）的分配。

直到最近，一个提醒着"Internet 是源自一个美国政府项目"的事实是华盛顿当局在维护互联网地址分配机构（IANA）中所承担的咨询角色。自从 1999 年起，美国国家电信和信息管理局（NTIA）就已经与 ICANN 签约，来管理 IP 地址、协议参数和 DNS 根区域，但是 NTIA 保留了一个监督的角色。NTIA 当前正在与 ICANN 协商建立一个过渡计划，将 IANA 功能的完整控制权限转交给 ICANN，这也意味着 Internet 最终是一个真正无组织且国际性的 Internet。

由于 TCP/IP 是一个标准开放的系统，不被任何公司或个人持有，因此 Internet 社区需要一个全面、独立而且中立于厂商的过程，来提出、讨论和发布对 TCP/IP 所做的变更和添加。TCP/IP 的大多数官方文档都是通过一系列的 RFC 发布的。RFC 的库包含了 Internet 标准和来自工作组的报告。IETF 的官方规范也是以 RFC 形式发布的。多数 RFC 旨在解释 TCP/IP 或 Internet 的某一方面。在本书中你会发现引用了多个 RFC，这是因为 TCP/IP 簇是在一个或多个 RFC 文档中定义的。尽管大多数的 RFC 是由行业工作组和研究机构创建的，但是任何人都可以提交 RFC 以供审查。你可以将提出的 RFC（proposed RFC）发送给 IETF，或者是直接通过邮件将 RFC 提交给 RFC 编辑，其邮箱地址为 rfc-editor@rfc-editor.org。

RFC 为想深入理解 TCP/IP 的任何人提供了必要的技术背景，其中包括有关协议、功能和服务的技术论文，以及一些与 TCP/IP 相关的一些诗歌，虽然这与 TCP/IP 的简洁和经济并不匹配。

在 Internet 的多个地方都可以找到 RFC，比如 www.rfc-editor.org。表 1.2 列出了几个有代表性的 RFC。

表 1.2　　　　　　　6 000 多份 Internet RFC 中的一些代表性示例

编　号	标　题
791	Internet Protocol (IP)
792	Internet Control Message Protocol（ICMP）
793	Transmission Control Protocol
959	File Transfer Protocol
968	Twas the Night Before Start-up
1180	TCP/IP Tutorial
1188	Proposed Standard for Transmission of Datagrams over FDDI Networks
2097	The PPP NetBIOS Frames Control Protocol
4831	Goals for Network-Based Localized Mobility Management

1.5　小结

本章介绍了什么是网络，以及为什么网络需要协议。我们知道了 TCP/IP 起源于美国国防部的实验性 ARPAnet 网络，以及 TCP/IP 旨在在多样化的环境中提供分散的联网方式。

本章还介绍了 TCP/IP 的几个重要特性，例如逻辑编址、名称解析和应用支持，概述了 TCP/IP 的几个监管组织和 RFC 文档（作为 TCP/IP 和 Internet 的官方文档的技术论文）。

1.6 问与答

问：协议标准和协议实现之间的不同是什么？

答：协议标准是一系列规则。协议实现是应用这些规则的软件组件，使得计算机能够具有连网功能。

问：为什么端点验证是 ARPAnet 的一个重要特性？

答：按照设计，网络不应该由任何中心节点来控制。因此发送和接收数据的计算机必须负责验证自己的通信。

问：为什么较大网络使用名称解析？

答：IP 地址不便于记忆并容易搞错。DNS 样式的域名容易记忆，因为它们允许将一个单词或名字与 IP 地址相关联。

1.7 测验

下面的测验由一组问题和练习组成。这些问题旨在测试读者对本章知识的理解程度，而练习旨在为读者提供一个机会来应用本章讲解的概念。在继续学习之前，请先完成这些问题和练习。有关问题的答案，请参见"附录 A"。

1.7.1 问题

1．什么是网络协议？

2．TCP/IP 的哪两个特性使得 TCP 可以在分散的环境中运行？

3．什么系统负责域名和 IP 地址之间的映射？

4．什么是 RFC？

5．什么是端口？

1.7.2 练习

1．访问 www.rfc-editor.org，并查看几个 RFC。

2．通过 datatracker.ietf.org/wg/网站来访问 IETF，并查看几个活跃的工作组。

3．访问 IRTF 官方网站，并查看几个正在进行的研究。

4．查看 ICANN 官方网站的 About 页面，并了解 ICANN 的任务。

5．阅读 RFC 1160，以了解 IAB 和 IETF 在 1990 年之前的历史。

1.8 关键术语

复习下列关键术语。

- ➤ **ARPAnet**：一种实验性网络，也是 TCP/IP 的诞生地。
- ➤ **域名**：通过 TCP/IP 的 DNS 域名服务系统，与 IP 地址相关联的名字。
- ➤ **网关**：连接 LAN 到大型网络的路由器。在专属 LAN 协议当道的时期，术语"网关"有时指执行一些协议转换的路由器。
- ➤ **IP 地址**：用于定位 TCP/IP 网络上计算机或其他连网设备（例如，打印机）的逻辑地址。
- ➤ **局域网（LAN）**：供单个办公室、组织或家庭使用的小型网络，通常只占据一个地理位置。
- ➤ **逻辑地址**：通过协议软件配置的网络地址。
- ➤ **域名服务**：将网络地址与便于人们记忆的数字字母名字相关联的一种服务。提供该服务的计算机被称为域名服务器，将名字解析为地址的行为称为名称解析。
- ➤ **网络协议**：对通信过程的一个具体方面进行定义的一组通用规则。
- ➤ **物理地址**：与网络硬件相关的地址。在以太网适配器中，物理地址通常在适配器出场之前分配给它。
- ➤ **端口**：一种内部通道或地址，它在应用程序和 TCP/IP 传输层之间提供了一个接口。
- ➤ **专属**：由私有实体（比如一个公司）控制的技术。
- ➤ **协议实现**：实现了协议标准中定义的通信规则的软件组件。
- ➤ **协议系统或协议簇**：一个互连标准和程序（协议）系统，使得计算机可以在网络上通信。
- ➤ **RFC**：提供有关 TCP/IP 或 Internet 信息的官方技术论文。可以在 Internet 上的多个地方找到 RFC，例如 www.rfc-editor.org。
- ➤ **路由器**：通过逻辑地址来转发数据的一种网络设备，并且可以用来将大型网络分为几个较小的子网。
- ➤ **TCP/IP**：在 Internet 和很多其他网络上使用的网络协议簇。

第2章

TCP/IP 的工作方式

本章介绍如下内容：

> TCP/IP 协议系统；
> OSI 模型；
> 数据包；
> TCP/IP 的交互方式。

TCP/IP 是一个协议系统或协议簇，而每个协议都是由规则与过程组成的系统。在大多数情况下，通信计算机的硬件和软件执行 TCP/IP 通信的规则，用户不必关心其中的细节。但是，如果想对 TCP/IP 网络进行配置或故障排错，就有必要掌握 TCP/IP 知识了。

本章将介绍 TCP/IP 协议系统，以及 TCP/IP 组件如何协同工作，以在网络上发送和接收数据。

学完本章后，你可以：

> 描述 TCP/IP 协议系统的分层以及各层的功能；
> 描述 OSI 协议模型的分层并解释 OSI 分层与 TCP/IP 的关系；
> 解释 TCP/IP 协议的报头，以及数据在协议栈的每一层是如何使用该层的报头信息进行封装的；
> 对位于 TCP/IP 协议栈每一层的数据包进行命名；
> 讨论 TCP、UDP 和 IP 协议，以及它们如何共同提供 TCP/IP 功能。

2.1 TCP/IP 协议系统

在介绍 TCP/IP 的组成部分之前，最好先简要了解协议系统的职责。

像 TCP/IP 这样的协议系统必须负责完成以下任务。

> 把消息分解为可管理的数据块，并且这些数据块能够有效地通过传输介质。

➢ 与网络适配器硬件连接。

➢ 寻址，即发送端计算机必须能够定位到接收数据的计算机，接收计算机必须能够识别自己要接收的数据。

➢ 将数据路由到目的计算机所在的子网，即使源子网和目的子网分处不同的物理网络。

➢ 执行错误控制、流量控制和确认：对可靠的通信而言，发送和接收计算机必须能够发现并纠正传输错误，并控制数据流。

➢ 从应用程序接收数据并传输到网络。

➢ 从网络接收数据并传输到应用程序。

为了实现上述功能，TCP/IP 的创建者使用了模块化的设计。TCP/IP 协议系统被分为不同的组件，这些组件从理论上来说能够相互独立地实现自己的功能。每个组件分别负责通信过程中的一个步骤。

这种模块化设计的好处在于让厂商方便地根据特定硬件和操作系统对协议软件进行修改。例如，网络访问层（第 3 章将学到）包含了与物理网络规范和设计相关的功能。由于 TCP/IP 的模块化设计，像 Microsoft 这样的厂商在使用光纤网络时就不必重新构建一个全新的 TCP/IP 软件包（不同于普通以太网上的 TCP/IP）。上层不会受到不同物理架构的影响，只要修改网络访问层即可。

TCP/IP 协议系统划分为不同层次的组件，分别执行具体的职责（见图 2.1）。这个模型或栈来自于早期的 TCP/IP，有时也被称为 TCP/IP 模型。下面的列表描述了官方的 TCP/IP 协议层及其功能，把它与前面列出的协议系统功能相比，就可以看出这些功能是如何分布在各个层次中的。

注意：许多模型

图 2.1 中的 4 层模型是描述 TCP/IP 网络的常见模型，但并不是唯一的模型。比如 RFC 871 中描述的 ARPAnet 模型有 3 层：网络接口层、主机到主机层和处理/应用层。其他的一些 TCP/IP 模型包含 5 层：用物理层和数据链路层代替了网络访问层（与 OSI 相匹配）。还有些模型可能不包含网络访问层或应用层，因为这些层的定义并不是非常一致，而且比中间层更难以明确定义。而且每一层的名字也不相同。ARPAnet 各层的名字仍然可以在 TCP/IP 的一些讨论中见到，而网际层有时则被称为网间层或网络层。

本书中使用的是 4 层模型，其名字如图 2.1 所示。

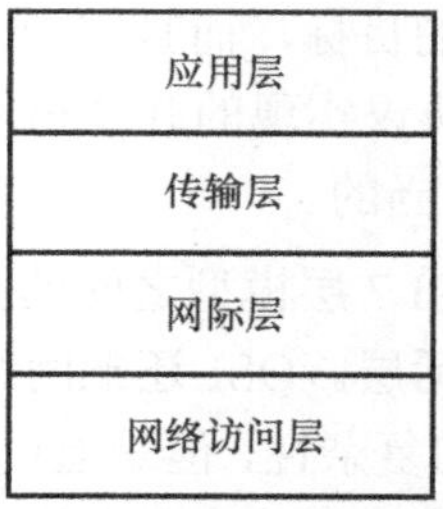

By the Way

应用层
传输层
网际层
网络访问层

图 2.1

TCP/IP 模型的协议层

➢ **网络访问层**：提供了与物理网络连接的接口。针对传输介质设置数据的格式，根据硬件的物理地址实现数据到子网的寻址,对数据在物理网络中的传递提供错误控制。

➤ **网际层**:提供独立于硬件的逻辑寻址,从而让数据能够在具有不同物理架构的子网之间传递。提供路由功能来降低流量,支持网间的数据传递(术语"网间"[internetwork]指的是多个局域网互相连接而形成的较大的网络,比如大公司里的网络或 Internet)。实现物理地址(网络访问层使用的地址)与逻辑地址的转换。

➤ **传输层**:为网络提供了流量控制、错误控制和确认服务。充当网络应用程序的接口。

➤ **应用层**:为网络排错、文件传输、远程控制和 Internet 操作提供了应用程序,还支持应用编程接口(API),从而使得针对特定操作系统编写的程序能够访问网络。

本书后面的章节将详细介绍 TCP/IP 协议每一层的行为。

当 TCP/IP 协议软件准备通过网络传递数据时,发送端计算机上的每一层协议都在数据上添加层信息,对应于接收端计算机上相应的层。例如,发送端计算机的网际层会向数据添加报头信息,这些信息对于接收端计算机的网际层是十分重要的。这个过程有时也称为封装。在接收端,当数据在协议栈里传递时,这些报头信息被逐步去除。

> ***By the Way***
>
> **注意**:*层*
>
> 在计算机行业中,"层"这个术语在协议组件层级(如图 2.1 中的协议层组件级)得到了广泛应用。当数据在协议栈的组件之间传递时,每一层的报头信息被添加到数据中(本章后面将详细介绍)。对于组件本身来说,"层"这个术语就是一种隐喻。
>
> 图 2.1 所示为数据要经过一系列接口传输的示意图。只要接口保持不变,一个组件内的处理过程就不会影响到另一个组件。把图 2.1 横过来看,它就像一条流水线,这也是对于协议组件关系的一个有用的类比。数据一次通过流水线中的一系列步骤,当按规定到达每一个步骤时,每个组件就独立地对其进行处理。

2.2 TCP/IP 和 OSI 模型

网络业界针对网络协议架构有一个标准的 7 层模型,称为"开放系统互连(OSI)"模型,这是 ISO(国际标准化组织)为了标准化网络协议系统的设计所做出的规范,旨在提高网络互连性,并且方便软件开发人员以一种开放的方式来使用协议标准。

当 OSI 标准架构出现时,TCP/IP 已经处于开发过程之中了。严格来讲,TCP/IP 没有遵守 OSI 模型,然而这两种模型的确具有类似的目标,而且它们的设计者之间有足够的交互,所以它们具有一定的兼容性。OSI 模型对于协议实现的开发与发展具有非常大的影响力,所以了解 OSI 术语如何应用于 TCP/IP 是理所应当的。

图 2.2 所示为 TCP/IP 标准 4 层模型与 OSI 7 层模型之间的关系。注意到 OSI 模型把应用层的职责划分为 3 层:应用层、表示层和会话层。OSI 还把网络访问层的功能划分为数据链路层和物理层。这种新增的细分带来了一定的复杂性,但是通过让协议层具有更明确的服务,也为开发人员提供了灵活性。尤其是在底层对数据链路层和物理层的划分,就把通信组织相

关的功能与访问通信介质的功能分离开了。而 OSI 的最上 3 层让应用程序能够以更灵活的方式与协议栈进行交互。

OSI 模型的 7 层分别如下所示。

> **物理层：** 把数据转换为传输介质上的电子流或模拟脉冲，并且监视数据的传输。

> **数据链路层：** 提供与网络适配器相连的接口，维护子网的逻辑链接。

> **网络层：** 支持逻辑寻址与路由选择。

> **传输层：** 为网络提供错误控制和流量控制。

> **会话层：** 在计算机的通信应用程序之间建立会话。

> **表示层：** 把数据转换为标准格式；管理数据加密与压缩。

> **应用层：** 为应用程序提供网络接口；支持用于文件传输、通信等的网络应用。

需要重点注意的是，TCP/IP 模型与 OSI 模型都是标准，而不是实现。TCP/IP 的具体实现并没有严格遵守图 2.1 和图 2.2 中的模型，而图 2.2 所示的完美对应关系在业界也有不同意见。

注意到在重要的传输层和网际层（在 OSI 里被称为网络层），OSI 和 TCP/IP 模型是最相似的，这些层包含的组件最能体现协议系统之间的区别，所以很多协议根据其传输层和网络层进行命名并不是一种偶然。在本书后面的学习中你会知道，TCP/IP 协议簇的名称就来自于 TCP（一个传输层协议）和 IP（一个网际层/网络层协议）。

2.3 数据包

关于 TCP/IP 协议栈需要重点强调的是，其中每一层都在整个通信过程中扮演一定的角色，并调用必要的服务来完成相应的功能。在数据向外传输的过程中，其流程是从堆栈的上到下，每一层都把相关的信息（称为"报头"）捆绑到实际的数据上。包含报头信息和数据的数据包就作为下一层的数据，再次被添加报头信息和重新打包。这个过程如图 2.3 所示。当数据到达目的计算机时，接收过程恰恰是相反的，在数据从下到上经过协议栈的过程中，每一层都解开相应的报头并且使用其中的信息。

当数据从上至下通过协议栈时，其情形有点像俄罗斯的套娃。最里面的娃娃被套在稍大的娃娃里，后者又被装在更大一些的娃娃里，以此类推。在接收端，当数据从下至上经过协议栈时，数据包被逐步解包。接收端计算机上的网际层会使用网际层的报头信息，传输层会使用传输层的报头信息。在每一层中，数据包的格式都能向相应的层提供必要的信息。由于每一层分别具有不同的功能，所以基本数据包的形式在每一层也是千差万别的。

图 2.3

在每一层，都要使用该层的报头信息对数据重新打包

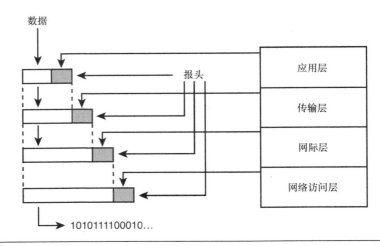

By the Way

> **注意：** 传输套娃
>
> 　　网络界不仅有很多缩写名词，也有很多类比，比如前面提到的俄罗斯套娃，它们可以形象地展示某些概念，但不应被过度使用。需要指出的是，在物理网络中（比如以太网），数据在网络访问层被分解为较小的单元。对此更准确的比喻是把套娃分解为碎片，把这些碎片封装到很小的娃娃里，再把它们以 1 和 0 的模式表示。接收端收到这些 1 和 0 之后，重新组合为小娃娃，再重建整个套娃。整个过程是相当复杂，所以很多人不使用套娃作为比喻。

数据包在每一层具有不同的形式和名称。下面是数据包在每一层的名称。

➤　　在应用层生成的数据包称为消息。

➤　　在传输层生成的数据包封装了应用层的消息，如果它来自于传输层的 TCP 协议，就称为分段；如果来自于传输层的 UDP 协议，就称为数据报。

➤　　在网际层的数据包封装了传输层的分段，称为数据报。

➤　　在网络访问层的数据包封装了数据报（而且可能对其进行分解），称为帧。帧被网络访问层里的最低子层转化为比特流。

老实说，人们已经不再使用这些不同的协议数据包名称了。"数据包"（packet）这个词已经成为在任何协议层描述数据包的一个常见（但不精确）简称。尽管如此，仍然有必要考虑到不同的协议数据包具有不同的名称，因为它们实际上是完全不同的。每一个层具有不同的用途，而且每一个报头包含不同的信息。本书后面的章节将更详细地介绍每一层的数据包。

2.4　TCP/IP 网络概述

关于协议系统分层的介绍到处可见。这种分层方式的确可以让我们深入理解协议系统，而

且如果不介绍分层架构也就不可能描述 TCP/IP，但是只关注协议分层也会带来一定的局限性。

首先，讨论协议层而不是协议会使本来就非常抽象的主题更加抽象。其次，详细列出协议层里的各种协议会使人误认为它们是同等重要的。实际上，虽然 TCP/IP 协议簇里每个协议都有自己的作用，但 TCP/IP 协议簇的主要功能是可以通过几个最重要的协议来描述的。在本章前面了解了分层系统的背景知识之后，再对这些重要协议进行介绍是很有好处的。

图 2.4 描述了基本的 TCP/IP 协议网络系统。当然，在完整的数据包里还包含其他的协议和服务，图中展示的是最主要的部分。

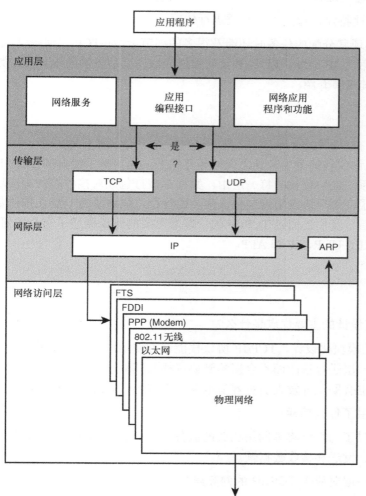

图 2.4

基本的 TCP/IP 网络系统

基本场景如下。

1. 数据从工作于应用层的协议、网络服务或应用编程接口（API）通过 TCP 或 UDP 端口传递到两个传输层协议（TCP 或 UDP）中的一个。程序可以根据需要通过 TCP 或 UDP 访问网络。

➢ TCP 是面向连接的协议。第 6 章将讲到，与无连接的协议相比，面向连接的协议提供更复杂的流量控制和错误控制。TCP 能够确保数据的交付，比 UDP 更可靠，但由于需要进行额外的错误检测和流量控制，因此比 UDP 的速度慢。

➢ UDP 是一个无连接的协议，比 TCP 快，但是不可靠，它把错误控制的责任推给了应用程序。

2．数据分段传递到网际层，IP 协议在此提供逻辑寻址信息，并且把数据封装为数据报。

3．IP 数据报进入网络访问层，传递到与物理网络相连接的软件组件。网络访问层创建一个或多个数据帧，从而进入物理网络。在像以太网这样的局域网系统中，帧可能包含从查询表格里获得的物理地址信息，而这些表格是由网际层的 ARP 维护的（ARP 是地址解析协议，把 IP 地址转换为物理地址）。

4．数据帧被转化为比特流，通过网络介质进行传输。

当然，每个协议在实现其分配的任务时还涉及很多的细节，比如 TCP 如何提供流量控制、ARP 如何将物理地址映射为 IP 地址，以及 IP 如何知道应该向其他子网的地址发送数据报。这些问题将在本书的后续章节介绍。

2.5　小结

本章介绍了 TCP/IP 协议栈的分层及其之间的相互关系，还讲解了经典的 TCP/IP 模型与 OSI 七层模型之间的关系。在协议栈的每一层中，数据都被打包成对接收端的相应层来说很有用的形式。本章讨论了在每个协议层封装报头信息的过程，概述了每一层在描述数据包时所使用的不同术语。最后，我们还通过 TCP/IP 的一些最重要的协议概述了它是如何运行的，这些重要的协议包括 TCP、UDP、IP 和 APP。

2.6　问与答

问：TCP/IP 模块化设计的主要优点是什么？

答：由于 TCP/IP 的模块化设计，TCP/IP 协议栈能够方便地进行修改来适应特定的硬件和操作环境。可以对某一层进行修改而不会影响到协议栈的其他层。将网络软件划分为具体的、设计良好的组件，也有助于开发人员更容易地编写出与协议系统进行交互的程序。

问：网络访问层提供了什么功能？

答：网络访问层提供了与特定物理网络相关的服务，这些服务包括在特定传输介质（比如以太网电缆）上准备、发送和接收数据帧。

问：OSI 模型的哪一层对应于 TCP/IP 的网际层？

答：OSI 的网络层对应于 TCP/IP 的网际层。

问：为什么要在 TCP/IP 协议栈的每一层封装报头信息？

答：因为接收设备上每个协议层需要不同的信息来处理收到的数据，所以发送设备上的每一层就封装相应的报头信息。

2.7　测验

下面的测验由一组问题和练习组成。这些问题旨在测试读者对本章知识的理解程度，而练习旨在为读者提供一个机会来应用本章讲解的概念。在继续学习之前，请先完成这些问题和练习。有关问题的答案，请参见"附录 A"。

2.7.1 问题

1．OSI 的哪两层对应于 TCP/IP 的网络接入层？
2．TCP/IP 的哪一层负责将数据从一个网络段路由到另外一个网络段？
3．与 TCP 相比，UPD 的优势和劣势分别是什么？
4．每一层封装数据的真实含义是什么？

2.7.2 练习

1．列举 TCP/IP 协议栈中每一层所执行的功能。
2．列出处理数据报的层。
3．如何修改 TCP/IP，才能使用新发明的网络硬件？
4．为什么说 TCP/IP 是可靠的协议？

2.8 关键术语

复习下列关键术语。

➢ **地址解析协议（ARP）**：将逻辑 IP 地址解析为物理地址的协议。
➢ **应用层**：TCP/IP 栈中的一层，它支持网络应用，提供与本地操作环境相交互的接口。
➢ **数据报**：在网际层和网络访问层之间传输的数据包，或是在传输层和网际层之间使用 UDP 传输的数据包。
➢ **帧**：在网络访问层创建的数据包。
➢ **报头**：在协议栈每一层附加到数据上的协议信息。
➢ **网际层**：TCP/IP 栈中的一层，提供逻辑寻址和路由选择。
➢ **IP**：网际层的协议，提供逻辑寻址和路由选择功能。
➢ **消息**：在 TCP/IP 网络中，消息是在应用层和传输层之间传输的数据包。该术语通常也用于描述从网络上一个实体传递到另一个实体的信息，它并不总是指应用层数据包。
➢ **网络访问层**：TCP/IP 协议中的一层，提供与物理网络连接的接口。
➢ **分段**：在传输层和网际层之间使用 TCP 传输的数据包。
➢ **TCP（传输控制协议）**：传输层中一个可靠的、面向连接的协议。
➢ **传输层**：TCP/IP 栈中的一层，提供错误控制和确认功能，并充当网络应用程序的接口。
➢ **UDP（用户数据报协议）**：传输层中一个不可靠的、无连接的协议。

第 2 部分 TCP/IP 协议系统

第 3 章	网络访问层	25
第 4 章	网际层	34
第 5 章	子网划分和 CIDR	51
第 6 章	传输层	63
第 7 章	应用层	79

第 3 章

网络访问层

本章介绍如下内容：

- ➤ 物理地址；
- ➤ 网络架构；
- ➤ 以太网帧。

TCP/IP 协议栈的底层是网络访问层，其中包含的服务与规范提供并管理着对网络硬件的访问。本章将介绍网络访问层的职责及其与 OSI 模型的关系，还会详细介绍称之为以太网的这种网络技术。

学完本章后，你可以：

- ➤ 解释网络访问层；
- ➤ 讨论 TCP/IP 的网络访问层与 OSI 网络模型的关系；
- ➤ 描述网络体系架构的作用；
- ➤ 列出以太网帧的内容。

3.1 协议和硬件

网络访问层是最神秘、最不统一的 TCP/IP 层，它管理为物理网络准备数据所必需的服务与功能，包括：

- ➤ 与计算机网络适配器的连接；
- ➤ 根据合适的访问方式调整数据传输；
- ➤ 把数据转化为电子流或模拟脉冲的形式，以在传输介质上进行传输；
- ➤ 对接收到的数据进行错误检查；
- ➤ 给发送的数据添加错误检查信息，从而让接收端计算机能够对数据进行错误检查。

当然，当数据到达目的地被目的计算机接收时，对发送数据所做的任何格式化操作都必须能以相反方式恢复。

网络访问层定义了与网络硬件交互和访问传输介质的过程，在 TCP/IP 网络访问层的下面，将会发现硬件、软件和传输介质规范之间复杂的相互作用。不幸的是，现实世界中存在着很多不同类型的物理网络，它们都具有自己的约定，而且这些物理网络中的任何一种都可能作为网络访问层的底层。即使在单个物理网络上，不同的适配器和驱动程序也会表现出不同的行为。

好消息是网络访问层对于日常用户来说几乎是完全不可见的。网络适配器驱动程序与操作系统和协议软件的一些关键底层组件，管理与网络访问层相关的大多数任务，用户只需要进行一些简单的配置步骤即可。而且桌面操作系统不断完善的即插即用和自动配置特性进一步简化了这些步骤。

在学习本章的过程中，一定要牢记第 1、2、4、5 章里讨论的逻辑 IP 地址只存在于软件之中。协议系统需要其他服务在特定局域网系统把数据传递到目的计算机的网络适配器，这些服务正是由网络访问层所提供的。

By the Way

> **注意**：是否应该讨论网络访问层
>
> 值得一提的是，由于网络访问层的多样性、复杂性和不可见性，有些作者在讨论 TCP/IP 时完全没有涉及它，就好像协议栈是基于网际层下面的局域网驱动程序一样。这种看法有一定的价值，但网络访问层实际上是 TCP/IP 的一部分，没有它就不可能完整地讨论网络通信过程。

3.2 网络访问层与 OSI 模型

第 2 章讲到，TCP/IP 是独立于 OSI 7 层网络模型的，但 OSI 模型经常作为一种通用框架来理解各种协议系统。在讨论网络访问层时，OSI 术语和概念相当常见，因为 OSI 模型对网络访问的宽泛分类提供了进一步细分，因而更好地揭示了这一层的内部运行情况。

如图 3.1 所示，TCP/IP 网络访问层大致对应于 OSI 的物理层和数据链路层。OSI 的物理层负责把数据帧转化为适合于传输介质的比特流。也就是说，OSI 物理层管理和同步实际传输的电子或模拟脉冲。在接收端，物理层把这些脉冲重新组合为数据帧。

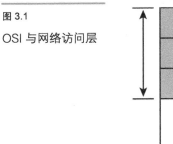

图 3.1

OSI 与网络访问层

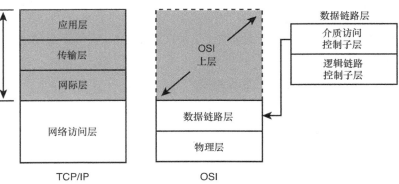

OSI 数据链路层执行两个独立的任务，相应地划分为两个子层。

> **介质访问控制（MAC）**：这个子层提供与网络适配器连接的接口。实际上，网络适配器驱动程序通常称为 MAC 驱动，而在工厂里烧录到网卡中的物理硬件地址通常称为 MAC 地址。

> **逻辑链路控制（LLC）**：这个子层对经过子网传递的帧进行错误检查，并且管理子网上通信设备之间的链路。

3.3 网络架构

在实践中，局域网并不会被当作一种协议层，而是代表局域网架构或网络架构（有时网络架构也称为局域网类型或局域网拓扑）。网络架构（比如以太网）具有一系列的规范来管理介质访问、物理寻址、计算机与传输介质的交互。在决定网络架构时，实际上是在决定如何设计网络访问层。

网络架构是物理网络的一种设计，包含了用于定义如何在该物理网络上进行通信的一组规范。通信细节基于物理细节，所以这些规范通常以一个完整的包出现。这些规范包含以下几个方面的考量。

> **访问方法**：访问方法是定义了计算机如何共享传输介质的一组规则。为了避免数据冲突，计算机在传输数据时必须遵守这些规则。

> **数据帧格式**：来自于网际层的 IP 级别的数据报以预定义的格式封装为数据帧，封装在报头中的数据必须提供在物理网络上传递数据所需要的信息。本章后面会详细讲解数据帧。

> **布线类型**：网络所使用的线缆类型对于其他设计参数具有一定的影响，比如适配器传递的比特流的电子特性。

> **布线规则**：协议、线缆类型和传输的电气特性影响着线缆的最大和最小长度，以及电缆连接器的规范。

像线缆类型和连接器类型这样的细节并不是由网络访问层直接负责的，但为了设计网络访问层的软件组件，开发人员必须假定物理网络具有特定的性质。因此，网络访问层的软件必须伴随于特定的硬件设计。

最重要的是，网络访问层以上的协议层不必关心硬件设计的问题。TCP/IP 协议栈的设计保证了与硬件交互相关的细节都发生在网络访问层，使得 TCP/IP 能够工作于多种不同的传输介质。

网络访问层包括如下一些架构。

> **IEEE 802.3（以太网）**：在许多办公室和家庭使用的基于线缆的网络。

> **IEEE 802.11（无线网络）**：在办公室、家庭和咖啡厅使用的无线 LAN 网络技术。

> **IEEE 802.16（WiMAX）**：用于长距离的移动无线连接的技术。

> **点到点协议（PPP）**：用于电话线路上的 Modem 连接的协议。

TCP/IP 还支持其他一些网络架构。在图 3.2 中可以看到，无论是哪一种情况，协议栈的模块化特性意味着，在网络访问层中与硬件打交道的软件组件能够与独立于硬件且提供逻辑寻址等服务的上层进行交互。

图 3.2

由于网络访问层封装了传输介质的细节，因此协议栈的上层可以独立于硬件进行操作

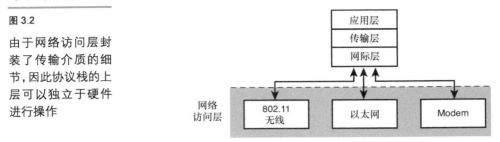

虽然协议层之间错综复杂的交互在很大程度上对于用户是不可见的，但通过操作系统中的网络配置对话框，还是经常可以察觉到硬件相关层与逻辑寻址层之间的关系。例如，图 3.3 展示的 Mac OS X 配置对话框可以让 TCP/IP 配置与多个不同的架构相关联，比如以太网、蓝牙、Modem 和 AirPort 无线网络（Apple 公司对 IEEE 802.11 无线 LAN 规范的优化）。

图 3.3

大多数操作系统可以将不同的网络架构与 TCP/IP 配置相关联

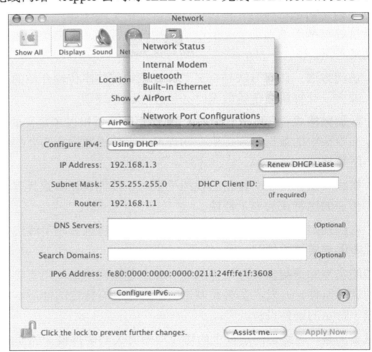

本书后面的章节将更详细地介绍 Modem、无线网络和其他网络技术。

为了查看网络访问层内发生的问题类型以及相应的解决方案，下面的小节将详细讨论以太网这种重要而且无处不在的网络。大多数情况下，与家用计算机或办公用计算机相连接的是以太网线缆，网络中的计算机使用以太网的某些形式相互通信。甚至是将笔记本电脑、智能手机和其他无线设备连接到家庭网络的无线 HUB，最终也是连接到使用以太网线缆的有线网络。在学习本章剩余的内容时，要记住以太网只是网络访问层协议系统的一个例子。在后续章节学习其他硬件技术，比如拨号、数字用户线（DSL）、无线和广域网（WAN）方法时，要记住每一种技术都有其独特的需求，来反映网络访问协议和驱动程序的独特性设计。

3.4 物理寻址

前面的章节讲到，网络访问层需要把逻辑 IP 地址（通过协议软件来配置）与网络适配器真实且不变的物理地址相关联。物理地址通常也称为 MAC 地址，这是因为在 OSI 模型中，物理寻址是由介质访问控制（MAC）子层负责的。由于物理寻址系统是封装在网络访问层中的，所以地址可以根据网络架构规范采用不同的形式。

在以太网中，物理地址通常在工厂中被烧录到网络硬件中，尽管有些现代的网络适配器提供了可编程的物理地址。几年之前，以太网硬件几乎总是包含一个插入某一计算机扩展槽的网络适配器。在最近几年，厂商开始在主板上集成以太网功能。

经过局域网传递的数据帧必须使用这个物理地址来标识源适配器和目的适配器，但冗长的物理地址（以太网使用 48 比特地址）很不友好，用户使用难度较大。此外，在较高的协议层对物理地址进行编码又会破坏 TCP/IP 的模块化架构带来的灵活性，因为后者要求上层协议与物理细节无关。TCP/IP 使用地址解析协议（ARP）和逆向地址解析协议（RARP）把 IP 地址关联到网络适配器的物理地址。ARP 和 RARP 为用户可见的逻辑 IP 地址与局域网上使用的（不可见）硬件地址建立了一个对应关系。第 4 章将详细讲解 ARP 和 RARP。

在学习下面的以太网内容时要记住，以太网软件使用的地址与逻辑 IP 地址并不是同一回事儿，但这个物理地址在网际层的接口上与一个 IP 地址有映射关系。

3.5 以太网

有线以太网曾经是世界上占统治地位的 LAN 技术。在最近几年，尽管无线网络和移动 Internet 技术占据了个人计算机市场的部分份额，但是传统的以太网在办公网络和许多家庭网络中仍然相当常见。

以太网架构相当常见，这主要是因为它的价格适中。以太网线缆比较便宜，易于安装；以太网网络适配器和以太网硬件组件相对来说也很便宜。相比等效的无线技术，有线以太网的速度通常更快，而且就与无线网络相关的窥探和其他安全问题来说，线缆也提供了一道天然的屏障。但是 802.11 无线网络实际上与本章描述的有线以太网系统没有很大区别。尽管物理介质完全不同，但是底层的冲突侦听和物理寻址问题非常相似。事实上，无线网络通常称为"无线以太网"，因为它纳入了原始以太网规范的很多原则。

在典型的以太网络中，所有的计算机共享同一个公共的传输介质。以太网使用称为载波侦听多路访问/冲突检测（CSMA/CD）的方法，来判断计算机何时可以把数据发送到访问介质。通过使用 CSMA/CD，所有计算机都监视传输介质，在传输之前等待线路空闲。如果两台计算机尝试同时发送数据，就会发生冲突，计算机就会停止发送，等待一个随机的时间间隔，然后再次尝试发送。

CSMA/CD 可以比喻为一个有很多人的房间。如果有人想讲话，首先要确认目前是否有人在讲话（这就是载波侦听）。如果两个人同时开始讲话，他们都会发现这个问题，从而停止讲话，等待一段时间再开始讲话（这就是冲突检测）。

传统以太网在中低负载情况下运行良好，但在大负载情况下会由于交稿的冲突率而影响性能。在现代以太网中,像网络交换机这样的设备会对流量进行管理,减少冲突的发生,从而让以太网的运行更具效率。第9章将详细讲解HUB和交换机。

以太网能够使用多种介质。传统的基于HUB的10BASE-T以太网最初的基带速率是10Mbit/s,而现在速度为100Mbit/s的"快速以太网"已经相当普及了,而1Gbit/s以太网系统也大量使用了。早期的以太网系统经常使用连续的同轴电缆作为传输介质(见图 3.4),但是目前最常见的情况是把计算机连接到一个网络设备上(见图3.5)。

图 3.4

在以太网的早期,所有的计算机通过一条同轴电缆连接

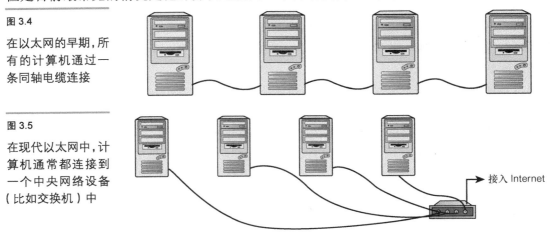

图 3.5

在现代以太网中,计算机通常都连接到一个中央网络设备(比如交换机)中

3.6　剖析以太网帧

网络访问层的软件从网际层接收数据报,把它转化为符合物理网络规范的形式(见图3.6)。在以太网中,网络访问层的软件必须把数据转化成能够通过网络适配卡(也就是网卡)硬件进行传输的形式。

图 3.6

网络访问层将数据格式化为物理网络需要的形式

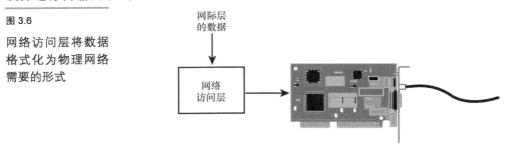

当以太网软件从网际层接收到数据报之后,执行以下操作。

1. 把网际层的数据分解为较小的块(如果需要的话),这些小块在以太网帧的数据字段中发送。以太网帧的总大小必须在64字节与1 518字节之间(不包含前导码)。有些系统支持更大的帧,最大可以到9 000字节。这种大型帧能够提升效率,但存在着兼容性的问题,因此没有得到广泛支持。

2. 把数据块打包成帧。每一帧都包含数据及其他信息,这些信息是以太网网络适配器处理帧所需要的。IEEE 802.3以太网帧包含以下内容。

➢ **前导码:** 表示帧起始的一系列比特(一共8字节,最后一个字节是帧起始符)。

> ➢ **目的地址**：接收帧的网络适配器的 6 字节（48 比特）物理地址。

> ➢ **源地址**：发送帧的网络适配器的 6 字节（48 比特）物理地址。

> ➢ **可选的 VLAN 标记**：这个可选的 16 比特字段在 802.1q 标准中有讲解，其目的是允许多个虚拟 LAN 通过同一个网络交换机运行。

> ➢ **长度**：2 字节（16 比特）字段，表示数据字段的长度。

> ➢ **数据**：帧中传输的数据。

> ➢ **帧校验序列（FCS）**：帧的 4 字节（32 比特）校验和。FCS 是检验数据传输的常见方式。发送方计算机计算帧的循环冗余码校验（CRC）值，把这个值写到帧里。接收方计算机重新计算 CRC 然后检查 FCS 字段，以查看两者是否匹配。如果两个值不匹配，就表示传输过程中发生了数据丢失或改变，此时一个较高级别的协议会要求重新传输这一帧。

3. 把数据帧传递给对应于 OSI 模型物理层的较低级别的组件，后者把帧转换为比特流，并且通过传输介质发送出去。

以太网上的其他网络适配器接收到这个帧并检查其中的目的地址。如果目的地址与网络适配器的地址相匹配，适配器软件就会处理接收到的帧，把数据传递给协议栈中较高的层。

3.7　小结

本章介绍了网络访问层，这是 TCP/IP 协议栈中变化最多、最复杂的一层。网络访问层定义了与网络硬件通信和访问传输介质的过程。局域网架构有很多种，这导致了网络访问层有很多不同的规范。本章以以太网为例，详细地介绍了网络访问层处理数据传输的方式。

以太网技术在机械化世界中应用广泛，但连接计算机的技术还有很多。任何网络技术都需要以某些方式为物理网络准备数据，因此，任何 TCP/IP 技术必须具有一个网络访问层。后面的章节会介绍其他一些物理网络场景，比如 Modem、无线 LAN、移动网络和 WAN（广域网）技术。

3.8　问与答

问：**网络访问层定义了什么类型的服务？**

答：网络访问层包含了管理物理网络访问过程的服务和规范。

问：**OSI 模型中的哪一层对应于 TCP/IP 网络访问层？**

答：网络访问层大致对应于 OSI 模型中的数据链路层和物理层。

问：**最常见的局域网架构是什么？**

答：虽然无线 LAN 技术越来越流行，但最常见的局域网架构仍然是以太网。

问：什么是 CSMA/CD？

答：CSMA/CD 是"载波侦听多路访问/冲突检测"的英文缩写，是以太网使用的一种网络访问方法。在使用这种方法时，网络上的计算机在传输数据之前先等待一下，如果两台计算机尝试同时发送数据，它们都会停止发送，等待一个随机的时间间隔，再尝试发送。

3.9　测验

下面的测验由一组问题和练习组成。这些问题旨在测试读者对本章知识的理解程度，而练习旨在为读者提供一个机会来应用本章讲解的概念。在继续学习之前，请先完成这些问题和练习。有关问题的答案，请参见"附录 A"。

3.9.1　问题

1. 什么是 CRC？
2. 在以太网中，什么是冲突检测？
3. 以太网物理地址多大？
4. ARP 具有什么功能？

3.9.2　练习

1. 列举将物理地址与 IP 地址关联起来的两种协议。
2. 列举至少 3 种网络架构。
3. 解释 OSI 介质访问控制子层和逻辑链路控制子层所执行的功能。

3.10　关键术语

复习下列关键术语。

➢ **访问方法**：控制对传输介质访问的过程。

➢ **CRC（循环冗余校验）**：一种计算校验和的方式，用于检验数据帧中内容的正确性。

➢ **CSMA/CD**：以太网使用的网络访问方法。

➢ **数据链路层**：OSI 模型的第 2 层。

➢ **以太网**：一种非常常见的 LAN 架构，使用 CSMA/CD 网络访问方法。

➢ **帧校验序列（FCS）**：以太网帧中的一个字段，包含一个基于 CRC 的校验值，用来检验数据。

➢ **逻辑链路控制子层**：OSI 数据链路层的一个子层，负责检验错误和管理子网设备之间的链路。

➢ **介质访问控制子层**：OSI 数据链路层的一个子层，负责与网络适配器通信。

➢ **网络架构**：关于物理网络的完整规范，包括访问方法、数据帧、网络布线的规范。

➢ **物理地址（或 MAC 地址）**：用于识别物理网络中网络适配器的一个地址。在以太网中，物理地址通常由生产厂商分配，但是现代的一些网络适配器也允许对物理地址进行配置。

➢ **物理层**：OSI 模型第 1 层，负责把数据帧转化为比特流以适合传输介质的要求。

➢ **前导码**：一系列比特，表示数据帧传输的开始。

第 4 章

网际层

本章介绍如下内容：

> ➢ IP 地址；

> ➢ IP 报头；

> ➢ ARP；

> ➢ ICMP。

上一章讲到，在一个网段（比如一个以太局域网）上的计算机之间能够在网络访问层使用可用的物理地址进行通信。那么，从卡罗莱纳到加利福尼亚的电子邮件如何准确到达目的地呢？本章将会讲到，网际层上的协议提供局域网网段之外的传递。本章讲解了重要的网际层协议 IP、ARP 和 ICMP。

本章以 Internet 上使用的 32 位二进制 IPv4 地址为主。当今世界正在向 128 位的新型地址系统进行转换，这个地址系统称为 IPv6，它提供了增强的功能和更大的地址空间。第 13 章将详细讲解 IPv6。

学完本章后，你可以：

> ➢ 知道 IP、ARP 和 ICMP 的用途；

> ➢ 知道什么是网络 ID 和主机 ID；

> ➢ 知道什么是八位组；

> ➢ 把点分十进制地址转换为相等的二进制形式；

> ➢ 把 32 位的二进制 IP 地址转化为点分十进制形式；

> ➢ 掌握 IP 报头的内容；

> ➢ 知道 IP 地址的用途。

4.1 IP 地址背景概述

本章讲解在大型路由式网络上为单独的计算机和设备分配 IP 地址的一些正式和系统的规则。这些规则是 TCP/IP 协议系统的基本组成部分，为了理解 TCP/IP，肯定需要理解 IP 寻址，但是请记住，有关 IP 地址分配的细节并不像过去那样是普通用户日常生活的组成部分。

在如今的网络中，大多数计算机通过 DHCP 服务器自动接收一个 IP 地址（有关使用 DCHP 进行动态地址分配的更多细节，请见第 12 章）。更值得注意的是，网络地址转换技术（也将在第 12 章讲解）意味着你的局域网没有必要再是 Internet IP 地址层次结构中一个连续的部分。但是，在幕后，网络中的计算机仍然使用这些规则来传递数据包，并做出路由决策。

掌握 IP 寻址相关的知识对网络排错来说也很重要。错误配置的子网或 IP 地址经常会引发问题。在有些情况下，计算机设置无法从本地的 DHCP 服务器上接收到正确的地址。对 IP 寻址相关的知识有一个基本的理解，有助于诊断和修复 IP 地址空间中出现的问题。

4.2 寻址与发送

在第 3 章讲到，计算机通过网络接口设备（比如网络适配卡）与网络进行通信，网络接口设备具有唯一的物理地址，用于接收发向该地址的数据。像以太网网卡这样的设备对于上层协议层的细节是一点也不了解的，它不知道 IP 地址，也不知道发送来的帧是要给 SSH 还是 FTP，它只是监听发来的数据帧，等待去往自己物理地址的数据帧，并把这个帧传递给上层协议栈。

这种物理寻址方式适合单个局域网网段，由不间断介质连接在一起的若干台计算机组成的网络利用物理地址就可以运行起来。只需使用与网络访问层相关的低级协议就可以把数据从网络适配器直接传递到另一个网络适配器。

但是，在路由式网络中，不能利用物理地址实现数据传输，因为根据物理地址传输数据所需的发现过程不能跨越路由器接口来运行。即使这样是可行的，根据物理地址传输数据也是非常麻烦的，因为内置在网卡里的永久物理地址不能在地址空间上引入逻辑架构。

因此，TCP/IP 隐藏了物理地址，以一种逻辑化、层次化的寻址方案对网络进行组织。这种逻辑寻址方案由网际层的 IP 协议维护，而逻辑地址称为 IP 地址。地址解析协议（ARP）是另一种网际层协议，它维护一个表格，用于把 IP 地址映射到物理地址。这个 ARP 表连接了 IP 地址与网卡的物理地址。

在一个路由式网络中（见图 4.1），TCP/IP 软件使用如下策略在网络上发送数据。

1. 如果目的地址与源计算机在同一个网段，源计算机就把数据包直接发送给目的计算机。IP 地址被 ARP 解析为物理地址，数据被直接发送到目的网络适配器。

2. 如果目的地址与源计算机不在一个网段上，就执行如下过程。

> 直接将数据报发送到网关。网关是位于局域网网段上的一个设备，能够把数据报转发到其他网段（在第 1 章讲到，网关从本质上来讲也算是一个路由器）。网关地址通常由 TCP/IP 配置来定义。如果你使用一个静态 IP 地址设置了一个 Internet 账户，而

且这个静态 IP 地址由一家 Internet 服务提供商来提供，该服务提供商会告诉你网关使用的地址。网关地址使用 ARP 解析为一个物理地址，数据被发送到网关的网络适配器。

➢ 数据报通过网关被路由到较高级别的网段（见图 4.1），再次重复上述过程。如果目的地址在这个新网段里，数据就被发送到目的地，否则数据报就会被发送到另一个网关。

➢ 数据报经过一系列网关被转发到目的网段，目的 IP 地址被 ARP 解析为物理地址，数据被发送到目的网络适配器。

图 4.1

网关接收去往其他网络的数据报

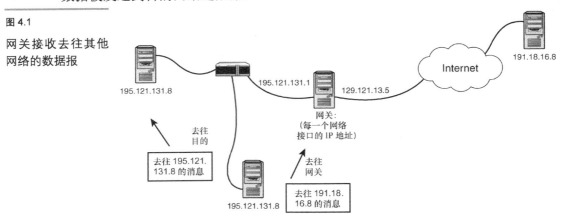

为了在复杂的路由式网络中传输数据，网际层协议必须具有以下功能：

➢ 识别局域网中所有的计算机；

➢ 提供一种方式来判断何时必须通过网关来发送消息；

➢ 提供一种与硬件无关的方式来识别目的网段，从而让数据报能够高效率地经过路由器到达正确的网段；

➢ 提供一种方式把目标计算机的逻辑 IP 地址转化为物理地址，让数据能够传输给目的计算机的网络适配器。

虽然从理论上来说，整个世界正在转向新版本的 IPv6，但 IP 最常见的版本仍然是 IPv4。本章会介绍重要的 IPv4 寻址系统，介绍 TCP/IP 如何使用网际层的 IP 和 ARP 在复杂网络上传输数据报，还会讨论网际层的 ICMP 协议如何提供错误检测和排错功能。IPv6 最终肯定会成为 Internet 通信的标准，有关 IPv6 寻址系统的讨论，请见第 13 章。

 注意：网际层和 OSI

网际层对应于 OSI 模型的网络层，有时也称为第 3 层。

4.3　网际协议（IP）

IP 协议提供了一种分层的、与硬件无关的寻址系统，具有在复杂的路由式网络中传递数据所需的服务。TCP/IP 网络上的每个网络适配器都有唯一的 IP 地址。

> **注意**：主机
>
> 在讨论 TCP/IP 时，我们经常会说计算机有一个 IP 地址，这是因为大多数计算机只有一个网卡。然而，具有多个网卡的计算机也很常见，比如作为路由器或代理服务器的计算机必须有多个网卡，因此也就有多个 IP 地址。术语"主机"通常用于表示与某个 IP 地址相关联的网络设备。
>
> 在某些操作系统上，可以给一个网络适配器指定多个 IP 地址。

By the Way

网络上的 IP 地址是有一定规则的，因此我们可以通过查看 IP 地址来了解主机的位置，也就它所在的网络或子网（见图 4.2）。换句话说，IP 地址中的一部分有点像邮政编码（表明大致区域），而另一部分有点像街道地址（表明大致区域内的准确位置）。

从图 4.2 似乎可以很容易地看出"所有以 192.132.134 开头的地址都在建筑 C 里"，但计算机需要更明确的规则。IP 地址因此被分为两个部分：

> ➢ 网络 ID；
>
> ➢ 主机 ID。

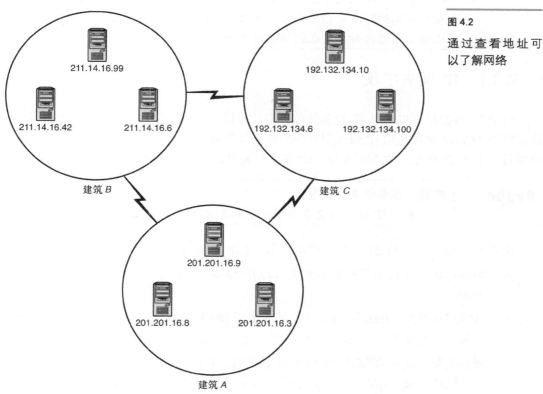

图 4.2

通过查看地址可以了解网络

网络必须提供一种方式来判断 IP 地址的哪一部分是网络 ID，哪一部分是主机 ID。不幸的是，真实世界中网络的多样性和复杂性使得我们无法使用一个简单、通用的方法解决这个问题。大型网络具有大量主机，因此需要预留大量的主机位数。而小型网络不需要很多位数就可以让每台主机具有不同的 ID，但数量众多的小型网络意味着需要有更多的 IP 地址的位数用于网络 ID。

在本章后面将会讲到，该问题最初的解决方案是把 IP 地址划分为一系列地址类。A 类地址使用地址前 8 位作为网络 ID，B 类地址使用前 16 位，C 类地址使用前 24 位。后来这个系统通过一个名为"子网划分"的特性进行了扩展，用于在本地范围对网络架构实现更好的控制。

新近出现的无类别域间路由选择（CIDR）技术让上述地址分类系统基本上变得没有必要，它目前在 Internet 上非常流行，提供了一种简单、灵活和明确的标识来指出有多少位属于网络 ID。

如果想了解 TCP/IP 网络，掌握基于分类的寻址系统和 CIDR 寻址是很重要的。第 5 章将会详细讲解这些技术。现在只需记住这些标识方案的目标是一致的：把 IP 地址区分为网络 ID 与主机 ID。

By the Way
> **注意**：子网划分
>
> 　　本章要与第 5 章一起学习。不了解子网 ID 和 CIDR，就不能真正掌握 IP 寻址的巧妙所在。第 13 章讲到的 IPv6 知识对于完整地掌握 Internet 寻址也是很重要的。尽管开放的 Internet 正在向全面支持 IPv6 转型，但 NAT 的广泛使用（以及充分使用 IPv6 增强特性的应用程序并不多见）意味着 IPv4 在可以见到的未来仍然会有一席之地。本书第 13 章将讲解 IPv4 地址与 IPv6 地址之间的映射（这也提供了与下一代 IP 的兼容性）。

4.3.1 IP 报头字段

每个 IP 数据报都以一个 IP 报头开始。源计算机的 TCP/IP 软件构造这个 IP 报头，目的计算机的 TCP/IP 软件利用 IP 报头中封装的信息处理数据报。IP 报头包含大量信息，包括源 IP 地址、目的 IP 地址、数据报长度、IP 版本号和对路由器的特殊指令。

By the Way
> **注意**：报头的更多细节
>
> 　　有关 IP 报头的更多细节，请参见 RFC 791。

IP 报头的最小长度是 20 字节，图 4.3 所示为 IP 报头的字段，具体如下所示。

➢ **版本**：这个 4 位的字段表示所使用的 IP 版本。目前 IP 版本是 4，相应的二进制是 0100。

➢ **网际报头长度（IHL）**：这个 4 位字段表示 IP 报头以 32 位字为单位的长度。IP 报头的最小长度是 5 个 32 位字，相应的二进制表示是 0101。

➢ **服务类型**：源 IP 能够指定特殊的路由信息。有些路由器会忽略这个字段的信息，但随着服务质量（QoS）技术的出现，这个字段得到了更多的重视。这个 8 位字段的主要用途是对等待通过路由器的数据报区分优先级，而目前大多数 IP 实现是把这个字段全填为 0。

➢ **总长度**：这个 16 位的字段表示 IP 数据报的长度，单位是字节，这个长度包含了 IP 报头和数据载荷。

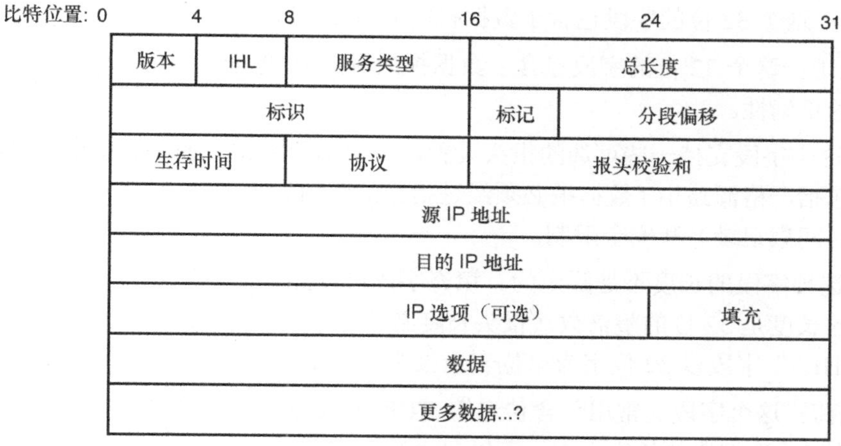

比特位置: 0　　　　4　　　　8　　　　　16　　　　　24　　　　　31

版本	IHL	服务类型	总长度
标识		标记	分段偏移
生存时间	协议		报头校验和
源 IP 地址			
目的 IP 地址			
IP 选项（可选）			填充
数据			
更多数据...?			

图 4.3

IP 报头字段

➢ **标识**：这个 16 位的字段是一个逐渐增大的序列号，分配给源 IP 发出的消息。当传递到 IP 层的消息太大而不能放到一个数据报里时，IP 会把消息拆分到多个数据报，并对这些数据报分配相同的标识号。接收端利用这些数值将接收到的消息重组为原始消息。

➢ **标记**：这个字段表示分段可能性。第 1 位未使用，其值应该总是 0。第 2 位称为 DF（不分段），表示是否允许分段，0 表示允许，1 表示不允许。第 3 位是 MF（更多分段），表示是否还有分段正在传输，设置为 0 时表示没有更多分段需要发送，或是数据报根本没有分段。

➢ **分段偏移**：这个 13 位的字段是一个数值，被赋予每个连续的分段。目的设备的 IP 利用这个分段偏移以正确的次序重组分段。这个字段使用的偏移值以 8 字节的整数倍来表示偏移。

➢ **生存时间（TTL）**：这个位字段表示数据报在被抛弃之前能够保留的时间（以秒为单位）或路由器跳数。每个路由器都会检查这个字段，并且至少把它减去 1，或减去数据报在路由器中延迟的秒数。当这个字段的值为 0 时，数据报会被抛弃。

跳数代表数据报到达目的地之前必须经过的路由器的数量。如果数据报在到达目的之前经过了 5 个路由器，我们就说距离目的有 5 跳。

➢ **协议**：这个 8 位的字段表示接收数据载荷的协议，比如协议标识为 6（二进制为 00000110）的数据报会被传递到 TCP 模块。表 4.1 是一些常见的协议标识值。

表 4.1　　　　　　　　　　　　　　常见的协议标识值

协 议 名 称	协 议 标 识
ICMP	1
TCP	6
UDP	17

➢ **报头校验和**：这个字段包含 16 位的校验和，只用于检验报头本身的有效性。数据报经过的每个路由器都会对这个值进行重新计算，因为 TTL 字段的值是在递减的。

- ➤ **源 IP 地址**：这个 32 位的字段包含了数据报的源 IP 地址。
- ➤ **目的 IP 地址**：这个 32 位的字段包含了数据报的目的 IP 地址。目的 IP 根据这个值检验发送的正确性。
- ➤ **IP 选项**：这个字段支持一些可选的报头设置，主要用于测试、调试和安全的目的。这些选项包括严格源路由（数据报必须经过指定的路由）、网际时间戳（经过每个路由器时的时间戳记录）和安全限制。
- ➤ **填充**：IP 选项字段的长度不是固定的。填充字段可以提供一些额外的 0，从而保证整个报头的长度是 32 位的整倍数（报头长度必须是 32 位字的整倍数，因为"网际头长度（IHL）"字段以 32 位字为单位表示报头的长度）。
- ➤ **IP 数据载荷**：这个字段通常用包含传递给 TCP 或 UDP（在传输层中）、ICMP 或 IGMP 的数据。数据块的长度不定，可以包含数千字节。

4.3.2　IP 寻址

IP 地址是一个 32 位的二进制地址，被分为 4 个 8 位段（八位组）。人们不习惯使用 32 位的二进制地址或 8 位的二进制八位组，所以 IP 地址最常用的表达形式是点分十进制形式。在这种形式中，每个八位组都以相应的十进制数值表示，4 个十进制数值（4×8=32 位）以句点分隔。8 位二进制可以表示 0～255 之间的数值，所以这种形式中每个十进制的数值都位于 0～255 之间。你可能已经在自己的计算机上、在这本书中，或者在其他 TCP/IP 文档中看到过点分十进制 IP 地址的例子。点分十进制 IP 地址是这个样子的：209.121.131.14。

IP 地址中的一部分是网络 ID，另一部分是主机 ID。本章前面讲到，指定网络 ID 和主机 ID 的最初方案使用的是地址分类系统。虽然最近出现的 CIDR 无类别寻址降低了分类系统的重要性，但作为理解 TCP/IP 寻址的一个出发点，地址分类还是值得在此进行讨论的。第 5 章进一步讨论了 IP 寻址技术。

地址分类系统把 IP 地址划分为不同的地址类。绝大多数 IP 地址属于以下几类。

- ➤ **A 类地址**：IP 地址的前 8 位表示网络 ID，后 24 位表示主机 ID。
- ➤ **B 类地址**：IP 地址的前 16 位表示网络 ID，后 16 位表示主机 ID。
- ➤ **C 类地址**：IP 地址的前 24 位表示网络 ID，后 8 位表示主机 ID。

使用的位数越多，包含的组合就越多。可以猜到，A 类地址提供了较少的网络 ID，但每个网络都具有大量可用的主机 ID。一个 A 类网络大约可以包含 2^{24}，也就是 16 777 216 台主机。与之相对的是，C 类地址只能包含较少的主机（254 台，也就是 2^8，或 256 减去不可用的全 0 地址和全 1 地址），但网络 ID 的组合就非常多了。

那么，计算机或路由器是如何知道将一个 IP 地址解释为 A 类、B 类还是 C 类呢？TCP/IP 地址的规则使得地址本身就可以说明其类别：二进制地址的前几个位说明了该将地址解释为哪一类（见表 4.2），解释规则如下：

- ➤ 如果 32 位的二进制地址以 0 开头，它就是 A 类地址；
- ➤ 如果 32 位的二进制地址以 10 开头，它就是 B 类地址；

> 如果 32 位的二进制地址以 110 开头，它就是 C 类地址。

这种规则很容易转化为点分十进制形式，因为它们有效地限制了点分十进制地址中第一个值的范围。例如，由于 A 类地址中第一个八位组的最高位必须是 0，所以在点分十进制的形式中，第一个值不能大于 127。稍后我们会更详细地介绍如何把二进制数值转化为十进制。出于讨论的目的，表 4.2 展示了 A 类、B 类和 C 类网络的地址范围。注意，有一些地址范围作为排除地址被列出，有些 IP 地址范围没有分配给网络，原因是它们被保留为特殊用途。这些特殊的 IP 地址将在本章后面讲解。

表 4.2 　　　　　　　　　　　　　A 类、B 类和 C 类网络的地址范围

地址类	二进制地址前几位值	点分十进制地址中第一个字段值	排 除 地 址
A	0	0～127	10.0.0.0～10.255.255.255 127.0.0.0～127.255.255.255
B	10	128～191	172.16.0.0～172.31.255.255
C	110	192～223	192.168.0.0～192.169.255.255

> **注意**：D 类和 E 类地址　　　　　　　　　　　　　　　　　　　　　*By the Way*
>
> 　　Internet 规范还定义了特殊用途的 D 类和 E 类地址。D 类地址用于多播。多播是把一个消息发送到网络的子网，这与广播是不同的，后者需要对网络上的全部节点都进行处理。D 类网络地址最前面的 4 位总是 1110，对应于十进制数值是 224～239。E 类网络是实验性质的，一般不用于生产环境。E 类网络地址最前面的 5 位是 11110，对应于十进制数值是 240～247。

网络管理员可以把网络划分为更小的次级网络，这称为子网。划分子网的实质就是借用主机 ID 中的一些位，在网络内创建额外的网络。根据前面的分类介绍，我们很容易会想到具有大量主机 ID 地址空间的 A 类和 B 类网络会广泛使用子网划分技术。当然，C 类网络也会使用子网划分技术。第 5 章将详细讲解子网划分。

> **注意**：地址是否唯一　　　　　　　　　　　　　　　　　　　　　　　*By the Way*
>
> 　　从理论上讲，Internet 上每台计算机都必须有唯一的 IP 地址。在实际应用中，代理服务器软件和 NAT 设备的使用让未注册和非唯一的地址也可以连接 Internet。第 12 章将详细讲解 NAT 设备。

4.3.3　将 32 位的二进制地址转换为点分十进制形式

二进制数字（基数是 2）类似于十进制数字（基数是 10），只是每一位代表的值是 2 的乘方而不是 10 的乘方。如图 4.4 所示，十进制数字从最右边代表 1 的位置开始，每向左移一位，所代表的值就乘以 10。整个数字的值就是每一位上的值之和。例如，在图 4.4 中，十进制数字 126 325 的值是这样得出来的：(1×100 100)+(2×10 000)+(6×1 000)+(3×100)+(2×10)+(5×1)=126 325。

二进制数字最右边的位置也代表 1，每向左移一位，所代表的值就乘以 2（见图 4.5）。

图 4.4

基数为 10 的计数系统

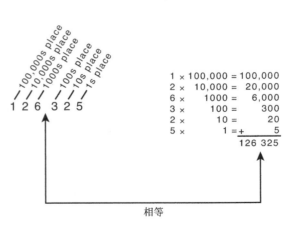

相等

图 4.5

基数为 2 的计数系统

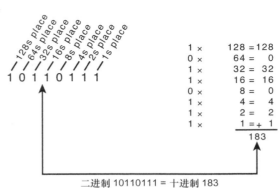

二进制 10110111 = 十进制 183

By the Way

注意：0 和 1

  计算机以二进制形式工作，因为 0 和 1 正好与数字电路中使用的开和关状态相对应。

  只要把二进制数值中为 1 的位置所代表的数值相加起来，就可以得到相应的十进制数值。IP 地址是由 4 个八位组组成的，每个八位组必须单独转换为十进制形式。下面的例子展示了如何把 32 位的二进制 IP 地址转换为点分十进制形式。

  转换二进制地址 01011001000111011100110000011000 的步骤如下。

1. 把地址划分为 8 位的八位组。

  八位组 1：01011001。

  八位组 2：00011101。

  八位组 3：11001100。

  八位组 4：00011000。

2. 把每一个八位组转换为一个十进制数值，其过程如表 4.3 所示。

表 4.3		把二进制地址转换为点分十进制形式	
八 位 组	二 进 制 值	计 算	十 进 制 值
1	01011001	1+8+16+64	89
2	00011101	1+4+8+16	29
3	11001100	4+8+64+128	204
4	00011000	8+16	24

3．按照从左到右的次序写下十进制值，用句点分隔每个值。

地址就是：89.29.204.24。

本章后面的练习里有其他一些把二进制地址转换为点分十进制形式的题目，读者可以多加练习。

4.3.4 十进制数值转换为二进制八位组

十进制数值转换为二进制八位组就是图 4.5 所示过程的相反过程。如果需要将一个点分十进制地址转换为 32 位的二进制地址，也就是把地址中每个点分十进制值转换为一个二进制八位组，再把这些八位组连接起来。下面的过程展示了如何把十进制 207 转化二进制八位组。

> **注意**：更多的二进制位值
>
> **By the Way**
>
> 这个过程使用的是代表 IP 地址八位组的十进制数值。如果要转换的十进制数值大于 255，我们就需要扩展图 4.5 中所示的二进制位值，并相应地改变这个转换过程。

把十进制 207 转换为二进制八位组的步骤如下所示。

1．把要转换的值（本例是 207）与 128 相比。如果大于等于 128，就把它减去 128，并写下 1。如果小于 128，就减去 0，并写下 0。

207>128。

207－128=79。

值 128 对应的位写下 1。

到目前为止的结果：1。

2．采用第 1 步里得到的结果（本例是 79），把它与 64 相比。如果大于等于 64，就减去 64，并写下 1。如果小于 64，就减去 0，并写下 0。

79>64。

79－64=15。

值 64 对应的位写下 1。

到目前为止的结果：11。

3．采用第 2 步里得到的结果（本例是 15），把它与 32 相比。如果大于等于 32，就减去 32，并写下 1。如果小于 32，就减去 0，并写下 0。

15<32。

15-0=15。

值 32 对应的位写下 0。

到目前为止的结果：110。

4. 采用第 3 步里得到的结果，把它与 16 相比。如果大于等于 16，就减去 16，并写入 1。如果小于 16，就减去 0，并写下 0。

15<16。

15-0=15。

值 16 对应的位写下 0。

到目前为止的结果：1100。

5. 把第 4 步得到的结果与 8 相比。如果大于等于 8，就减去 8，并写下 1。如果小于 8，就减去 0，并写下 0。

15>8。

15-8=7。

值 8 对应的位写下 1。

到目前为止的结果：11001。

6. 把第 5 步得到的结果与 4 相比。如果大于等于 4，就减去 4，并写下 1。如果小于 4，就减去 0，并写下 0。

7>4。

7-4=3。

值 4 对应的位写下 1。

到目前为止的结果：110011。

7. 把第 6 步得到的结果与 2 相比。如果大于等于 2，就减去 2，并写下 1。如果小于 2，就减去 0，并写下 0。

3>2。

3-2=1。

值 2 对应的位写下 1。

到目前为止的结果：1100111。

8. 如果第 7 步得到的结果是 1，就写下 1。如果第 7 步得到的结果是 0，就写下 0。

1=1。

值 1 对应的位写下 1。

最后结果：11001111。

这样就把十进制数值 207 转换为相应的二进制 11001111。

> **注意：除以 2**
>
> 将数值除以 2，将余数记录下来，然后再将相除后的结果继续除以 2，并继续记录余数，直到相除后的结果为 0。将得到的余数按照逆序给出来，即得到相应的二进制形式。例如，将十进制数 207 转换为二进制，其步骤如下所示。
>
> 207 / 2 = 103 + 1→1
> 103 / 2 = 51 + 1→1
> 51 / 2 = 25 + 1→1
> 25 / 2 = 12 + 1→1
> 12 / 2 = 6 + 0→0
> 6 / 2 = 3 + 0→0
> 3 / 2 = 1 + 1→1
> 1 / 2 = 0 + 1→1
>
> 将余数组合起来，第一个余数的值为 1，后面紧跟按照逆序给出的其他余数，即可形成相应的二进制结果：11001111。

By the Way

4.3.5 特殊的 IP 地址

有少量 IP 地址具有特殊含义，不会分配给特定的主机。全 0 的主机 ID 表示网络本身。例如，IP 地址 129.152.0.0 是指网络 ID 为 129.152 的 B 类网络。

全 1 的主机 ID 表示广播。广播是向网络中所有主机发送的消息。IP 地址 129.152.255.255 就是网络 ID 为 129.152 的 B 类网络的广播地址（注意，十进制的 255 对应于全 1 的二进制八位组 11111111）。

地址 255.255.255.255 也可以用于网络上的广播。

以十进制值 127 开头的地址是环回地址。目的地址为环回地址的消息是由本地 TCP/IP 软件发送的，其目的在于测试 TCP/IP 软件是否工作正常。第 14 章将会讲到 ping 工具的使用。通常使用的环回地址是 127.0.0.1。

RFC 1597（之后被 RFC 1918 取代）保留了一些 IP 地址范围用于私有网络，其设想是，这些私有地址范围不会连接到 Internet，所以不必要求地址是唯一的。目前，这些私有地址范围经常用于网络地址转换（NAT）设备背后的受保护网络，第 12 章将讲解 NAT。

➢ 10.0.0.0～10.255.255.255。

➢ 172.16.0.0～172.31.255.255。

➢ 192.168.0.0～192.168.255.255。

由于私有地址范围不必与其余地址同步，所以整个地址范围对于任何网络都是可用的。网络管理员利用这些私有地址可以获得更大的子网空间和可用地址范围。Internet 服务提供商有时会将它们的整个网络放到私有地址范围中，所以你可能会注意到，你的计算机有一个位于私有范围内的地址（即使你没有配置它）。

地址范围 169.254.0.0～169.255.255.255 保留用于自动配置。第 12 章将会讲到零配置系统（Zeroconf system）和其他自动配置协议。

4.4 地址解析协议（ARP）

本章前面讲到，局域网上的计算机使用网际层的地址解析协议（ARP）把 IP 地址映射为物理地址。主机必须知道目的网络适配器的物理地址才能向它发送数据，由此可见，ARP 是一个重要的协议。但是 TCP/IP 的实现方式让 ARP 和关于物理地址转换的任何细节对于用户来说几乎是完全透明的，对于用户来说，网络适配器就是以 IP 地址标识的。然而在幕后，IP 地址必须映射到物理地址，消息才能到达目的地（见第 3 课）。

网段上每台主机在内存中都保存着一个称为 ARP 表或 ARP 缓存的表格。ARP 缓存将网段上其他主机的 IP 地址与物理地址关联起来（见图 4.6）。当主机需要向网段上的其他主机发送数据时，它会查看 ARP 缓存来获得接收方的物理地址。ARP 缓存是动态变化的。如果要接收数据的地址当前并不存在于 ARP 缓存，主机就会发送一个名为 ARP 请求帧的广播。

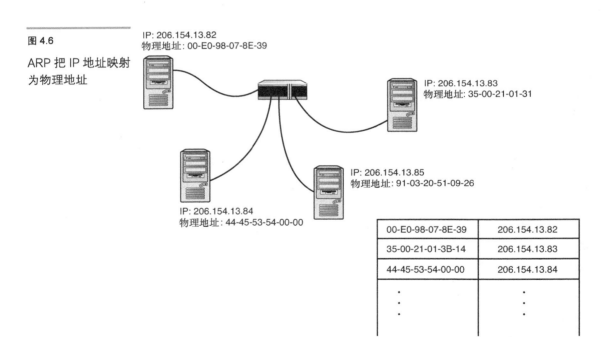

图 4.6

ARP 把 IP 地址映射为物理地址

ARP 请求帧包含未解析的 IP 地址，还包含发送这个请求的主机的 IP 地址和物理地址。网段上的其他主机接收到这个 ARP 请求，拥有这个未解析 IP 地址的主机会向发出请求的主机发送自己的物理地址。这个新解析的 IP 地址与物理地址的对应关系就会被添加到请求主机的 ARP 缓存里。

通常来讲，ARP 缓存里的条目在一个预定时间之后会过期，条目就会被从表里删除。当主机下一次向这个条目所包含的 IP 地址发送数据时，解析过程会再次重复。

4.5 逆向 ARP（RARP）

RARP 的含义是逆向 ARP，也就是 ARP 的逆过程。当我们知道 IP 地址而不知道物理地址时，可以使用 ARP；而在知道物理地址而不知道 IP 地址时，则应使用 RARP。RARP 经常与 BOOTP 协议共同使用来启动无盘工作站。

> **注意**：BOOTP（启动 PROM）
> 很多网络适配器包含一个空的插槽，用于插入称为"启动 PROM"的集成电路。计算机一加电，PROM 固件就会启动，从网络服务器而不是本地硬盘来读取并加载操作系统。下载到 BOOTP 设备的操作系统被预配置为特定的 IP 地址。

By the Way

4.6 Internet 控制消息协议（ICMP）

发送到远程计算机的数据通常会经过一个或多个路由器，这些路由器在把数据传输到最终目的地的过程中可能产生多种问题。路由器利用 Internet 控制消息协议（ICMP）消息把问题通知给源 IP。ICMP 还有用于其他调试和排错的功能。

下面列出了最常见的 ICMP 消息。当然，还有其他一些情形会产生 ICMP 消息，但它们发生的概率是相当低的。

➢ **Echo Request（回显请求）和 Echo Reply（回显应答）**：ICMP 经常被用于测试。技术人员在使用 ping 命令来测试与其他主机的连通性时，使用的就是 ICMP。ping 向某个 IP 地址发送一个数据报，并且要求目的计算机在响应数据报中返回所发送的数据。ping 实际使用的命令是 ICMP 的 Echo Request 和 Echo Reply。

➢ **Source Quench（源抑制）**：如果一台高速计算机向远程计算机发送大量数据，可能会使路由器产生过载。这时路由器可以利用 ICMP 向源 IP 发送 Source Quench 消息，让它降低发送数据的速度。如果有必要，还可以向源 IP 发送额外的源抑制消息。

➢ **Destination Unreachable（目的不可到达）**：如果路由器收到一个不能被传递的数据报，ICMP 就会向源 IP 返回一个 Destination Unreachable 消息。路由器不能传递消息的原因之一是网络由于设备故障或维修而关闭。

➢ **Time Exceeded（超时）**：当数据报由于 TTL 达到 0 而被丢弃时，ICMP 就会向源 IP 发送这个消息。这表示对于当前 TTL 值来说，到达目标需要经过太多的路由器；或者是说明路由表出了问题，导致数据报在同一台路由器上连续循环。

当数据报无限循环且永远不能到达目的地时，就会发生路由环路。假设 3 台路由器分别位于洛杉矶、旧金山和丹佛。洛杉矶的路由器向旧金山的路由器发送一个数据报，后者又发送给丹佛，丹佛又发送给洛杉矶。这样一来，数据报就被陷在其中，不断在这 3 台路由器之间循环，直到 TTL 为 0。路由环路不应该发生，但偶尔也会出现。当网络管理员在路由表里设置了一条静态路由时，有时就可能导致路由环路。

> **Fragmentation Needed（需要分段）**：如果一个数据报的 "Don't Fragment（不可分解）" 位被设置为 1，而路由器需要对数据报进行分段才能把它转发到下一台路由器或目的地，这时 ICMP 就会发送这条消息。

By the Way

> **注意**：网际层其他协议
>
> 　　网际层还包含其他一些协议，比如 IPSec 协议，它在 IPv4 中是可选的，但是在 IPv6 中却是不可或缺的一部分。该协议工作于网际层，提供安全的加密通信（见第 19 章）。其他网际层协议用于协助多播这样的任务。

4.7　小结

　　本章介绍了网际层协议 IP、ARP、RARP 和 ICMP。IP 提供了一种与硬件无关的寻址系统，用于在网络上传输数据。我们学习了二进制和点分十进制 IP 地址格式，以及 IP 地址的 A、B、C、D 和 E 类地址。ARP 是把 IP 地址解析为物理地址的协议，RARP 是 ARP 的逆过程，可以让无盘计算机向服务器进行查询来获得自己的 IP 地址。ICMP 是用于诊断和测试的协议。

4.8　问与答

　　问：常用什么地址标记方式来简化 32 位二进制地址？

　　答：点分十进制。

　　问：在收到一个 IP 地址时，ARP 会返回什么信息？

　　答：相应的物理（或 MAC）地址。

　　问：如果路由器来不及处理大量流量，源 IP 会收到什么类型的 ICMP 消息？

　　答：Source Quench（源抑制）消息。

　　问：以 110 开头的二进制地址属于哪一类 IP 地址？

　　答：C 类地址。

4.9　测验

　　下面的测验由一组问题和练习组成。这些问题旨在测试读者对本章知识的理解程度，而练习旨在为读者提供一个机会来应用本章讲解的概念。在继续学习之前，请先完成这些问题和练习。有关问题的答案，请参见"附录 A"。

4.9.1　问题

1. IP 报头中 TTL 字段的用途是什么？
2. A 类地址中的网络 ID 和主机 ID 的范围分别是多大？

3. 什么是八位组？

4. IP 地址是什么的地址？

5. ARP 和 RARP 之间的区别是什么？

4.10　练习

1. 把以下二进制八位组转换为相应的十进制数值。

00101011

01010010

11010110

10110111

01001010

01011101

10001101

11011110

2. 把以下十进制值转换为二进制八位组。

13

184

238

37

98

161

243

189

3. 把下面的 32 位 IP 地址转化为点分十进制形式。

11001111 00001110 00100001 01011100

00001010 00001101 01011001 01001101

10111101 10010011 01010101 01100001

4.11　关键术语

复习下列关键术语。

> **地址类：** IP 地址的分类系统。网络类别确定了将地址划分为网络 ID 和主机 ID 的方式。

> **地址解析协议（ARP）：** 网际层的重要协议，用于获取与 IP 地址相对应的物理地址。

ARP 缓存记录着最近解析的物理地址和 IP 地址对。

➢ **BOOTP**：用来远程启动计算机或其他网络设备的协议。

➢ **点分十进制**：基数为 10，而且使用 4 个数字来表示二进制 IP 地址的形式，这 4 个数字分别表示二进制地址的 4 个八位组，4 个数字之间使用句点分开（209.121.131.14）。

➢ **主机 ID**：IP 地址的组成部分，代表网络上的一个节点。一个网络内每个节点的 IP 地址都应该具有唯一的主机 ID。

➢ **Internet 控制消息协议（ICMP）**：网际层的重要协议，路由器利用它发送消息来告知源 IP 关于路由的问题。ping 命令也使用 ICMP 来判断网络上其他主机的状态。

➢ **网际协议（IP）**：网际层的重要协议，用于数据报的寻址、传递和路由。

➢ **多播**：允许数据报同时发送给一组主机的技术。

➢ **网络 ID**：IP 地址的组成部分，表示网络。

➢ **八位组**：一个 8 位的二进制数值。

➢ **逆向地址解析协议（RARP）**：TCP/IP 的一个协议，根据物理地址返回相应的 IP 地址。在其网络适配器上安装了远程启动 PROM 的无盘工作站时，通常会使用该协议。

➢ **子网**：TCP/IP 地址空间的逻辑划分。

第 5 章

子网划分和 CIDR

本章介绍如下内容：
➢ 子网划分；
➢ 子网掩码；
➢ CIDR 标记。

子网划分是利用 IP 地址系统把物理网络分解为更小的逻辑实体(称为子网)的一种手段。随着 CIDR（Classless Inter-Domain Routing，无类别域间路由）和 IPv6（见第 13 章）等技术的出现，这种子网划分的传统方法逐渐失去了市场，但是 CIDR 和 IPv6 技术也是借用了基本的子网划分原理，而且如果在讲解 TCP/IP 时不提及子网划分，则这样的讲解也称不上是完整的。本章将介绍在 IPv4 网络上进行子网划分的需求与优点，以及生成子网掩码所需要遵循的步骤与过程。

学完本章后，你可以：
➢ 掌握如何使用子网；
➢ 了解子网划分的优点；
➢ 开发满足业务需求的子网掩码；
➢ 掌握超网和 CIDR 标记。

5.1 子网

IP 地址必须同时表明主机以及主机所在的网络。在第 4 章中讲到，IP 地址分类系统可以让我们区分地址中的网络部分和主机部分。但是，这种地址分类系统的灵活性不够。在现实世界中，网络具有各种规模，很多网络被划分为更小的单元，而且真实世界中的分类网络也快消耗殆尽。ISP（Internet 服务供应商）和网络管理员需要更灵活的方式对分类网络进行划分，让数据报能够到达服务于较小地址空间的路由器。

子网划分可以将网络分解为称为子网的较小单元。子网的概念最早源自于地址分类系统，而且在 A 类、B 类和 C 类网络中能够得以很好的展现。然而，硬件厂商和 Internet 社区建立了一种解析地址的新系统，名为无类别域间路由（CIDR），它不需要强调地址类别。本章首先介绍地址分类系统中的子网划分，然后再讨论 CIDR 标记。

5.2　划分网络

第 4 章介绍的地址分类系统让所有的主机能够识别 IP 地址中的网络 ID，从而把数据报发送给正确的网络。但是，根据 A 类、B 类或 C 类网络 ID 来识别网段具有一些局限性。地址分类系统主要的局限性是在网络级别之下不能对地址空间进行任何逻辑细分。

图 5.1 所示为一个 A 类网络。第 4 章讲到，数据报到达网关，然后传输到 99.0.0.0 地址空间。但如果要考虑数据报在传输到 99.0.0.0 地址空间之后是如何进行传递的，这个图示就会变得非常复杂。A 类网络能够容纳超过 1 600 万台主机。这个网络也许包含数百万主机，这大大超过了在一个子网上容纳的数量。

图 5.1

将数据发送到 A 类
网络

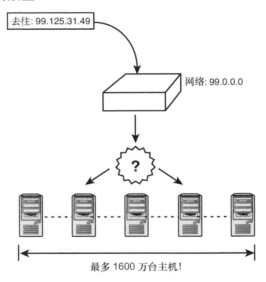

为了在大型网络里实现更高效的数据传输，地址空间被划分为较小的网段（见图 5.2）。把网络划分为独立的物理网络能够增加网络的整体容量，也就能够让网络使用地址空间的更大部分。在这种情况下，在地址空间里划分网段的路由器需要适当的指示来决定把数据传输到哪里。它们不能使用网络 ID，因为传输到这个网络的数据报具有相同的网络 ID（99.0.0.0）。尽管可以利用主机 ID 来组织地址空间，但是对于能够容纳超过 1 600 万台主机的网络来说，将会是很麻烦、非常不灵活、完全不实用的。唯一可行的解决方案是在网络 ID 下对地址空间进行某种细分，让主机和路由器能够根据 IP 地址判断应该把数据发送到哪个网段。

子网划分就是在网络 ID 之下提供了第 2 层逻辑组织。路由器能够把数据报发送给网络里的某个子网地址（一般对应于一个网段），而当数据报到达子网之后，就会被 ARB 解析为物理地址（见第 4 章）。

那么子网地址从何而来呢？32 位的 IP 地址不是被划分为网络 ID 和主机 ID 了吗？TCP/IP 的设计者借用了主机 ID 里的一些位来形成子网地址。一个名为子网掩码的参数指明了地址中多少位用于子网 ID、保留多少位作为实际的主机 ID。

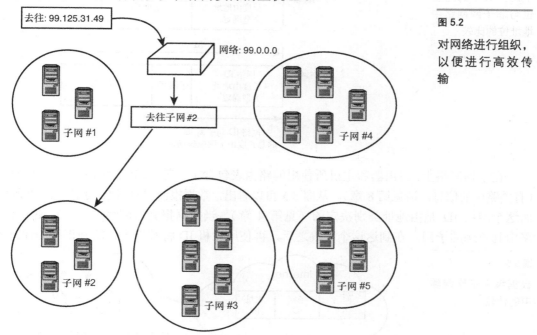

图 5.2

对网络进行组织，以便进行高效传输

子网掩码在许多网络上仍然得以使用，尤其是用在了面向终端用户的配置上。对于路由器配置和其他专业的网络环境，CIDR 标记（本章后面将讲到）已经大规模取代了子网掩码。你需要理解这两种形式，以便在现代的 TCP/IP 网络中找到适合自己的形式。好消息是子网掩码和 CIDR 其实是实现同一目的的两种方法。

5.3　老方法：子网掩码

像 IP 地址一样，子网掩码也是一个 32 位的二进制值，它的形式能够说明与之相关的 IP 地址的子网 ID。图 5.3 所示为一个 IP 地址/子网掩码对。子网掩码里的每一位代表 IP 地址中的一个位，用 1 表示 IP 地址中属于网络 ID 或子网 ID 的位，用 0 表示 IP 地址里属于主机 ID 的位。我们可以把子网掩码看作阅读 IP 地址的映射。图 5.4 所示为子网网络和非子网网络上地址位的对比。

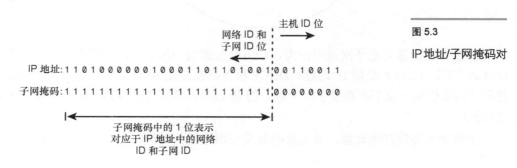

图 5.3

IP 地址/子网掩码对

图 5.4

子网网络中的地址
位与非子网网络中
地址位的比较

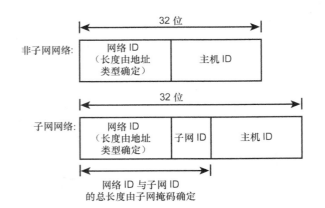

在子网网络上，路由器和主机所使用的路由表包含了与每个 IP 地址相关的子网掩码信息（有关路由的信息，请见第 8 章）。从图 5.5 可以看出，数据报使用网络 ID 字段被路由到网络，而这个网络 ID 是由地址类别决定的（见第 4 章）。当数据报到达网络之后，它使用子网 ID 路由到正确的子网。在到达这个网段之后，再使用主机 ID 将数据报传输到正确的计算机。

图 5.5

数据报在子网网络
中的传输

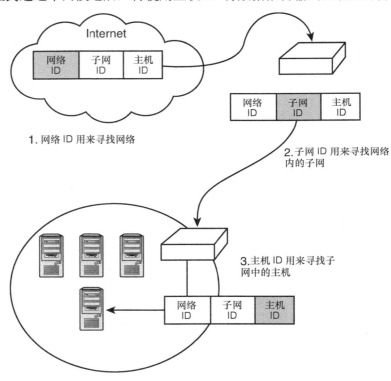

网络管理员通常把子网掩码作为 TCP/IP 配置的一部分分配给每个主机。如果主机通过 DHCP（见第 12 章）获得 IP 地址，DHCP 服务器在分配 IP 地址的同时，还会分配一个子网掩码。如果你从一家 ISP 租用了一个静态的 IP 地址，通常还会得到一个与该地址一起使用的子网掩码。

子网掩码必须仔细计算，并且必须要反应网络的内部组织。一个子网内的所有主机应该具有相同的子网 ID 和子网掩码。为了便于人们使用，子网掩码通常以点分十进制的形式表示，类似于 IP 地址使用的表示法。

利用第 4 章介绍的针对 IP 地址的地址转换技术，可以把二进制子网掩码转换为点分十进制地址。而且与 IP 地址相比，子网掩码通常可以更容易地转换为点分十进制形式。对应于地址中网络 ID 和子网 D 的子网掩码位是 1，表示 IP 地址里主机 ID 的掩码位是 0。这意味着 1 都在掩码的左侧，而 0 都在右侧（除了极少的例外）。一个全为 1 的八位组在点分十进制字子网掩码中显示为 255（二进制 11111111），一个全为 0 的八位组显示为 0（二进制 00000000）。因此，下面这个子网掩码：

111111111111111111111111100000000

以点分十进制的形式表示就是 255.255.255.0。类似地，子网掩码：

11111111111111110000000000000000

以点分十进制的形式表示就是 255.255.0.0。

可以看出，如果在八位组的边界对地址进行划分，可以很容易地确定子网掩码的点分十进制形式。然而有些子网掩码并不是在八位组的边界对地址进行划分的，这时我们只需判断混合八位组（包含 1 和 0 的八位组）所对应的十进制数值。

把二进制子网掩码转化为点分十进制形式的步骤如下所示。

1．在书写 32 位二进制的子网掩码时，在每个八位组的边界插入一个句点，从而把它分为 4 个八位组：

11111111.11111111.11110000.00000000

2．对全为 1 的八位组，将其写为 255；对全为 0 的八位组，将其写为 0。

3．利用第 4 章介绍的二进制转换技术把这些八位组转化为十进制形式。简单地说，就是把为 1 的位所代表的值相加（见图 4.5）。

4．写下最终的点分十进制形式：

255.255.240.0

对于使用传统子网掩码的主机和网络来说，这个点分十进制的形式更容易输入计算机的 TCP/IP 配置。

子网 ID 的分配（以及由此产生的子网掩码的分配）取决于你的配置。如果你的计算机是一家 ISP 网络的一部分，则很可能会通过 DHCP 接收到一个 IP 地址和一个子网掩码。

如果你负责配置自己的 TCP/IP 网络，最佳解决方案是先规划网络，确定所有网段的数量和位置，然后为每一个分段分配一个子网 ID。要为每个子网分配唯一的子网 ID，你需要有足够多的子网位。如果可能，尽量节省使用，以便你的网络在扩张时可以容纳更多的子网 ID。

下面是一个简单的示例。这是一个 B 类网络，它的第 3 个八位组（在点分十进制 IP 地址中是第 3 个数值）被保留为子网号。在图 5.6 中，网络 129.100.0.0 被划分为 4 个子网，网络上的 IP 地址分配的子网掩码是 255.255.255.0，表示网络 ID 和子网掩码占据了 IP 地址中的 3 个八位组。由于这个地址是个 B 类地址（见第 4 章），地址中的前两个八位组是网络 ID。

因此图 5.6 中的子网 A 具有如下参数。

> **网络 ID**：`129.100.0.0`

> **子网 ID**：`0.0.128.0`

全 0 或全 1 的网络/子网和主机 ID 是不能分配的，因此，图 5.6 所示的配置最多支持 254 个子网，每个子网最多容纳 254 个地址。只要你能够使用 B 类网络地址（已经越来越难获得了），并且子网上不会超过 254 个地址时，这是一种相当合理的解决方案。

图 5.6

一个划分了子网的
B 类网络

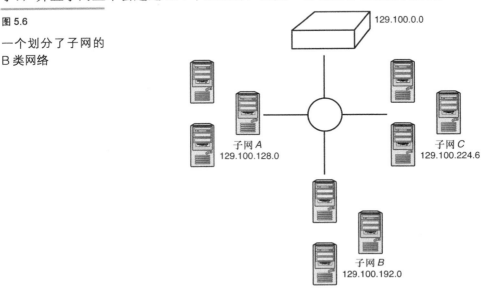

当然，本章在前面介绍过，通常不可能把一整个八位组都用于子网 ID。比如在 C 类网络上，如果让子网 ID 占据一个完整的八位组，就没有任何位可以用于主机 ID 了。即使在 B 类网络上，在子网容量需要超过 254 台主机时，我们也不能让子网 ID 占据一个八位组。子网划分并不要求把子网 ID 放在八位组的边界，这种概念在二进制形式下是很容易理解的，但转化为点分十进制形式之后可能会让人觉得有些糊涂。

By the Way　**注意**：0 和 1
　　尽管不建议使用全 1 和全 0 的子网，但是有些路由器厂商不愿意放弃这个宝贵的地址空间，因此仍然会对其提供支持。

例如，我们要把一个 C 类网络划分为 5 个较小的子网。在 C 类网络中，分类地址规则在网络 ID 后面提供了 8 位，用于子网 ID 和主机 ID。我们使用下面这样的子网掩码让子网 ID 占据 3 位：

```
11111111111111111111111111100000
```

剩下的 5 位用于主机 ID。子网 ID 的 3 位提供了 8 种可能的位组合。前面讲到，正式的子网规则从子网 ID 的地址池中排除了全 1 和全 0 的组合（虽然很多路由器支持分配全 1 或全 0 的子网 ID）。无论何种情况，这种配置对于 6 个小子网都够用了。主机 ID 占据的 5 位能够提供 32 种可能的位组合，排除了全 1 和全 0 的组合之后，每个子网可以容纳 30 台主机。

为了以点分十进制形式表示这个子网掩码，可以按照前面介绍的步骤进行操作。

1. 插入句点来标记八位组的边界。

   11111111.11111111.11111111.11100000

2. 全1的八位组对应于255，把混合八位组转换为十进制。

   128+64+32=224

3. 这个子网掩码的点分十进制形式是255.255.255.224。

假定在这个子网网络中添加主机（见图5.7），由于这个网络是C类网络，前3个八位组对所有的主机而言都是相同的。为了得到IP地址的第4个八位组，只需在相应位置写下二进制子网ID和主机ID。比如在图5.7中，子网C的子网ID是011，由于这个值位于八位组的最左侧，因此子网ID实际上是01100000，相应的十进制数值是96。如果主机是17（二进制10001），第4个八位组就是01110001，相应的十进制数值是113，那么这台主机的IP地址就是212.114.32.113。

注意：子网的命名

在这个例子中，许多管理员仍然将子网称为子网3（二进制为011），并且在这二进制与十进制的转换计算中，他们仍然说子网3是由数值96（011100000或96）来表示的。

By the Way

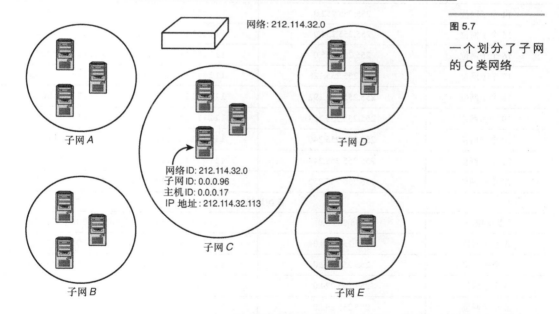

图5.7

一个划分了子网的C类网络

表5.1所示为子网掩码二进制形式与点分十进制形式的对应关系，其中包含了所有有效的子网掩码。"描述"一栏说明了在地址类定义的默认掩码之外还有多少位掩码，它们是可以用于子网ID的。例如，默认的A类掩码具有8个1位，而显示2个掩码位的行表示在子网掩码中有8加2，即10位。

表 5.1 子网掩码十进制形式与二进制形式的对应关系

描述	点分十进制形式	二进制形式
A 类地址		
默认掩码	255.0.0.0	11111111 00000000 00000000 00000000
1 个子网位	255.128.0.0	11111111 10000000 00000000 00000000
2 个子网位	255.192.0.0	11111111 11000000 00000000 00000000
3 个子网位	255.224.0.0	11111111 11100000 00000000 00000000
4 个子网位	255.240.0.0	11111111 11110000 00000000 00000000
5 个子网位	255.248.0.0	11111111 11111000 00000000 00000000
6 个子网位	255.252.0.0	11111111 11111100 00000000 00000000
7 个子网位	255.254.0.0	11111111 11111110 00000000 00000000
8 个子网位	255.255.0.0	11111111 11111111 00000000 00000000
9 个子网位	255.255.128.0	11111111 11111111 10000000 00000000
10 个子网位	255.255.192.0	11111111 11111111 11000000 00000000
11 个子网位	255.255.224.0	11111111 11111111 11100000 00000000
12 个子网位	255.255.240.0	11111111 11111111 11110000 00000000
13 个子网位	255.255.248.0	11111111 11111111 11111000 00000000
14 个子网位	255.255.252.0	11111111 11111111 11111100 00000000
15 个子网位	255.255.254.0	11111111 11111111 11111110 00000000
16 个子网位	255.255.255.0	11111111 11111111 11111111 00000000
17 个子网位	255.255.255.128	11111111 11111111 11111111 10000000
18 个子网位	255.255.255.192	11111111 11111111 11111111 11000000
19 个子网位	255.255.255.224	11111111 11111111 11111111 11100000
20 个子网位	255.255.255.240	11111111 11111111 11111111 11110000
21 个子网位	255.255.255.248	11111111 11111111 11111111 11111000
22 个子网位	255.255.255.252	11111111 11111111 11111111 11111100
B 类地址		
默认掩码	255.255.0.0	11111111 11111111 00000000 00000000
1 个子网位	255.255.128.0	11111111 11111111 10000000 00000000
2 个子网位	255.255.192.0	11111111 11111111 11000000 00000000
3 个子网位	255.255.224.0	11111111 11111111 11100000 00000000
4 个子网位	255.255.240.0	11111111 11111111 11110000 00000000
5 个子网位	255.255.248.0	11111111 11111111 11111000 00000000
6 个子网位	255.255.252.0	11111111 11111111 11111100 00000000
7 个子网位	255.255.254.0	11111111 11111111 11111110 00000000
8 个子网位	255.255.255.0	11111111 11111111 11111111 00000000
9 个子网位	255.255.255.128	11111111 11111111 11111111 10000000
10 个子网位	255.255.255.192	11111111 11111111 11111111 11000000

续表

描述	点分十进制形式	二进制形式
B 类地址		
11 个子网位	255.255.255.224	11111111 11111111 11111111 11100000
12 个子网位	255.255.255.240	11111111 11111111 11111111 11110000
13 个子网位	255.255.255.248	11111111 11111111 11111111 11111000
14 个子网位	255.255.255.252	11111111 11111111 11111111 11111100
C 类地址		
默认子网掩码	255.255.255.0	11111111 11111111 11111111 00000000
1 个子网位	255.255.255.128	11111111 11111111 11111111 10000000
2 个子网位	255.255.255.192	11111111 11111111 11111111 11000000
3 个子网位	255.255.255.224	11111111 11111111 11111111 11100000
4 个子网位	255.255.255.240	11111111 11111111 11111111 11110000
5 个子网位	255.255.255.248	11111111 11111111 11111111 11111000
6 个子网位	255.255.255.252	11111111 11111111 11111111 11111100

> **注意**：不实用的掩码　　　　　　　　　　　　　　　　　　　　　**By the Way**
>
> 　　表 5.1 中的一些掩码只是用于解释其用途，没有实用价值。比如 C 类网络如果使用了 6 位的子网 ID，就只剩下 2 位用于主机 ID 了。而在这 2 位中，全 1 地址（11）保留用于广播，全 0 地址（00）通常是不使用的。因此这个子网只能容纳 2 台主机。

5.4　新方法：CIDR

在 2011 年 2 月，ICANN 宣布，IPv4 地址已经正式耗尽。在第 4 章（以及第 13 章）讲到，应对 IP 地址耗尽问题的长期解决方案是使用全新的 IPv6 地址系统，它可以提供大量可用的地址。然而，ICANN 用尽所有未分配的地址并不意味着人们停止使用它们。ISP 一直在参与 IPv4 地址的买卖与分配。IP 地址的高额交易，对路由表中地址条目的扩散进行限制的需求，催生了另外一种路由表示形式，这种形式提供了更为一致的方法来聚合和划分 IP 地址空间。

A 类网络只有 8 位网络 ID，这意味着世界上只有 254 个 A 类网络（2^8 减去全 0 和全 1 的网络）。在另一方面，C 类网络中庞大的 24 位网络 ID 意味着有数百万的 C 类网络出现在 Internet 上，如果只按照地址分类进行路由，则这数百万个网络将产生数百万条路由表条目。对于提供大容量游戏的 ISP 来说，C 类网络较小的地址空间（最大只有 254 台主机）是一个严重的限制，因此 Internet 提供商通常成块交易 C 类地址。因此这很有可能为需要 254 个地址以上的网络所有者分配一系列 C 类网络。然而，当多个 C 类网络去往同一个地方时，将它们当作单独的条目只会让路由表产生不必要的混乱。

本章前面提到，地址分类系统相对而言不够灵活，需要使用子网划分系统来更细致地控制地址空间。而无类别域间路由是一种更加流畅和灵活的技术，可以在路由表中定义地址块。

CIDR 系统不依赖于预定义的 8 位、16 位或 24 位网络 ID，而是使用一个名为 CIDR 前缀的值指定地址中作为网络/子网 ID 的位数。这个前缀有时也称为变长子网掩码（VLSM）。这个前缀可以位于地址空间的任何位置，让管理员能够以更灵活的方式定义子网，以简单、方便的形式指定地址中网络与主机之间的边界。CIDR 标记使用一个斜线（/）分隔符，后面跟一个十进制数值来表示地址中网络部分所占的位数。例如，在 CIDR 地址 205.123.196.183/25 中，/25 表示地址中 25 位用于网络，相应的子网掩码就是 255.255.255.128。

CIDR 前缀在本质上定义了 IP 地址中前面的多少位对于网络里的全部主机来说是一样的。CIDR 一个强大的特性是它不仅支持对网络划分子网，还让 ISP 或管理员能够把多个连续的 C 类网络聚合或组合为一个条目。这种特性极大地简化了网际路由表，从而延长了 IPv4 Internet 的生命。出租一系列连续 C 类网络的 ISP 只需要一个条目就可以定义全部网络。在这种情况下，CIDR 前缀发挥了所谓超网掩码的作用。例如，一个 ISP 可以分配 204.21.128.0（11001100000101 01100000000000000）～204.21.255.255（11001100000101011111111111111111）的全部 C 类地址。

从左边数，这些网络地址的前 17 位是一样的，因此，超网掩码是 11111111111111111 000000000000000，相应的点分十进制形式是 255.255.128.0。

地址块是使用地址范围中最低的地址外加超网掩码的位数来指定的。因此，支持 CIDR 且分布在 Internet 上的路由表可以只使用一个 CIDR 条目 204.21.128.0/17 来引用这段地址的全部范围。该条目适用于与地址 204.21.128.0 的前 17 位匹配的所有地址。

By the Way

> **注意**：归一化处理
>   CIDR 风格的掩码在地址的开头定义了所有的位，而且地址范围内的所有地址都共享这些位（即它们相同），这意味着在给出了地址范围中的任意地址以及前缀之后，就可以确定地址范围。

尽管终端用户的配置对话框依然严重依赖于本章前面讲解的子网掩码标记法来配置，但是 ISP 和网络管理员可以使用 CIDR 标记来配置路由器和防火墙。需要重点记住的是，这两种标记技术实现的目的相同：告诉路由器要使用地址中的多少位来做出转发数据的决策。

5.5 小结

本章讲述了如何使用子网划分来划分 TCP/IP IPv4 地址空间。子网划分为 IP 地址架构添加了一个中间层，提供了在网络 ID 之下对地址空间中的 IP 地址进行分组的一种方式。对于使用路由器把网络分隔为多个物理网段的网络来说，子网划分是一个常见的特性。

无类别域间路由（CIDR）是一种比较新的技术，不需要使用第 4 章讲解的地址分类系统就可以对地址空间进行灵活的划分。

5.6 问与答

问：B 类网络在使用 255.255.0.0 作为掩码时，子网 ID 字段占据了多少位？

答：0 位（不存在子网 ID 字段）。掩码 255.255.0.0 是 B 类网络的默认条件，全部 16 个掩码位都是用于网络 ID，没有用于子网划分的位。

问：一个网络管理员计算出他需要 21 位掩码，他应该使用什么子网掩码？

答：21 位掩码：11111111111111111111100000000000，也就是两个全 1 八位组再加 5 位。全 1 的八位组对应于 255，前 5 位为 1 的八位组等于 128+64+32+16+8=248，所以这个子网掩码是 255.255.248.0。

问：公司有一个 C 类网络地址，员工分布于 10 个位置，每个位置的员工不超过 12 人。使用什么子网掩码或掩码能够满足为每个用户提供一个工作站的需要？

答：子网掩码是 255.255.255.240，主机 ID 使用 4 位，这足够为每个用户提供一个单独的地址。

问：Billy 想在一个 A 类网络上使用占据 3 位的子网 ID，相应的子网掩码是什么？

答：A 类网络意味着 IP 地址中第一个八位组是属于网络 ID 的，它的掩码就是 255。第二个八位组里的 3 位子网 ID 对应于 128+64+32=224，所以子网掩码是 255.224.0.0。

问：在 CIDR 范围 212.100.192.0/20 中，分配了什么 IP 地址？

答：超网参数/20 表示 IP 地址的前 20 位是不变的，其余部分是可变的。这个初始地址的二进制形式是：

11010100.01100100.11000000.00000000

最高地址的前 20 位必须与这个初始地址相同，其他部分可以变化。下面是可变部分的另一个极限值（全 1 替换全 0）：

11010100.01100100.11001111.11111111

所以地址范围是 212.100.192.0～212.100.207.255。

5.7 测验

下面的测验由一组问题和练习组成。这些问题旨在测试读者对本章知识的理解程度，而练习旨在为读者提供一个机会来应用本章讲解的概念。在继续学习之前，请先完成这些问题和练习。有关问题的答案，请参见"附录 A"。

5.7.1 问题

1．子网 ID 的位来自哪里？

2．为什么子网划分技术如今没有过去那么重要？

3．无类别域间路由中的"无类别"指的是什么？

4．在/26 的网络中，可以有多少台主机？

5．将几个较小的网络合并为一个较大网络范围的技术是什么？

5.7.2 练习

1. 如果把网络地址 180.4.0.0~180.7.255.255 合并为一个网络地址，请计算 CIDR 网络地址。

2. 如果子网 192.100.50.192 的子网掩码为 255.255.255.224，则该子网可以有多少台主机？

3. 在练习 2 中，在子网掩码为 255.255.255.224 时，则可以产生多少个子网？

4. 在网络 195.50.100.0/23 中，确定表示主机的最小 IP 地址。

5. 在练习 4 中，确定表示主机的最大 IP 地址。

5.8 关键术语

复习下列关键术语：

➤ **CIDR**：无类别域间路由。这种技术可以让一个网络 ID 块被当作一个整体。

➤ **子网**：对 TCP/IP 网络 ID 定义的地址空间进行逻辑划分。

➤ **子网掩码**：一个 32 位的二进制值，用于指定 IP 地址中的一部分作为子网 ID。

➤ **超网掩码**：一个 32 位的二进制值，能够把多个连续网络 ID 聚合为一个条目。

第6章

传输层

本章介绍如下内容：
- ➢ 面向连接的协议和无连接的协议；
- ➢ 端口和套接字；
- ➢ TCP；
- ➢ UDP。
- ➢ CIDR 标记。

传输层为网络应用程序提供了一个接口，并且对网络传输提供了可选的错误检测、流量控制和验证功能。本章将介绍传输层的一些重要概念以及 TCP 和 UDP 协议。

学完本章后，你可以：
- ➢ 掌握传输层的基本职责；
- ➢ 知道面向连接的协议与无连接的协议之间的区别；
- ➢ 知道传输层协议如何通过端口和套接字为网络应用程序提供接口；
- ➢ 了解 TCP 与 UDP 之间的区别；
- ➢ 识别构成 TCP 报头的字段；
- ➢ 知道 TCP 如何打开和关闭一个连接；
- ➢ 知道 TCP 如何顺序发送和确认数据传输；
- ➢ 识别构成 UDP 报头的 4 个字段。

6.1 传输层简介

在第 4 章和第 5 章已经提到，TCP/IP 传输层包含很多有用的协议，能够提供数据在网络传输所需的必要寻址信息。但寻址和路由只是传输层的部分功能。TCP/IP 的开发者知道他们需要在网际层上添加另外一层，并通过这一层提供的额外必要特性来与 IP 协作。他们尤其希望传输层协议提供以下功能。

> **为网络应用程序提供接口**：也就是为应用程序提供访问网络的途径。设计者希望不仅能够向目的计算机传递数据，还能够向目的计算机上的特定程序传递数据。

> **多路复用/多路分解机制**：这里的多路复用表示从不同的应用程序和计算机接受数据，再把数据传递到目的计算机上的接收程序。换句话说，传输层必须能够同时支持多个网络程序和管理传递给网际层的数据流。在接收端，传输层必须能够从网际层接受数据，把它转发到多个程序，这种功能被称为多路分解，它可以让一台计算机同时支持多个网络程序，比如一个 Web 浏览器、一个电子邮件客户端和一个文件共享应用程序。多路复用/多路分解的另一个作用是可以让一个应用程序同时维护与多台计算机的连接。

> **错误检测、流量控制和验证**：协议系统需要一种全面的机制来确保发送端与接收端之间的数据传输。

最后一项（错误检测、流量控制和验证）是变化最多的。质量保证通常会在收益与代价之间寻找平衡。精细的质量保证系统会提高传输可靠性，但需要以增加网络流量和处理时间为代价。对于大多数应用程序来说，这种额外的保证并不值得。因此，传输层提供了两种到达目标网络的方式，它们都具有支持应用程序所必需的接口和多路复用/多路分解功能，但在质量保证方面所采用的方法有很大不同，具体如下所示。

> **传输控制协议（TCP）**：TCP 提供了全面的错误控制和流量控制，能够确保数据正确传输，它是一个面向连接的协议。

> **用户数据报协议（UDP）**：UDP 只提供了非常基本的错误检测，用于不需要 TCP 全面控制功能的场合，它是一个无连接的协议。

本章后面将会更详细地介绍面向连接和无连接的协议、TCP 和 UDP。

By the Way

> **注意**：OSI 中的传输层
>
> TCP/IP 传输层对应于 OSI 模型的传输层。OSI 模型的传输层也称为第 4 层。

6.2 传输层概念

在更详细地讨论 TCP 和 UDP 之前，需要先介绍一些重要概念：

> 面向连接的协议和无连接的协议；

> 端口和套接字；

> 多路复用/多路分解。

这些重要概念是理解传输层设计的基础，下面来分别介绍。

6.2.1 面向连接的协议和无连接的协议

为了针对不同情况提供不同程度的质量保证，开发人员提出了两种不同的协议原型。

➤ **面向连接的协议**：会在通信计算机之间建立并维护一个连接，并且在通信过程中监视连接的状态。换句话说，通过网络传输的每个数据包都会收到一个确认，发送端计算机会记录状态信息来确保每个数据包都被正确地接收了，并且在需要时会重发数据。当数据传输结束之后，发送端和接收端计算机会以适当方式关闭连接。

➤ **无连接的协议**：以单向方式向目的地发送数据报，也不用向目的计算机正式通知数据的传输状态。目的计算机接收到数据后也不需要向源计算机返回状态信息。

图 6.1 以两个人通话的方式展示了面向连接的通信。当然，其中并没有体现出数字通信实际的复杂性，只是简单地解释了面向连接协议的概念。

图 6.1

面向连接的通信

图 6.2 展示了以无连接协议传输相同数据的情形。

图 6.2

无连接的通信

6.2.2 端口和套接字

传输层充当了网络应用程序与网络之间的接口，并且能够把网络数据传递给特定的应用程序。在 TCP/IP 系统中，应用程序可以使用端口号通过 TCP 或 UDP 协议模块指定数据目的地。端口是一个预定义的内部地址，充当从应用程序到传输层或是从传输层到应用程序之间的通路（见图 6.3）。例如，客户端计算机通常利用 TCP 端口 21 来访问服务器上的 FTP 程序。

图 6.3

端口地址将数据传输到特定的应用程序序

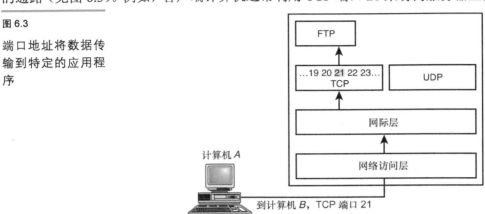

进一步观察传输层这种与应用程序相关的寻址机制，就会发现 TCP 和 UDP 数据实际是被发送到一个套接字上的。套接字是一个由 IP 地址和端口号组成的地址。例如，套接字地址 111.121.131.141.21 指向 IP 地址为 111.121.131.141 的计算机的端口 21。

图 6.4 所示为使用 TCP 的计算机在建立连接时如何交换套接字信息。

图 6.4

交换源和目的套接字信息

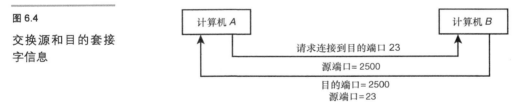

下面的例子展示了一台计算机如何通过套接字访问目的计算机上的一个应用程序。

1. 计算机 A 通过一个周知的端口向计算机 B 上的一个应用程序发起一个连接。周知端口是由互联网数字分配机构（IANA，当前由 ICANN 来管理）分配给特定程序的端口。表 6.1 和表 6.2 列出了一些周知的 TCP 端口和 UDP 端口。周知的端口与 IP 地址组合之后就构成了计算机 A 的目的套接字。连接请求包含着一个数据字段，告诉计算机 B 使用什么套接字向计算机 A 返回信息，这也就是计算机 A 的源套接字地址。

2. 计算机 B 通过周知端口接收到来自计算机 A 的请求，向作为计算机 A 源地址的套接字发送一个响应。这个套接字就成为计算机 B 上的应用程序向计算机 A 上的应用程序发送消息的目的地址。

本章后面将会讲解如何发起一个 TCP 连接。

表 6.1   周知的 TCP 端口

服　　务	TCP 端口号	简　要　描　述
tcpmux	1	TCP 端口服务多路复用器
compressnet	2	管理工具
compressnet	3	压缩工具
echo	7	回显
discard	9	丢弃或空
systat	11	用户
daytime	13	时间
qotd	17	每日引用
chargen	19	字符生成器
ftp-data	20	文件传输协议数据
ftp	21	文件传输协议控制
ssh	22	安全 Shell
telnet	23	终端网络连接
smtp	25	简单邮件传输协议
new-fe	27	NSW 用户系统
time	37	时间服务程序
name	42	主机名称服务程序
domain	53	域名服务程序（DNS）
gopher	70	Gopher 服务
finger	79	Finger
http	80	WWW 服务
link	87	TTY 链接
supdup	95	SUPDUP 协议
pop2	109	邮局协议 2
pop3	110	邮局协议 3
auth	113	身份验证服务
uucp-path	117	UUCP 路径服务
nntp	119	USENET 网络新闻传输协议
nbsession	139	NetBIOS 会话服务

表 6.2   周知的 UDP 端口

服　　务	UDP 端口号	描　　述
echo	7	回显
discard	9	丢弃或空
systat	11	用户
daytime	13	时间

续表

服 务	UDP 端口号	描 述
qotd	17	每日引用
chargen	19	字符生成器
time	37	时间服务程序
domain	53	域名服务程序（DNS）
bootps	67	引导程序协议服务/DHCP
bootpc	68	引导程序协议客户端/DHCP
tftp	69	简单文件传输协议
ntp	123	网络时间服务
nbname	137	NetBIOS 名称
snmp	161	简单网络管理协议
snmp-trap	162	简单网络管理协议 trap

6.2.3 多路复用/多路分解

套接字寻址系统使得 TCP 和 UDP 能够执行传输层的另一个重要任务：多路复用和多路分解。如前所述，多路复用是指把多个来源的数据合并成一个输出，而多路分解是把从一个来源接收的数据发送到多个输出（见图 6.5）。

图 6.5

多路复用与多路分
解

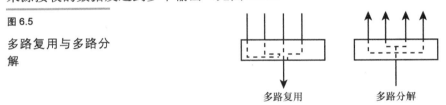

多路复用   多路分解

多路传输/多路分解让 TCP/IP 协议栈较低层的协议不必关心哪个程序在传输数据，只需要处理数据即可。与原应用程序相关的操作都由传输层完成了，数据通过一个与应用程序无关的管道在传输层与网际层之间传递。

多路复用和多路分解的关键就在于套接字地址。套接字地址包含了 IP 地址与端口号，为特定计算机上的特定应用程序提供了唯一的标识符。所有客户端计算机使用周知的 TCP 端口 21 连接到 FTP 服务器，但针对每台个人计算机的目的套接字是不同的。类似地，运行于这台 FTP 服务器上的全部网络应用程序都使用服务器的 IP 地址，但只有 FTP 服务程序使用由服务器的 IP 地址和 TCP 端口号 21 组成的套接字地址。

6.3 理解 TCP 和 UDP

本章前面提到，TCP 是个面向连接的协议，提供了全面的错误控制和流量控制。UDP 是个无连接协议，错误控制也简单得多。可以这样说，TCP 是为了可靠性，而 UDP 是为了速度。必须要支持交互式会话的应用程序，比如 SSH 和 FTP，才会使用 TCP。而自己实现错误检测或不需要过多错误检测的应用程序会倾向于使用 UDP。

软件开发人员在设计网络应用程序时可以选择使用 TCP 或 UDP 作为传输协议。UDP 的控制机制虽然比较简单，但这不一定是它的缺点。首先，较简单的质量控制并不一定意味着低质量。对许多应用程序来说，TCP 提供的额外的错误检测与控制是完全没有必要的。在一些需要错误控制和流量控制的情况下，有些开发人员更愿意在应用程序本身内提供这些控制功能，从而可以根据具体需要进行自定义处理，并使用较简单的 UDP 进行网络访问。例如，应用层的远程过程调用（RPC）协议能够支持复杂的应用程序，但 RPC 开发人员有时倾向于在传输层使用 UDP，并且利用应用程序提供错误控制和流量控制，而不是使用速度较慢的 TCP 连接。

6.3.1　TCP：面向连接的传输协议

前面已经介绍过 TCP 使用面向连接的方法进行通信，它还包括以下重要特性。

> **面向流的处理**：TCP 以流的方式处理数据。面向流的处理意味着 TCP 可以一个字节一个字节地接收数据，而不是一次接收一个预定义格式的数据块。TCP 把接收到的数据组成长度不定的段，再传递到网际层。

> **重新排序**：如果数据以错误的顺序到达目的地，TCP 模块能够对数据重新排序来恢复原始顺序。

> **流量控制**：TCP 的流量控制特性能够确保数据传输不会超过目的计算机接收数据的能力。由于在不同的环境中，处理器速度和缓存大小可能会有很大的差别，所以这种流量控制能力是非常重要的。

> **优先级与安全**：美国国防部对 TCP 的规范要求可以为 TCP 连接设置可选的安全级别和优先级，但很多 TCP 实现并没有提供这些安全和优先级特性。

> **适当的关闭**：TCP 像重视建立连接一样重视关闭连接的工作，以确保在连接被关闭之前，所有的数据段都被发送和接收了。

仔细观察 TCP，就会发现它是一个由通告和确认组成的复杂系统，用以支持 TCP 面向连接的架构。下面的小节将详细介绍 TCP 数据格式、TCP 数据传输和 TCP 连接。其中涉及的技术内容会展示 TCP 的复杂性，也会展示协议不仅仅是数据格式，还是一个由交互处理和过程组成的完整系统，用以完成一组定义明确的目标。

在第 2 章中讲到，像 TCP/IP 这样的分层协议系统在发送端计算机上的某一层与接收端计算机上相应的层之间进行信息交换。换句话说，发送端计算机上的网络访问层与接收端计算机上的网络访问层进行通信，发送端计算机上的网际层与接收端计算机上的网际层通信，以此类推。

TCP 软件与已建立连接（或想建立连接）的计算机上的 TCP 软件进行通信。在对 TCP 的讨论中，"计算机 A 与计算机 B 建立一个连接"实际上是指计算机 A 上的 TCP 软件与计算机 B 上的 TCP 软件建立了一个连接，而双方的 TCP 软件都是为本地应用程序提供服务的。这与第 1 章中介绍的端节点验证略有不同。

端节点负责在 TCP/IP 网络中检验通信情况（端节点是真正需要进行通信的节点，而中间节点只是负责转发消息）。在一个典型的网络环境中（见图 6.6），数据从源子网经过路由器传递到目的子网。这些路由器通常工作于网际层，也就是传输层下面的层（第 8 章将详细介绍路由器）。这其中的重点在于路由器不关心传输层的信息，它们只是把传输层数据当作 IP 数据报的内容进行传递。封装在 TCP 分段中的这些控制和检验信息只对目的计算机上的 TCP 软件有意义。这种工作方式能够加快 TCP/IP 网络之间的路由过程（因为路由器不必参与 TCP 细致的质量保证），同时让 TCP 能够满足美国国防部的目标，即"提供一个由端节点进行验证的网络"。

图 6.6

路由器转发但不处理传输层数据

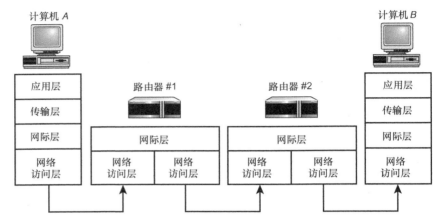

1. TCP 数据格式

TCP 数据格式如图 6.7 所示。其复杂的架构揭示了 TCP 的复杂性和功能的多样性。

TCP 数据格式中的字段如下所示。在学习了后面关于 TCP 连接的内容之后，会对这些字段的使用有更好的了解。

- ➢ **源端口（16 位）**：分配给源计算机上的应用程序的端口号。
- ➢ **目的端口（16 位）**：分配给目的计算机上的应用程序的端口号。
- ➢ **序列号（32 位）**：当 SYN 标记不为 1 时，这是当前数据分段第一个字节的序列号；如果 SYN 的值是 1，这个字段的值就是初始序列号（ISN），用于对序列号进行同步。如果 SYN 被设置为 1，这时第一个字节的序列号比这个字段中的值大 1（也就是 ISN 加 1）。
- ➢ **确认号（32 位）**：用于确认已经接收到的数据分段，其值是接收计算机即将接收的下一个序列号，也就是上一个接收到的字节的序列号加 1。
- ➢ **数据偏移（4 位）**：这个字段表示报头的长度，也就是告诉接收端的 TCP 软件数据从何开始。数据偏移以一个 32 位字的整数值来表示。
- ➢ **保留（6 位）**：保留为将来使用。保留字段为 TCP 将来的发展预留空间，目前必须全部是 0。
- ➢ **控制标记（分别占用 1 位）**：控制标记用于表示数据分段的特殊信息。
- ➢ **URG**：为 1 时表示当前数据分段是紧急的，也会让"紧急指针"字段的值很重要。
- ➢ **ACK**：为 1 时表示"确认号"字段很重要。

➤ **PSH**：为 1 时让 TCP 软件把目前发送的所有数据都通过管道传递给接收应用程序。

➤ **RST**：为 1 时会重置连接。

➤ **SYN**：为 1 时表示序列号将被同步，说明这是一个连接的开始。请参见稍后介绍的三次握手。

➤ **FIN**：为 1 时表示发送端计算机已经没有数据需要发送了。这个标记用于关闭一个连接。

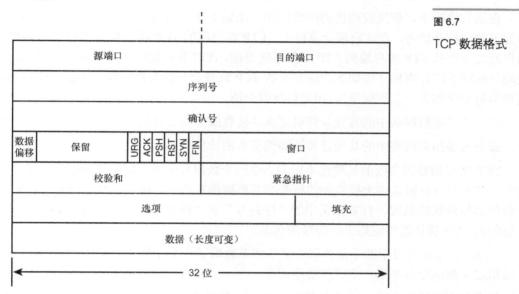

图 6.7

TCP 数据格式

➤ **窗口（16 位）**：用于流量控制的参数。这个字段定义了在发送端计算机无须进一步确认即可发送数据的序列号范围，这个序列号范围超过了最后一个确认的序列号。

➤ **校验和（16 位）**：用于检验数据分段的完整性。接收端计算机会根据接收到的数据分段计算校验和，并将其值与存储在该字段中的值进行比较。TCP 和 UDP 在计算校验和时包含一个具有 IP 地址的伪报头。可见本章后面讲解的 UDP 伪报头。

➤ **紧急指针（16 位）**：这是一个偏移量指针，指向标记紧急信息开始的序列号。

➤ **选项**：指定一些可选设置中的某一项小设置。

➤ **填充**：额外填充的 0（根据需要），以确保数据从 32 位的边界开始。

➤ **数据**：分段中传输的数据。

TCP 需要所有的这些字段，以成功地管理、确认和检验网络传输。下一小节介绍 TCP 软件如何使用其中一些字段来管理数据的发送与接收。

2. TCP 连接

TCP 中的一切操作都发生在一个连接的环境中。TCP 通过连接发送和接收数据，而这个连接必须根据 TCP 的规则进行请求、打开和关闭。

本章前面讲到，TCP 的功能之一是为应用程序提供访问网络的接口。这个接口是通过 TCP 端口提供的，而为了通过端口提供连接，必须打开 TCP 与应用程序的接口。TCP 支持以下两种打开状态。

> **被动打开**：某个应用程序进程通知 TCP 准备通过 TCP 端口接收连接，这样就会打开 TCP 到应用程序的连接，从而为参与连接请求做准备。

> **主动打开**：程序要求 TCP 发起与另一台计算机（处于被动打开状态）的连接，这就是主动打开状态（实际上，TCP 可以对一个处于主动打开状态的计算机发起连接，以解决两台计算机可能同时尝试建立连接的问题）。

在通常情况下，想接收连接的应用程序（比如 FTP 服务器）会把自身及其 TCP 端口状态置于被动打开状态。在客户端计算机上，FTP 客户端的 TCP 状态很有可能是关闭的，直到用户发起一个从 FTP 客户端到 FTP 服务器的连接，此时客户端的状态变为主动打开。切换到主动打开状态的计算机（比如客户端）上的 TCP 软件会开始交换一些用于建立连接的信息，这种信息交换称为"三次握手"，稍后将详细介绍。

客户端是指向网络中的其他计算机请求或接收服务的计算机。

服务器是指向网络中的其他计算机提供服务的计算机。

TCP 发送的数据分段的长度是不定的。在一个数据分段内，每字节数据都分配了一个序列号。接收端计算机必须为接收到的每个字节数据都发送一个确认信号。因此，TCP 通信是一种传输与确认的系统。TCP 报头中的"序列号"和"确认号"字段（见前面小节的介绍）让通信的 TCP 软件能够定期更新传输的状态。

实际上，数据分段中并不是为每个字节都单独编了一个序列号，而是在报头的"序列号"字段指定了数据分段中第一个字节的序列号。

如果数据分段发生在一个连接的开始位置（见后文讨论的三次握手），则"序列号"字段里包含的是 ISN，它的值比数据分段中第一个字节的序列号小 1（也就是说，第一个字节的序列号是 ISN 加 1）。

如果数据分段被成功接收，接收端计算机会利用"确认号"字段告诉发送端计算机它接收到哪些字节。在确认消息中，"确认号"字段的值被设置为已接收的最后一个序列号加 1。换句话说，"确认号"字段中的值是计算机准备接收的下一个序列号。

如果发送端计算机没有在指定时间内收到确认消息，它会从已经得到确认的下一字节重新发送数据。

3. 建立连接

为了让序列/确认系统正常工作，计算机必须对序列号进行同步。换句话说，计算机 B 必须知道计算机 A 的初始序列号（ISN），计算机 A 也必须知道计算机 B 使用什么 ISN 开始传输数据。

这个序列号同步的过程称为三次握手。三次握手总是发生在 TCP 连接建立的初期，其步骤如下。

1. 计算机 A 发送一个数据分段，其中：

   SYN=1

   ACK=0

序列号＝X（X是计算机 A 的 ISN）

处于主动打开状态的计算机（计算机 A）发送一个数据分段，其中的 SYN 为 1，ACK 为 0。SYN 是同步（synchronize）的缩写，它表示在尝试建立一个连接。第一个数据分段的报头中还包含初始序列号（ISN），标记了计算机 A 待传输数据的第一个字节的序列号。也就是说，要发送给计算机 B 的第一个字节的序列号是 ISN 加 1。

2．计算机 B 接收到计算机 A 的数据分段，并返回一个数据分段，其中：

SYN=1（仍然在同步阶段）

ACK=1（"确认号"字段将包含一个值）

序列号＝Y（Y 是计算机 B 的 ISN）

确认号＝M+1（其中的 M 是从计算机 A 接收到的最后一个序列号）。

3．计算机 A 向计算机 B 发送一个数据分段，确认收到计算机 B 的 ISN：

SYN=0

ACK=1

序列号＝序列中的下一个号码（M+1）

确认号＝N+1（其中 N 是从计算机 B 接收到的最后一个序列号）

在这三次握手完成之后，连接就打开了，TCP 模块就利用序列和确信机制发送和接收数据。

4. TCP 流量控制

TCP 报头中的"窗口"字段为连接提供了一种流量控制机制，其目的是防止发送端计算机不要发送得太快，以避免接收端计算机来不及处理接收到的数据而导致数据丢失。TCP 使用的流量控制方法称为"滑动窗口"方法。接收端计算机利用"窗口"字段（也称为"缓存大小"字段）来定义一个超过最后一个已确认序列号的序列号"窗口"，在这个范围内的序列号才允许发送端计算机进行发送。发送端计算机在没有接收到下一个确认消息之前不能发送超过这个窗口的序列号。

5. 关闭连接

当需要关闭连接时，计算机开始关闭过程。计算机 A 发送一个数据分段，其中的 FIN 标记设置为 1。之后应用程序进入"结束-等待（fin-wait）"状态。在这个状态下，计算机 A 的 TCP 软件继续接收数据分段，并处理已经在序列中的数据分段，但不再从应用程序接收额外的数据了。当计算机 B 接收到 FIN 数据分段时，它返回对 FIN 的确认信息，然后发送剩余的数据分段，并通知本地应用程序已经接收到了 FIN 消息。计算机 B 向计算机 A 发送一个 FIN 数据分段，计算机 A 会返回确认消息，连接就被关闭了。

6.3.2 UDP：无连接传输协议

UDP 比 TCP 简单得多，不执行上一小节介绍的任何操作，但有些方面还是需要说明。

首先，虽然 UDP 有时被认为没有错误检验功能，但实际上它能够执行基本的错误检验，因此，可以说 UDP 具有有限的错误检验功能。UDP 数据报中包含一个校验和，接收端计算机可以利用它来检验数据的完整性（一般情况下，这个校验和检查是可选的，而且能够被接收端计算机禁用以加快对接收数据的处理）。UDP 数据报中有一个伪报头，包含了数据报的目的地址，从而提供了检查数据报错误传输的手段。另外，如果 UDP 接收模块接收到一个发给未激活或未定义 UDP 端口的数据报，就会返回一个 ICMP 消息，通知源计算机这个端口是不可到达的。

其次，UDP 没有像 TCP 那样提供数据的重新排序功能。在大型网络（比如 Internet）上，数据分段可能会经过不同的路径，由于路由器缓存而产生明显的延时，这时重新排序功能是非常有意义的。而在局域网上，虽然 UDP 没有重新排序功能，但一般不会导致不可靠的接收。

By the Way

> **注意**：UDP 和广播
>
> UDP 的简单、无连接设计让它成为网络广播所使用的协议，广播是会被子网上全部计算机接收和处理的单个消息。很明显，当某台计算机想在网络上发送一个广播时，如果需要与子网上每台计算机都同时建立一个 TCP 类型的连接，必然会严重影响网络性能。

UDP 协议的主要用途是把数据报传递给应用层。UDP 协议的功能简单，其报头架构也很简单。描述 UDP 的 RFC 768 只有 3 页纸。前面已经说过，UDP 不会重新传输丢失或损坏的数据报、重新排列混乱的接收数据、消除重复的数据报、确认数据报的接收、建立或是终止连接。它主要是在应用程序不必使用 TCP 连接开销的情况下发送和接收数据报的一种方式。如果上述功能对于应用程序来说是必需的，则应用程序可以自己提供这些功能。

UDP 头包含 4 个 16 位字段，如图 6.8 所示。

图 6.8

UDP 数据报的报头和数据载荷

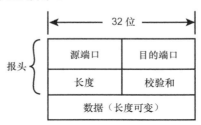

下面是关于这些字段的介绍。

➢ **源端口**：这个字段占据 UDP 报头的前 16 位，通常包含发送数据报的应用程序所使用的 UDP 端口。接收端的应用程序利用这个字段的值作为发送响应的一个返回地址。这个字段是可选的，发送端的应用程序不是一定要包含这个字段。如果发送端的应用程序没有包含其端口号，就应该把这个字段全置为 0。显然，如果这个字段没有包含有效的端口地址，接收端的应用程序就不能发送响应。然而有时这可能正是我们想要的功能，比如单向消息就不需要响应。

➢ **目的端口**：这 16 位字段包含的端口地址是接收端计算机上的 UDP 软件交付数据报时所使用的端口。

➢ **长度**：这 16 位字段以字节为单位表示 UDP 数据报的长度。这个长度包括了 UDP 报头和 UDP 数据载荷。因为 UDP 报头的长度是 8 字节，所以这个值最小是 8。

➤ **校验和**：这 16 位字段用于确定数据报在传输过程中是否损坏。校验和是对二进制数据串执行特殊计算而得到的结果。对于 UDP 来说，校验和是基于伪报头、UDP 报头、UDP 数据和填充的 0 而计算的。源计算机生成校验和，目的计算机对它进行检验，让客户端用程序能够判断数据报是否被损坏。

由于实际的 UDP 报头并不包含源 IP 地址或目的 IP 地址，数据报可能会被传输到错误的计算机或服务。校验和使用的部分数据来自于从 IP 报头（称为伪报头）提取的字符串值，这个伪报头包含了目的 IP 地址信息，让接收端计算机能够判断 UDP 数据报是否被错误交付。

> **注意**：其他传输层协议
>
> 还有其他一些协议也工作于传输层。比如数据报拥塞控制协议（DCCP）和流控制传输协议（SCTP）提供了传统 TCP 和 UDP 不具备的增强特性，而实时传输协议（RTP）提供了传输实时音频和视频的架构。

By the Way

6.4 防火墙和端口

防火墙是一个保护局域网以使其不被来自 Internet 的未授权用户访问的系统。"防火墙"一词已经成为 Internet 领域的术语，也是一个具有多种不同定义的计算机术语。防火墙执行多种功能，但最基本的特性之一与本章介绍的内容有关。

这个重要的特性就是阻断对特定 TCP 和 UDP 端口的访问。实际上，"防火墙"一词有时具有动词特性，表示关闭对端口的访问。

例如，为了发起与服务器的安全 Shell（SSH）会话，客户端计算机必须向 SSH 的周知端口（TCP 22）发送一个请求（第 15 章将会详细讲解 SSH）。如果担心外部入侵者会通过 SSH 访问我们的服务器，一种方法是配置服务器来停止使用端口 22。这样一来，服务器就关闭了 SSH 的应用，但也禁止了局域网中的合法用户使用 SSH 来完成得到授权的操作。另一种方法是安装防火墙，如图 6.9 所示，并且配置防火墙来阻断对 TCP 端口 22 的访问，这样做的结果是，局域网中的用户能够在防火墙之内自由地访问服务器上的 TCP 端口 22，而局域网之外的 Internet 用户就不能访问服务器的 TCP 端口 22，也就不能通过 SSH 访问服务器了。事实上，这时 Internet 上的用户不能通过 SSH 访问局域网中的任何计算机。

图 6.9

典型的防火墙场景

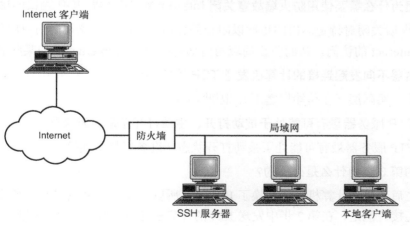

Internet 客户端

Internet

防火墙

局域网

SSH 服务器　　本地客户端

场景中使用 SSH 和 TCP 端口 22 作为示例。防火墙通常会阻断可能产生安全威胁的任何或全部端口。网络管理员一般会阻断对全部端口的访问，除了必需的端口，比如处理邮件的端口。在连接 Internet 的计算机上，比如 Web 服务器，通常会在外部放置一个防火墙，从而避免对这台计算机的访问导致对局域网的非法访问。

> **By the Way**
>
> **注意**：防火墙的两种作用
>
> 　　防火墙不仅能阻止外部用户访问网络内部的服务，也能阻止内部用户访问网络外部的服务。

6.5　小结

本章介绍了 TCP/IP 传输层的一些关键特性，包括面向连接和无连接的协议、多路复用和多路分解、端口和套接字。本章还介绍了 TCP/IP 传输层协议：TCP 和 UDP，描述了它们的一些重要特性，包括 TCP 如何满足 TCP/IP 提供端节点检验的要求、TCP 数据格式、流量控制和错误恢复、建立连接的三次握手。本章最后还讨论了 UDP 报头的格式。

6.6　问与答

问：**为什么多路复用和多路分解是必要的？**

答：如果 TCP/IP 不具有多路复用和多路分解功能，那么在任一时刻，只有一个应用程序能够使用网络软件，而且只有一台计算机能够连接到特定的应用程序。

问：**既然 TCP 比 UDP 提供了更好的质量保证，软件开发人员为什么还会使用 UDP 作为传输协议呢？**

答：TCP 的质量保证是以性能为代价的。如果 TCP 提供的错误控制与流量控制是不必要的，则 UDP 会是一种更好的选择，因为它的速度更快。

问：**为什么像 Telnet 和 FTP 这种支持交互会话的应用程序使用 TCP 而不是 UDP？**

答：TCP 的控制和恢复特性提供了交互会话所需的可靠连接。

问：**网络管理员为什么需要使用防火墙故意关闭 Internet 对 TCP 或 UDP 端口的访问？**

答：Internet 防火墙关闭对特定端口的访问以阻止外部用户访问使用该端口的应用程序。防火墙还能阻止对 Internet 的访问，从而防止局域网内部的用户使用 Internet 上的某些服务。

问：**为什么路由器不向发起连接的计算机发送 TCP 连接确认？**

答：路由器工作于网际层（在传输层之下），因此不处理 TCP 信息。

问：**工作中的 FTP 服务器最有可能处于被动打开、主动打开还是关闭状态？**

答：工作中的 FTP 服务器最有可能处于被动打开状态，准备好接受连接。

问：**三次握手的第 3 步为什么是必需的？**

答：在前两步之后，两台计算机已经交换了 ISN 号，所以从理论上来说它们已经具有了足够的信息来同步连接。但是，在第 2 步中发送 ISN 的计算机还没有收到确认，因此第 3 步正是确认第 2 步中收到的 ISN。

问：UDP 报头中哪个字段是可选的，为什么？

答： 源端口字段是可选的。UDP 是一个无连接协议，接收端计算机上的 UDP 软件不需要知道源端口。只有当接收数据的应用程序需要源端口信息进行错误检验时，这个字段才是必要的。

问：源端口是 16 位 0 时会怎么样？

答： 目的计算机上的应用程序无法发送响应。

6.7 测验

下面的测验由一组问题和练习组成。这些问题旨在测试读者对本章知识的理解程度，而练习旨在为读者提供一个机会来应用本章讲解的概念。在继续学习之前，请先完成这些问题和练习。有关问题的答案，请参见"附录 A"。

6.7.1 问题

1．运行在 TCP 端口 25 上的服务是什么？
2．运行在 UDP 端口 53 上的服务是什么？
3．在使用 TCP 发送数据时，其最大的记录编号是多少？
4．TCP 主动打开状态和被动打开状态的区别是什么？
5．打开一个 TCP 连接所需要的最少步骤是几个？

6.7.2 练习

假定你为了如下目的而创建了自己的网络服务：

➢ 使用专门的硬件接口与远程用户通信，从而为脑外科手术提供实时指令；

➢ 将参与到高性能集群中的计算机的统计信息进行高效传输；

➢ 让原始的现场设备把环境数据传输到家庭网络。

在上面任何一种情况中，都要考虑是使用 TCP 还是 UDP 传输协议来设计服务。在分析时，需要考虑如下因素：

➢ 性能；

➢ 可靠性；

➢ 编程时间。

TCP 和 UDP 协议提供了预定义的功能集合，但是对编程人员来说，要想实现一个完整的应用程序，这只是一个起点。TCP 要比 UDP 可靠，但是其性能会劣于 UDP。通过 TCP 可以自己编码实现其可靠性的特性，但是需要的编程时间也会增加。

6.8 关键术语

复习下列关键术语：

> **ACK**：一个控制标记，表示 TCP 报头中"确认号"字段是很重要的。

> **"确认号"字段**：TCP 报头中的一个字段，表示计算机准备接收的下一个序列号。它实际上是确认接收到了确认号中指定的字节之前的全部顺序字节。

> **主动打开**：TCP 尝试发起一个连接时的状态。

> **面向连接的协议**：通过在通信计算机之间建立连接来管理通信的协议。

> **无连接的协议**：不与远程计算机建立连接就能传输数据的协议。

> **控制标记**：1 位标记，表示关于 TCP 数据分段的特殊信息。

> **多路分解**：把一路输入导向多个输出。

> **目的端口**：目的计算机上的应用程序所使用的 TCP 或 UDP 端口，这个应用程序将接收 TCP 数据分段或 UDP 数据报中的数据。

> **FIN**：一个控制标记，用于关闭 TCP 连接的过程。

> **防火墙**：保护网络免受 Internet 未授权访问的设备。

> **初始序列号(ISN)**：一个数值，表示计算机将通过 TCP 传输的一系列字节的开始值。

> **多路复用**：把多个输入合成一个输出。

> **被动打开**：TCP 端口（通常是一个服务器应用程序）准备好接收连接的状态。

> **端口**：为应用程序与传输层协议提供接口的内部地址。

> **伪报头**：从 IP 报头派生出来的一个架构，用于计算 TCP 或 UDP 校验和，从而避免数据报由于 IP 报头信息的变化而发送到错误目的。

> **重新排序**：整理接收到的 TCP 数据分段，恢复它们被发送时的顺序。

> **序列号**：与 TCP 传输的字节相关联的唯一的序号。

> **滑动窗口**：接收端计算机允许发送端计算机发送的序列号范围。这种滑动窗口方式的流量控制是由 TCP 使用的。

> **套接字**：特定计算机上的特定应用程序使用的网络地址，由计算机的 IP 地址和应用程序的端口号组成。

> **源端口**：发送 TCP 数据分段或 UDP 数据报的应用程序的 TCP 或 UDP 端口。

> **面向流的处理**：连续输入（一个字节一个字节地），而不是以预定义的数据块输入。

> **SYN**：一个控制标记，表示正在进行序列号同步。这个标记用于 TCP 连接开始时的三次握手过程。

> **TCP**：TCP/IP 协议簇中一个面向连接的、可靠的传输层协议。

> **三次握手**：同步序列号并建立 TCP 连接的一个三步骤过程。

> **UDP**：TCP/IP 协议簇中一个无连接的、不可靠的传输层协议。

> **周知端口**：常见应用程序所使用的预定义标准端口号，由 IANA 指定。

第 7 章

应用层

本章介绍如下内容：

> ➤ 网络服务；
> ➤ API；
> ➤ TCP/IP 工具。

TCP/IP 栈的顶层是应用层，是位于传输层之上的网络组件的一个松散集合。本章将介绍一些应用层组件，说明这些组件如何把用户带到网络。本章还会讨论应用层服务、操作环境和网络应用程序。

学完本章后，你可以：

> ➤ 了解应用层；
> ➤ 知道应用层的一些网络服务；
> ➤ 列出一些重要的 TCP/IP 工具。

7.1 什么是应用层

应用层位于 TCP/IP 协议簇的最高层，在这一层中，网络应用程序和服务通过第 6 章介绍的 TCP 和 UDP 端口与低层协议进行通信。也许有人会问，TCP 和 UDP 端口已经构成了定义良好的网络接口，为什么还要把应用层算在协议栈中呢？需要指明的是，在像 TCP/IP 这样的分层架构中，每一层都是通向网络的一个接口。应用层必须像传输层一样了解 TCP 和 UDP 端口，而且必须相应地传递数据。

TCP/IP 的应用层是一些能够意识到网络的软件组件，向 TCP 和 UDP 端口发送和接收数据。这些组件从逻辑相似性来说并不相同，有些只是收集网络配置信息的简单工具，而有些则可能是支持桌面操作系统的用户界面系统（比如 X Windows 系统界面）或应用编程接口（API），有些组件为网络提供服务，比如文件和打印服务或名称解析服务（第 10 章将详细讲解名称解析服务）。本章将介绍应用层中一些常见的服务和应用程序，这些组件的具体实现取决于编程和软件设计的细节。

首先，我们要对比一下 TCP/IP 的应用层与 OSI 模型中相应的层。

7.2 TCP/IP 应用层与 OSI

第 2 章讲到，TCP/IP 并没有正式遵守 7 层 OSI 网络模型。但是，OSI 模型影响了网络系统的开发。应用层存在于很多不同的操作系统和网络环境，而在这些环境中，OSI 模型是定义和描述网络系统的重要工具。OSI 模型能够帮助我们理解 TCP/IP 应用层中发生的过程。

TCP/IP 应用层对应于 OSI 模型的应用层、表示层和会话层（见图 7.1）。OSI 模型的细致划分（用三层而不是一层）对 TCP/IP 传统上划分的应用程序级（有时也被称为过程/程序级）服务做了进一步的规划，提供了一些额外的组织特征。

图 7.1

TCP/IP 中的应用层
对应于 OSI 模型中
的应用层、表示层和
会话层

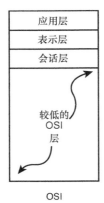

相当于 TCP/IP 应用层的 OSI 模型层的介绍如下。

➢ **应用层**：OSI 的应用层（不要与 TCP/IP 的应用层混淆）包含的组件为用户应用程序提供服务并支持网络访问。

➢ **表示层**：表示层把数据转化为与平台无关的格式，并处理加密和数据压缩。

➢ **会话层**：负责管理联网计算机上应用程序之间的通信，提供了一些传输层不具备的与连接相关的功能，比如名称识别和安全。

这些服务对于所有应用程序和实现来说并不是必需的。在 TCP/IP 模型中，各种实现都不必遵循这些 OSI 细分的层次。但从整体来说，OSI 模型中应用层、表示层和会话层的职责都属于 TCP/IP 应用层的职责。

7.3 网络服务

应用层的很多组件都是网络服务。前面章节中讲到，协议系统中的任何一层都为系统中的其他层提供服务。在大多数情况下，这些服务是协议系统中定义良好的不可分割的一部分。然而在应用层中，这些服务对于协议软件的运行并不是必需的，更多的是为用户提供方便，或是让本地操作系统连接到网络。

客观地说，协议栈中的低层协议与通信机制有关，与日常用户的关系就不明显了。而从另一方面来讲，应用层包含的大量网络服务却是为用户提供的：文件服务、远程访问服务、电子邮件和 HTTP Web 服务协议。事实上，本书的大部分篇幅是介绍应用层中的网络服务。表 7.1 列出了最重要的一些应用层协议和服务。后面章节会详细介绍这些服务。但是接下来的小节将讨论几个比较重要的应用层服务，包括：

- ➢ 文件和打印服务；
- ➢ 名称解析服务；
- ➢ 远程访问服务；
- ➢ Web 服务。

其他一些重要的网络服务，比如邮件服务和网络管理服务，将在其他章节介绍。

表 7.1   **应用层部分协议**

协 议	描 述
BitTorrent	点对点文件共享协议，通常用于从 Internet 上快速下载大型文件
通用 Internet 文件系统（CIFS）	SMB 文件服务协议的增强版本
域名系统（DNS）	把 Internet 名称映射为 IP 地址的一种分层系统
动态主机配置协议（DHCP）	用于动态分配 IP 地址和其他网络配置参数的协议
文件传输协议（FTP）	一种上传和下载文件的常见协议
Finger	用于查看和请求用户信息的协议
超文本传输协议（HTTP）	万维网的通信协议
Internet 消息访问协议（IMAP）	访问邮件消息的通用协议
轻量级目录访问协议（LDAP）	用于实现和管理信息目录服务的协议
网络文件系统（NFS）	让远程用户能够访问文件资源的协议
网络时间协议（NTP）	用于在 TCP/IP 网络上同步时钟和其他时间资源的协议
邮局协议（POP）	从邮件服务器下载电子的协议
远程过程调用（RCP）	这个协议能够让一台计算机上的程序调用另一个计算机上的子程序或过程
服务器信息块（SMB）	文件和打印服务协议
简单网络管理协议（SNMP）	管理网络设备的协议

7.3.1 文件和打印服务

前面章节讲到，服务器是为其他计算机提供服务的计算机。网络服务器提供的两个常见的服务是文件服务和打印服务。

打印服务器负责操作打印机，满足针在这台打印机上打印文档的请求。文件服务器操作数据存储设备（比如硬盘），满足对该设备进行数据读取和写入的请求。

由于文件服务和打印服务是相当常见的网络行为，它们经常会被统一考虑，也就是通常会用一台计算机（有时甚至是同一个服务）来提供文件和打印服务功能。无论这两个服务是否在同一台计算机上，它们的原理是一样的。图 7.2 所示为一个典型的文件服务场景。对文件的请求经过网络传递到传输层，后者通过适当的接口把请求路由到文件服务器服务程序。

By the Way

注意：简化版本

图 7.2 仅展示了与 TCP/IP 相关的基本部件。在真实的协议和操作系统实现中，可能需要其他层或组件的帮助才能把数据转发给文件服务器服务程序。

图 7.2

文件服务

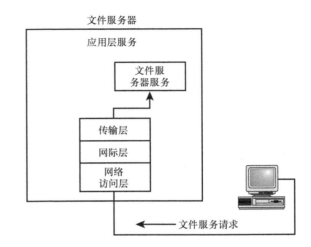

文件服务系统，比如 UNIX/Linux 的网络文件系统（NFS）和 Microsoft 的通用 Internet 文件系统（CIFS）与服务器信息块（SMB），都工作于应用层，经典的文件传输工具文件传输协议（FTP）和简单文件传输协议（TFTP）亦是如此。

7.3.2　名称解析服务

第 1 章讲到，名称解析就是把预定义的、方便用户使用的名称映射为 IP 地址的过程。域名系统（DNS）服务为 Internet 提供了名称解析，也能为独立的 TCP/IP 网络提供名称解析。DNS 使用名称服务器解决 DNS 名称查询。名称服务器服务程序运行于名称服务器计算机的应用层，并且与其他名称服务器交换名称解析信息。其他常见的名称解析系统有网络信息服务（NIS）、NetBIOS 名称解析，还有一些名称服务利用了轻量级目录访问协议（LDAP）。

7.3.3　远程访问

让用户从一台计算机向另外一台计算机发起交互式连接的技术大多集中在应用层。比如第 14 章将介绍的 SSH 等工具就可以让用户通过网络登录到远程系统并发送命令，而现代的屏幕共享工具为桌面 GUI 系统实现了类似的效果。

为了把本地环境与网络集成在一起，有些网络操作系统使用名为重定向器的服务。重定向器有时也称为请求者。

重定向器截获本地计算机上的服务请求，查看这个请求是否可以在本地实现，还是转发到网络中的其他计算机。如果请求是去往其他计算机中的服务，重定向器就把请求转发到网络上（见图 7.3）。

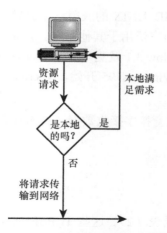

图 7.3

重定向器

重定向器为需要访问网络资源的用户提供了通用的解决方案，就好像这些服务位于本地环境中一样。例如，对一个远程硬盘的操作看起来就如同对客户端计算机上的本地硬盘进行操作。

7.3.4 Web 服务

超文本传输协议（HTTP）是应用层的一个协议，是万维网生态系统的核心。HTTP 最初的用途是传输文本和图形图像，但 Web 服务模型的发展需要大量与 Web 相关的协议和组件来建立运行于 Web 浏览器中的工具。第 18 章将详细介绍 Web 服务范例。

7.4 API 和应用层

应用编程接口（API）是预定义的编程组件的集合，应用程序可以利用它访问操作环境的其他部分，也就是与操作系统进行通信。网络协议栈就是 API 概念的典型应用，如图 7.4 所示，网络 API 提供了程序与协议栈的接口，应用程序利用 API 的函数打开和关闭连接、从网络读取和写入数据。

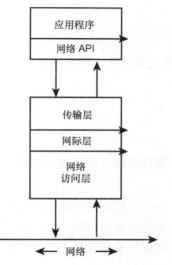

图 7.4

网络 API 让应用程序通过 TCP/IP 访问网络

套接字 API 最初的开发目的是为 BSD UNIX 的应用程序提供一个访问 TCP/IP 协议栈的接口,现在已经作为 TCP/IP 的程序接口广泛用于其他系统。几年前,Microsoft 开发了套接字接口的一个版本——WinSock。在 Window 3.1 及更早版本中,用户必须安装和配置 WinSock 的一个实现才能设置 TCP/IP 网络。从 Windows 95 开始,Microsoft 把 TCP/IP 程序接口直接嵌入 Windows 操作系统。

像套接字 API 这样的网络 API 通过套接字接收数据(见第 6 章),把数据传递给应用程序。可见,这些 API 是工作于应用层的。

7.5 TCP/IP 工具

应用层还包含一些 TCP/IP 工具(见表 7.2)。这些 TCP/IP 工具最初是围绕 Internet 和早期的 UNIX 网络开发的,现在用于配置、管理和诊断全世界的 TCP/IP 网络,而且有针对 Windows 和其他网络操作系统的版本。

表 7.2 TCP/IP 工具

工 具	描 述
ifconfig	一个 UNIX/Linux 工具工具,显示和设置 TCP/IP 配置信息(Windows 工具 IPConfig 与之类似)
Ping	测试网络连通性的工具
Arp	查看(并可能修改)本地或远程计算机 ARP 缓存的工具。ARP 缓存包含物理地址与 IP 地址之间的映射(见第 4 章)
Traceroute	追踪数据报经过互连网络路径的工具
Route	查看、添加或编辑路由表条目的工具(见第 8 章)
Netstat	显示 IP、UDP、TCP 和 ICMP 统计信息的工具
Hostname	返回本地主机名称的工具
Ftp	使用 TCP 的基本文件传输工具
Tftp	使用 UDP 的基本文件传输工具,一般用于给网络设备下载代码这样的任务
Finger	显示用户信息的工具

7.6 小结

本章介绍了 TCP/IP 应用层,描述了它支持的一些应用程序和服务,还讨论了 TCP/IP 自带的一些工具。

7.7 问与答

问:充当文件服务器的计算机处于运行状态,而且也连接到了网络,但用户不能访问文件,会是什么问题呢?

答:多种原因都会导致这种结果,进一步检查特定的操作系统和配置会得到更为详细的分析。出于理解本章内容的目的,首先要检查计算机的文件服务器的服务程序是否在运行。文件服务器并不仅仅是一台计算机,它是运行于计算机上的一个服务,用于满足文件请求。

问：OSI 模型为什么把应用层的功能进一步划分为 3 个单独的层（会话层、表示层和应用层）？

答：应用层提供了广泛的服务，OSI 模型对应用层的细分为软件开发人员组织其中的部件提供了一种模块化架构，也为应用程序与协议栈之间的交互提供了更多的选择。

7.8 测验

下面的测验由一组问题和练习组成。这些问题旨在测试读者对本章知识的理解程度，而练习旨在为读者提供一个机会来应用本章讲解的概念。在继续学习之前，请先完成这些问题和练习。有关问题的答案，请参见"附录 A"。

7.8.1 问题

1. 使用什么网络工具可以检测网络的连通性？
2. 什么应用层协议用来载入 Web 页面？
3. 哪两种应用层协议用来接收邮件？
4. 哪个协议将主机名称映射为 IP 地址？
5. 哪个协议用来同步计算机时钟？

7.8.2 练习

本章讲解的大多数主题将在本书后面详细讲解。应用层中的标准 TCP/IP 配置工具主要用来进行配置和网络排错。为了看一下 TCP/IP 工具是如何工作的，打开一个终端窗口，如果是 Windows 系统，输入 ipconfig；如果是 Mac OX、UNIX 或 Linux 系统，则输入 ifconfig。尽管 ipconfig（或 ifconfig）工具提供了低层协议的信息，但是，通过终端窗口使用这些工具的事实意味着，这些命令是通过应用层来执行的。终端将显示计算机的网络配置信息。

7.9 关键术语

复习下列关键术语。

➢ **应用编程接口（API）**：预定义的编程组件的集合，应用程序可以使用它来访问操作系统中的其他部分。
➢ **文件服务**：满足网络上对存储介质写入或读取文件的请求。
➢ **打印服务**：满足网络上对打印文档的请求。
➢ **重定向器**：检查本地资源请求，并根据需要转发到网络。
➢ **套接字 API**：一种网络 API，最初是为 BSD UNIX 上的应用程序提供 TCP/IP 接口而开发的。

第 3 部分　TCP/IP 联网

第 8 章　路由选择　　　　　　　　　　　　89

第 9 章　连网　　　　　　　　　　　　　 105

第 10 章　名称解析　　　　　　　　　　　125

第 11 章　TCP/IP 安全　　　　　　　　　145

第 12 章　配置　　　　　　　　　　　　　164

第 13 章　IPv6：下一代协议　　　　　　　183

第 8 章

路由选择

本章介绍如下内容：
- ➢ IP 转发；
- ➢ 直接路由和间接路由；
- ➢ 路由协议。

如果没有路由器，支持全球网络（比如 Internet）的基础设备是根本不能正常工作的。TCP/IP 的设计思想就是要通过路由器实现操作，所以不讨论路由器就不算完整地介绍了 TCP/IP。本章将介绍网络上的路由器如何参与一个复杂的通信过程来决定数据传递到目的地的最佳路径，内容包括路由器、路由表和路由协议。

学完本章后，你可以：
- ➢ 描述 IP 转发及其工作原理；
- ➢ 区分距离矢量路由和链路状态路由；
- ➢ 了解核心路由器、内部路由器和外部路由器所扮演的角色；
- ➢ 了解常用的内部路由协议 RIP 和 OSPF。

8.1 TCP/IP 中的路由选择

就其最基本的形式来讲，路由器是根据逻辑地址来转发流量的设备。经典的网络路由器工作于网际层（OSI 模型的网络层），使用网际层报头中的 IP 寻址信息。网络层在 OSI 中也简称为第 3 层，因此路由器有时称为第 3 层设备。近些年来，硬件厂商已经开发出了可以工作在 OSI 协议栈更高层的路由器。本章会介绍第 4 层到第 7 层的路由器，但目前我们只考虑工作于网际层（即第 3 层，和 IP 寻址位于同一层）的路由器。

路由器是大型 TCP/IP 网络的必要组成部分。没有路由器，Internet 就不能正常工作。事实上，如果不是网络路由器和 TCP/IP 路由协议的发展，Internet 也不会发展到今天这样的程度。

像 Internet 这样的大型网络包含很多路由器，提供了从源到目的节点的冗余路径。这些路由器必须独立工作，但整个系统必须保证数据能够准确、高效地在网络中传输。

当路由器将数据从一个网络传输到下一个网络时，它会替换网络访问层报头信息，因此路由器可以连接不同类型的网络。很多路由器还维护关于最佳路径的详细信息，最佳路径是根据距离、带宽和时间综合考虑而得到的（本章后面将详细讲解路由发现协议）。

当使用主题或关键词 routing 在 rfc-editor.org 站点上搜索 RFC 时，会出现 348 条结果，而且路由相关的主题可以轻松地填满十几本书。TCP/IP 路由选择真正出色的地方是它工作得非常好。在地球一端的普通大众可以使用 Internet 浏览器与地球另一端的计算机用户进行连接，而且不需要考虑会有多少设备转发这个请求。即使在较小的网络上，路由器也可以在控制流量和维持网络速度方面发挥重要作用。

8.1.1　什么是路由器

描述路由器最好的方式是描述其外观。就其最简单的形式（或者说最基本形式）来讲，路由器看上去就像一台具有两块网络适配器的计算机。早期的路由器实际上就是具有两块或多块网络适配器的计算机（也被称为多宿主计算机）。图 8.1 所示为充当路由器的多宿主计算机。

理解路由的第一个步骤是要记住 IP 地址是属于适配器的，而不是属于计算机的。图 8.1 中的计算机有两个 IP 地址，一个适配器一个。实际上，这两个适配器很有可能位于完全不同的 IP 子网上，而且这两个子网对应于完全不同的物理网络（见图 8.1 中）。在图 8.1 中，多宿主计算机上的协议软件能够从网段 A 接收数据，查看 IP 地址信息来判断数据是否属于网段 B。如果是，就将其中的网络访问层报头信息替换为包含网段 B 物理地址信息的报头，再把数据传递给网段 B。在这种简单的场景中，多宿主计算机起到了路由器的作用。

图 8.1

多宿主计算机充当路由器

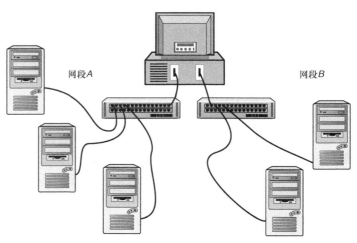

如果想理解世界级网络在做什么，可以按照下面的思路把上面这个场景复杂化。

> 路由器的端口（适配器）可能超过两个，也就是同时连接两个以上的网络。决定向哪里转发数据就变得更复杂了，而且很可能会增加冗余路径（事实上，终端用户在大多数 LAN 中见到的路由器用于连接两个网段，但是在 Internet 的架构内可以存在更为复杂的场景）。

> 由路由器连接起来的网络还分别与其他网络连接。换句话说，路由器观察到的网络地址可能并不属于它直接连接的网络，它必须具有某种策略把数据转发到这些非直连网络上。

> 路由器网络提供了冗余的路径，每台路由器必须能够以某种方式决定使用哪个路径。

图 8.1 所示的简单配置加上前面这几条复杂性，就可以得到路由器职责更详细的描述（见图 8.2）。

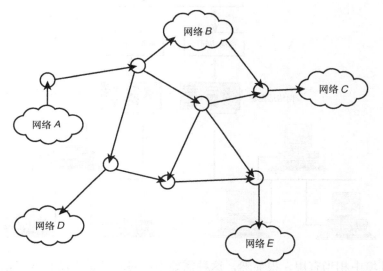

图 8.2

复杂网络中的路由

在当今的网络中，大多数路由器不是多宿主计算机，因为让专门的设备来负责路由具有更高的性价比。路由设备专门用于高效地执行路由功能，它不包括完整计算机所具有的那些额外特性。

8.1.2 路由选择过程

基于前一小节对于简单路由器的讨论，对路由器职责的更通用介绍如下所述。

1．路由器从所连接的网络之一接收数据。

2．路由器把数据传递到协议栈的网际层。换句话说，路由器丢弃网络访问层报头信息，并重组 IP 数据报（如果有必要）。

3．路由器检查 IP 报头中的目的地址。

4．如果数据是去往一个不同的网络，路由器就根据路由表决定向哪里转发数据。

5．在路由器决定了它的哪个适配器要接收这个数据后，就把数据传递到适当的网络访问层软件，让数据通过适配器进行传输。

这个路由选择过程如图 8.3 所示。有人也许会觉得第 4 步中的路由表很关键，但事实上路由表和建立路由表的协议是路由器具有的两个显著特性。对于路由器的大多数讨论都是关于建立路由表、汇集路由表的路由协议如何让所有的路由器像一个整体一样提供服务。

路由的类型主要有两种，它们的名称就源自于其从何处获得路由表信息。

> **静态路由**：要求网络管理员手动输入路由信息。
> **动态路由**：根据使用路由协议获得的路由信息来动态建立路由表。

图 8.3

路由选择过程

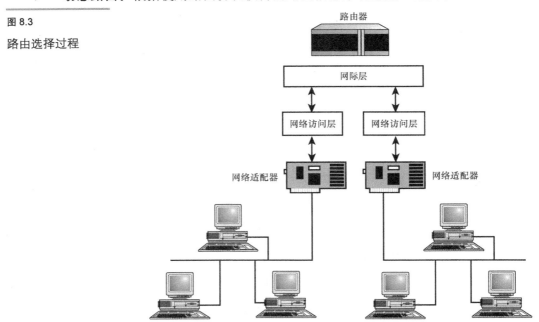

静态路由在一些环境中相当有用，很显然，这种需要由网络管理员手动输入路由信息的系统必定存在严重的局限性。首先，静态路由不能很好地适应包含数百条路由的大型网络。其次，除了最简单的网络之外，静态路由需要网络管理员投入大量的时间，因为不仅要创建路由表，还要持续更新其中的信息。另外，静态路由表不能迅速地跟随网络的变化而变化（比如一台路由器为 down 时）。

By the Way

注意：预配置的路由

　　大多数动态路由器允许管理员覆盖动态路由，并且对特定地址配置静态路径。预配置的静态路由有时可以用于网络排错。在其他情况下，管理员也需要提供静态路由来强制使用快速网络连接或平衡网络流量。

8.1.3　路由表的概念

路由表和网际层其他路由元素的用途是把数据传递到正确的本地网络。当数据到达本地网络之后，网络访问协议就会知道它的目的地。因此，路由表不需要存储完整的 IP 地址，只需要列出网络 ID 即可（有关 IP 地址的网络 ID 和主机 ID 的讨论，请见第 4 章和第 5 章）。

图 8.4 所示为一个非常基本的路由表的内容。从本质上讲，路由表就是把目的网络 ID 映射到下一跳的 IP 地址，即数据报通往目的网络的下一站。注意，路由表会区分直接连接到路由器本身的网络和通过其他路由器间接连接过来的网络。下一跳可以是目的网络（如果是直接连接的），也可以是通向目的网络的下一个下游路由器。图 8.4 中的路由器端口接口是指转发数据的路由器端口。

路由表中的下一跳条目是理解动态路由的关键。在复杂的网络中，可能存在着去往目的地的多条路径，路由器必须决定下一跳沿着哪条路径前进。动态路由器基于使用路由协议获得的信息来做出决定。

目的	下一跳	路由器端口接口
129.14.0.0	Direct Connection	1
150.27.0.0	131.100.18.6	3
155.111.0.0	Direct Connection	2
165.48.0.0	129.14.16.1	1

图 8.4

路由表

注意：路由表

主机计算机可以像路由器一样具有路由表，但由于主机不需要执行路由功能，它的路由表通常不会那么复杂。主机通常会使用默认路由器或默认网关。当数据报不能在本地网络上传输时，默认网关会充当路由器来接收数据报。

8.1.4 IP 转发

主机和路由器都有路由表，主机的路由表通常比路由器的路由表简单得多，它可能只包含两行：一个条目用于本地网络，另一个用于默认路由（用于处理不能在本地网段上传输的数据包）。这种基本的路由信息对于把数据报指向其目的地来说足够了。稍后我们会看到，路由器的功能要更复杂一些。

在第 4 章讲到，TCP/IP 软件利用 ARP 把 IP 地址解析为本地网段上的物理地址，但如果 IP 地址不在本地网段上会怎么样呢？如果 IP 地址不在本地网段上，主机会把数据报发送到路由器。现在有人也许已经发现了，实际情况不是这么简单的。IP 报头（见图 4.3）只包含了源和目的的 IP 地址，它没有足够的空间来列出能够传输数据报的每台中间路由器的地址。前面提到过，IP 转发过程实际上不会在 IP 报头中写入路由器的地址，而是由主机把数据报和路由器的 IP 地址向下传递到网络访问层，该层的协议软件会使用一个独立的查询过程把数据报封装到一个帧中，通过本地网段传递给路由器。换句话说，被转发的数据报里的 IP 地址指向最终要接收数据的主机，而转发数据报的帧中的物理地址指向路由器上本地适配器的地址。

下面是对这一过程的简要介绍（见图 8.5）。

图 8.5

IP 转发过程

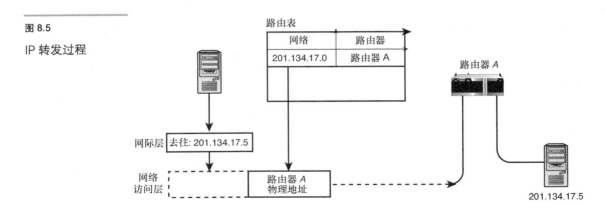

1. 一台主机准备发送一个 IP 数据报，它查看自己的路由表。

2. 如果数据报不能在本地网络上发送，主机就会从路由表种提取与目的地址相关联的路由器的 IP 地址（对于本地网段上的主机来说，这个路由器的 IP 地址一般都是默认网关的地址）。路由器的 IP 地址被 ARP 协议解析为物理地址。

3. 数据报（目的是远程主机）和要接收数据报的路由器的物理地址一起被传递给网络访问层。

4. 路由器的网络适配器会接收到这个帧，因为帧的目的物理地址与路由器的物理地址相匹配。

5. 路由器对帧进行拆包，把数据报传递给网际层。

6. 路由器查看数据报的 IP 地址。如果这个地址匹配路由器自己的 IP 地址，就表示数据是要发给路由器本身的；否则，路由器会查看自己的路由表，找到与数据报目的地址相关联的一条路由，尝试转发这个数据报。

7. 如果不能把数据报发送到与路由器相连接的任何网段，路由器就把数据报发送给另一台路由器，上述过程就会重复进行（从第 1 步开始），直到最后一个路由器能够把数据报直接传输给目的主机。

上述过程第 6 步描述的 IP 转发过程是路由器的一个重要特性。需要重点记住的是，并不是具有两块网卡的设备就能充当路由器。如果没有必要的软件来支持 IP 转发，就不能把数据从一个接口传递到另一个。当没有配置 IP 路由的计算机接收到目标是其他计算机的数据报时，它只会忽略收到的数据。

8.1.5　直接路由与间接路由

如果一台路由器只连接了两个子网，路由表就会相当简单。图 8.6 所示的路由器不会看到没有与其端口相关联的 IP 地址，而且它是直接连接在全部子网上的。换句话说，图中的路由器能够利用直接路由传输任何数据报。

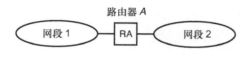

图 8.6

连接两个网段的路由器可以直接到达每个网段

再来看一看图 8.7 中更复杂一点的网络。在这种情况下，路由器 A 没有连接到网段 3，而且在没有帮助的情况下也不能发现网段 3。这种情况称为间接路由。大多数路由式网络都在某种程度上依赖于间接路由。大型的公司网络可能具有十几个路由器，每个网段直接连接的路由器一般不超过一两个。稍后将介绍大型网络。就现在来说，关于图 8.7 的最大问题是：路由器 A 如何发现网段 3？路由器 A 如何知道发往网段 3 的数据报应该转发给路由器 B 而不是路由器 C 呢？

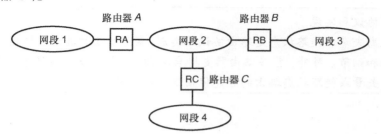

图 8.7

当路由器需要将数据报转发到非直接连接的网络时，必须执行间接路由选择

路由器了解间接路由的方式有两种：从系统管理员和从其他路由器。

这两种方式分别对应于静态路由和动态路由。系统管理员可以直接向路由表中输入网络路由（静态路由），或者路由器 B 可以告诉路由器 A 关于网段 3 的信息（动态路由）。动态路由具有一些优点。首先，它不需要人工干预。其次，它可以对网络的改变做出响应。如果一个新的网段连接到了路由器 B，路由器 B 就能把这个变化通知路由器 A。

事实证明，对于小型、简单和固定网络来说，静态路由是一种有效的方法。图 8.7 所示的简单网络就可以使用静态路由，但随着路由器数量的增加，静态路由会变得非常不适应。网段数量的增加会让路由器数量成倍增加，为管理员增加大量额外的工作。更重要的是，在大型网络上，静态路由的交互会导致效率降低和诡异的行为，比如路由环路（数据报在一系列路由器之间不停地循环，直到其 TTL 超时之后被丢弃为止）。

大多数现代路由器使用了某种形式的动态路由。路由器彼此之间相互通信，共享关于网段和网络路径的信息，每台路由器都根据从这种通信过程中得到的信息建立自己的路由表。下面的小节将介绍动态路由是如何工作的。

注意：静态路由和动态路由

By the Way

　　路由器有时会同时使用静态路由和动态路由。系统管理员可以配置少量的静态路径，让其他路径动态分配。静态路由有时可以用于强制流量经过特定路径。例如，系统管理员可能想配置路由器，以便把流量导向高带宽的链路。

8.1.6 动态路由算法

一个路由器组内部的路由器会交换足够多的关于网络的信息，使每台路由器建立的路由表都能够描述出把数据报传输给任何网段的路径。路由器之间都交换什么信息呢？路由器如何建立自己的路由表？从前面的介绍可以看出，路由器的行为完全依赖于路由表。目前使用的路由协议有多种，其中很多是围绕着两种路由方法设计的，这两种方法分别是距离矢量路由和链路状态路由。

这两种方法可以理解为路由器相互通信和收集路由信息所采用的不同方法，下面将对它们分别介绍。本章后面还会详细使用这两种方法的一对路由协议：RIP（一种距离矢量路由协议）和 OSPF（一种链路状态路由协议）。

> **By the Way**
>
> **说明：** 协议和实现
>
> 距离矢量和链路状态是路由协议的类别，实际协议的具体实现还包括其他特性和细节。另外，很多路由器支持启动脚本、静态路由条目等功能，使对距离矢量或链路状态路由的理想化描述变得非常复杂。

1. 距离矢量路由

距离矢量路由（也称为贝尔曼-福特路由）是一种高效、简单的路由方法，被很多路由协议所采用。距离矢量路由一度在路由界占统治地址，虽然最近几年一些更复杂的路由方法（比如链路状态路由）逐渐流行起来，但距离矢量路由仍然相当常见。

距离矢量路由的设计目标是让路由器之间所需的通信最少，让路由表中必须保留的数据最少。这种设计理念认为路由器不必知道通向每个网段的完整路径，而只需知道向哪个方向发送数据报即可（这也是术语"矢量"的由来）。网段之间的距离以数据报在两个网段之间传输必须经过的路由器的数量来表示，而使用距离矢量路由的路由器优化路径的方式是让数据报必须经过的路由器达到最少。这个距离参数称为"跳数"。

距离矢量路由的工作方式如下所示。

1. 当路由器 A 初始化时，它感知到直接连接的网段，并把这些网段写入到自己的路由表中。这些直连网段的跳数是 0，因为数据报从这台路由器到达这些网段不需要经过其他路由器。

2. 在周期性的时间间隔中，路由器接收到来自邻居路由器的报告，其中包含了邻居路由器所感知的网段和去往这些网段的相应跳数。

3. 当路由器 A 从邻居路由器收到报告后，按照如下方法把新路由信息添加到自己的路由表中。

> ➤ 如果路由器 B 的信息中包含一个路由器 A 目前还不知道的网段，路由器 A 就把这个网段添加到自己的路由表中。去往这个新网段的路由就是路由器 B，也就是说，如果路由器 A 收到发向这个新网段的数据报，它会转发给路由器 B。对于路由器 A 来说，这个新网段的跳数是路由器 B 的信息中列出的跳数再加 1，因为它与路由器 B

相比，到达这个网段需要多一跳。

➤ 如果路由器 B 的信息中包含的网段已经存在于路由器 A 的路由表中，路由器 A 就会把从路由器 B 收到的跳数加 1，把得到的值与自己路由表中的值相比较。如果经过路由器 B 的路径比路由器 A 已经掌握的路径更有效率（跳数更少），路由器 A 就更新自己的路由器表，把路由器 B 作为数据报通向相应网段的路径。

➤ 如果通过路由器 B 的跳数比路由器 A 路由表中当前的路径跳数大，经过路由器 B 的路径就不会被使用，路由器 A 继续使用自己路由表中保存的路径。

随着每一轮路由表的更新，路由器对网络的了解越来越全面。关于路由的信息逐渐散布到整个网络。假设网络不发生改变，路由器就会最终了解到通向每个网段的最高效的路径。

图 8.8 所示为一个距离矢量路由更新的例子。注意到在这一时刻，已经发生过了一些更新，因为路由器 A 和路由器 B 都已经了解到没有直连的网段。在这种情况下，路由器 B 具有通向网络 14 的更优路径，所以路由器 A 就更新自己的路由表，把发往网络 14 的数据转发给路由器 B。对于网络 7 来说，路由器 A 已经掌握的路径更好，所以路由表中相应的内容没有改变。

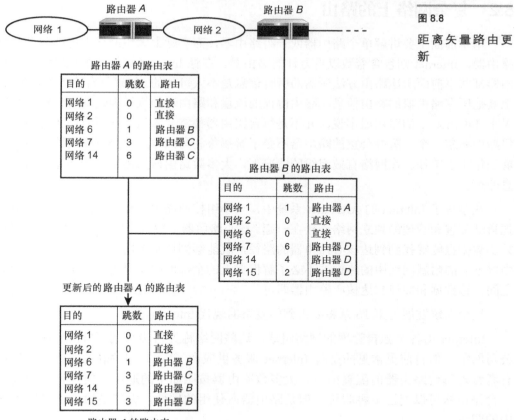

图 8.8

距离矢量路由更新

2. 链路状态路由

在假定路径效率等同于一个数据报必须经过的路由器数量时，距离矢量路由是个很好的方法。这种假设的初衷很好，但在有些情况下过于简单了（即使在跳数一样的情况下，经过低速链路的路由也会比经过高速链路的慢）。另外，距离矢量路由并不特别适用于具有大量路由器的环境，因为每台路由器为每个目的网段都必须维护一个路由-条目，而这些条目不过是矢量和跳数。路由器无法通过对网络架构的更多了解来提升其效率。而且，即使在大量信息都不必要的情况下，包含距离和跳数的完整表格也必须在路由器之间进行传输。计算机科学家开始思考能否做得更好，由此诞生了链路状态路由，而且它已经成为距离矢量路由的首先替代。

链路状态路由背后的理念在于每个路由器都尝试建立关于网络拓扑的内部映射。每台路由器定期向网络发送状态信息，其中列出了自己直连的其他路由器以及链路的状态（链路在当前是否运行）。路由器利用从其他路由器收到的状态消息建立网络拓扑的映射，当它需要转发数据报时，会根据现有条件选择去往目的地的最佳路径。

链路接状态路由在每台路由器上都需要更多的处理时间，但带宽消耗减少，因为每台路由器不需要传播完整的路由表。另外，通过网络追踪故障更容易了，因为特定路由器发出的状态消息在网络上传输时不会被改变（而在另一方面，每当路由信息传输到一台不同的路由器时，距离矢量路由都会增加跳数）。

8.2 复杂网络上的路由

本章前面主要讲解单个路由器或一组路由器，而实际上大型网络上可能包含数以百计的路由器，Internet 则包含着数以百万计的路由器。在像 Internet 这样的大型网络上，让全部路由器都共享前面所述路由方法所需的所有信息是不太可能的。如果每台路由器都处理 Internet 上其他所有路由器的路由信息，路由协议的流量和路由表的规模很快就会让整个系统崩溃。对于 Internet 上的路由器来说，并不是每台路由器都需要知道其他所有路由器的信息。比如伊斯坦布尔一个牙医办公室的路由器不必了解秘鲁利马油漆厂办公室中的路由器，也一样能够长年正常工作。在网络有效组织的情况下，大多数路由器只需要与相邻路由器交互协议信息即可。

在孕育了 Internet 的 ARPAnet 系统中，一小组核心路由器作为网络互联的中央骨干网，把自动配置和管理的独立网络连接在一起。核心路由器了解每个网络，但不必知道每个子网。只要数据报能够找到到达核心路由器的路径，就能够到达整个网络的任何位置。位于核心路由器下面的附属网络中的路由器不必了解世界上的全部网络，只需要知道如何在相邻路由器之间传输数据和如何到达核心路由器即可。

这个系统发展为第 16 章将要讲到的复杂的现代 Internet。

Internet 由各个独自管理的网络组成，这些网络称为自治系统。自治系统可以表示一个公司网络，但目前更常见的是与 Internet 服务供应商（ISP）相关联的网络。自治系统的所有者管理每台路由器的配置细节。大多数路由器按照如下的通用分类进行职责划分，尽管一台路由器可以充当多种职责，但是路由器所使用的硬件，尤其是协议，确定了它在网络中的职责。

> **外部路由器**：外部路由器在自治网络之间交换路由信息，它们维护自己及邻居自治网络的路由信息。边界路由器传统上使用外部网关协议（EGP），实际的 EGP 协议现在已经过时，但外部路由器使用的新路由协议一般也称为 EGP。现在常见的一种 EGP 是边界网关协议（BGP）。外部路由器通常也作为自治网络的内部路

由器。

> **内部路由器**：自治网络内部共享路由信息的路由器称为内部网关，它们使用称为内部网关协议（IGP）的一组路由协议，包括路由信息协议（RIP）、开放最短路径优先（OSPF）。本章后面会介绍这两个协议。

需要重点注意的是，自治网络内部的路由器也可能分层次进行配置。一个大型自治网络可能包含多组内部路由器，并利用外部路由器传递这些内部组之间的路由信息。自治网络的管理者可以根据网络的需要设计路由器配置，并且相应地选择路由协议。

8.3 内部路由器

本章前面讲到，内部路由器工作于自治网络的内部，它会掌握自己组内全部路由器所连接的网段信息，但不需要完整了解自治系统之外的网络。

有多种内部路由协议可供使用。网络管理员必须根据网络情况和网络硬件兼容性选择内部路由协议。下面的小节介绍两种重要的内部路由协议：路由信息协议（RIP）和开放最短路径优先（OSPF）。

RIP 是一种距离矢量协议，而 OSPF 是一种链路状态协议，实际的协议实现都需要解决一些细节问题。

注意：多协议   *By the Way*

　　当今大多数路由器都支持多种路由协议。

8.3.1 路由信息协议（RIP）

RIP 是一种距离矢量协议，这表示它根据跳数来判断到达目的的最佳路由。RIP 由加州大学伯克利分校开发，最初随着 UNIX 的"伯克利软件发布（BSD）"版本的传播而流行。RIP 曾经非常流行，虽然现在认为有些过时，但仍然被广泛使用。RIP II 标准的出现解决了 RIP I 存在的一些问题，现在很多路由器都支持 RIP II 和 RIP I。RIP II 针对 IPv6 网络的扩展称为 RIPng。

注意：RIP 路由   *By the Way*

　　RIP 在 UNIX 和 Linux 上是通过 routed 守护进程实现的。

本章前面讲到，作为一种距离矢量协议，RIP 需要路由器收听和集成来自其他路由器的路由和跳数信息。RIP 的参与者被划分为主动和被动两种。主动 RIP 节点通常是参与正常的距离矢量数据交换过程的路由器，它会把自己的路由表发送给其他路由器，并且收听来自其他路由器的更新信息。被动 RIP 节点只收听路更新信息，不传播自己的路由表，其典型代表就是普通计算机（主机也需要路由表）。

根据前面对距离矢量路由的介绍，有人也许会问：如果接收到的跳数进行处理后正好与路由表中保存的跳数一样，那会怎么样呢？这种细节与每个协议有关。对于 RIP 来说，如果到达同一目的的两条路径具有相同的跳数，则会保留路由表里现有的路径。这样就会避免当跳数相同时，因为路由器不断修改路由表条目而导致的不必要的路由震荡。

RIP 路由器每 30 秒广播一次更新消息，它还可以要求立即更新。像其他距离矢量协议一样，当网络处于平衡状态时，RIP 工作效果最好。如果路由器的数量变得非常大，路由表的缓慢收敛就可能导致问题。出于这个原因，RIP 设置了从第一台路由器到达目的地的最大跳数限制，其值是 15。这个门限值限制了路由器组的数量，但如果以分层的方式组织路由器，15 跳范围之内也可以组成大型网络。

虽然距离矢量方法没有特别考虑线路速度和物理网络类型的问题，但 RIP 允许网络管理员以手动方式把低效路径的跳数设置得很大，从而影响实际的路由选择。

令人尊重的 RIP 协议逐渐被新的路由协议所取代，比如下面要介绍的 OSPF。网络硬件厂商 Cisco 也开发了私有的 IGRP 和 EIGRP 路由协议作为 RIP 的替代品，用在距离矢量路由场景中。

8.3.2　开放最短路径优先（OSPF）

OSPF 是比较新的内部路由协议，在许多网络中正在逐渐取代 RIP。OSPF 是一种链路状态路由协议，最早出现于 1989 年的 RFC 1131，之后又进行了多次更新。RFC 2328 对应 OSPF 版本 2，之后的 RFC 又对 OSPF 协议添加了额外的扩展和替代。RFC 2740 定义了 OSPF 版本 3，它支持 IPv6 网络，但是后来又被 RFC 5340 取代。

OSPF 路由器组中的每台路由器都被指定一个路由器 ID，通常是与路由器相关联的最大 IP 地址（如果路由器使用了一个环回接口，路由器 ID 就是最大的环回地址。有关环回地址的更多信息，请见第 4 章）。

本章前面讲到，链路状态路由器会建立网络拓扑的一个内部映射，其他路由器使用路由器 ID 来识别拓扑里的路由器。每台路由器都把网络组织为一个树形，自己位于树的根部。这个网络树称为最短路径树（SPT），通过网络的路径就对应于通过 SPT 的路径。路由器计算每个路由的开销，开销度量包括跳数和其他一些因素，比如链路速度和链路的可靠性。

8.4　外部路由器：BGP

第 16 章将会详细讲解 Internet 的架构，但是现在，我们只需要知道 Internet 是由大量的自治系统的内部路径、自治系统之间的路径，以及穿越自治系统的冗余路径组成的即可。

本章前面讲到，外部路由器在自治系统网络中传输流量时发挥了重要的作用。如今 Internet 上的外部路由器所以使用的最常见协议是边界网关协议（BGP）。BGP 已经有过多次修改，其最新的版本是 BGP 4，在 RFC 4271 中定义。

实际上，BGP 用途广泛，可以用作自治系统内的内部协议，将网络细分为更小的区域。在自治系统的边缘使用的 BGP 版本称为外部边界网关路由协议（eBGP），它将消息从一个自治系统传输到另外一个自治系统。在自治系统内部使用的 BGP 称为内部边界网关协议

（iBGP）。

BGP 相当健壮，而且具有可扩展性。本章前面讲到，BGP 取代了早期的外部协议，且设计目的就是为当今的 Internet 提供服务。实际上，如果没有 BGP，则当今的 Internet 也就不复存在。尽管现在有关核心 BGP 路由表数量的报告各不相同，但是在最近几年，BGP 路由表的规模一直在以指数级进行增长，现在其路由条目已经远超 600 000 条。

IANA 为每一个自治系统分派了唯一的数值，称之为 AS 号或 ASN。BGP 使用这些 ASN 来构建 Internet 的映射，并将基于 CIDR 的无类别 IP 地址与穿越自治系统的路由关联起来。ASN 提供了一种方法来识别独立于特定 IP 地址（或地址范围）的网络。该方法提供了去往自治系统的冗余路径（与通过 IP 地址空间的单条路径相对），但是由于 ASN 不是分层次的，因此 BGP 路由器必须知道网络中的所有其他 BGP 路由器。

> **注意**：公共 ASN 和私有 ASN   ***By the***
>   iBGP 主要用于在自治系统的内部来路由流量，它不需要 IANA 分配的 ___*Way*___
> 公共 ASN。内部 BGP 路由器使用私有 ASN 来转发流量，因此不会将流量
> 转发到自治系统之外。

BGP 路由器使用可靠的 TCP 连接来传递与地址范围相关的信息，并构建用来描述网络路径的 ASN 链。BGP 协议包括大量用于路径发现的条款（provision），以及从多个选择中选取最高效路径的技术。

如果你不是供职于 ISP 或大型公司的 IT 部门，则不会直接与 BGP 打交道，但是具有一定的 BGP 背景知识对理解 Internet 的构架还是很有好处的。

8.5 无类别路由

在第 4 章和第 5 章中讲到，TCP/IP 路由系统是围绕网络 ID 的概念设计的，而网络 ID 最初基于 IP 地址的地址类别。在第 5 章中讲到，这个地址分类系统有一些局限性，有时并不能有效地把一段地址指定给一个供应商。无类别域间路由（CIDR）提供了指定地址和确定路由的另一种方法。CIDR 系统利用地址/掩码对来指定主机，比如 204.21.128.0/17，掩码数值表示地址中有多少位是与网络 ID 相关的。

如果路由协议支持 CIDR，CIDR 会提供更有效的路由。CIDR 让路由器能够把分类网络同等对待，从而减少了路由器之间要传输的信息。最近的路由协议，比如 OSPF 和 BGP4，都支持无类别寻址。最初的 RIP 不支持 CIDR，但随后的 RIP II 更新支持 CIDR。

8.6 协议栈中的更高层

自从第一台路由器出现之后，硬件和软件都逐渐变得越来越复杂。几年前，硬件厂商开始意识到在协议栈更高层转发和过滤流量的好处。

从第 2 章到第 7 章的学习中我们知道，协议栈中的每一层都提供了不同的服务，并且在其报头中封装了不同的信息。能够访问协议栈更高层协的路由器可以根据更多的信息来决定

路由。例如，工作于传输层的路由器能够根据源端口和目的端口推断数据的特性，而工作于应用层的路由器可以更详细地了解发送数据的应用程序和应用程序所使用的协议。

工作于更高层的路由器有很多优点，对连接和源应用程序知道得越多，就可以具有更好的安全性。使用这种技术的另一个重要原因是服务质量（QoS）的概念。有些类型的数据，比如来自于 Internet 电话客户端的数据包，对于时间的敏感性就比其他类型的数据（比如电子邮件信息）更高。一旦连接建立之后，数据包必须在一个合理的时间内到达，否则通话就会不连贯。工作于应用层的路由器能够根据服务质量准则优先发送数据包。

第 13 章将讲到，新的 IPv6 协议系统提供了其他方法来满足服务质量的要求。出于理解本章知识的目的，我们现在只需要知道很多复杂的现代路由器并不局限于 IP 转发，还可以根据高层协议的信息执行其他很多服务。

这些路由器通常根据 OSI 参考模型进行分类。第 2 章已经介绍过，OSI 模型有 7 层。执行典型 IP 转发任务的路由器工作于 OSI 模型的第 3 层（从下向上数），所以在 OSI 术语中，这种典型的路由器称为第 3 层或 L3 路由器。L4 路由器工作于传输层，而 L7 路由器工作于 OSI 模型的最高层，因此掌握了关于参与连接的应用程序的最多情况。

> **By the Way**
>
> **注意**：协议栈中的更低层？
>
> 一些当代的路由器厂商生产了实际工作于协议栈更底层（访问访问层，在 OSI 模型中为数据链路层或 L2 层）的"路由器"。在 L2 层管理流量的设备传统上称为交换机，而不是路由器（见第 9 章）。
>
> 交换机这个术语以某些方式反映了 L2 设备的日渐成熟，而且现在可以执行复杂的路由识别和优化功能，而这些功能一度与路由器紧密相关。再者，基于 IP 地址信息进行路由的设备与使用物理（MAC）地址信息的设备，两者之间的区别对于 TCP/IP 的架构来说是非常重要的，出于讲解网络互连的目的，本书使用传统意义上的术语"路由器"来描述 L3 以及跟高层上运行的设备。

8.7　小结

本章详细介绍了路由选择，讨论了距离矢量和链路状态路由方法，还介绍了 IP 转发、核心路由器、内部路由器、外部路由器。本章最后还讨论了两种常见的内部路由协议：RIP 和 OSPF，并且介绍了在高层协议实现路由选择的概念。

8.8　问与答

问：为了充当路由器，为什么必须为计算机配置 IP 转发功能？

答：路由器接收目的地址不是自己的数据报。通常情况下，TCP/IP 软件会忽略不是发给自己的数据报。IP 转发提供了一种方式来接收和处理必须转发到其他网络的数据报。

问：大型网络为什么更适合使用链路状态路由？

答：对于包含许多路由器的大型网络来说，距离矢量路由的效率不高。每台路由器都必须维护一个完整的目的表，网络数据在传输路径上多次被修改。另外，每次更新时，即使大多数数据都不变，也要发送整个路由表。

问：外部路由器的作用是什么？

答：外部路由器用于在自治网络之间交换路由信息。将这样的职责分派给一台特定的路由器，就可以让系统中的其他路由器不必考虑到达其他网络的路由。

问：RIP 为什么将最大跳数设置为 15？

答：如果路由器的数量太多，路由器的缓慢收敛会导致问题。

8.9　测验

下面的测验由一组问题和练习组成。这些问题旨在测试读者对本章知识的理解程度，而练习旨在为读者提供一个机会来应用本章讲解的概念。在继续学习之前，请先完成这些问题和练习。有关问题的答案，请参见"附录 A"。

8.9.1　问题

1．有哪两种类型的动态路由？
2．为什么路由器必须是多宿主的？
3．外部路由器使用的最常见的路由协议是什么？
4．无类别路由的效率为什么格外高？
5．OSPF 属于哪一种路由类型？

8.9.2　练习

1．列出当今使用的 3 种路由协议。
2．解释与 RIP 相比，OSPF 如何以一种更为灵活的方法来选择最佳路由。
3．列举静态路由的优势和不足。

8.10　关键术语

复习下列关键术语。

➤ **自治系统**：参与到更大网络的网络，由自治实体进行维护。

➤ **边界路由协议（BGP）**：用来在自治系统之间路由流量的协议。BGP 也可以用作自治系统内的内部协议。

➤ **动态路由**：一种路由技术，路由器基于该技术获得的信息来构建路由表。

> **外部路由器**：自治系统中的一种路由器，与其他自治系统传递路由信息。

> **非直连路由**：位于两个不是直接连接的网络中的路由。

> **内部路由器**：自治系统内部的路由器，与自治系统内的其他路由器交换路由信息。

> **IP 转发**：把 IP 数据报从同一台设备的一个网络接口传递到另一个网络接口的过程。

> **OSPF（开放最短路径优先）**：一种常见的链路状态内部路由协议。

> **RIP（路由信息协议）**：一种常见的距离矢量内部路由协议。

> **路由协议**：路由器用于汇集路由信息的协议。

> **SPT（最短路径树）**：OSPF 路由器生成的一种树形网络映射。

> **静态路由**：需要网络管理员手动输入路由信息的一种路由技术。

第 9 章

连网

本章介绍如下内容：

> 宽带技术，比如电缆和 DSL；
> 广域网；
> 无线网络连接；
> 拨号连接；
> 连接设备。

前面介绍过，网络访问层管理与物理网络相连的接口，但是物理网络到底是什么呢？毕竟在有了位、字节、端口和协议层这些概念之后，Internet 连接需要某种形式的设备把计算机或本地网段连接到更大的网络上。本章就介绍访问 TCP/IP 网络所用的一些设备和过程。

学完本章后，你可以：

> 理解电缆宽带的基础概念；
> 讨论 DSL 的特性；
> 描述无线网络的拓扑，以及无线安全方案（比如 WEP 和 WEPA）的元素和功能；
> 描述计算机如何使用拨号连接在电话线上进行通信。

第 8 章已经学习了路由器的知识。本章将介绍 TCP/IP 网络常用的一些其他连接设备，比如交换机、HUB 和网桥。

在学习本章的过程中，要记住这些基于硬件的技术位于 TCP/IP 协议栈的最底层（OSI 栈的第 1 层和第 2 层），而且它们对位于高层的协议和应用程序而言，是不可见的。运行浏览器应用程序的计算机连接的无论是交换机、电缆调制解调器、数字用户线路（DSL）还是无线 AP，Web 浏览器始终是 Web 浏览器。

9.1 电缆宽带

对 Internet 服务的需求，以及不断增强的计算机系统的能力，促使业界寻找新的连接方式来取代曾经流行的通过速度较慢的电话调制解调器连接 Internet 的技术（本章后面将讲解电话连接）。服务提供商并没有花费巨大的开支为想要接入网络的每家每户提供一个全新的布线基础设施，而是利用现有线路来提供 Internet 服务。

一种分布到每家每户并且可以支持 Internet 服务的布线系统就是有线电视网络。基于电缆的宽带目前在世界很多地方都很常见了，典型的电缆调制解调器连接如图 9.1 所示。

图 9.1

典型的电缆调制解调器配置

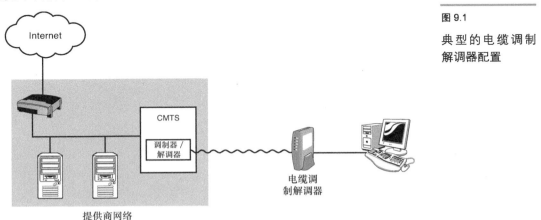

提供商网络

电缆调制解调器直接连接到一条同轴电缆，后者被连接到有线电视服务网络上。这个调制解调器通常有一个以太网接口，可以连接到单台计算机或小型局域网中的交换机或路由器。

术语"调制解调器"是"调制器"和"解调器"的缩写。与电话调制解调器相同，电缆调制解调器将数字信号调制为模拟信号的形式，从而让数据能够通过电缆连接高效传输。

名为电缆调制解调器终端系统（Cable Modem Termination System，CMTS）的另一种设备，在有线电视提供商网络的接口，接收来自电缆调制解调器的信号，把它转换回数字形式。有线电视提供商再从上游 ISP 租用宽带线路，利用路由器把用户与 Internet 连接起来。提供商还可以提供其他服务，比如用 DHCP 给网络上的用户动态分配 IP 地址。

虽然电缆调制解调器起到了两种不同传输介质的接口的作用，但它并不是一个真正的路由器，更像是一个网桥（本章后面将会讲解）。电缆调制解调器根据物理（MAC）地址在网络访问层过滤流量。然而近几年来，有些厂商在一些家用路由器设备中内置了电缆调制解调器，所以我们可能会看到一些组合设备，它们同时具有路由器和电缆调制解调器的功能。

电缆调制解调器厂商在早期都使用自己专属的标准在电缆介质上管理通信。在 20 世纪 90 年代末期，一些有线电视公司针对电缆调制解调器网络推出了电缆数据业务接口规范（DOCSIS）。只要电缆调制解调器终端系统（CMTS）和电缆调制解调器都是与 DOCSIS 兼容的，用户不需要做任何工作就可以进行连接，但为了防止盗用服务，有线电视公司通常要求用户预先注册电缆调制解调器的 MAC 地址才能连接到网络。

9.2　数字用户线路（DSL）

　　另一种适合实现家用宽带的传输介质就是电话网。当然，传统的电话调制解调器使用的就是电话网，但电话公司认为使用不同的方法可以得到更好的性能，这就是数字用户线路（DSL）。

　　事实上，电话网使用的双绞线能够提供的容量远超过语音通信的需求。DSL 收发器作为局域网与电话网的接口，其工作频率范围不会影响线路的语音通信，因此 DSL 工作时不会占用线路或影响电话服务。

　　与电缆网络一样，DSL 网络要求在线路另一端也有一台设备接收信号，并且通过服务提供商的网络连接到 Internet，这种设备就是数字服务线路访问多路复用器（DSLAM），该设备充当 DSL 连接的另一个端点（见图 9.2）。与电缆网络上一个网段的全部用户共享介质不同，每个 DSL 用户在收发器与 DSLAM 之间都是专用连接，这意味着其性能不会因为通信流量的增加而下降。读者可能会觉得，电缆网络与 LAN 类似，而 DSL 线路则与点对点电话连接类似。

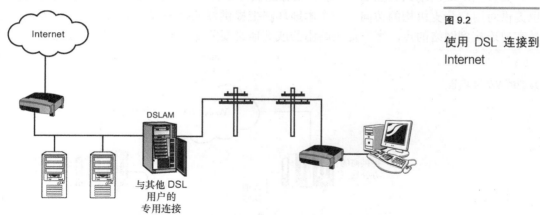

图 9.2

使用 DSL 连接到 Internet

　　DSL 具有多种形式，包括 ADSL（非对称 DSL，用于小型办公室和家庭的最常见方式）、HDSL（高速 DSL）、VDSL（甚高速 DSL）、SDSL（对称 DSL，上行和下行带宽相等）和 IDSL（基于 DSL 的 ISDN）。从协议层来看，DSL 根据装置和实现有多种变化。有些 DSL 设备被集成到了交换机或路由器中。有些则充当网桥（类似于电缆调制解调器），在网络访问层根据物理（MAC）地址过滤流量。DSL 设备通常用点对点协议（比如 PPP）封装数据。比如，基于以太网的 PPP（PPPoE）协议是用于 DSL 的一个常见选择。

9.3　广域网（WAN）

　　具有大量计算机的公司和大型机构对网络访问的需求不是像拨号或 DSL 这样的小型技术所能满足的，关键问题在于如何利用专有链路把分散在不同地点的分支部门连接起来，还要具有类似于局域网的私密性，并且在高级应用层面提供足够的性能。这个问题促进了广域网的发展。

广域网技术能够远距离提供高速率的宽带网络。虽然广域网的性能不像局域网那样好，但通常比利用标准连网技术通过 Internet 连接远程主机的速度要快（而且更安全）。广域网风格的连接通常会以某种方式提供对大容量公司网络的 Internet 访问，从某种意义上来说，广域网就是 Internet 本身的核心。

广域网的一些形式包括：

> 帧中继；

> 综合业务数字网（ISDN）；

> 高级数据链路控制（HDLC）；

> 异步传输模式（ATM）。

虽然这些看上去非常复杂，有些吓人（实际上也是），但实际上它们也是由工作于 TCP/IP 网络访问层的协议进行管理的物理网络规范的另一种形式（广域网协议几乎一直是 OSI 模型的中心，所以一定记住网络访问层对应于 OSI 模型的物理层和数据链路层，也就是所谓的第 1 层和第 2 层）。

典型的广域网场景如图 9.3 所示。服务提供商运行一个广域网，提供对 Internet 的访问，也提供对用户分支机构的访问。一个本地环路把提供商的办公室连接到所谓的边界点，也就是客户连接到网络的点。客户提供路由器或其他必要的专用设备，将局域网连接到广域网。

图 9.3

典型的 WAN 场景

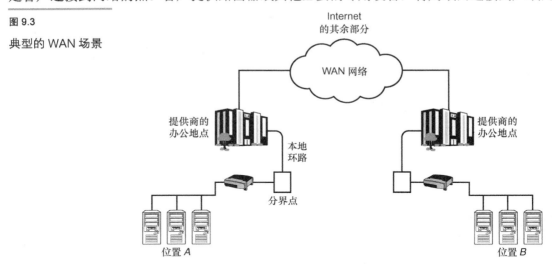

提供商确保从边界点之后的专用带宽和服务级别。WAN 服务的安排是多种多样的，可以由专用租借线路组成，也可以基于电路或包交换计量收费。

9.4 无线网络连接

随着技术的不断发展，厂商和用户都开始考虑不断架设电缆、通过以太网端口连接计算机是否还值得做。一些标准的设计目的是把无线网络连接集成到 TCP/IP，下面的小节将讨论其中一些技术，包括：

> 802.11 网络；

> ➤ 移动 IP；

> ➤ 蓝牙。

这些技术集成到产品和服务的方式取决于厂商，下面的小节主要介绍一些概念。

9.4.1 802.11 网络

第 3 章讲到，物理网络的细节存在于 TCP/IP 协议栈的网络访问层。对无线 TCP/IP 网络的最简单理解就是在网络访问层使用无线架构的普通网络。常见的 IEEE 802.11 规范为网络访问层进行无线网络连接提供了一个模型。

802.11 协议栈如图 9.4 所示。网络访问层的无线组件与以前学习的其他网络架构是同等的。事实上，802.11 标准因为与 IEEE 802.3 以太网标准的相似性和兼容性，经常被称为无线以太网。

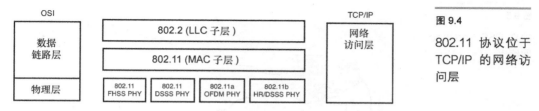

图 9.4

802.11 协议位于 TCP/IP 的网络访问层

从图 9.4 可以看出，802.11 规范位于 OSI 参考模型的 MAC 子层。MAC 子层属于 OSI 模型的数据链路层。从第 2 章中可以知道，OSI 模型数据链路层和物理层对应于 TCP/IP 的网络访问层。物理层的各种选项分别代表了不同的无线广播形式，包括跳频扩频（FHSS）、直接序列扩频（DSSS）、正交频分复用（OFDM）和高速率直接序列复用（HR/DSSS）。

无线网络与有线网络的主要区别就是节点是移动的，换句话说，网络必须能够响应设备位置的改变。但从前面的学习中可以知道，TCP/IP 网络的原始传输系统是建立在这样一种假设上：每台设备都位于固定位置。如果一台计算机移动到另一个网段，它必须配置为不同的地址，否则将无法工作。但无线网络上的设备会持续移动，而且在这个环境中虽然保留了以太网的很多惯例，但情况肯定会复杂得多，要求使用新的不同的策略。

注意：802.11 家族

　　802.11 实际上是一系列标准的统称。最初的 802.11 标准（1997）在 2.4GHz 频率范围内提供了高达 2Mbit/s 的传输。802.11a 标准在 5GHz 频率范围内提供了高达 54Mbit/s 的传输。802.11b 标准在 2.4GHz 频率范围内提供的传输速率分别为 5.5Mbit/s 和 11Mbit/s。随后出现的标准有 802.11g（在 2003 年被采纳）和 802.11n（2009），以及其他一些变体。802.11ac 作为一种高速传输传输技术越来越受欢迎。

By the Way

---

1. 独立网络和基础网络

无线网络的最简单形式就是两台或多台具有无线网卡的设备直接相互通信（见图 9.5）。这种类型的网络的正式名称为独立基本服务集（独立 BSS 或 IBSS），通常称为 ad hoc 网络。

独立 BSS 对于小范围内少量计算机来说就够用了。独立 BSS 的典型示例就是笔记本电脑的主人在外出归来时，暂时地与家用计算机联网，通过无线连接传输文件。在研讨会或销售会议上，与会人员通过无线网络共享信息，就很自然地形成了独立 BSS 网络。独立 BSS 网络有一定局限性，因为它主要依赖参与联网的计算机，没有提供管理连接的基础设施，也就不能链接更大的网络，比如局域网或 Internet。

另一种无线网络称为基础服务集（基础 BSS），在公司网络和其他机构是很常见的，而且由于新一代廉价无线路由设备的出现，它在家庭和咖啡店环境中也相当流行了。基础 BSS 依赖于一个称为访问点（Access Point，AP）的固定设备与无线设备实现通信（见图 9.6）。AP 利用无线广播与无线网络通信，它还通过传统连接方式连接到普通以太网。无线设备通过 AP 进行通信。如果一台无线设备想与同一区域中的其他无线设备进行通信，它把帧发送给 AP，让 AP 把消息转发给目的地。对于与传统网络的通信，AP 就充当网桥的作用，把发给传统网络上设备的帧进行转发，并且把去往无线网络的所有帧隔离在无线区域中。

图 9.5

独立 BSS（ad hoc 网络）

图 9.6

基础 BSS 包含一个或多个 AP

图 9.6 所示的网络让计算机像在普通的有线以太网络上那样工作。而且多个访问点通过传统以太网连接在一起来为较大区域提供服务时（见图 9.7），基础 BSS 的配置也有很多好处。

802.11 的设计目标就是满足图 9.7 所示网络的需要，其理念是让移动设备在网络服务区域中漫游时保持连接。首先要说明的是，如果设备需要接收任意的网络传输，网络必须知道通过哪个 AP 能到达该设备，这当然要考虑到设备是可移动的，而且适合的 AP 也可能在未加提示的情况下发生改变。另外要说明的是，源地址和目的地址的传统概念对于在无线网络传输数据来说已经不够用了，802.11 帧具有如下 4 种地址。

➤ **目的地址**：帧传输的目的设备。

➤ **源地址**：发送帧的设备。

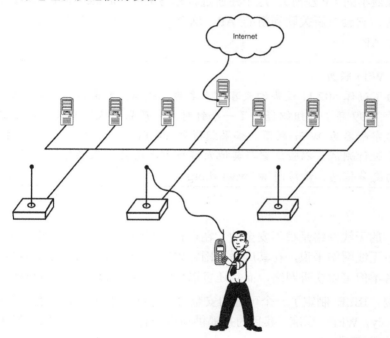

图 9.7

具有多个 AP 的基础 BSS

➤ **接收者地址**：应该处理 802.11 帧的无线设备。如果帧要传输到无线设备，接收者地址就与目的地址是一致的。如果帧要传输到无线网络之外的一台设备，接收者地址就是某个 AP 的地址，该 AP 会接收这个帧并且把它转发到以太网络。

➤ **发射者地址**：把帧转发到无线网络的设备的地址。

802.11 的帧格式如图 9.8 所示，其中一些重要字段如下所示。

➤ **帧控制**：一些较小字段的集合，描述了协议版本、帧类型和解释帧内容所需的其他值。

➤ **期限/ID**：大致估计了传输应该持续多长的时间。该字段还可以请求 AP 缓存的帧。

➤ **地址字段**：48 位的物理地址。前面讲到，由于 802.11 有时需要最多 4 种不同的地址，所以会根据不同类型的帧使用不同的地址字段。第 1 个字段通常是接收者地址，第 2 个字段通常是发射者地址。

➤ **序列控制**：片段序号（用于重组片段）以及帧的序列号。

➤ **帧主体**：帧中传输的数据。第 3 章中已经介绍过，帧中传输的数据还包含上层协议的报头信息。

> **帧校验序列（FCS）：** 一个循环冗余校验值，用于检查传输错误并验证帧在传输过程中没有被改变。

图 9.8
802.11 帧格式

帧控制 (2 字节)	期限 /ID (2 字节)	地址 1 (6 字节)	地址 2 (6 字节)	地址 3 (6 字节)	序列控制 (6 字节)	地址 4 (6 字节)	帧主体 (0~2304 字节)	帧校 验序列 (4 字节)

由于 802.11 是个网络访问层的协议集，所以 802.11 帧中使用的地址是 48 位的物理地址，而不是 IP 地址。当设备在无线网络中移动时，它会向最近可用的 AP 进行注册（从技术上讲，它会向信号最强、干扰最小的 AP 注册）。这个注册过程称为关联（association）。当设备漫游到另一个访问点附近时，它会重新关联到新的 AP。这个关联过程让网络能够知道到达任何一个设备应该使用哪个 AP。

By the Way

注意： WiFi 联盟

为了确保 802.11 设备的兼容性，名为无线以太网兼容性联盟（WECA，成立于 1999 年）的组织提供了一个针对无线产品的认证项目。该组织后来将其名字命名为 WiFi 联盟。如果想得到 Wi-Fi（无线保真）认证，就必须对产品进行测试，以验证它与其他无线设备之间具有互操作性。有关 WiFi 联盟的更多信息，请访问 www.wi-if.org。

2. 802.11 安全

很明显，没有保护的无线网络是很不安全的。在对传统网络进行窃听时，至少需要连接到传输介质上。而对于无线网络来说，在其广播范围之内都可以进行攻击。如果网络没有适当的保护措施，入侵者不但可以窃听网络，而且还可以使用一台无线设备参与到网络中。

为了解决这些问题，IEEE 制定了一个可选的安全协议标准用于 802.11：有线等效保密（Wired Equivalent Privacy，WEP）标准，其目的是提供与传统有线网络大致相同的保密级别。WEP 的目标在于解决如下问题。

> **机密性：** 防止窃听。

> **完整性：** 防止数据被篡改。

> **身份验证：** 对连接团体进行验证，确保他们的身份，以及他们有操作网络的必要权限。

WEP 使用 RC4 算法进行加密来实现机密性和完整性的目标。发送设备会生成一个完整性校验值（Integrity Check Value，ICV），这个值是基于帧内容进行标准计算而得到的，它使用 RC4 算法进行加密，并传输给接收方。接收设备对帧进行解密，计算 ICV 的值，如果计算后的 ICV 值与帧中传输的数值相同，就表示帧没有被修改。

然而，WEP 受到了安全专家们的反对，大多数专家认为 WEP 是无效的。有些对于 WEP 的质疑实际上是反对 RC4 加密算法的实现。WEP 在理论上使用 64 位密钥，但其中 24 位是用于初始化的，只有 40 位用作共享密钥。专家认为 40 位的密钥太短了，所以 WEP 不能实现有效的保护。专家还质疑密钥管理系统和用于启动加密的 24 位初始化矢量。

WEP2 是对 WEP 的升级，把初始化矢量增加到 128 位，并且使用 Kerberos 身份验证来管理密钥的使用与分发。然而，WEP2 并没有解决 WEP 的全部问题，因此出现了其他一些协议，比如可扩展身份验证协议（Extensible Authentication Protocol，EAP），可以解决 WEP 面临的难题。

作为一个更好的无线安全协议，802.11i 标准草案出现于 2004 年，并在 2007 年被纳入 802.11 标准。这个新方法也被称为 WiFi 保护访问 2（WiFi Protected Access II，WPA2），它使用 AES 块密码而不是 RC4 进行加密，而且具有更安全的身份验证和密钥分发过程。WPA2 是无线安全领域的一大进步，而且已作为无线网络连接使用的首选安全方法对 WEP 进行了替代。

很多无线设备还支持其他安全方法，例如，很多无线路由器能够让我们输入允许访问网络的计算机的 MAC 地址。这种方法能够有效防止邻居盗用我们的带宽，但有经验的入侵者能够绕过这种控制。

9.4.2 移动 IP

在世界各地移动的设备给针对 Internet 请求的响应机制提出了一个问题：Internet 寻址系统是分级组织的，其前提是目标设备位于由 IP 地址定义的网段中。由于移动设备可能位于任何一个位置，所以设备之间的通信规则就变得复杂多了。为了维护一个 TCP 连接，设备必须具有固定的 IP 地址，这意味着漫游设备不能简单地使用一个由最近发射者分配的地址。另外，由于这个问题与 Internet 寻址相关，它不能在网络访问层得以解决，需要对网际层的 IP 协议进行扩展。移动 IP 扩展在 RFC 3220 中定义，之后又进行过多次更新，最新的 IPv4 移动标准是 RFC 5944。

移动 IP 给固定 IP 地址关联上一个辅助地址来解决寻址问题。移动 IP 环境如图 9.9 所示，设备保留了一个属于家乡网络（Home Network）的固定地址，家乡网络上有一个称为家乡代理（Home Agent）的专用路由器，它维护一个表格，把设备的当前位置与固定地址绑定。当设备进入到一个新网络时，它将注册到该网络中运行的外地代理（Foreign Agent）中。外地代理就把移动设备添加到访问者列表，并且把设备当前位置的信息发送给家乡代理，家乡代理就会用设备的当前位置信息更新自己的移动性绑定表。当发往这台设备的数据报到达家乡网络时，它被封装到一个目标为外地网络的数据包中，最终到达该设备。

图 9.9

移动 IP 提供了将数据报发送到移动设备的方法

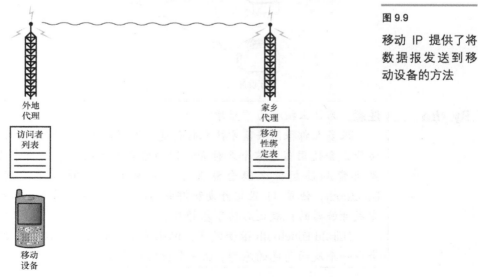

9.4.3 蓝牙

蓝牙协议架构是无线设备的另一种规范，在网络界已经相当流行。蓝牙最初由 Ericsson 公司开发，之后其他一些公司（包括 Intel 和 IBM）也参与到它的开发中。与 802.11 一样，蓝牙标准定义了 OSI 模型中数据链路层和物理层（等效于 TCP/IP 网络访问层）。蓝牙注册商标由蓝牙特别兴趣小组（Special Interest Group，SIG）持有。

虽然蓝牙标准经常用于像耳机、无线键盘这样的外围设备，但在某些情况下也可以代替 802.11，而且蓝牙的支持者总是认为蓝牙没有 802.11 的一些安全问题，然而蓝牙和 802.11 被看作互补技术。802.11 是为了提供与以太网等同的无线网络，而蓝牙致力于在短距离范围（10 米）之内为无线设备提供可靠的、高性能环境。蓝牙的设计目标是实现一个小工作区域内一组无线交互设备的通信。在蓝牙的规范中，这个小区域被定义为个域网（Personal Area Network，PAN）。

与其他无线形式一样，蓝牙使用 AP 把无线网络连接到传统网络（在蓝牙术语中，这个 AP 被称为"网络 AP"或 NAP）。蓝牙封装协议能够对 TCP/IP 数据包进行封装，从而在蓝牙网络进行传输。

当然，如果一个蓝牙设备可以通过 Internet 访问，则它必须能够通过 TCP/IP 访问。厂商预想生产一类兼容 Internet 的蓝牙设备，通过具有蓝牙功能的 Internet 网桥连接到 Internet（见图 9.10）。蓝牙 NAP 设备充当网桥，接收输入的 TCP/IP 数据，然后用蓝牙网络访问协议替换网络访问层协议，从而把数据传输到接收设备。

图 9.10

具有蓝牙功能的 Internet 网桥

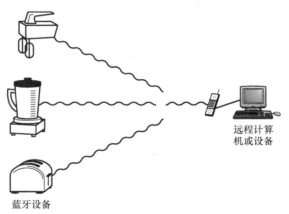

远程计算机或设备

蓝牙设备

By the Way

注意： 为什么被称为"蓝牙"

很多人都很高兴蓝牙技术的创建者没有使用什么缩写作为它的名称，但为什么会使用蓝牙这个名称呢？因为它会处理数据？因为它使用字节？不要再费脑筋想什么隐含意义了。蓝牙的名称源自于维京国王 Harald Bluetooth，他是 11 世纪丹麦和挪威的统治者，在观看了一位德国牧师成功完成奇迹般的挑战之后信了基督教。

Harald Bluetooth 很受爱戴，但他是很专制的。他似乎是 William Tell 传奇中一个反面角色的原型，让一个臣民射击其儿子头上的一个苹果。神射手答应进行射击，但也声明，如果失手了，他会在 Bluetooth 的心窝里射 3 支箭。当我们进入无线殿堂时，希望受新 Bluetooth 统治的设备不要具有这种复仇的倾向。

9.5 拨号连接

在不久前，连接 TCP/IP 网络（比如 Internet）的一种最常用的方式是通过电话线。而在最近几年，像电缆调制解调器和 DSL 这样的宽带技术降低了拨号连接的重要性，但很多计算机仍然支持拨号连接，而且具备拨号连接的一些背景知识对于理解 TCP/IP 的发展也很重要。

大多数拨号解决方案使用的是调制解调器连接。本章前面讲到，术语调制解调器（modem）是 MOdulate/DEModulate（调制器/解调器）的缩写。工程师们之所以生产调制解调器，原因是他们发现利用世界上最容易访问的的传输介质——全球电话系统——为计算机提供通信有巨大的好处。最近这些年，电话线已经发展得非常复杂了，有些线路现在能够传输数字化数据，而有些不行。但无论是何种线路，即使是数字电话系统，也不是为了自动处理像 TCP/IP 这样的网络协议而设计的。调制解调器的作用在于把来自于计算机的数字协议传输转化为能够通过电话系统的端口进行传输的模拟信号，同时也把来自电话线的模拟信号转化为接收端计算机能够理解的数字信号。

第 3 章讲到，像以太网这样的局域网使用复杂的访问策略让计算机共享网络介质。与之相反的是，电话线两端的计算机不需要与其他计算机争用传输介质，它们只需在彼此之间共享介质就可以了。这种连接方式称为点对点连接（见图 9.11）。

图 9.11

点对点连接

点对点连接比基于局域网的配置要简单，因为它不需要提供让多台计算机共享传输介质的方法。同时，通过电话线的连接也有一些局限性，最大的局限之一是电话连接的传输速率比局域网（比如以太网）要低得多。电话连接这种较低的传输速率使得它可以使用这样一种协议，即协议自身拥有的数据开销降至最低，而且数据开销越少越好。

读者可能好奇，这种只涉及两台计算机的点对点连接也需要复杂的 TCP/IP 栈来建立连接吗？答案是"不"。

早期的调制解调器协议只不过是一种在电话线上传输信息的方法，在这种情况下，TCP/IP 的逻辑寻址和网间错误控制就是没有必要，甚至是不可取的。随着局域网和 Internet 的出现，工程师们开始考虑让拨号连接作为提供网络访问的一种方式。一个拨号连接服务器提供了一种方式让远程计算机连接到本地网络（见图 9.12）

随着 TCP/IP 和其他可路由协议的出现，设计人员构想出另一种解决方案，让远程计算机负责更多的连网任务，而让拨号服务器发挥类似路由器的作用（见图 9.13）。

源自拨号网络时代的最常见的拨号网络协议是点对点协议（Point-to-Point Protocol，PPP）。PPP 取代了早期的串行线路 Internet 协议（Serial Line Internet Protocol，SLIP）。

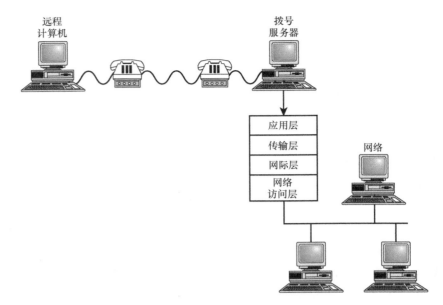

图 9.12

早期的主机拨号配置

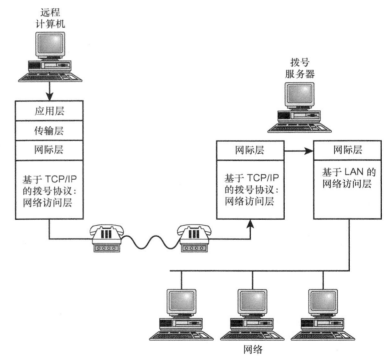

图 9.13

真实的 TCP/IP 拨号连接

PPP 实际上是一组相互交互的协议,实现基于调制解调器连网所需的全部功能。PPP 的设计经历了一系列的 RFC,目前的 PPP 标准是 RFC 1661,随后的文档将 PPP 组件进行了阐述和扩展。RFC 1661 把 PPP 组件划分为 3 大类。

➢ **封装多协议数据报的方法**:SLIP 和 PPP 都能接受数据报,转换为适合 Internet 的形式。但 PPP 与 SLIP 不同的是,它还必须准备接受来自多个协议系统的数据报。

➢ **建立、配置和测试连接的链接控制协议(LCP)**:PPP 能够协商配置,从而消除了

SLIP 连接遇到的兼容性问题。

➢ **支持高层协议系统的网络控制协议（NCP）簇**：PPP 可以包含不同的子层，从而为 TCP/IP 和其他网络协议提供单独的接口。

PPP 的大部分功能来自于建立、管理和终止连接的 LCP 功能。

1. PPP 数据

PPP（以及 SLIP）的主要用途是转发数据报，其难点在于它必须能够转发多种类型的数据报。也就是说，数据报可能是 IP 数据报，也可能是 OSI 模型中网络层的其他数据报。

注意：*数据包*

　　PPP RFC 使用术语数据包（packet）来描述在 PPP 帧中传输的数据。数据包可以由 IP（或其他高层协议）数据报组成，也可以由通过 PPP 进行操作的其他协议的数据组成。"数据包"这个词在整个网络界用于表示经过网络传输的数据，它并不是很严密的术语。本书中大部分内容会使用更精确的术语，比如数据报（datagram）。但是，并不是所有的 PPP 数据包都是数据报，所以为了与 RFC 保持一致，本章内容用术语数据包表示经过 PPP 传输的数据。

By the Way

PPP 也要转发与自己协议相关的信息，这些协议的作用是建立和管理调制解调器连接。通信设备在 PPP 连接过程中会交换多种类型的消息和请求。通信计算机必须交换用于建立、管理和关闭连接的 LCP 数据包，支持 PPP 身份验证功能（可选）的验证数据包，以及与各种协议簇通信的 NCP 数据包。在连接初期交换的 LCP 数据配置用于全部协议共同的连接参数，NCP 协议配置与特定协议簇相关的参数。

PPP 帧的数据格式如图 9.14 所示，其中包括如下字段。

协议： 1~2 字节	封装 的数据	填充

图 9.14

PPP 帧的数据格式

➢ **协议**：1~2 字节的字段，提供代表被封装数据包协议类型的标识号。可能的类型包括 LCP 数据包、NCP 数据包、IP 数据包和 OSI 模型网络层协议数据包。ICANN 负责维护各种协议类型的标准标识号码。

➢ **封装的数据（零或多个字节）**：帧中传输的控制数据包或高层数据报。

➢ **填充（可选，长度不定）**：协议字段指定的协议所需的额外字节。每个协议自己负责区分填充字节与被封装的数据报。

2. PPP 连接

PPP 连接的过程如下所示。

1．使用 LCP 协商过程建立连接。

2．如果第 1 步的协商过程指定了身份验证要求，通信计算机就进入身份验证阶段。RFC

1661 提供了密码验证协议（PAP）和挑战握手验证协议（CHAP）这两个可选的验证选项。PPP 还支持其他身份验证协议。

3．PPP 利用 NCP 数据包指定与所支持的特定协议相关的配置信息。

4．PPP 传输从高层协议接收到的数据报。如果第 1 步的协商过程包含了用于链接质量监视的配置选项，监视协议就会传输监视信息。NCP 还可能传输与特定协议相关的信息。

5．PPP 交换 LCP 终止数据包来关闭连接。

9.6　连接设备

前面主要介绍了 TCP/IP 网络中与路由器相关的重要主题，虽然路由器是非常重要和基础的概念，但 TCP/IP 网络上还有其他很多连接设备。

各种各样的连接设备都在 TCP/IP 网络流量管理中扮演不同的角色，下面将分别介绍网桥、HUB 和交换机。

9.6.1　网桥

网桥是根据物理地址过滤和转发数据包的连接设备，它工作于 OSI 模型的数据链路层（对应于 TCP/IP 网络的网络访问层）。近些年来，网络倾向于使用功能更强的设备，比如交换机，所以网桥的使用越来越少。但网桥的简单性恰好适合作为讨论连接设备的出发点。

网桥虽然不是路由器，但仍然使用一个转发表作为传输信息的根据。这个基于物理地址的路由表与路由器使用的路由表相比，不仅具有不同的形式，而且也简单得多。

网桥监听它所连接的每个网段，建立一个表来反映物理地址位于哪个网段。当数据在一个网段上传输时，网桥会查看数据的目的地址，与转发表进行比较。如果目的地址属于发送数据的网段，网桥就忽略这个数据。如果目的地址在不同的网段，网桥就把数据转发到适当的网段。如果目的地址不在转发表中，网桥就会把数据转发到除源网段之外的全部网段。

By the
Way

> **注意**：物理地址 vs 逻辑地址
>
> 　　要重点记住的是，网桥使用的基于硬件的物理地址与逻辑 IP 地址不同。这两者之间的区别，请见第 1 章～第 4 章。

网桥曾经作为局域网上过滤流量的一种廉价设备大量使用，用于增加网络上能够容纳的计算机数量。前面已经介绍过，现在一些网络访问设备都集成了网桥的功能，比如电缆调制解调器和某些 DSL 设备。由于网桥只使用网络访问层的物理地址，不检查 IP 数据报报头中的逻辑地址信息，所以不适合连接非同类网络。网桥也不能用于在大型网络（比如 Internet）上实现数据转发的 IP 路由和传输方案。

9.6.2　HUB

在以太网出现的早期，大多数网络的连接方式是用一条连续的同轴电缆把计算机连接起来。然而，在随后几年，工程师看到了使用中心设备将网络上的计算机连接在一起所具有的优势（见图 9.15）。

在第 3 章讲到，经典的以太网概念是让全部计算机共享传输介质。每次传输都会被全部网络适配器监听。以太网 HUB 作为一个网络设备从一个端口接收数据，然后把数据重复到其余全部端口（见图 9.15）。换句话说，网络中的全部计算机就好像是使用一条连续线路连接在一起的。HUB 不会过滤或路由任何数据，只是接收和重新发送信号。

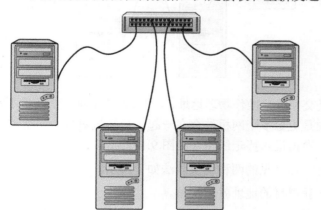

图 9.15

基于 HUB 的以太网

基于 HUB 的以太网兴起的主要原因之一是 HUB 简化了网络布线。每台计算机都通过一条线路连接到 HUB，可以方便地中断连接和重新连接。在一般办公环境中，计算机通常集中在一个较小的区域，这时使用一个 HUB 就可以为一组距离很近的计算机提供服务，然后再连接到网络其他部分的 HUB。这种把电缆都连接到一台设备的方式让厂家迅速意识到创新的机会，于是出现了更复杂的 HUB，即所谓的智能 HUB。它具有额外的特性，比如能够检测线路故障和阻断端口。现在，HUB 基本上已经被交换机取代了。

9.6.3　交换机

基于 HUB 的以太网仍然面临着传统以太网的主要问题：性能随着流量的上升而下降。只有当线路空闲时，计算机才能进行传输；而且每个网络适配器都必须接收和处理网络上的每个帧。为了解决以太网中的这些问题，比 HUB 更智能的设备——交换机——出现了。就其最基本的形式来说，交换机类似于图 9.15 中所示的 HUB，每台计算机也是通过一条线路连接到交换机。但是，交换机知道应该把接收到的数据发送到哪一个端口。大多数交换机把端口与所连接适配器的物理地址关联起来（见图 9.16）。当一个端口所连接的计算机发送数据帧时，交换机会查看帧的目的地址，把帧发送到与目的地址相关联的端口。换句话说，交换机只向应该接收数据的适配器发送数据帧（只要交换机能够识别目的地址）。这样一来，每个适配器就不必查看网络上传输的每一个帧。因此，交换机减少了多余的传输，从而改善了网络性能。

图 9.16

交换机将每个端口
与物理地址关联起
来

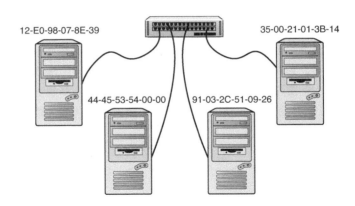

注意，前面描述的这类交换机只操作物理地址，不处理 IP 地址。交换机不是路由器，实际上它更像网桥，准确地说是更像多个网桥结合在一起。交换机对每个网络连接进行隔离，从而只让针对特定计算机的数据进入特定线路（见图 9.17）。

现在的交换方式有多种，最常见的两种交换方法如下所示。

> **直通式**：交换机一获得目的地址就转发帧。

图 9.17

交换机通过隔离每
台计算机来减少流
量

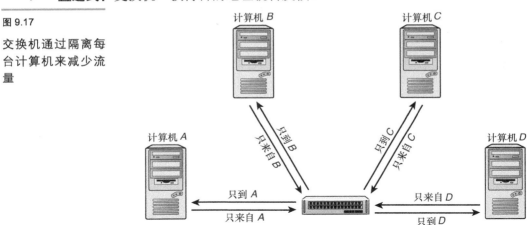

> **存储转发**：交换机在转发之前接收整个帧。这种方法会减缓转发过程，但有时可以改善整体性能，因为可以过滤出碎片和其他无效的帧。

交换在近年来变得非常流行。公司局域网通常会使用分层式的交换机和互连式的交换机来优化性能。

By the Way

注意：交换机和分层

有些厂商现在把前面介绍的这种基础交换机概念看作一个更大类别交换设备的一种特例。更复杂的交换机工作于更高的协议层，能够根据各种参数决定如何转发。在这种更通用的交换方法中，设备根据其工作的 OSI 协议层进行分类。前面介绍的基本交换机工作于 OSI 模型的数据链路层，被称为第 2 层交换机。根据 IP 地址信息进行转发的交换机工作于 OSI 模型的网络层，被称为第 3 层交换机(显然，第 3 层交换基本上就是某种路由器了)。

如果本节没有明确说明交换机是工作于哪一层的，它一般就是工作于第 2 层的，根据物理（MAC）地址进行过滤。

9.7 路由与交换的对比

交换机在近几年变得相当流行，而且作为局域网内管理流量的设备在逐渐取代路由器。以太网在高流量环境中的效率低下，交换机提供了一种有效的方式来过滤网络流量，这样一来，所有的设备就没有必要收听所有传输的数据。

一个典型的场景如图 9.18 所示。每一栋建筑物都有一个交换机，而且建筑物中的所有计算机都连接到该交换机。这两栋建筑物中的交换机也相互连接，使得流量可以在这两栋建筑物之间传输。交换机是一个方便的中央连接点，可以将建筑物的所有以太网线路连接起来。

有人可能会觉得，图 9.18 看起来类似于第 4 章和第 5 章中讲解的 IP 路由网段场景。与使用路由器分割网络一样，交换机可以防止建筑物 B 中的计算机监听建筑物 A 中的本地流量（事实上，交换机还能更进一步——建筑物 A 中的其他计算机也不用监听发自用户 1 且通过交换机端口转发到用户 2 的以太网帧）。

然而，相较于使用路由器和 IP 子网划分对网络进行细分的方法（见第 4 章和第 5 章），图 9.18 中描述的交换场景提供了多个好处。路由器必须在物理地址和逻辑地址之间转换，而交换机使用物理（MAC）寻址在网络访问层执行其所有功能，因此交换机的工作量更小，所以其效率更高，延迟更低。而且交换机的复杂性也低于路由器。管理路由算法和构建路由表的复杂性意味着路由器更像是一台完整的计算机，而交换机则是一台更简单（花销也更少）的设备。

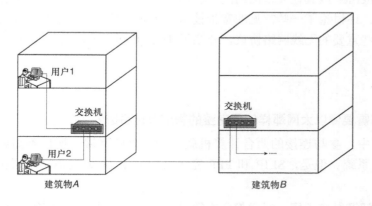

图 9.18

本地园区中的两栋建筑物各自有一个交换机，而且这两个交换机相互连接。交换机将建筑物内的流量降至最低，但是出于 IP 寻址的目的，这两栋建筑物仍然属于同一个网段

交换机所拥有的好处也带来了一些局限性。由于交换机工作于网络访问层，不理解逻辑 IP 寻址，因此不能充当去往 Internet 的接口，而且如果一个网络位于逻辑上分离的地址空间中，交换机也不能充当到这个网络的接口。有鉴于此，现代的场景使用路由器来连接网络，并根据策略来放置交换机，以便在网络内管理流量，让流量最小化。

对世界上数百万的家庭和办公网络来说，图 9.19 是一个标准配置。路由器（通常也充当防火墙、DHCP 服务器和网络地址转换设备）提供去往 Internet 的接口，位于路由器后面的交换机为以太网线缆提供了一个方便的连接点，以太网线缆将本地网络中的设备连接起来。交换机高效地管理本地网络上的流量，而去往 Internet 的流量则由路由器转发到远程目的地。

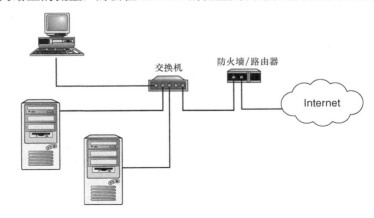

图 9.19

相当常见的网络场景：一台交换机连接本地网络，一台路由器提供到 Internet 的接口

从图 9.19 描述的场景可以扩展出更复杂的网络。一个大型的网络可能需要多个交换机来管理内部流量。一个多站点网络可能有多个本地分段，每一个分段都有一个交换机和一个 Internet 网关，并通过某种 WAN 网络技术在内部相互连接。当然，一个足够大和足够繁忙的本地网络可能也需要一些内部路由器来实施逻辑寻址方案，让流量去往交换机能够高效处理的位置。

9.8　小结

本章介绍了连接 Internet 或其他大型网络的一些不同的技术，介绍了调制解调器、点对点连接、主机拨号访问，还讨论了一些常见的宽带技术，比如电缆连网和 DSL，以及 WAN 技术。本章还讨论了一些重要的无线网络协议，介绍了 TCP/IP 网络上常用的一些连接设备。

9.9　问与答

问：PPP 为什么不需要像以太网那样使用完整的物理寻址系统？

答： 在点对点连接中，参与连接的两台计算机就位于线路的两端，所以不需要像以太网那样的复杂物理寻址系统。但是，SLIP 和 PPP 完全支持使用 IP 或其他网络层协议的逻辑寻址。

问：我的电缆调制解调器每天同一时间都会变得很慢，这是为什么？如何解决？

答： 电缆调制解调器与其他设备共享传输介质，在线路使用率高时性能就会下降。除非能够连接到其他网段（基本上是不可能的），否则使用电缆宽带就只能这样了。你可以尝试使用其他服务，比如 DSL，它能提供更稳定的服务质量。但是，你可能会发现，从整体上来说 DSL 并不比电缆快，这取决于服务的细节、本地的流量水平和服务提供商。

问：移动设备为什么要关联（注册）到 AP？

答： 来自传统网络的帧被 AP 转发到所关联的移动设备。通过与 AP 建立关联，设备就告诉了网络应该把发给自己的帧送到哪个 AP。

9.10 测验

下面的测验由一组问题和练习组成。这些问题旨在测试读者对本章知识的理解程度，而练习旨在为读者提供一个机会来应用本章讲解的概念。在继续学习之前，请先完成这些问题和练习。有关问题的答案，请参见"附录 A"。

9.10.1 问题

1. 用来在电话线上传输 IP 数据报而且占据主导地位的协议是什么？
2. 说出两种可以在家庭中使用并且基于陆上线路（land-line）的宽带技术。
3. 说出 4 种 WAN 技术。
4. 独立 BSS 无线网络的另外一个名字是什么？
5. HUB 与交换机的区别是什么？

9.10.2 练习

1. 列出拨号连接的一些不足。
2. 如果你可以访问 DSL 和电缆调制解调器网络，请都试一下，然后感受它们的性能是否有差别。
3. 如果你的计算机支持 WiFi，请找出它使用的是哪一种 802.11 协议。
4. 如果可以连接到 WiFi 网络，请比较它与有线网络（比如以太网）的性能差异。

9.11 关键术语

复习下列关键术语。

➢ **802.11**：无线通信的协议集，位于 TCP/IP 协议栈的网络访问层，对应于 OSI 模型的数据链路层和物理层。

➢ **AP**：连接无线网络与传统网络的设备，其行为类似于网桥，在无线网络与传统的以太网络之间转发帧。

➢ **关联**：无线设备把自己注册到最近 AP 的过程。

➢ **蓝牙**：近距离无线器件和设备使用的协议架构。

➢ **网桥**：根据物理地址进行数据转发的连接设备。

➢ **电缆调制解调器终端系统(CMTS)**：电缆调制解调器连接到提供商网络的接口设备。

➢ **直通交换**：一种交换方式，交换机只要一获得目的地址就开始转发帧。

➢ **电缆数据服务接口规范（DOCSIS）**：电缆调制解调器网络的一种规范。

➢ **数字用户线路（DSL）**：基于电话线路的一种宽带连接方式。

➢ **数字服务线路访问多路复用器（DSLAM）**：DSL 连接与提供商网络的接口设备。

➢ **HUB**：用于连接网络电缆而构成一个网段的设备。HUB 一般不过滤数据，只是把接收到的帧转发到全部端口。一度很常见的 HUB 如今已经被交换机取代，但是要想理解 LAN 网络设备的演进，HUB 相关的知识还是必不可少的。

➢ **独立基本服务集（独立 BSS 或 IBSS）**：无线网络的一种形式，通信的设备相互之间直接连接（也被称为 ad hoc 网络）。

➢ **基础服务集（基础 BSS）**：无线网络的一种形式，无线设备通过连接到传统网络的一个或多个 AP 进行通信。

➢ **智能 HUB**：能够执行额外任务的 HUB，比如在检测到线路故障时阻断接口。

➢ **链路控制协议（LCP）**：PPP 用于建立、管理和终止拨号连接的协议。

➢ **移动 IP**：一种 IP 寻址系统，用于支持漫游的移动设备。

➢ **调制解调器**：实现数字信号与模拟信号转换的一种设备。

➢ **网络控制协议（NCP）**：PPP 与特定协议簇交互所用的一组协议。

➢ **点对点连接**：仅由两个共享传输介质的通信设备组成的连接。

➢ **点对点协议（PPP）**：一种拨号协议。PPP 支持 TCP/IP 和其他网络协议簇，它比 SLIP 更新、更强大。

➢ **串行线路 Internet 协议（SLIP）**：早期的基于 TCP/IP 的拨号协议。

➢ **存储转发交换**：一种交换方式，交换机会先接收整个帧，然后再转发。

➢ **交换机**：一种连接设备，它能够知道与每个端口相关联的地址，把接收到的帧转发到相应的端口。交换机能够根据封装在协议栈报头中的多个参数来决定如何转发数据。

➢ **广域网（WAN）**：一些技术的集合，用于在长距离上提供相对快速和高带宽的连接。

➢ **WiFi 保护访问 2（WPA2）**：一种高级的无线安全标准，在很大程度上已经取代了 WEP。WPA2 使用 AES 块密码来加密。

➢ **有线等效保密（WEP）**：802.11 无线网络的一种安全标准，现在已经被废弃。

第 10 章

名称解析

本章介绍如下内容：
- ➤ 主机名解析；
- ➤ DNS；
- ➤ DNSSEC；
- ➤ 动态 NDS；
- ➤ NetBIOS。

在第 2 章中，我们学习了名称解析，这是一种强大的技术，通过这种技术，能够将由字母数字表示的名称与 32 位的 IP 地址关联起来。名称解析的过程是首先接受一个计算机的名称，接着再将这个名称解析成相应的 IP 地址。在本章中，将会介绍主机名、域名和完全限定域名（Fully Qualified Domain Name，FQDN）。此外，还可学习到在一些传统的 Microsoft 网络中使用的另一种名称解析系统——NetBIOS。

学完本章后，你可以：
- ➤ 解释名称解析是如何工作的；
- ➤ 解释主机名、域名和 FQDN 的区别；
- ➤ 描述主机名解析；
- ➤ 描述 DNS 名称解析；
- ➤ 描述 NetBIOS 名称解析。

10.1　什么是名称解析

在 TCP/IP 网络出现的早期，用户很快就认识到，如果要记住网络上每台计算机的 IP 地址是相当麻烦和低效的。研究中心的研究人员通常很忙，以至于他们无法记住 6 楼的计算机 A 的 IP 地址是 100.12.8.14 还是 100.12.8.18。程序员开始考虑是否可以为每一台计算机分配一个友好的描述性名字，并可以让网络上的计算机将这个地址关联到 IP 地址。

主机名系统是在 TCP/IP 早期开发的一种简单的名称解析系统。在这个系统中，每台计算机都有一个用字母数字形式表示的名称，这个名称即主机名。如果操作系统需要从字母数字名称得到 IP 地址，会查询主机文件（见图 10.1）。主机文件中包含了主机名和相关 IP 地址的列表。如果名称在主机名列表中，计算机就读取与之关联的 IP 地址。接着，将命令中的主机名替换成相应的 IP 地址，最后才执行命令。

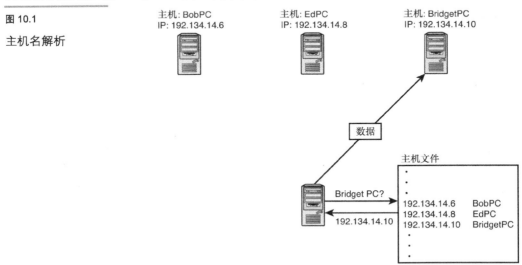

图 10.1

主机名解析

在小型本地网络中，主机文件系统可以很好地工作。然而，对于大型网络，这种系统会变得没有效率。主机和 IP 地址的关联被保存在一个文件中，当文件变大后，搜索文件的效率就会变低。在 ARPAnet 时期，是通过一个名为 hosts.txt 的主文件来保存名称与地址关联的，本地网络管理员必须不断地更新这个文件，以保持最新信息。另外，主机名称空间从本质上来讲是扁平的，由于所有的节点都是平等的，因此名称解析系统无法利用 IP 地址空间高效率的层次架构。

即使 ARPAnet 的工程师们能够解决这这些问题，在拥有几百万个节点的巨型网络（例如Internet）中，主机文件系统也不可能很好地工作。工程师们知道他们需要一种层次化的名称解析系统，这种系统必须能够完成以下工作。

➤ 将名称解析的工作分发到一组专用的名称解析服务器。名称解析服务器维护定义了名称以及关联 IP 地址的列表。

➤ 将本地名称解析的权利授予本地管理员。换句话说，就是不再有一个中心掌握了所有名称/地址对，而是让网络 A 中的管理员负责网络 A 的名称解析，网络 B 的管理员负责网络 B 的名称解析。通过这种方法，对某个网络的变化负有管理责任的人员同时也就能够使得这些变化及时反映到名称解析体系结构中。

根据这些要求，人们开发出了域名系统（Domain Name System，DNS）。DNS 是 Internet上使用的名称解析方法，是 Internet 名称（比如 www.unixreview.com 和 www.slashdot.org）的通用命名根据。在本章的后面部分会介绍，DNS 将名称空间分隔成了具有层次的实体，这些实体称为域。域名可以包含主机名，这种域名称为完全限定域名（FQDN）。例如，在域

whitehouse.gov 中主机名为 maybe 的计算机，其 FQDN 就是 maybe.whitehouse.gov。

随着时间的推移，DNS 系统也在持续发展，DNS 现在可以提供更好的安全、动态地址映射和自动发现等功能选项。本章将会描述主机名解析和 DNS 名称解析，还会介绍另一种在传统 Microsoft 网络中使用的名称解析系统——NetBIOS。

10.2　使用主机文件进行名称解析

本章前面讲到，主机文件是一个保存有一个主机名、相关 IP 地址列表的文件。主机名解析是在更复杂的 DNS 名称解析之前被开发出来的。虽然在当今的环境中，由于存在更新和更复杂的名称解析方法，主机文件变得有些不合时宜。但是，要想讨论名称解析，这种传统的名称解析技术仍然是一个很好的起点。

在小型网络上配置主机名解析通常很简单。支持 TCP/IP 的操作系统都能识别主机文件，并可以将它用于名称解析，而且期间几乎不需要用户干预。根据实现的不同，配置主机名称解析的细节也有所不同。大概的步骤如下所示。

1．为每台计算机分配 IP 地址和主机名。

2．创建映射了 IP 地址和所有计算机主机名的主机文件。这些主机文件的名称一般是 hosts，有些实现则使用 hosts.txt 作为文件名。

3．将主机文件放置在每台计算机的指定位置上。具体位置依操作系统而定。

主机文件中包含了一台计算机需要与之通信的主机的条目，在这个文件中可以输入 IP 地址以及与之相关的主机名、FQDN 或其他别名。另外，主机文件中还保存了一个环回地址条目 127.0.0.1。这个环回地址主要用于 TCP/IP 诊断并表示"本机"。

下面就是一个主机文件的例子（系统的 IP 地址位于左侧，随后是主机名和关于本条目的一些可选说明）：

```
127.0.0.1       localhost       #this machine
198.1.14.2      bobscomputer    #Bob's workstation
198.1.14.128    r4downtown      #gateway
```

当计算机上的应用程序需要将名称解析为 IP 地址时，系统会首先将它自己的名称与请求的名称比较。如果不匹配，系统会查看主机文件（如果存在），寻找其中是否列有这个计算机的名称。

如果找到了匹配的名称，就将 IP 地址返回本地计算机。然后，这两台计算机就可以使用前面章节中介绍的 IP 和 ARP 技术进行通信了。

如果将主机文件用于名称解析，那么每当网络变化时，都必须编辑或替代每一台计算机上的主机文件。有很多文本编辑器都可以用来编辑主机文件。在 UNIX 或 Linux 系统上，可以使用 vi、Pico 或 Emacs 文本编辑器，在 Windows 系统上可以使用 Notepad。有些系统还提供 TCP/IP 配置工具，作为配置主机文件的用户接口。

在创建或编辑主机文件时，需要记住下面几个关键点。

➢　IP 地址必须在最左边，并且必须用一个或多个空格将其与主机名隔开。

> ➤ 名称必须用至少一个空格分隔开。

> ➤ 一行中的其他名称是第一个名称的别名。

> ➤ 文件的解析（即计算机的读取顺序）是从上到下进行的。只有第一个与名称匹配的 IP 地址才会被使用。当找到匹配时，解析就会停止。

> ➤ 因为解析是从上到下进行的，所以应该将最常用的名称放在列表的前面，这样可以加快名称解析的过程。

> ➤ #符号的右侧可以放置注释。

> ➤ 记住，主机文件是静态的；当 IP 地址改变时，必须手动修改这个文件。

> ➤ 尽管在主机文件中允许出现 FQDN，但是在主机文件中使用它们可能导致一些管理员很难诊断的问题。控制主机文件的本地管理员无法控制远程网络上 IP 地址和主机名的分配。因此，如果远程网络上的服务器被分配了一个新的 IP 地址，而本地主机文件中的 FQDN 又没有更新，主机文件会继续指向旧的 IP 地址。

对小型、独立的 TCP/IP 网络来说，主机文件是一种高效且简单的名称解析方法。当然，现在所谓的独立网络已经越来越少了。由于 Windows、Mac OS 和其他操作系统为小规模网络上的名称解析提供了更多的自动化技术，因此使用主机文件并不是必需的。大型网络则依靠 DNS 来完成名称解析。

10.3　DNS 名称解析

DNS 的设计者们希望避免在每台计算机上不断地更新名称解析文件这种情况。DNS 会将名称解析数据放置在一个或多个专用的服务器上，由 DNS 服务器为网络提供名称解析服务（见图 10.2）。如果网络上的计算机需要将某个主机名解析成 IP 地址，会向服务器发送一个查询，询问与这个主机名关联的 IP 地址。如果 DNS 服务器保存了相应的地址，就将这个地址返回给发出请求的计算机。接下来，这台计算机会用 IP 地址来替代主机名，进而再执行命令。当网络上出现了变化时（例如有了一台新计算机或者更改了一个主机名），网络管理员只需要修改一次 DNS 配置（在 DNS 服务器上）。这些新的信息对向服务器发出 DNS 请求的任何计算机都是可用的。另外，DNS 服务器还可以优化搜索的速度，因此，相对于每台计算机都分别搜索笨重的主机文件，DNS 服务器可以支持更大规模的数据库。

与主机文件名称解析相比，图 10.2 中的 DNS 服务器有多个优点，它为本地网络提供了一个单一的 DNS 配置点，使得网络资源的利用更加有效。然而，图 10.2 所示的配置仍然无法提供非中心化的管理巨型网络的能力。与主机文件类似，对于像 Internet 这样的巨型网络，图 10.2 中配置的扩展性也不好。图 10.2 中的名称服务器无法高效地处理包含了 Internet 上每一台主机的数据库。即使可以，从后勤支持角度来说，维护所有 Internet 信息的数据库也是不允许的。配置这种服务器的人员必须知道世界上任何一个地方的 Internet 主机所发生的变化。

对于设计者说，一个更好的解决方案是允许每个办公室或机构可以配置图 10.2 中所示的本地名称服务器，并使所有的名称服务器都可以彼此通信（见图 10.3）。在这种情况下，当 DNS 客户端向名称服务器发送名称解析请求时，名称服务器会进行按下面一种情况进行处理。

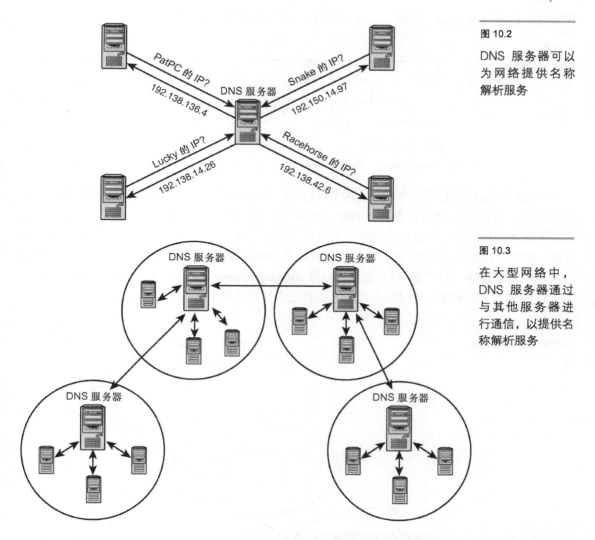

图 10.2

DNS 服务器可以
为网络提供名称
解析服务

图 10.3

在大型网络中,
DNS 服务器通过
与其他服务器进
行通信,以提供名
称解析服务

> 如果名称服务器在自己保存的地址数据库中发现了被请求的地址,则立即将这个地址发回给客户端。

> 如果名称服务器在自己保存的记录中没有找到这个地址,会要求其他的名称服务器查找这个地址,接着将这个地址发回给客户端。

那么在查询 IP 地址的过程开始后,第一个服务器是如何知道需要与哪个服务器联系才能得到需要的地址呢?实际上,这个查询过程与 DNS 名称空间的设计是紧密相关的。记住,DNS 并不是只使用主机名的。本章前面讲到,DNS 也能处理完全限定域名(FQDN)。FQDN 是由主机名和特定的域名组成的。

DNS 名称空间是一个多层排列的域(见图 10.4)。一个域就是一组计算机,这些计算机位于同一个授权环境中,共享着名称空间的同一个部分(也就是具有相同的域名)。在 DNS 树的顶端是名称为 root 的根节点。root 有时候会显示为一个点号(.),但 root 实际的符号为 null 字符。在 root 之下是一组顶级域(Top Level Domain,TLD)。图 10.4 所示的 TLD 是世界上最著名的 DNS 名称空间:Internet。TLD 包括了常见的.com、.org 和.edu 域,以及用于国家政府的域，例如.us（美国）、.uk（英国）、.fr（法国）和.jp（日本）。

图 10.4

DNS 名称空间

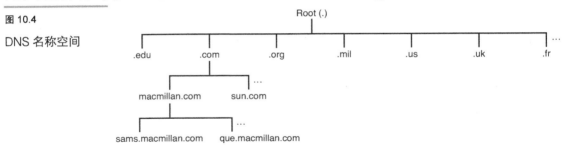

在这些顶级域下是另一个域层，这个域层（在 Internet 中）是由企业、机构或组织控制的。这些机构名称会作为 TLD 的前缀。例如，在图 10.5 中，DeSade College 的域名是 DeSade.edu。被授予域名的组织可以创建一个或多个其他的子域层。每一层中，本地域的名称都是父域名的前缀。例如，DeSade 的娱乐才艺部门的域名就是 flames.DeSade.edu（见图 10.5），而大众休息室（学生通常会称之为"地牢"）的域名则是 dungeon.flames.DeSade.edu。总的来说，DNS 系统支持多达 127 层的域，不过很长的域名也会使人感到非常头疼。

图 10.5

一个适当的 DNS 场景

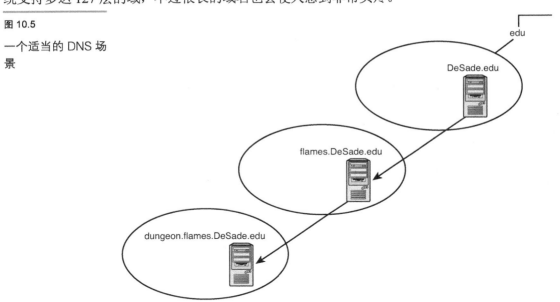

By the Way

注意：域层

　　如果经常使用 Internet，你可能已经注意到，带有几个级别的扩展域名（如图 10.5 所示的场景）并不常见。在.com TLD 中的网站，一般会用 www 前缀用作机构域名：www.ibm.com。然而，请记住，网站可能是位于一台服务器上，也可能位于某个地方的一组服务器上。由于多层域名在网络管理中的使用，人们能够访问分布在大型企业网络上的资源，而这些资源则可以保存在不同的地方。公共的 TLD（例如.gov）更倾向与利用多层域名。

　　域名显示的是从树的顶端开始的名称链。sams.com 的域名服务器中保存了 sams.com 下所有主机的名称解析信息。在本域中被授权的名称服务器可以将关于子域的名称解析委派给其他的服务器。例如，sams.com 的授权名称服务器可以将子域 edit.sams.com 授权给其他的名称服务器进行解析。子域名 edit.sams.com 的名称解析记录位于委派子域名解析授权的名称服务器上。对名称解析的授权可以通过一个树状结构委派，指定域的管理员可以控制本域中所有主机的名称与地址的映射。

当网络上的主机需要 IP 地址时，通常会发送一个递归的查询给附近的名称服务器。这个查询要求名称服务器"要么返回与此名称相关的 IP 地址，要么告诉我无法找到这个地址"。如果名称服务器在自己的记录中没有找到被请求的地址，可以启动一个查询过程，询问其他的名称服务器能否获得这个地址。图 10.6 展示了查询的过程。名称服务器 A 使用了一个迭代的查询过程来查找地址。这个迭代的查询过程会通知下一个名称服务器"要么返回 IP 地址，要么告诉我在哪里可能会找到这个地址"。这个过程可以总结为：客户端发送一个递归查询给名称服务器；接下来，这个名称服务器会发送一系列的迭代查询给其他的名称服务器来解析这个名称。当名称服务器获得了与名称相关的地址时，就使用这个地址来回复客户端的查询。

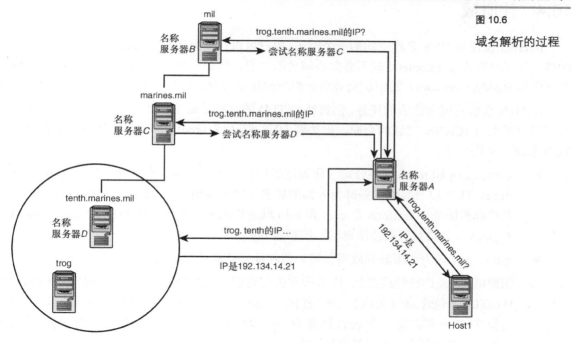

图 10.6

域名解析的过程

DNS 名称解析的过程如下所示（见图 10.6）。

1．主机 1 向名称服务器 A 发送了一个查询，请求查找域名 trog.tenth.marines.mil 的 IP 地址。

2．名称服务器 A 查找自己保存的记录，看能否找到这个被请求的 IP 地址。如果服务器 A 中有这个地址，将此地址返回给主机 1。

3．如果服务器 A 没有这个地址，则发起查找地址的过程。名称服务器 A 发送迭代请求给 .mil 域的顶级名称服务器 B，询问 trog.tenth.marines.mil 的相关地址。

4．名称服务器 B 无法提供这个地址，但是会将域 marines.mil 的名称服务器（服务器 C）地址发给服务器 A。

5．服务器 *A* 向服务器 *C* 发送查询地址请求。服务器 *C* 无法提供这个地址，就将 tenth.marines.com 的名称服务器（服务器 *D*）地址发给服务器 *A*。

6．服务器 *A* 向服务器 *D* 发送查询地址请求。名称服务器 *D* 找到了主机 trog.tenth.marines.com 的地址，就将这个地址发给名称服务器 *A*。名称服务器 *A* 接着会将这个地址发给主机 1。

7．主机 1 发起与主机 trog.tenth.marines.com 的连接。

该过程每天在 Internet 上会出现数百万次，由于当今网络的其他一些特性（例如地址缓存、DHCP 和动态 DNS），这个简洁的过程也变得复杂起来。然而，大多数 TCP/IP 网络的功能仍然会依赖这种形式的 DNS 名称解析。

另一个需要值得注意的重点是，并不是每一个域树中的节点都必须单独拥有名称服务器。一个名称服务器可以处理多个域。当然，一个域中也常常会使用多个域名服务器。

10.4 注册域

Internet 仅仅是 DNS 名称空间的一个例子。用户可以在没有连接到 Internet 的状况下使用 DNS。如果没有连接 Internet，就不必关心域名的注册。然而，需要在 Internet 上使用自己域名（例如 BuddysCars.com）的组织则必须向相应的注册授权部门注册这个名称。

ICANN 会监管域名注册的任务，但将特定 TLD 的注册委派给其他组织。美国的 VeriSign 公司当前根据与 ICANN 签订的合同，维护着 DNS 根区域（root zone）。其他机构负责维护 TLD 系统，举例如下。

> **.com、.org 和.net**：许多公司（称为注册登记机构）被授权提供对常见的.com、.org 和.net TLD 以及其他一些鲜为人知的域名（例如.info、.museum、.name 和.pro）的名称解析服务。VeriSign 是.com 和.com 域的权威注册机构，而 PIR（Public Internet Registry，公共互联网注册机构）维护着.org。

> **.gov**：.gov 域为美国联邦政府保留。州和地方政府的域名来自于美国的 TLD。

> **国家域**：你或许已经注意到，许多国家也有它们自己的域名空间。这些国家代码 TLD（ccTLD）包含.uk（英国）、.fr（法国）、.de（德国）、.cn（中国）和.br（巴西）。与其他 TLD 一样，每一个 ccTLD 都有一个权威注册机构，这个权威注册机构能够与其他注册机构联系，以维护名称空间。

By the Way

注意：注册游戏

　　最近几年，名称注册的游戏变得越来越具有竞争性。有些公司的业务已经超出了域名注册本身，而更关注其投机的价值。你可能在 Web 浏览器中输入了错误的名称，此时却突然出现了一个页面，询问你是否希望注册刚刚输入的名称。如果你想要注册一个名称，可以直接使用官方注册机构。专家建议可以通过直接在 Web 浏览器中输入域名来查看域名是否已被注册。有些用户发现当输入了地址后，会看到他们想要注册的名称不知道在什么情况下被一个投机者注册了（尽管大型的 Internet 公司都否认参与了这样的事情）。

10.5　名称服务器类型

在网络上实现 DNS 时，至少需要选择一个服务器来负责维护域的信息。这个服务器就是主名称服务器，它可以从本地文件中获得其负责区域的所有信息。对域的任何修改都是在这个服务器上进行的。

许多网络通常还会有一个或多个服务器作为备份或备用域名服务器。如果主服务器遇到了问题，可以用这台服务器继续提供服务。备用域名服务器从主服务器的区域文件中获得需要的信息。这种信息交互的方式称为区域传送（Zone Transfer）。

第 3 种类型的服务器被称为只缓存（caching-only）服务器。缓存是计算机内存的一部分，用来保存被频繁请求的数据，以便于提供更好访问服务。只缓存服务器会响应来自于本地网络客户端对名称解析的查询请求，向其他的 DNS 服务器查询域和提供服务（例如 Web 和 FTP）的计算机的信息。当从其他 DNS 服务器收到这些信息后，将信息保存在缓存中以便于响应再次对这些信息的查询请求。

只缓存服务器通常会被本地网络的客户端计算机用来进行名称解析。位于 Internet 上的其他 DNS 服务器并不知道这些服务器的存在，因此也就不会查询它们。这种服务器很适合分担服务器上的负载。此外，只缓存服务器的维护也很简单。

注意：DNS 实现　　　　　　　　　　　　　　　　　　　　　*By the Way*

在运行 DNS 服务器的机器上，DNS 必须被实现为服务或后台程序。Windows 服务器自带一个 DNS 服务。当然，有些管理员会倾向于使用第三方的 DNS 实现。在 UNIX/Linux 上则有很多 DNS 的实现，其中最常用的是 Berkeley Internet Name Domain（BIND）。

10.5.1　域和区域

在一组公共 DNS 服务器上配置的 DNS 主机的集合称为区域（zone）。在简单网络上，一个区域可能会表示一个完整的 DNS 域。例如，域 punyisp.com 可能作为单独的区域进行 DNS 配置。在复杂的网络上，对子域的 DNS 配置有时会被委派给其他的区域。区域委派使得负责子网管理的管理员能够直接管理子网的 DNS 配置。例如，域 cocacola.com 的 DNS 管理员会将子域 dallas.cocacola.com 的 DNS 配置委派给一个区域，而这个区域是由 Dallas 办公室中的 DNS 管理员控制的，这样就能够近距离地对域 dallas.cocacola.com 上的主机进行监视。

那么区域与域有什么不同呢？注意重点注意的是，除了细微的语义差别外（域是名称空间的一个细分，而区域则表示一个主机的集合），区域和域的概念并不是完全平行的。在阅读本节内容时，请记住以下内容。

➤ 作为子域的成员自然也就是父域的成员。例如，dallas.cocacola.com 中的主机也是 cocacola.com 域的一部分。与之相反，如果域 dallas.cocacola.com 被委派给一个区域，则 dallas.cocacola.com 上的主机并不是 cocacola.com 区域的一部分。

> 如果子域没有被专门委派，就不需要单独的区域，只将它包含在父域的区域文件中即可。

如何委派 DNS 区域则取决于 DNS 服务器应用程序。当前，最重要的事情是记住，区域用于表示一组 DNS 服务器和主机上的一个配置集合，DNS 管理员可以将名称空间的组成部分选择性地委派给其他区域，以便提高管理效率。

1. 区域文件

上一节讲到，一个 DNS 区域就是一个行政单元。这个单元表示的是，位于 DNS 名称空间中某个部分上的计算机的集合。区域的 DNS 配置存储在一个区域文件中。当需要响应查询和发起查询时，DNS 服务器会引用区域文件中的信息。区域文件是一个带有标准架构的文本文件。区域文件的内容有多个资源记录构成。一个资源记录就是一行文本，提供了一组有用的 DNS 配置信息。下面是一些常用的资源记录类型。

> **SOA**：SOA 表示起始授权机构（Start of Authority）。SOA 记录为区域指定了权威名称服务器。

> **NS**：NS 表示名称服务器（Name Server）。NS 记录为区域指定了一个名称服务器。虽然区域中可以有多个名称服务器（因此，也就会有多条 NS 记录），但是只能有一条指定权威名称服务器的 SOA 记录。

> **A**：A 记录用于将 DNS 名称映射到 IPv4 地址。

> **AAAA**：AAAA 记录将 DNS 名称映射到 IPv6 地址。

> **PTR**：PTR 记录用于将 IP 地址映射到 DNS 名称。

> **CNAME**：CNAME 是规范名称（Canonical Name）的缩写。CNAME 记录用于将一个别名映射到一个由 A 记录表示的真实主机名。

因此，区域文件可以告知 DNS 服务器如下内容：

> 区域的权威 DNS 服务器。

> 区域中的 DNS 服务器（权威的和非权威的）。

> 区域中主机别名所表示的主机的 DNS 名称到 IP 地址的映射，主机别名是主机的另外一个名称。

其他的资源记录类型提供相关主题的信息，例如邮件服务器（MX 记录）、IP 到 DNS 名称的映射（PTR 记录）以及周知的服务（WKS 记录）。下面是一个区域文件的简单示例：

```
@ IN    SOA     boris.cocacola.com. hostmaster.cocacola.com. (
        201.9           ; serial number incremented with each
                        ; file update
                        ;
        3600            ; refresh time (in seconds)
        1800            ; retry time (in seconds)
        4000000         ; expiration time (in weeks)
        3600)           ; minimum TTL
   IN   NS      horace.cocacola.com.
```

```
        IN    NS      boris.cocacola.com.
;
; Host to IP address mappings
;
localhost      IN   A    127.0.0.1
chuck          IN   A    181.21.23.4
amy            IN   A    181.21.23.5
darrah         IN   A    181.21.23.6
joe            IN   A    181.21.23.7
bill           IN   A    181.21.23.8
;
; Aliases
;
ap             IN CNAME  amy
db             IN CNAME  darrah
bu             IN CNAME  bill
```

注意，SOA 记录包含了几个参数，这些参数用于控制如何使用主服务器上的区域数据主副本来更新备用 DNS 服务器。除了表示区域文件版本的序列号外，其他参数用于指定下面的内容。

➤ **Refresh time**：表示备用 DNS 服务器请求主服务器更新其区域信息的时间间隔。

➤ **Retry time**：指定在区域更新未成功时，需要等待多长时间，才应再次进行尝试。

➤ **Expiration time**：指定备用名称服务器保留未刷新记录的上限时间。

➤ **Minimum Time-to-Live（TTL）**：指定被输出区域记录的默认 TTL。

SOA 记录的最右侧是负责区域管理的管理员的邮件地址。用@符号替代第一个符号"."，就是实际的邮件地址。

当然，上面的例子是一个最简单的区域文件。更大的文件可能会包含数百条地址记录和其他一些不常见的记录类型（用于表示配置的其他部分）。区域文件的名称以及格式，根据 DNS 服务器软件的不同也有所不同。这个例子是根据流行的 BIND（Berkeley Internet Name Domain）生成的，BIND 是 Internet 上最常见的名称服务器。

此外，还需要记住的是，通过操作文本文件来配置服务已经越来越不受欢迎了。许多 DNS 服务器应用程序都提供了用户界面来隐藏区域文件的细节。动态 DNS（本章后面会讲到）还提供了一个专门用来隐藏配置细节的分离层。

2. 逆向查找区域文件

DNS 名称解析中需要的另一种类型的区域文件是逆向查找文件。当客户端提供了 IP 地址，要求查找相应的主机名时会使用这个文件。在 IP 地址中，最左边的是通用的部分，最右面的部分是特定的部分，而域名则正相反：左边的是特定的部分，右面的部分（例如.com 或.edu）是通用的部分。要想创建逆向查找区域文件，必须将网络地址的顺序进行翻转，以便于通用和特定部分的顺序与域名的样式相同。例如，应用于 192.59.66.0 网络的区域的名称应该是 66.59.192. in-addr.arpa。

in-addr 部分表示逆向地址，而 arpa 部分是另一个 TLD，来源于 Internet 的前身 ARPAnet。

该文件作为一个普通的区域文件开始（见前面的例子），具有一条 SOA 记录和 NS 记录，其中后者定义了区域的名称服务器，但是它没有使用将域名映射为地址的 A 记录，而是包含一条将地址映射为名称的 PTR 记录。在地址映射中，只包含了地址的主机部分。网络部分来自于文件名。

```
; zone file for 23.21.181.in-addr.arpa
@ IN    SOA    boris.cocacola.com.  hostmaster.cocacola.com  (
        201.9      ; serial number incremented with each
                   ; file update
                   ;
        3600       ; refresh time (in seconds)
        1800       ; retry time (in seconds)
        4000000    ; expiration time (in weeks)
        3600)      ; minimum TTL
IN   NS    horace.cocacola.com.
IN   NS    boris.cocacola.com.
;
; IP address to host mappings
;
4    IN   PTR   chuck
5    IN   PTR   amy
```

第 13 章将会讲到，下一代 IPv6 包含一个 128 位的地址空间。尽管逆向查找区域文件在 IPv6 子网上的作用仍然相同，但是文件名将发生变化，而且其中的条目也变得更长。

IPv6 逆向查找区域文件的最初计划是使用 ip6.int 结尾，但是 Internet 如今正在转换为以 ipv6.arpa 结尾。我们可能还会遇到其他形式。对 IPv4 而言，地址的网络部分在文件名中得到反映（以逆序），而主机 ID 则是作为文件中的一个条目给出的（也是逆序），它映射到一个主机名称。有关 IPv6 的详情，请见第 13 章。

10.5.2　DNS 安全扩展（DNSSEC）

DNS 系统已经为 Internet 社区服务了很长时间，用户在查询名称服务时，也习惯了快速、高效地接收到应答。说实话，Internet 作为世界范围内的终端用户企业，如果没有 DNS，则根本无法运行。然而，DNS 系统最初在开发之时，专家们就已经认识到它存在与生俱来的不安全性。

DNS 数据是公共的，在这种情况下，安全性不再意味着私密性。但是客户端仍然需要一些方法来确保对 DNS 请求的答复是来自于真实的 DNS 服务器，而且这个服务器应该由区域进行监管。

攻击者已经开发了几种技术来针对 DNS 查询发送伪造的响应。截获了 DNS 请求的攻击者可以发送伪造的响应，将客户端重定向到秘密的 DNS 服务器，该服务器充当发起攻击的一种手段。只要伪造的回复先于真实的回复到达 DNS 客户端，则该客户端就落入了圈套。

这个问题的解决方案是提供一种方式来验证返回的 DNS 数据源的有效性。DNS 安全扩展（DNSSEC）提供了验证 DNS 数据有效性的系统。如今很多操作系统都提供了 DNSSEC 选项，但是该 DNSSEC 仍然没有大范围的实现。但是有些备受关注的域已经全面支持 DNSSEC，使得 DNSSEC 慢慢被公众所接受。

最初的 DNS 安全系统于 1999 年在 RFC 2535 中定义，但是这个初始系统在实现时难度很大，而且也不能很好地扩展到 Internet 上，所以很少使用。在 2005 年，随着 RFC 4033、4034 和 4035 的出现，保证 DNS 安全的新一轮倡议再次兴起。这个新的 DNSSEC 系统被几个重要的 TLD 采纳，比如.com、.org，以及其他国家级的域名。

DNSSEC 使用加密密钥和数字签名来提供安全。第 19 章将详细讲解签名和加密等内容。有关数字签名过程的背景知识，请见第 19 章。

DNSSEC 需要支持 DNS 扩展机制（EDNS），后者在 RFC 2671 中定义。ENDS 的 DO 报头位表示一个 DNSSEC 查询。

DNSSEC 添加了一个验证过程来确保 DNS 查询的结果是可信的。与基本的 DNS 名称解析过程相似，DNSSEC 从一系列步骤到达与给定查询中的名字相关联的区域。但是，DNSSEC 增加了一个信任链（chain-of-trust）类型的验证，其理念是从一个受信任的源开始，将请求沿着一系列已知的和验证过的步骤向下传输，直到到达这样一个服务器：该服务器拥有一个用来验证 DNS 数据来源的签名。

为了实现该目标，DNSSEC 添加了 4 个新的 DNS 资源记录类型。

➢ **DNSKEY**：用来签名和验证 DNS 资源记录集的公共密钥。
➢ **DS**：指向（并验证）子区域 DNSKEY 的资源记录。
➢ **RRSIG**：与区域数据相关联的数字签名。
➢ **NSEC**：包含权威数据（authoritative data）的下一个持有者的名称。

拥有安全 DNS 数据的服务器形成了一个信任链。解析器（resolver）必须能够独立访问与顶级区域的 DSNKSEY 记录相关联的公共密钥。该密钥是分开获得的，它可以验证存储在信任锚（trust anchor）上的数据，其中包含一条 DS 记录，该记录在查询过程的下一步对与子区域相关联的 DNSKEY 进行验证。

解析器遍历信任链，并使用父区域中的 DS 密钥对子区域中的 DNSKEY 进行遍历式验证。在最后一步，DNSKEY 将存储在 RRSIG 资源记录中的数字签名进行解密，然后将其与正常的 NDS 查询过程返回的签名相比较。如果两者相匹配，也就对发送 DNS 查询的源进行了核实，因此数据是可信的。

DNSSEC 的处理过程如图 10.7 所示。针对信任锚预配置的密钥将信任链解锁（在理想情况下，TLD 充当信任锚，但是也可能使用其他选项）。

存储在初始入口点（initial entry point）的 DNS 数据包括所有子区域的 DS 记录。例如，用于.com 区域的权威域名服务器包含 famousIT.com 的 DS 记录。这条 DS 记录识别和认证子区域的 DNSKEY。

如果名称中包含一系列额外的子区域，解析器将处理信任链，依次获得 DS 记录来验证低级的 DNSKEY。

图 10.7

DNSSEC 的处理过程

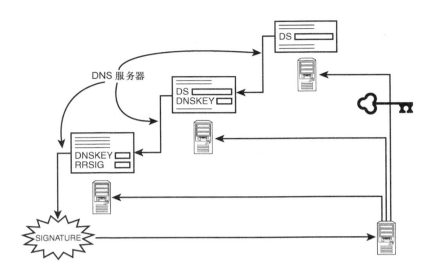

当该处理过程到达最低级的子区域时，DNSKEY 解密存储在 RRSIG 记录中的区域数据签名，该签名验证返回的 DNS 数据，以响应最初的查询。

可以看到，DNSSEC 依赖于 DNSKEY 和 DS 资源记录之间的交互链（chain of interaction）。DNSKEY 和 DS 资源记录是紧密相关的，它们都以相似的信息为基础。RFC 4034 中提到，"DS RR 通过存储密钥标记、算法数值，以及 DNSKEY RR 的摘要来引用 DNSKEY RR。DS RR 以及与其相应的 DNSKEY RR 有同一个持有者名称，但是两者的存储位置不同。DR RR 只出现在委派的上（父）面，在父区域中是权威数据。例如，example.com 的 DS RR 是存储在 .com 区域，而不是 example.com 区域。"

父区域中可能包含多个子区域的 DS 记录，每一个 DS 记录提供了必要的信息来验证子区域中相应的 DNSKEY 记录是否正确，而且在信任链内表示一台服务器。

RRSIG 记录的另外一个重要组成部分包含区域数据的签名。RFC 4035 中提到，"为了对一个区域进行签名，区域管理员要生成一个或多个公共/私有密钥对，并使用私有密钥对区域中的权威 RRset 进行签名。对每一个用来在区域中创建 RRSIG 记录的私有密钥来说，区域应该包含一个区域 DNSKEY，而且这个区域 DNSKEY 要包含相应的公共密钥。"

RRSIG 记录包含像持有者名称、类值（class value）、TTL 值、包含数据的区域的名字，以及识别记录的其他数据这样的信息。

当名称错误或者是在查询名称的过程中，无法使用精确匹配时，将会用到 NSEC 记录。

10.5.3 DNS 工具

用户可以使用任何支持名称解析的网络工具来测试网络的名称解析是否正常。Web 浏览器、FTP 客户端、Telnet 客户端或 ping 工具都可以检查计算机是否能够成功地进行名称解析。如果可以使用 IP 地址连接一个资源，而不能使用主机名或 FQDN 来连接资源，问题很可能会出现在名称解析上。

如果计算机使用了主机文件，同时也使用了 DNS，请记住，必须在测试 DNS 时临时禁用或重命名主机文件。否则，就无法确定名称是通过主机文件还是通过 DNS 解析的。下面的内容将描述如何使用 ping 工具来测试 DNS。之后还会介绍 NSLookup 工具，这个工具提供了很多 DNS 配置和排错特性。

1. 使用 ping 检查名称解析

简单、易用的 ping 工具非常适合测试 DNS 配置。ping 会向其他计算机发送一个信号，并等待回复。如果接收到回复，就能够确定这两台计算机是连接的。如果知道远程计算机的 IP 地址，就可以通过输入 IP 地址来 ping 这台计算机：

```
ping 198.1.14.2
```

如果这个命令成功，表明本机可以与远程计算机通过 IP 地址连接。

现在，通过输入 DNS 名称来 ping 远程计算机：

```
ping williepc.remotenet.com
```

如果可以通过 IP 地址连通远程计算机，而无法通过 DNS 名称连通，则表示名称解析存在问题。如果可以通过 DNS 名称连通，表示名称解析工作正常。

第 14 章将详细讲解 ping 工具。

2. 使用 NSLookup 检查名称解析

用户可以使用 NSLookup 工具查询 DNS 服务器，查看资源记录等信息。在需要对 DNS 问题进行排错时这个工具也十分有用。NSLookup 工具可以按下面两个模式进行操作。

➢ **批处理模式**：在批处理模式中，用户可以启动 NSLookup 并提供一些输入参数。NSLookup 会根据输入参数执行被请求的功能，显示结果，最后关闭自己。

➢ **交互式模式**：在交互式模式中，用户启动 NSLookup 时不用提供输入参数。NSLookup 会提示用户输入参数。在用户输入了参数后，NSLookup 将执行被请求的操作，显示结果并重新返回提示符状态，等待接下来被输入的参数。大多数管理员都会使用交互式模式，这是因为在需要执行一系列操作时，这种模式更方便。

NSLookup 有一个丰富的选项列表。下面介绍一下基本的选项，以便于了解 NSLookup 的工作方式。

要想以交互式模式运行 NSLookup，可以在命令提示符后输入名称 nslookup。

如图 10.8 所示，每次 NSLookup 启动时都会给出 NSLookup 正在使用的 DNS 服务器的名称和 IP 地址，如下所示：

```
Default Server:    dnsserver.Lastingimpressions.com
Address:    192.59.66.200
>
```

符号>是 NSLookup 的提示符。

图 10.8

NSLookup 的响应

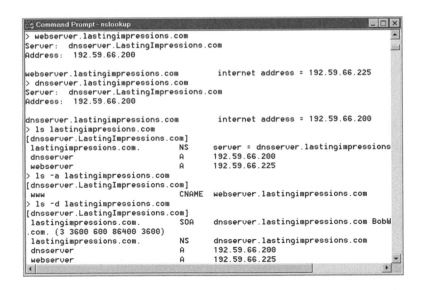

NSLookup 有 15 项设置，用户可以通过修改它们来影响 NSLookup 的操作。下面列出了一些常用的设置。

> **? 和 help：** 这两个命令用于查看所有的 NSLookup 命令。

> **server：** 这个命令用于指定查询哪台 DNS 服务器。

> **ls：** 用于列出域中的名称，如图 10.8 的中间部分所示。

> **ls –a：** 这个命令用于列出域中的规范名称和别名，如图 10.8 所示。

> **ls –d：** 这个命令用于列出所有的资源记录，如图 18.8 的底部所示。

> **set all：** 这个命令用于显示所有设置的当前值。

NSLookup 除了能够查看你的 DNS 服务器上的信息外，还可以使用它查看任何 DNS 服务器上的信息。如果拥有一个 ISP，就会有至少两个 DNS 服务器的 IP 地址。NSLookup 既可以使用 IP 地址也可以使用域名。用户可以通过输入带有 IP 地址或 FQDN 的 server 命令切换到另一台 DNS 服务器上。例如，要想使 NSLookup 连接 E 根服务器，可以输入 server 192.203.230.10。然后，你可以输入任何已有的域名，例如 samspublishing.com，查看这个域名注册的 IP 地址。大多数商业 DNS 服务器和根服务器都会拒绝 ls 命令，这是因为这些命令将产生很多的流量，并且可能造成安全上的漏洞。

10.5.4 域名信息搜索（DIG）

Linux（在服务器机房中很常见）上一个流行的 DNS 命令工具是域名信息搜索（Domain Information Groper，DIG）。许多管理员认为 DIG 要比 NSLookup 更容易和灵活。在 DIG 最基本的形式中，如果输入主机名，则返回 IP 地址：

```
dig  host.domain.com
```

在主机名的前面添加@server 可以指定要查询的 DNS 服务器：

```
dig  @14.13.18.20 host.domain.com
```

该命令将查询地址为 14.13.18.20 的 DNS 服务器。

为了查询特定的资源记录类型，可以添加资源类型的名称：

```
dig  host.domain.com NS
```

该命令将显示与域名相关联的 NS 记录。要查找邮件服务器，可以尝试如下命令：

```
dig  host.domain.com MX
```

当指定 IP 地址时，选项-x 将执行逆向查找，选项-4 将查询限定为对 IPv4 的查询，而-6则是对 IPv6 进行查询。

10.5.5　PowerShell 工具

在最近的 Windows 系统中，Microsoft 引入了 PowerShell 作为命令行环境。PowerShell命令通常很长（因此很难输入），但是名称更有描述性（因此更容易记忆）。PowerShell 包含了一些用于检查 DNS 连通性的命令。如果你在一台有 PowerShell 的 Windows 系统上工作，则 Test-NetConnection 命令大致等同于 ping。

Test-NetConnection www.microsoft.com 命令发送一个测试消息到远程地址，用来测试连接是否正常。该命令的输出提供了一系列有用信息的汇总，比如远程 IP 地址。

等同于 NSLookup 的 PowerShell 命令是 Resolve-DnsName 命令。

10.6　动态 DNS

迄今为止所介绍的 DNS 都是用于主机名与 IP 地址永久（或半永久）关联的情况下。在如今的网络中，IP 地址通常是动态分配的。换句话说，每次计算机启动时，都会通过动态主机分配协议（DHCP）为其分配一个新的 IP 地址。这就意味着，如果这台计算机被注册到DNS 上，并且需要使用主机名来访问，DNS 服务器就必须通过某种方法获悉该计算机正在使用的 IP 地址。

动态 IP 寻址的逐渐流行迫使 DNS 厂商必须加以适应。现在，一些 IP 实现（包括 BIND）提供了动态更新 DNS 记录的功能。在图 10.9 所示的典型场景中，主机从 DHCP 服务器获得IP 地址，然后使用这个新地址更新 DNS 服务器。第 12 章将详细讲解 DHCP。

企业目录系统（比如 Microsoft 的活动目录）在目录结构中使用动态 DNS 来管理 DHCP客户端系统。动态 DNS 服务在 Internet 上也很常见。有些在线服务提供了一种方法，可以让使用动态地址的计算机注册一个永久的 DNS 名称。用户可以访问这些服务，来远程连接到使用 DNS 名称的家庭网络中，或者是运行没有静态地址的个人站点。

图 10.9

动态 DNS 更新

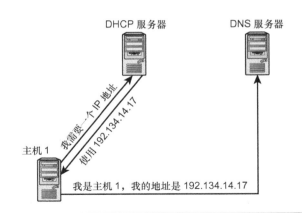

By the
Way

注意：DNS 服务发现

　　DNS 最近的另外一个创新是 DNS 服务发现。有关 DNS 服务发现的详情和其他零配置技术的介绍，请见第 12 章。

10.7　NetBIOS 名称解析

　　NetBIOS 是一个 API 和名称解析系统，最初是由 IBM 开发的，而且随着 Microsoft 的 Windows 网络的发展而变得非常重要。在传统的 Windows 系统中，NetBIOS 名称就是你分配给 Windows 计算机的名称。最近的一些 Windows 系统尝试不再使用 NetBIOS，有时将计算机名称当作主机名，而且出于兼容性的原因，也将其当作 NetBIOS 名称。

　　开发 NetBIO 的目的是将其用于不使用 TCP/IP 的网络。Microsoft 在 Windows 2000/XP 上不再将 NetBIOS 作为重点，Windows Vista、Windows 7 和 Windows 10 更是如此。Microsoft 官方推荐的最佳做法是使用 DNS 而不是 NetBIOS 名称解析。然而，今天还在使用的有些 Windows 系统还是提供了对 NetBIOS 名称解析技术的支持，毕竟存在大量支持 NetBIOS 的计算机，可能在几年之后，NetBIOS 名称解析才能彻底消失。此外，并不是只有 Windows 支持 NetBIOS，流行的开源 Samba 文件服务和其他独立的工具也都支持 NetBIOS 名称解析。

　　从用户的角度看，在最近的 Windows 版本中，NetBIOS 和 DNS 名称解析之间的差别十分模糊。Windows 同时提供对这两种系统的维护。根据用户的配置，Windows 计算机名既可以作为 DNS 类型的主机名，又可以作为 NetBIOS 名称。

　　因为 NetBIOS 通过广播进行操作，所以小型网络上的用户将不必配置 NetBIOS 名称解析（除了需要设置网络和分配计算机名）。在大型网络上，NetBIOS 则比较复杂。大型网络使用称为 WINS 服务器的 NetBIOS 名称服务器将 NetBIOS 名称解析成 IP 地址。用户还可以配置静态的 LMHost 文件（与 DNS 下的主机文件类似）完成名称解析查找。

　　NetBIOS 的名称最多包含 15 个字符，比如，Workstation、HRServer 和 CorpServer。NetBIOS 不允许网络上出现相同的计算机名称。

注意：NetBIOS 名称

　　从技术角度讲，NetBIOS 名称有 16 个字符。但是，第 16 个字符是由底

By the
Way

层应用程序使用的，通常不用用户直接配置。

NetBIOS 名称与主机名类似，都是在一个扁平的空间内（没有层次或者无法对名称进行限定）。

10.8 小结

名称解析使得用户能够用有意义的、容易记住的计算机名来替代分配给计算机的 IP 地址。本章介绍了通过主机名和 DNS 的名称解析，还学习了 DNS 配置文件和名称解析过程，以及最近的一些技术创新，比如动态 DNS 和 DNSSEC。本章还详细讲解了 NetBIOS 名称解析系统，后者仍然会在 Windows 和其他基于 SMB 的网络中用到。

10.9 问与答

问：什么是域名？

答：域名是用来识别网络的名称。域名由一个中央权威机构管理，以确保名称的唯一性。

问：什么是主机名？

答：主机名就是分配给特定主机并被映射给某个 IP 地址的一个名称。

问：什么是 FQDN？

答：主机名和域名的组合（通过符号“.”）。例如，主机名是 bigserver，域名是 mycompany.com，那么 FQDN 就是 bigserver.mycompany.com。

问：什么是 DNS 资源记录？

答：资源记录就是包含在 DNS 区域文件中的条目。不同的资源记录用来识别不同类型的计算机或服务。

10.10 测验

下面的测验由一组问题和练习组成。这些问题旨在测试读者对本章知识的理解程度，而练习旨在为读者提供一个机会来应用本章讲解的概念。在继续学习之前，请先完成这些问题和练习。有关问题的答案，请参见“附录 A”。

10.10.1 问题

1. 哪一种资源记录用于别名？

2. 为什么 DS 资源记录和 DNSKEY 资源记录存储在不同的服务器上？

10.10.2 练习

1. 在计算机的命令行中,输入命令 ping localhost,然后写下你看到的 IP 地址。

2. 在计算机的命令行中,输入命令 hostname,然后写下返回的主机名。

3. 在计算机的命令行中,输入命令 ping+你的计算机的主机名。

4. 如果你的计算机有域名,请 ping 你的 FQDN。

5. 确定 IP 是否被配置为使用 DNS 服务器,如果是,请尝试如下的 ping 操作:

```
ping www.internic.net
ping www.whitehouse.gov
```

6. 使用 NSLookup 来连接 ISP 的一台 DNS 服务器。

10.11 关键术语

复习下列关键术语。

➤ **DNSSEC(DNS 安全扩展)**:对 DNS 查询响应的真实性进行验证的系统。

➤ **域**:DNS 名称空间的层次划分。

➤ **域名**:分配给 DNS 名称空间特定层次中某个部分的名称。

➤ **DNS(域名系统)**:在 TCP/IP 网络中对资源进行命名的系统。

➤ **动态 DNS**:将静态 DNS 名称与动态 IP 地址相关联的技术。

➤ **FQDN(完全限定域名)**:主机名和域名拼接后形成的名称。

➤ **主机名**:用于标识计算机(主机)的名称。

➤ **主机文件**:将 IP 地址与主机名相关联的文件。

➤ **LMHosts**:将 IP 地址与 NetBIOS 名称相关联的文件。

➤ **NetBIOS**:最初由 IBM 开发的一个 API 和名称解析系统,主要在 Microsoft 网络中使用。在最近几年,NetBIOS 名称系统的作用日渐式微,但是在许多 Windows 网络和某些非 Windows 的 SMB/CIFS 网络中仍然有用武之地。

➤ **资源记录**:添加到区域文件中的条目。资源记录的类型有多种,每种类型有不同的用处。

➤ **WINS(Windows Internet 命名服务)**:WINS 服务是 Microsoft NetBIOS 名称服务器的实现。

➤ **区域文件**:DNS 服务器使用的配置文件,这个文本文件用于配置 DNS 服务器。

第 11 章

TCP/IP 安全

本章介绍如下内容：

> 防火墙和代理服务；

> 网络入侵技术；

> 网络安全最佳做法。

如今的用户都意识到 Internet 上潜伏着危险，你不知道谁会潜伏在网上，伺机窃取信息或访问你的系统。有些入侵者是为了金钱，有些入侵者只是觉得好玩。无论哪种情况，你都需要谨慎行事，并采取预防措施，以保护你的网络。

本章将讲解用来保护 TCP/IP 网络的一些工具和技术，并介绍入侵者为突破 Internet 防御而采用的一些技术。第一节将讲解对所有安全系统都至关重要的组件——网络防火墙。

在学完本章内容过之后，你能够：

> 解释防火墙是如何工作的；

> 掌握代理服务器和逆向代理服务器；

> 讨论一些最常见的网络攻击技术以及防御之道。

11.1 什么是防火墙

这些年来，防火墙这个术语被赋予了很多意思，现在我们所知道的防火墙设备是经过长期发展的结果。

防火墙就是一个放置在网络路径上的设备，它可以检查、接受或拒绝打算进入网络的数据包。这听起来有点像路由器。实际上，虽然防火墙并不一定是一个路由器，但是防火墙的功能通常会被集成到路由器上。防火墙与传统的路由器最重要的区别是传统路由器会尽可能转发数据包，而防火墙则只转发自己认可的数据包。对数据包的转发决定不再是仅基于地址，而是基于网络所有者配置的一组规则，这些规则可以确定哪些流量类型能被网络所允许。

甚至当你查看最简单的防火墙环境（见图 11.1）时，也能够轻易地发现防火墙的价值。可以看到，防火墙可以阻止任何或者所有的外界流量进入网络，但是它并干涉内部网络中的通信。

图 11.1

防火墙可以阻止任何或所有的流量进入本地网络

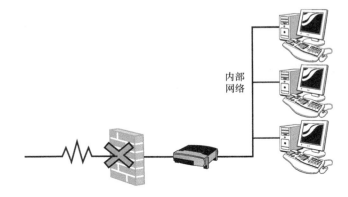

内部网络

最早的防火墙是数据包过滤器。它通过检查数据包来找出该数据包的企图。在第 6 章讲到，许多包过滤防火墙会查看封装在传输层报头中周知的 TCP 和 UDP 端口号。因为大多数的 Internet 服务都与端口号相关联，因此通过检查数据包的目的端口号可以确定数据包的企图。这种形式的数据包过滤可以让管理员声称"外部的客户端无法访问内部网络上的 Telnet 服务"——至少不能使用分配给 Telnet 的周知端口来访问 Telnet 服务。

这种控制方法比以前的有很大的进步，迄今为止已经挡住了很多类型的攻击；然而，包过滤技术仍然不是一个完美的解决方案。首先，打入内部网络的入侵者可以偷偷地将网络服务所使用的端口号进行重新配置。例如，如果将防火墙配置为检查 TCP 端口 23 上的 Telnet 会话，而入侵者秘密建立了一个使用不同端口号的 Telnet 服务，那么，仅仅查看周知的端口就不会发现问题。

在防火墙的进化过程中，出现了另外一种称之为有状态防火墙的设备。有状态防火墙不仅仅是单独检查每一个数据包，还会检查数据包包含在哪个通信会话序列中。这种状态敏感性有助于有状态防火墙监视诸如无效数据包、会话劫持企图，以及某些拒绝服务攻击这样的攻击手段。

应用层防火墙是旨在应用于 TCP/IP 应用层的最新一代防火墙，它可以在这一层更全面地理解与协议和服务相关联的数据包。

当代的防火墙通常会执行包过滤技术、状态查看和应用层过滤等一系列操作。一些防火墙还可以作为 DHCP 服务器和网络地址转换工具。防火墙可以是硬件也可以是软件，既可以简单又可以复杂，但是，无论你是管理着由上千个节点组成的网络，还是只使用一台单独的计算机，只要计划连接 Internet，最好都对防火墙有基本的理解。

11.1.1　选择防火墙

尽管防火墙一度是 IT 专业人士的工具，但是随着网络入侵爱好的兴起和自动端口扫描器（可以随机地搜索 Internet 上开放的端口）的出现，为单用户系统开发个人防火墙显得越来越重要。现在，Windows、Mac 和 Linux 这些系统都提供了个人桌面防火墙应用程序，用于阻止对系统上特定端口和服务的访问。当然，终端用户的客户端系统通常都不会运行很多网络服务，使用防火墙显得有些多余（为什么要为没有运行的服务关闭端口呢？）。但是，事实上，当今的计算机系统相当复杂，以至于系统用户有时并不能确定当前系统正在运行哪些服务。甚至普通的文件和打印共享从理论上来讲，都为攻击开启了方便之门。而且，针对计算机发起的攻击有时是很狡猾的，因此很难确定系统是否真的安全。使用个人防火墙是一个很好的想法，对那些没有位于防火墙系统之后的计算机来说更是如此。

更复杂的防火墙设备是防火墙/路由器设备，它们可以用于小型办公室/家庭办公室（SOHO）网络。这些工具通常会提供 DHCP 服务和网络地址转换。它们运行在图 11.1 中描述的那种经典的防火墙场景中，允许内部的客户端访问内部网络上的服务，但阻止来自于外部的访问。

使用 SOHO 防火墙（和个人防火墙）存在的一个问题是，这些防火墙是为非专业人士设计的，因此几乎没有配置选项，用户通常也无法弄清它们使用了什么技术来过滤协议流量。SOHO 防火墙的另外一个问题是，防火墙有点像自带操作系统的计算机，而且用户在直接访问这个操作系统时，并不方便。这些设备实际上几乎很少维护，都是通过固件的升级来定期安装安全补丁。安全专家并不认为这些 SOHO 设备是彻底安全的，尽管有要比没有强。

另外一种选择是使用一台计算机作为防火墙/路由器设备来配置网络防火墙。UNIX/Linux 系统带有复杂的防火墙功能。Windows 系统的某些特定版本也提供了防火墙。注意，作为网络防火墙的计算机与前面讲解的个人防火墙是不相同的。此时，计算机不再只过滤到达本机的流量，而是充当整个网络的防火墙。要想完成这项工作，系统必须安装两个或多个网卡，并且配置端口转发——系统实际上承担了路由器的功能。如果有一台空闲的计算机，这种方法可以提供比使用典型的 SOHO 防火墙更复杂的防火墙功能。当然，用户也需要对自己的操作有所了解。

如果具有专业的管理防火墙的能力，可以使用一些商业防火墙设备。专业级别的防火墙/路由器比 SOHO 类型的更高级。尽管外观不同，但这些设备在内部实际上更像基于计算机的防火墙。大多数工业防火墙设备都被嵌入了计算机系统。在本章的后续部分将会介绍，商业防火墙和防火墙计算机使用户能够通过配置自定义的过滤规则来允许或拒绝网络流量。这些工具是十分强大和复杂的，这一点不是通过复选框进行配置的 SOHO 或者个人防火墙所能比拟的。所以使用这些工具需要更丰富的知识，同时，也需要花费更多的精力才能保证配置的正确性。

11.1.2 DMZ

防火墙为内部网络提供了一个受保护的空间，使网络很难从外部进行访问。这个概念对于 Web 客户端工作组（其中包含少量满足内部需要的文件服务器）是很适合的。不过，在很多情况下，一个公司通常不会禁止外部网络访问自己的所有资源。例如，需要从外部访问的公共 Web 服务器。许多公司还维护着 FTP 服务器、电子邮件服务器和其他需要从 Internet 访问的系统。尽管从理论上讲，只要开放防火墙的端口就可以允许外部客户访问特定系统上的特定服务，这也就使得服务器可以从防火墙内部进行操作，而且内部网络上的流量会导致网络管理员不希望看到的一系列流量和安全性问题。

一种比较简单的解决方案是，将需要通过 Internet 访问的服务放在防火墙之外（见图 11.2），这种方案要求服务器（例如 Web 服务器）必须首先经过额外的审查，确保它们是真正安全的，然后再放置在开放的 Internet 环境中（防火墙之前），使之与内部网络上的客户端隔离，并能够接收 Internet 请求。理论上，正确配置后的服务器能够保护自己免受来自于 Internet 的攻击。此时，只能打开基本的端口，并运行基本的服务。理想状态下，安全系统在配置之后，即使有攻击者可以访问到系统，他们的权限也会受到限制。当然，这样的预防措施并不能保证系统不会受到攻击，但是这样做是基于如下的理论：即使系统被攻破了，进入 Web 服务器的入侵者仍然需要通过防火墙才能到达内部网络。

图 11.2

Web 服务器和其他
面向 Internet 的计
算机通常放置在防
火墙的外面

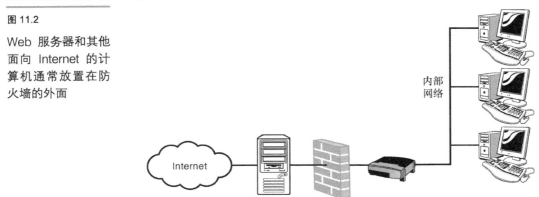

这种将本地资源放在防火墙之后，将通过 Internet 访问的资源放置在防火墙之前的技术在很多小型网络中很常用。然而，拥有专业级别的 IT 管理和安全性的大型网络则会使用更具细化的方法。图 11.2 所示方案的另外一种替代是使用两个防火墙——一个防火墙位于 Internet 服务器之前，另一个位于它们之后。前端防火墙可以提供第一个安全层，很明显，这层防火允许对服务器的连接；后端防火墙则提供了更严密的保护，确保本地网络资源的安全。两个防火墙之间的空间称为 DMZ（一个军事术语——Demilitarized Zone，非军事区）。与开放的 Internet 相比，DMZ 可以提供更好的安全性，但是其安全性比内部网络低。

图 11.3 所示的场景还可能出现下面的情况：只使用一个能够连接多个网段的防火墙。如图 11.4 所示，如果防火墙/路由器有 3 个或更多个接口，可以将内部网络和 DMZ 分别连接到这些接口上，同时为每个接口应用不同的过滤规则。

图 11.3

位于两个防火墙之
间的 DMZ

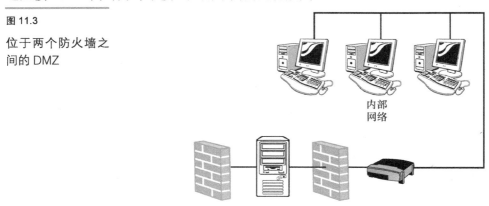

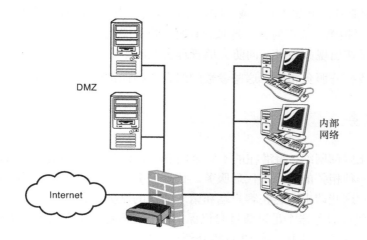

图 11.4

对于一个至少有 3
个接口的防火墙，
如果为每一个内
部网段配置不同
的防火墙规则，也
就相当于提供了
DMZ

11.1.3　防火墙规则

个人防火墙和其他小型的基于 GUI 的防火墙工具通常允许用户通过点选选项框（见图 11.5）
来定义防火墙的过滤特性。完善的、工业级强度的防火墙工具可以让用户创建一个配置文件，其
中防火墙的配置采用一系列命令或定义了防火墙行为的规则来描述。这些命令或规则称为防火墙
规则。虽然不同的工具使用不同的命令和语法，但是防火墙规则通常允许网络管理员创建的内容
包括：

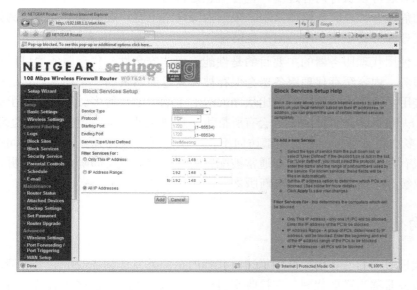

图 11.5

大多数 SOHO 防
火墙允许用户通
过名称或端口号
来阻断服务

> ➢ 　源地址或地址范围；
> ➢ 　目的地址范围；
> ➢ 　服务；
> ➢ 　行为。

这些参数提供了大量选项。用户可以关闭所有来自或去往特定地址范围的流量。可以关

闭来自于特定地址的特定服务，例如 Telnet 或 FTP。还可以关闭来自于所有地址的某项服务。处理规则可以是"接受""拒绝"或任何其他选项。有时，防火墙规则甚至可以引用特定的扩展或脚本，规则也可以是在出现故障时，向防火墙管理员发出警告页面或电子邮件。

与通过端口号关闭或打开服务相比，这些参数的组合能够提供更大的灵活性。

11.1.4　代理服务

所有用来保护和简化内部网络，将潜在的不安全的 Internet 活动限制在边界上的技术中，防火墙是核心技术。另一种相关的技术是代理服务。代理服务器可以截获对 Internet 资源的请求，并替代客户端转发这些请求，它在客户端和请求的目的服务器之间扮演了一个中介的角色（见图 11.6）。尽管代理服务器不足以通过自己保护网络，但是它通常用于与防火墙联合使用（尤其是在网络地址转换环境中；第 12 章将介绍这些内容）。

图 11.6

代理服务器代表客
户端请求服务

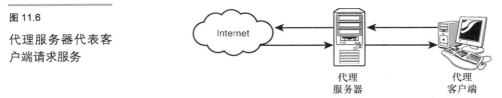

通过代表客户端发送和接收 Internet 请求，代理服务器可以使客户端免于直接与恶意 Web 资源打交道。一些代理还可以执行内容过滤，查看信息是否来自于黑名单上的服务器，或者内容是否带有潜在的危险。代理服务器还常用来限制内部网络上客户端的浏览范围。例如，校园网可能会使用代理服务器阻止学生访问不良网站。

在很多情况下，使用代理服务器的主要目的是性能，而非安全性。代理服务器可以执行称之为内容缓存的服务。内容缓存代理服务器会保存被访问过的网页的一个副本。对这些网页的再次请求将直接用本地副本来响应，这比从 Internet 上响应要快得多。这样做看上去有很多问题，仅仅在用户两次访问相同网站时才会有所帮助，但是如果考虑到特定用户的浏览习惯，即习惯于对一个网站多次浏览，每一个页面都访问不止一次，或者只离开页面很短时间就再次返回来说，这就很有帮助了。代理服务器通常被配置为在一定的时间间隔内保存网页，等这个时间过后则释放缓存并请求网页的一个新版本。

11.1.5　逆向代理

传统意义上的代理服务器（在前一节中描述）代理的是向外发送到 Internet 上的请求。另一种形式的代理服务器称为逆向代理，它接收来自外部资源的请求，将这些请求转发给内部网络。与传统的代理服务器相同，逆向代理也提供缓存和内容过滤特性。因为逆向代理主要由在 Internet 上提供服务的计算机来使用，因此安全性特别重要。

逆向代理系统隐藏了响应客户端请求的计算机的细节。逆向代理可以通过缓存大文件或频繁被访问的文件来提升性能。逆向代理有时还用于提供负载平衡。例如，逆向代理可以接收针对一个 Web 地址的请求，将这些负载分配给多个上游的服务器。

11.2 攻击技术

Internet 的发展已经为入侵者盗取秘密、篡改网站、窃取信用卡信息或者通常的恶作剧创造了无限的机会。Internet 入侵者还催生了一个全新的神话，他们因其技能和勇气而驰名天下，其中部分归功于这些带宽盗贼崇高的艺术和政治动机。但是，安装和维护计算机网络的专业人士是不会被网络入侵者的行为深深打动的。

安装了防火墙并不意味着你的网络就是安全的。下面的内容将介绍攻击者用来获取计算机系统控制权的一些技术。在学习这些技术时，你将注意到，许多概念都是围绕前面章节中所讲解的 TCP/IP 基本属性而构建的。

网络文学充满着对这些入侵者的身份及其思考方式的含糊的心理剖析。许多这样的信息均基于轶事和推测。不过，大家一般都认同，计算机攻击者往往属于以下几大类。

> **青少年业余爱好者**：这些只是胡闹的孩子。这些所谓的脚本小子（script kiddies）通常只有计算机系统的基本知识，而且主要只是应用从 Internet 上搞到的入侵脚本和技术。

> **消遣性入侵者**：这个"成年人"攻击者的分类具有广泛的攻击动机。其中的绝大多数纯粹是为了进行智力挑战。他们中的有些人希望对某个特定行业或者组织做出声明，还一些人员则是对公司不满的前任雇员。还有一群行事随意的准专业级别的游手好闲之徒也属于该分类，他们入侵系统后窃取银行密码、信用卡号，或是将入侵方法出售给较为高端的专业人士，以获取赏金。

> **专业人士**：这个危险的团体由经验丰富的专家组成，他们对计算机非常了解。这些人很难跟踪，因为他们知道几乎所有的技巧。事实上，就是他们发明了其中的一些技巧。这些入侵者从事这一行，完全是为了财务奖赏，但是如果他们不热爱自己所做的事，也就不能成功入侵。这些专业人士中的许多人，专心于信用卡诈骗和身份盗用这样的活动。近期，攻击家庭计算机，以征用系统，用于发送垃圾邮件的趋势一直呈上升态势。政府间谍组织也参与其中，他们闯入公司网络，窃取商业秘密或者获取个人信息。

入侵者用来获得计算机系统访问权的所有各种骗局和诡计，不可能在这里一一囊括。在学习下面所描述的这些技术时，请牢记计算机安全的最重要规则：如果你认为已经妥善保护了自己的网络，请再想一想，外面正有人花费大量时间和精力试图找出一种新的方式闯进来呢。

11.3 入侵者想要什么

正如上一节所提及的那样，网络攻击者出于许多动机来达成其诡计。他们的目的可能不同，但是他们都有获得某一计算机系统或网络的权力与控制的目的。因此，他们发动攻击的许多中间步骤也完全相同。

计算机攻击和渗透过程一般围绕下列步骤进行。

1．取得系统访问权。

2．取得权限。

3．四处闲逛。

4．准备好下一轮攻击。

还需要注意的是，对于协调有序计算机网络攻击来说，在进行这些步骤之前，通常还会有一个单独的侦察阶段。

攻击者有若干种方法来获得入口和取得足够的权限，尽管不可能描述全它们，但是可以把这些技术分为 3 个基本的类别。

> **证书攻击**：这些攻击集中在获得证书以正常进入系统。在本质上，这种攻击甚至发生在入侵者渗入安全系统之前。这一技术的一种变型是提权，即攻击者先获得低级别的访问权，然后再设法获得更高的权限级别。

> **网络层攻击**：攻击者通过找到一个开放的端口、无保护的服务或者是防火墙中的缺口偷偷进入。其他网络层攻击技术利用 TCP/IP 协议系统的细微差别，以获得信息或重新路由连接。

> **应用层攻击**：攻击者利用系统上运行的某个应用程序（例如 Web 服务器）的代码中的已知缺陷，欺骗该应用程序执行任意命令，或者以一种程序设计人员从未想到的方式运行。

一次全面的网络入侵通常组合使用这些攻击技术。典型情况下，攻击者可能会使用应用层攻击作为最初的突破，然后把权限逐步提升至管理员级地位，再接着打开一个隐藏的后门，以便无限制地访问整个系统。

"后门"是入侵者以未被发现的方式登录到系统中的一种方法。入侵者可以使用多种不同类型的后门。在本章后面将会讲到，入侵者通常会尝试安装一个 rootkit 来在系统上找到一个立足点，然后再掩盖入侵。但是入侵者并不仅仅满足于访问系统。另外一种强大的攻击技术尽管不可以用来访问网络，但是具有很强的破坏性，这就是拒绝服务攻击，攻击者可以利用该技术来迫使系统崩溃或过载，从而导致系统无法正常工作。本章后面会详细讲解拒绝服务攻击。

对于某个公司网络的全面攻击，一般会从一次广泛的扫描开始，以确定尽可能多的有关该公司的信息。这个过程有时称为踩点（footprinting）。这些信息中的一部分可以在 Web 上搜集到：公司位置、电子邮件地址和附属机构，以及指向其他网站的链接。入侵者会试图获得该公司使用的所有域名。这些域名接着将被用来向 DNS 服务器询问公司 IP 地址。

网络安全扫描仪（比如 Nmap）可以扫描网络的周边，以查找开放的端口或其他潜在的攻击矢量（在安全业界一个很大的讽刺是，IT 专业人员和网络入侵者使用的工具相同。管理员通常使用 Nmap 来扫描他们自己的网络，其目的是先于入侵者找到网络漏洞）。

在现代网络中，第一步通常是查找在开放端口上运行的服务，比如 Web 服务器，然后利用应用层攻击来探寻服务中的漏洞。然而，一个好的攻击者会根据情况采用不同的攻击方式。下面的小节将讲解攻击者经常使用的一些攻击工具。

11.3.1　证书攻击

获得计算机系统访问权限的典型方式是找出密码，然后登录。取得某个系统交互式入口的入侵者，可以利用其他技术构建系统权限。因此，找到一个密码（任何密码）通常是闯入某个网络的第一步。获得密码的方法，从高科技的（密码破解词典脚本和解密程序），一直到极端低技术的（在垃圾桶里四处发掘和偷看用户办公桌抽屉），什么都有。一些常见的密码攻击方法包括：

➤ 看看机箱外面；

➤ 特洛伊木马；

➤ 猜测；

➤ 窃听。

下面几个小节将讨论这些暗中获取用户密码的方法。

1.　看看机箱外面

不管您的系统有多么安全，您的网络也不会安全，除非用户都会保护他们的密码。密码泄露的一个主要源头，就是用户的不注意。最早的入侵者通常通过寻找丢弃的计算机打印资料中的线索来获得密码。令人欣慰的是，从那时以来，操作系统厂商在保护密码信息方面，已经变得更加老练。然而，密码泄露事件的相当一部分仍然是由离线检测引起的。很多用户把他们的密码告诉其他用户，或者在某些别人容易接近的地方写下他们的密码。工作场所的物理安全，常常远不如网络安全那么严格。清洁人员、不满的同事，甚至是未经许可的外人，经常可以自由地溜进无人监管的办公室，寻找密码线索。当一名工作人员辞职或者被解雇时，该工作人员的账户将被停用，但是如果有用户和那名前任员工分享过自己的密码，那么他们的那些用户账户会怎么样呢？

一些经验丰富的入侵者擅于让用户展现其密码，或者让网络管理员告诉他们密码。他们会呼叫技术支援中心（help desk），装作有点不知所措，并且说："呜呜，我忘了我的密码。"这听上去有点愚蠢，但是却能节省入侵者大量的精力，因此他通常首先会尝试这样做。每一个公司都应该明确指示计算机专业人员，不要在没有采取措施确保相应的请求为合法的情况下，把密码信息展现给任何用户。

本章后面将会讲到，入侵者的最终目的是取得管理员级别的权限。每一个密码都应该得到保护，因为任何访问权通常都可以通向管理员访问权限，但是尤其重要的是要保护管理员账户不被泄露。管理员用户名是防御入侵的另一个前沿阵地，也应该得到保护。绝大多数计算机系统都带有一个默认管理员账户。对于熟悉相应操作系统的入侵者来说，因为他知道管理员账户的用户名，因此在取得管理员权限方面就有了一个可趁之机。所以，专家们建议更改管理员账户的用户名。

2.　特洛伊木马

计算机入侵者常用的一个工具，就是所谓的特洛伊木马。特洛伊木马一般是指一种计算机程序，它号称做某一件事，但实际上在后台进行其他看不见的恶意活动。特洛伊木马的一种早期形式是伪造的登录屏幕。该屏幕看上去就像是系统使用的登录屏幕，但是当用户试图登录时，用户名和密码就会被捕获，并被存储到入侵者可以访问的某个秘密位置（见图 11.7）。

图 11.7

使用特洛伊木马登
录程序偷取密码

你可能也猜到了，这种偷取密码的技术针对公共设置而设计，例如在一间计算机实验室里，可能有多名用户使用一组公用的终端或工作站。最近几年，操作系统已经更加精通于阻止或探测这种形式的密码捕获。

术语"特洛伊"通常用于描述在用户看来具有体面的外观，但是在幕后却实现其邪恶目的的大量程序。例如，大多数操作系统都有一个工具来列出系统上运行的进程。用于进程监控的工具包括 Windows 中的资源监视器以及 Linux 中的 ps。进程监视器能够暴露可能由入侵者运行的任何秘密进程。因此，经验丰富的入侵者可能会尝试使用进程监视器的一个"特洛伊"版本来取代系统中内置的进程监视器，前者会忽略与入侵者相关的任何进程，或将其显示为行为正常的进程。

By the Way

> **注意**：大量的特洛伊木马
>
> 并不是所有特洛伊木马都捕捉密码，而且并不是所有密码特洛伊都像本节所描述的那个示例那样明目张胆。在 Internet 上，可以找到许多其他种类的特洛伊木马程序。有些表现为游戏或者是假的系统工具，许多这样的特洛伊木马程序，都以免费软件或共享软件的形式在 Internet 上分发。防御此类攻击的最佳方式是小心所下载的东西。在下载和安装某个免费的工具之前，请阅该工具的文档，并在 Internet 上搜索各种安全警告。

3. 猜测

有些密码特别简单，或者是密码构成比较拙劣，很容易被入侵者猜到。您会很惊讶，竟然有这么多用户使用与其用户名完全相同的密码。有些用户使用街道名、（妇女）结婚前的娘家姓，或者是某个孩子的名字作为密码，而有些则使用很容易猜到的字符组合，例如 123456、abcde 或者是 zzzzzz。

对某个用户有所了解的入侵者，通常可以猜出该用户可能选择的糟糕密码。事实上，入侵者甚至再也不必猜测，因为现在有工具可以自动完成推测密码的过程。这种攻击工具通过一列易被识破的字符组合进行推测。有些工具甚至使用词典来推测相应语言中每一个可能的词或名称。这可能需要成千上万次尝试，但是计算机可以推测得很快。操作系统、网站以及永久在线的其他系统需要采取措施来防范词典攻击，比如在用户尝试完预定义的登录次数之后，将其锁定。

几乎所有的现代 Internet 应用程序都加密密码，而不是以明文的形式在 Internet 上发送密码（有关加密技术的更多内容，请见第 19 章）。但是即使加密后的密码也不是彻底安全的。经验丰富的入侵者已经开发了相关技术来捕获数据包或录制完整的通信会话，然后再使用强大的计算机执行离线攻击（这些计算机可能会连续运行数日），以恢复原始的密码。高质量的密码会使这些攻击系统的工作更加难以开展。用于提高密码质量的大多数规则和策略旨在扩展密码的范围，由此来增加计算机执行攻击所需的时间。例如，将密码的最小长度由 6 个字符修改为 8 个，破解密码所需要的时间将带来指数级的增加。在字母组合中添加数字，以及在字符集中添加非字母数字字符，也会使得入侵者（或入侵者计算机）在破解密码时增加其猜测的次数。

4. 窃听

包嗅探器（Packet Sniffer）和其他监视网络流量的工具，可以轻松地捕获以明文（未加密）形式在网络上传输的密码。许多经典的 TCP/IP 工具，例如 Telnet 和 r*工具（见第 14 章），都被设计为以明文形式传输密码。这些工具的一些较新版本提供密码加密或通过安全通道来传输密码。不过，在他们的基本形式中，这些应用程序的明文密码安全措施，使得它们根本不适合充满敌意的开放式环境，例如 Internet。

注意：不安全的网络

即使是在封闭的环境里（例如某个公司网络），明文密码也并不安全。一些专家推测，每 100 名公司员工中，会有一人积极投身于设法阻挠网络安全。尽管 1%是一个很小的分数，但是如果考虑某个网络有 1 000 名用户，那么 1%就是总共会有 10 名用户热衷于获得其他人的明文密码。

By the Way

前面讲到，有几种方法可以加密密码。使用这些密码加密方法要比使用明文密码好得多，但是密码加密仍然有一些局限性。像 LC5 和 John the Ripper 这样的工具，就能够利用词典和暴力破解技术来解密已经加密的密码。

Internet 上的攻击者可以截取包含加密后密码的数据包，然后利用这些密码恢复工具，解开密码。加密通道技术的近期发展，例如 SSL 和 IPSec，显著提升了入侵者希望通过窃听 TCP/IP 而获得像密码这样的敏感信息的难度（见第 19 章）。

已经取得系统初始访问权的攻击者，有多种方式可以截取或发现其他系统密码（包括管理员密码）。有些工具允许入侵者捕获并记录正在通过键盘输入密码的用户击键情况。攻击者还可能获得对某个带有密码信息的加密系统文件的访问权，然后利用标准的密码攻击技术离线分析该文件，以解开密码。

5. 如何防范证书攻击

对于证书攻击的最佳防范措施就是永不松懈。各种网络已经采用了大量的策略来减少密码泄露的发生。下面提供几个比较容易理解的准则。

➤ 为公司中的用户提供一个优秀且清晰的密码策略。警告他们将其密码告诉其他用户、写在办公桌旁的记事贴上，乃至存储在某个文件中的危险性。

➤ 将所有计算机系统配置为支持强制性密码策略。为密码设置最短长度（至少 6 个字符，有些网络现在要求 8 个或更多个字符）。不允许用户使用某条狗的名字或某个孩子的姓名作为密码。所有密码都应该包含字母和数字的组合，以及至少一个非字母数字字符（不作为第一个或最后一个字符）。为了防止密码猜测攻击，请确保计算机被配置为在登录失败次数达到预先规定的次数后，禁用相应的账户。

➤ 确保密码不以明文形式在公用线路上传输。如果可能的话，最好也不要在内部网络上传输明文密码，尤其是在大型网络上。

➤ 不要为所有账户使用相同的密码。

有些系统有办法控制每一个用户必须记住的密码数。Microsoft 网络提供密码缓冲存储器，还有通过域安全系统的统一标准网络登录。UNIX/Linux 环境提供像 Kerberos 认证这样的系统。第三方密码管理工具（比如 1password 和 KeePass）允许你将所有密码保存在一个通过单个密码来访问的受保护空间内。这些工具可以用来减少用户必须记住的密码数。但是，不利的一个方面是，得到一个密码的入侵者，就可以敞开访问所有的用户资源。

11.3.2　网络层攻击

在第 6 章讲到，对于网络应用程序的访问，是通过在 TCP/IP 栈传输层工作的被称为端口的逻辑信道进行管理的。攻击者经常通过找到某个开放的端口，致使某一网络服务监听网络连接，从而取得对系统的访问。有时候，该服务可能就是默认运行的，连系统的所有者都不知道它。有时，该服务可能被误配置了，或者是它可能允许通过某个默认或匿名的用户账户进行访问。

诸如 Nmap 和 Nessus 之类的扫描工具，可以自动完成查找开放端口的过程。入侵者（查找缺口，从而可以获得访问权）和 IT 专业人员（查找缺口，从而可以堵住它们，防止访问）均使用这些扫描程序。其他更加专门的工具，可以搜索出特定网络协议和服务中的缺口。在很多情况下，只是存在某个开放的端口，并不足以使入侵者进入，但是它为攻击者提供了发起一次应用层攻击的机会，从而利用监听该端口的服务的某个已知漏洞。

扫描程序不断在 Internet 上运行，连续地在整个 IP 地址范围内来回移动，以搜索开放的端口以及未保护的服务。本章前面讲到，防火墙的一项重要功能就是控制访问，以防止网络扫描程序监听有关网络上所运行服务的信息。

在开放的 Internet 上实施的其他网络层攻击策略，会截取和破坏 TCP/IP 流量。例如，会话劫持就是一种利用 TCP 协议中某个漏洞的高级技术。在第 6 章讲到，TCP 协议在网络主机之间建立会话。会话劫持要求入侵者窃听某个 TCP 会话，然后在数据流中插入数据包，使它看上去像是该 TCP 会话的一部分。入侵者可以利用这一技术，在原始会话的安全上下文中塞入命令。会话劫持的一种常见用法就是使系统暴露或更改密码。

当然，攻击者并不是在传输过程中人工编写欺骗的 TCP 信息段。会话劫持需要专门的工具。一种用于会话劫持的著名工具称为 Juggernaut，它是一款免费程序。Juggernaut 监听某个本地网络，维持一个 TCP 连接的数据库。入侵者可以监视 TCP 流量，从而重放连接历史，或者是通过插入任意命令来劫持某个活动会话。针对会话劫持和其他基于协议的技术的最佳防范，是利用 VPN 或者是某些其他形式的加密通信来保护会话。

11.3.3　应用层攻击

你可能会想，如果软件配置正确，并且可以使密码不被敌人之手触及，那么就不会有任何 Internet 入侵者的问题了。不幸的是，实际情况要更加复杂。当前在 Internet 上运行的许多程序都是数年前编写的，当时入侵艺术尚未逐渐形成，它们包含着一些本质上不安全的程序代码。即使是现在编写的程序，也经常编写得特别匆忙，另外，程序设计人员的训练和专业知识储备也千差万别。入侵者开发了许多技术，用于利用不安全的程序代码，破坏系统安全。

应用层攻击技术的一个常见示例就是缓冲区溢出。当一台计算机通过网络连接接收数据时（或者就此而言，即使是在它从键盘接收数据时），该计算机必须保留足够的内存空间来接收完整的数据集。这个接收空间称为缓冲区。如果用户的输入溢出该缓冲区，奇怪的事就会发生。如果输入没有被适当管理，那么溢出缓冲区的数据就可能变为驻留在 CPU 的执行区域中，那意味着经由缓冲区溢出发送给计算机的命令，可能会被实际执行（见图 11.8）。这些命令以接收数据的应用程序的权限执行。其他缓冲区溢出攻击利用这样的一个事实：一些应用程序在安全性已经提高的上下文中运行，该上下文在应用程序意外终止时仍可能是活动的。

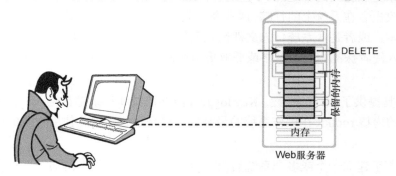

图 11.8

缓冲区溢出攻击使为程序输入保留的内存空间不足，致使相应的程序崩溃、运行异常或执行任意代码

最近新闻中报道的一种攻击是注入攻击，当程序使用了 SQL 或 LDAP 等服务时，注入攻击会利用这些程序中的漏洞。如果程序的编码不正确，精心设计的命令输入会让服务显示出一些特权信息，或者做一些有助于入侵者的其他事情。有些注入攻击以缓冲区溢出为基础，有些则以输入信息的类型不正确，或者输入信息没有适当的验证为基础。

要想避免缓冲区溢出和注入攻击，应用程序必须提供一种方法，在将数据写入应用程序缓冲区之前，接收并检查数据的大小和类型。较好的解决办法是养成良好的程序设计习惯。设计糟糕的应用程序尤其容易受到应用层攻击。

当软件厂商或应用程序维护人员发现某个可能的应用层漏洞时，通常会发布一个补丁来修复该问题。由于安全问题会引发巨大的公共关系问题，因此软件厂商们已经变得非常警惕，一发现漏洞，就快速修补其软件。因此，当有安全问题被发现时，厂商在数日内或者甚至是在数小时内发布补丁，一点也不足为怪。同时，优秀的系统管理员会密切关注像 Common Vulnerabilities and Exposures project（http://cve.mitre.org）这样的组织发出的安全警告，从而可以知道何时何地能获得其系统的最新补丁。像 SANS（http://www.sans.org）这样的组织，还以电子邮件的形式提供包含近期安全威胁信息的时事通讯。

应用应用层攻击的部分解决方案是养成良好的编程习惯，这并不只是针对于软件厂商提供的软件，Web 开发人员和 IT 人员自己在编写脚本时也应如此。另外一部分解决方案是，通过安装所有的补丁和更新，保持系统的更新。对于试图利用缓冲区溢出的远程用户，一些操作系统允许你限制其可以使用的权限范围。如果可能的话，请不要让网络应用程序以 root 或管理员权限运行（在某些情况下，可能无法选择）。对于要求较高权限来运行的应用程序，像 UNIX/Linux 工具 chroot 这样的软件监狱（jail）或沙箱（sandbox）应用程序，可以创建有限制的安全环境，以防止入侵者获得对系统其余部分的访问权。

11.3.4 root 访问

网络入侵者的"圣杯"永远是系统的管理员或 root 访问权限。拥有 root 访问权的用户，可以执行任何命令或查看任何文件。从本质上讲，当你拥有 root 访问权时，可以对系统做任何事情。root 这个术语源自 UNIX 领域，但是，有一个强大的账户拥有可以控制系统的权限，这样的概念适用于所有软件厂商和平台。在 Windows 网络上，这种账户称为"管理员"账户。

通常，在入侵者进入系统之后，首要的任务就是上传一个 rootkit。rootkit 是一组工具，用于在系统上建立一个更加稳固的立足点。一些这样的工具被用来危害新的系统和新的账户。其他工具则用来隐藏攻击者在系统上的行踪。这些令人混淆的工具可能包括标准网络工具（例如 netstat）的篡改版本，或者是从系统日志文件消除入侵者行踪的应用程序。rootkit 中的其他工具，可能会帮助入侵者探测相应的网络或截取更多密码。有些 rootkit 甚至能允许入侵者修改操作系统本身。

现代的 rootkit 工具提供了额外的特性。Key loggers 能够捕获和记录键盘输入，从而等待用户输入密码。所谓的内核 rootkit 在操作系统的最高安全级别运行，因此使用传统的检测技术很难将其检测出来。

入侵者接下来会着手建立一个或多个系统后门，也就是进入系统的密码通道，这些通道很难被网络管理员检测到。后门的关键是是使入侵者能够避开围绕日常交互式访问的日志记录和监控进程。一个后门可能包括一个隐藏的账户，或者是与某个应该只有受限访问权的账户相关联的隐藏权限。在某些情况下，后门路径可能包括映射至不常见端口号的服务（例如 Telnet），本地管理员一般不会找到它们。

在入侵者上传完必要的工具，并且已经为掩盖行踪和稍后再次回来做好安排之后，下一步就是着手对网络进行破坏，例如盗取文件和信用资料，或者是将系统配置为 spambot（垃圾邮件程序）。另一个目标是，开始为下一次攻击做好准备。小心谨慎的入侵者，永远不会愿意在系统上留下蛛丝马迹。首选的方法是，从某个已经被控制的系统发起攻击。有些攻击者通过一连串的多个远程系统进行操作，这一策略使人们几乎不可能确定入侵者的真实位置。

11.3.5 网络钓鱼

防火墙、加密技术和其他安全措施的普遍使用，已经使得入侵者更加难以在未经邀请的网络上胡作非为。攻击者已经对此做出反应，用他们自己的新一代技术来挫败这些安全措施。一种新的重要策略是，通过提供一个欺骗性的链接、电子邮件信息或网页作为诱饵，诱使没有疑心的用户发起攻击。这类攻击属于"网络钓鱼"攻击。网络钓鱼攻击可能包括一则电子邮件消息，要求用户登录到某个网上银行站点并更新账户信息，但是实际上将其引向由攻击者控制的某个伪造的网页。

网络钓鱼攻击经常利用这样的一个事实：和链接一同显示的文本独立于实际的 URL。第 17 章将讲到，Web 开发人员可以利用如下所示的语法，指定某个超文本链接：

```
<a href="http://www.MyBank.com/">MyBank</a>
```

在这种情况下，"MyBank"将和指向 http://www.MyBank.com/ 上主页的链接一同显示。不过，如果某个道德有问题的 Web 开发人员，像下面这样编码一个链接会怎么样呢：

```
<a href="http://www.NOT_MyBank_$$&%%%??!!!.biz/">MyBank</a>
```

在那种情况下，该链接仍然会和标签 MyBank 一同显示，但是它指向一个不同的网站。如果仔细查看，你有时会在 Web 浏览器的地址栏中，或者是当你将鼠标悬浮在相应的链接上时，在弹出的小窗口文本中，看到这些网络钓鱼 URL 的某一个。

最好的策略是，不要点击不明电子邮件信息中的链接，以及从不在线递交任何财务信息，除非你自己发起该活动，并且相当有把握地知道自己正在去哪里。

其他更加高级的网络钓鱼技术更难跟踪和探测。有一种称为跨站脚本的策略，利用代码注入绕过浏览器安全措施，以发起用户正在查看的页面不易追踪的某个恶意脚本。

诱使用户发起攻击的技术，要比简单地链接到伪造网站的诡计含蓄得多。像防火墙这样的设备，其主要目的就是要阻止从外部发起的攻击。通过让用户发起相应的连接，攻击者可以绕过网络安全基础设施中构建的许多保护（见图 11.9）。浏览器和防火墙均不易察觉这个连接不同于其他任何指向某个外部网站的连接。在该连接被建立之后，攻击者就可以采用大量策略来损害安全措施（如果相应的攻击是从防火墙之外发起的，那就不可能发生这样的情况）。这种攻击甚至不受网络地址转换（NAT）的影响（见第 12 章），后者为用户的系统分配一个应当不可路由的 IP 地址。这里的防火墙设备只会像它对待其他任何的 HTTP 连接一样，转换此会话流量。

注意：更好的防火墙

　　由于可能发生这种用户发起的攻击，因此安全专家并不十分信任家用式的现成防火墙设备。专家更喜欢提供具有更多种语法规则和过滤机制的、更加复杂的防火墙工具。

By the Way

图 11.9

如果用户发起到某
个欺骗性 Web 服务
器的连接,那么阻止
外部连接企图的本
地防火墙通常是无
效的

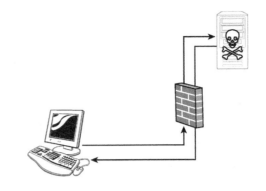

11.3.6 拒绝服务攻击

近来,一种狂热的 Internet 入侵是拒绝服务(Denial of Service,DoS)攻击。DoS 攻击一旦发动,几乎不可能停止,因为它并不要求攻击者在系统上拥有特定的权限。DoS 攻击的关键是用大量请求阻塞系统,使系统资源全部耗尽,性能降低。美国政府的网站以及与 Internet 主要搜索引擎相关的那些网站,均遭到过 DoS 攻击。

最危险的 DoS 攻击是分布式 DoS(DDoS)攻击。在分布式 DoS 攻击中,攻击者利用若干台远程计算机,指挥其他远程计算机发起一场协同攻击。有时,几百台甚至几千台计算机可以参与到针对某个 IP 地址的攻击。

DoS 攻击通常使用标准的 TCP/IP 连接程序。例如,著名的 Smurf 攻击,它利用 ping 工具,在受害者机器上释放大量 ping 响应(见图 11.10)。攻击者通过定向广播,向整个网络发送一个 ping 请求。这个 ping 的源地址,被修改为看上去该请求来自受害者的 IP 地址。接下来,网络上的所有计算机同时响应那个 ping。Smurf 攻击的结果是,攻击者最初发出的 ping,在放大网络上,被增加成许多 ping。如果攻击者同时在几个网络上发起这一过程,结果就是大量 ping 响应阻塞受害者的系统。

图 11.10

DoS 攻击

目标计算机
突然由于来
自多个网络
的请求或响
应而过载

11.3.7 防范措施

网络安全专家投入了毕生的精力来研究防范网络攻击的措施。当然，他们所针对的都是具有几百个节点而且大多数都直接暴露在 Internet 下的复杂网络。在小型的网络中，下面一些最佳做法可以用来防范本章讨论的这些攻击技术。

➢ 使用安全的密码。尽管具体策略不同，但是大多数专家都建议密码的最短长度为 8 个字符，而且密码中要包含字符、数字和标点符号。

➢ 不要将密码透露给别人。不要将密码写在纸上并放在很显眼的地方。

➢ 不要单击可疑的或未经请求的链接。

➢ 使用最低的权限来操作。

➢ 如果运行的是 Windows 系统，要安装病毒防护软件。

➢ 关闭不需要的所有服务。

➢ 如果必须要访问内部网络，请使用 VPN 来进行加密通信（见第 19 章）。

➢ 使用防火墙。关闭所有的端口，关闭所有的网络服务，除非你是真的需要这些服务。

➢ 在沙箱环境中运行网络服务，这样即使有入侵发生，也不会提升其操作权限。

➢ 在无线网络中使用高质量的加密（见第 19 章）。有些传统的无线路由器仍然支持过时的加密技术，比如无线等效保密（Wireless Equivalent Privacy，WEP）和原始的WiFi 保护访问（WPA）。当前的标准是 WPA2，它使用了 256 位加密密钥。

➢ 使用安全的编程习惯来编写脚本和其他程序，对启用类型检查和输入验证，以避免缓冲区溢出和注入攻击。

➢ 经常安装安全更新。

你仍然需要保持警惕，因为这些古老的技术对有责任心的 Internet 用户来讲，仅仅是最低要求。

11.4 小结

Internet 上有几百万的用户，其中相当数量的用户都在身体力行地搞一些恶作剧。如果你想保护资源，就需要在进行网络保护时发挥主观能动性。本章讲解了一些重要的安全概念，还讲解了防火墙和入侵技术等知识。

入侵者最想要的是你的网络上与你以及其他用户相关的信息。许多攻击都是从入侵者发现用户证书或者截取并操作交互式会话开始。一个重要的安全组件是加密，加密有多种形式，包括数字证书、VPN 和访问管理系统（比如 Kerberos）。加密是任何安全策略必不可少的组成部分。第 19 章将详细讲解加密相关的知识。

11.5　问与答

问：有状态防火墙的好处是什么？

答： 通过监视连接的状态，有状态防火墙可以注意某些 DoS 攻击，以及无效的数据包和劫持或操纵会话的诡计。

问：DMZ 的用途是什么？

答： DMZ 的用途是提供一个中间的安全地带，使之比内部网络更容易访问，但又提供比开放的 Internet 更多的保护。

11.6　测验

下面的测验由一组问题和练习组成。这些问题旨在测试读者对本章知识的理解程度，而练习旨在为读者提供一个机会来应用本章讲解的概念。在继续学习之前，请先完成这些问题和练习。有关问题的答案，请参见"附录 A"。

11.6.1　问题

1．代理服务器如何提升 Web 服务器的响应时间？

2．安装更新为什么很重要？

3．为什么要在编写的脚本中添加额外的步骤，来检查用户输入字符串的类型和长度？

11.6.2　练习

1．在你的计算机上查找个人防火墙配置页面。在 Windows 中，在控制面板中查找 Windows 防火墙图标。而 Mac OS 中，选择"安全属性"对话框，然后选择"防火墙"。Linux 有多个个人防火墙选项。在最近版本的 Ubuntu 系统中，查找简单防火墙（Uncomplicated Firewall，UFW），你可能需要安装该防火墙。

2．到美国政府的网络安全公告页面上，选择最近一周内的网络漏洞汇总。研究其描述并在本章查询某些相关的概念，比如缓冲区溢出和拒绝服务。

11.7　关键术语

复习下列关键术语。

➢ **后门：** 可以进入计算机系统的一条隐藏的路径。

➢ **缓冲区溢出：** 一种攻击方法，攻击者向系统发送恶意的命令，从而导致应用程序的缓冲区超出限度。

➢ **拒绝服务攻击（Denial of Service，DoS）：** 通过消耗系统资源来使受害者系统瘫痪的一种攻击手段。

➢ **DMZ**：安置 Internet 服务器的一个中间地带，位于前端防火墙之后，但是在具有更严格限制的后端防火墙（用于保护内部网）之前。

➢ **防火墙**：一种用于限制网络访问内部网络的设备或应用程序。

➢ **包过滤器**：一种防火墙，可以通过端口号或其他能够标明包目的的协议信息过滤数据包。

➢ **网络钓鱼**：利用某个伪造的链接、消息或网页来诱使用户主动连接到某个欺诈网站。

➢ **代理服务器**：用于代表客户端对服务发出请求的计算机或应用程序。

➢ **逆向代理**：用于接收来自 Internet 的入站请求并将这些请求转发给内部服务器的计算机或应用程序。

➢ **root 访问**：计算机系统的最高访问权。root 访问提供对相应的系统几乎没有限制的控制。

➢ **Rootkit**：入侵者用来扩展和伪装其对某一系统的控制的一组工具。

➢ **脚本小子**：年轻且通常处于青春期的 Internet 入侵者，主要使用 Internet 上可以得到的现成脚本和工具进行攻击。

➢ **会话劫持**：一种攻击方法，允许攻击者在现有 TCP 会话中插入恶意数据包。

➢ **有状态防火墙**：能够感知连接状态的防火墙。

➢ **特洛伊木马**：一种号称做某一件事，但实际上在后台进行其他看不见的恶意活动的程序。

第 12 章

配置

本章介绍如下内容：

> ➢ **动态地址分配；**
> ➢ DHCP；
> ➢ NAT；
> ➢ **零配置。**

在早期的网络中，每一台客户端计算机都会拥有一个静态的 IP 地址，这个地址被定义在一个配置文件中，而且如果需要更改配置，系统管理员就必须修改配置文件。然而，今天的网络需要一种更灵活和更便捷的方法，如今大多数的计算机都通过动态配置或自动配置的方式来运行。本章将会介绍一些用于配置 TCP/IP 网络的常见技术。

完学完本章后，你可以：

> ➢ 描述 DHCP 及其带来的好处；
> ➢ 描述通过 DHCP 租借 IP 地址的过程；
> ➢ 描述网络地址转换的用途；
> ➢ 理解计算机如何使用零配置协议。

12.1 连接网络

前面章节中讲到的相互影响的协议很容易令人生畏，但是如今的操作系统都能够很好地自动处理其中的细节。在安装过程中，TCP 配置的用户组件可以归结为几个简单的选择。

尽管不同的系统所采用的具体方式不同，但是我们经常采用的最基本的选择如下所示：

> ➢ 配置静态 IP 地址；
> ➢ 配置计算机，使其通过 DHCP 来接收动态 IP 地址。

在大多数情况下，你需要提供一个名称作为网络中计算机的识别符（有关主机名、域名系统[DNS]和 NetBIOS 名称解析的更多内容，请见第 10 章）。

本章后面将会讲到，即使你的计算机没有使用静态或动态地址配置成功，有些系统仍然可以通过零配置技术（在这些年很流行）来执行一种基本的 TCP/IP 连网。

系统安装好后，当在用户界面中移动和单击鼠标时，每一个操作系统的任何版本所需要的步骤都会略微不同，但是所涉及的基本概念却没有变化。本章将讲解如何在最近的 Windows、Mac OS 和 Ubuntu Linux 系统中配置 TCP/IP。有关在系统中配置 TCP/IP 的更多细节，请见系统厂商提供的文档。

从概念层面上来看，静态的 TCP/IP 配置是不言自明的，它无非就是输入地址、主机名、子网掩码和网关路由器。动态地址的配置就更加容易了，但是当你告诉计算机"接收一个动态 IP 地址"时，实际上你是使用重要的动态主机配置协议（Dynamic Host Configuration Protocol，DHCP）调用了一系列交互，这些交互在幕后发生。本章首先讲解 DHCP。

12.2　服务器提供 IP 地址的情况

在上一章学到，每一台计算机都必须拥有一个 IP 地址才能在 TCP/IP 网络上运行。IP 寻址系统最初是为这样的逻辑条件设计的：每一台计算机都已经预先配置了一个 IP 地址。这种情况被称为静态 IP 寻址。每一台计算机在启动时就知道自己的 IP 地址，并且能够立刻使用网络。静态 IP 寻址在稳定的小型网络中表现得很好，但是由于大型网络上经常会出现重新配置和更改（例如网络上有新的计算机连入或者断开）的情况，因此，静态 IP 寻址也受到很多限制。

静态 IP 寻址主要的缺点如下所示。

➤ **更多的配置工作**：每一个客户端都必须单独配置。更改 IP 地址空间或者其他一些参数（例如 DNS 服务器地址）就意味着每一个客户端都必须分别重新配置。

➤ **更多的地址**：每一台计算机都会使用一个 IP 地址，无论其当时是否连接在网络上。

➤ **降低了灵活性**：如果一台计算机需要指派到不同的子网上，就必须手动重配这台机器。

为了应对这些限制，出现了另一种 IP 寻址系统。在这个系统中，会通过基于 DHCP 协议的请求来分配 IP 地址。DHCP 源自于早期的 BOOTP 协议，该协议主要用于启动无盘计算机（无盘计算机在启动时才从网络上接收整个操作系统）。由于 IP 地址的供应日益减少，大型的动态网络日益增长，DHCP 在最近几年应用得越来越广泛。

实际上，绝大多数计算机在访问 Internet 时，都是通过 DHCP 接收配置的。将家庭网络连接到 Internet 上的小型路由器/防火墙实际上都是一个 DHCP 服务器。接入到咖啡厅无线网络中的笔记本很可能也是通过 DHCP 接收 IP 地址的。

12.3　什么是 DHCP

DHCP 是一个用来自动向计算机分配 TCP/IP 配置参数的协议。DHCP 最初在 RFC 1531 中定义，随后在 RFC 1534、1541、2131 和 2132 中得以更新。DHCP 的当前标准是 RFC 2131，它纳入了 RFC 3396、4361、5494 和 6842 中的更新。DHCP 服务器可以为 DHCP 客户端提供一组

TCP/IP 设置，比如 IP 地址、子网掩码和 DNS 服务器地址。

因为 DHCP 是用来分配 IP 地址的，所以从理论上来讲，必须使用静态的 IP 地址信息来配置 DHCP 服务器（网络中被永久使用的其他系统，比如打印机或 Web 服务器，也需要使用静态地址）。对于用户工作站、笔记本和其他网络客户端系统来说，需要配置的唯一一个网络参数是将客户端设置为从 DHCP 服务器接收 IP 地址信息。其他的 TCP/IP 配置都会通过服务器传送过来。如果网络上的一些 TCP/IP 配置发生了变化，网络管理员只需要更新 DHCP 服务器即可，而不用手动更新每一台客户端。

另外，每台客户端的地址都是有租期限制的。在租期到期时，如果客户端不再使用这个地址，此地址将会被分配给其他的客户端。DHCP 的这种租用特性，使得网络不必拥有与客户端相同数量的 IP 地址。

在今天的网络环境中，由于许多员工会在不同的办公地点使用自己的笔记本电脑，因此 DHCP 显得尤其重要。如果一台笔记本电脑使用静态 IP 地址来配置，则每次员工将电脑连入另一个不同的网络时，就必须重新进行配置。如果计算机被配置成从 DHCP 接收 IP 地址，只要用户接入的网络中有 DHCP 服务器，笔记本电脑就会自动接收完整的 TCP/IP 配置。

12.4　DHCP 如何工作

当 DHCP 客户端计算机启动时，TCP/IP 软件将被载入到内存中并开始运行。然而，因为这时 TCP/IP 栈还没有 IP 地址，所以无法直接发送或接收数据包。计算机只能发送和监听广播数据。这种通过广播进行通信的功能正是 DHCP 进行工作的基础。从 DHCP 服务器中租用 IP 地址的过程需要经过 4 个步骤（见图 12.1）。

图 12.1

DHCP 服务器向网络客户端提供一个 IP 地址

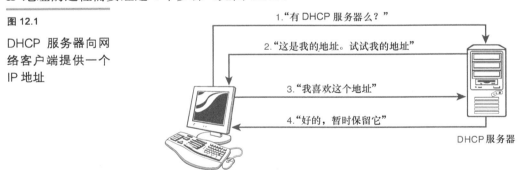

1. **DHCPDISCOVER**：DHCP 客户端首先会向 UDP 端口 687（BOOTP 和 DHCP 服务器使用的端口）广播发送一个数据报。这第一个数据报被称为 DHCP DISCOVER 消息，任何收到请求配置信息的数据报的 DHCP 服务器都可以响应这个请求。DHCP DISCOVER 数据报中包含了很多字段，但是其中重要的一个是 DHCP 客户端的物理地址。

2. **DHCPOFFER**：DHCP 服务器会为网络上的客户端提供可供租用的地址，并构建一个响应数据报（称之为 DHCP OFFER），然后将该数据报通过广播发送给发出了 DHCP DISCOVER 的计算机。这个广播会发送到 UDP 端口 68，并且包含 DHCP 客户端的物理地址。此外，DHCP OFFER 中还包含了 DHCP 服务器的物理地址和 IP 地址，以及提供给 DHCP 客户端的 IP 地址和子网掩码。

　　此时，如果有多个 DHCP 服务器可以向 DHCP 客户端提供 IP 地址，那么 DHCP 客户端就可能收到多个 DHCP OFFER。在大多数情况下，DHCP 客户端会接受第一个到达的 DHCP OFFER。

　　3．**DHCPREQUEST**：客户端选择了一个 OFFER 后，会构建并广播一个 DHCP 请求数据报。DHCP 请求数据报中包含了发送 OFFER 的服务器的 IP 地址以及 DHCP 客户端的物理地址。DHCP 请求会执行两个基本任务。第一个任务是通知被选中的 DHCP 服务器，客户端请求服务器向它分配一个 IP 地址（以及其他配置信息）。第二个任务是通知其他的 DHCP 服务器它们的 OFFER 没有被接受。

　　4．**DHCPACK**：对于发出的 OFFER 被客户端选中的 DHCP 服务器，在接收到 DHCP 请求数据报时，会构造整个租用过程中的最后一个数据报。这个数据报被称为 DHCP ACK（acknowledgement 的简写）。DHCP ACK 中包含了一个租用给 DHCP 客户端的 IP 地址和子网掩码。另外，作为可选项，通常也可以为 DHCP 客户端配置默认网关、多个 DNS 服务器，以及一两个 WINS 服务器的 IP 地址。除了 IP 地址之外，DHCP 客户端还可能接收其他配置信息，例如 NetBIOS 节点类型（可以改变 NetBIOS 名称解析的次序）。

　　DHCP ACK 中包含的另外 3 个关键字段都是用来表示时间间隔的：一个字段表示租期的长度；另外两个时间字段被称为 T1 和 T2，在客户端更新租期时使用。

12.4.1　中继代理

　　如果 DHCP 客户端和 DHCP 服务器都位于同一个网段内，客户端获取 IP 地址的过程与前面描述的完全相同。如果 DHCP 客户端和 DHCP 服务器位于被一个或多个路由器分隔开的不同的网段上，这个过程就会变得更复杂一些。路由器通常不能将广播发送到其他网络上。为了使 DHCP 可以工作，需要有一个中间人来协助完成 DHCP 的处理过程。这个中间人可以是与 DHCP 客户端处于同一网络中的另一台主机（通常就是路由器）。在任何情况下，执行这个中间人功能的过程称为 BOOTP 中继代理或者 DHCP 中继代理。

　　中继代理必须配置有固定的 IP 地址，同时还知道 DHCP 服务器的 IP 地址。因为中继代理已经配置了 IP 地址，所以可以直接向 DHCP 服务器发送数据报，或者接收来自于 DHCP 服务器的数据报。由于中继代理与 DHCP 客户端位于相同的网络上，因此可以通过广播与 DHCP 客户端进行通信（见图 12.2）。

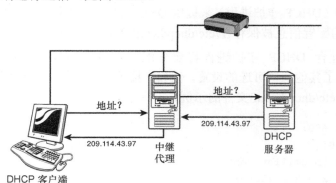

图 12.2

中继代理帮助客户端到达本地网段之外的 DHCP 服务器

中继代理会监听去往 UDP 端口 67 的广播；当中继代理检测到 DHCP 请求时，就将这个请求直接转发给 DHCP 服务器。当代理收到 DHCP 服务器的响应时，就将响应在本地网段上广播。这个解释虽然省略了一些细节，但是很好地概括了中继代理的基本工作过程。

将 DHCP 服务器放置在路由器上的这种流行做法，使得大多数网络对 DHCP 中继代理的需求日渐降低。有关中继代理的细节，请参阅 RFC 1542。

12.4.2　DHCP 时间字段

DHCP 客户端从 DHCP 服务器租用 IP 地址时会有一个固定的租期。租期的实际长度通常是在 DHCP 服务器上配置的。通过 DHCP ACK 消息发送的 T1 和 T2 两个时间值被用于租期更新的处理过程。T1 的值表示客户端应该在这个时刻进行租期的更新。T1 通常会被设置成实际租期的一半。在下面的例子中，假设租期是 8 天。

在租用的第 4 天，客户端会发送一个 DHCP 请求，要求 DHCP 服务器更新自己 IP 地址的租期。假设 DHCP 服务器在线，通常会使用 DHCP ACK 来更新租期。与前 4 步描述的 DHCP 请求和 ACK 数据报不同，这两个数据报不是广播发送的，而是直接进行发送。这是因为此时的计算机都拥有有效的 IP 地址。

如果租期过去了 50%（第 4 天），DHCP 客户端发出了第一次请求，而此时 DHCP 服务器恰好不可用，客户端会等待并在租期到达 75%（即第 6 天）时再尝试更新租期。如果请求还是失败，DHCP 会在租期的 87.5%（即第 7 天）进行第三次请求。到此为止，DHCP 客户端已经向提供租期的 DHCP 服务器直接发送了多个数据报来尝试更新租期。如果在租期的87.5%时，DHCP 客户端仍然无法更新自己的租期，T2 时间将派上用场。DHCP 客户端会在 T2 时间开始向任意 DHCP 服务器广播发送请求。如果在租期到期时，DHCP 客户端既无法更新自己的租期也无法从其他的 DHCP 服务器获得新的租期，客户端必须停止使用这个 IP 地址，并停止使用 TCP/IP 来进行常规的网络操作。

12.5　配置 DHCP 服务器

除了大中型网络的系统管理员外，其他人很少有机会将计算机配置为 DHCP 服务器。如果需要进行这项工作，就应该查阅其他的文档，以便获得比本书更适用的配置信息。Windows 提供了一个基于 GUI 的工具，用来配置 DHCP 服务器。

Linux 系统通过 dhcpd（DHCP 守护进程）来提供 DHCP 服务。不同的厂商提供了各自的 dhcpd 安装指南。DHCP 的配置信息被保存在/etc/dhcpd.conf 配置文件中。

etc/dhcpd.conf 文件包含 DHCP 守护进程将要分配给客户端的 IP 地址配置信息。etc/dhcpd.conf 文件还包含了其他一些可选的设置，例如广播地址、域名、DNS 服务器地址和路由器地址。下面是一个 etc/dhcpd.conf 文件的示例：

```
default-lease-time 600;
max-lease-time 7200;
option domain-name "macmillan.com";
option subnet-mask 255.255.255.0;
```

```
option broadcast-address 185.142.13.255;
subnet 185.142.13.0 netmask 255.255.255.0 {
range 185.142.13.10 185.142.13.50;
range 185.142.13.100 185.142.13.200;
}
```

本章前面提到，DHCP 服务通常会通过一个网络设备来处理，例如路由器/防火墙系统。有关配置 DHCP 的更多信息，可以查看自己的家用路由器的用户手册。路由器设备通常会提供一个 Web 配置界面（见图 12.3）。登录到路由器的配置页面，修改 DHCP 配置。在大多数情况下，无需重新配置 DHCP。

图 12.3

在家用路由器设备上配置 DHCP

有些时候，可能想确保某台设备拥有永久的地址，而网络中其他的设备则使用动态寻址。例如，用户需要使网络打印机具有永久的地址，以便使用该打印机的计算机没有必要重复获悉它的地址。一些路由器提供了名为 IP 预留的特性，使用户可以将特定的 IP 地址与特定的物理（MAC）地址关联起来。这个特性能够确保设备总是接收到相同的 IP 地址。

12.6 网络地址转换（NAT）

有些专家可能会注意到，如果 DHCP 服务器为客户端提供了一个 IP 地址，那么这个地址不一定非要是一个"合法的"、在 Internet 上唯一的 IP 地址。只要路由器自己具有一个在 Internet 上有效的 IP 地址，那么路由器就可以充当网络客户端的代理——从客户端接收请求，转换请求并发送到 Internet 地址空间，或转换来自 Internet 地址空间的请求。许多路由器/DHCP 设备都可以提供名为网络地址转换（NAT）的服务。

NAT 设备屏蔽了本地网络的所有细节，事实上，它也隐蔽了本地网络的存在。图 12.4 所示为一个 NAT 设备。NAT 设备为本地网络中的计算机充当网关，用于访问 Internet。在 NAT 设备后面，本地网络可以使用任何网络地址空间。当本地计算机需要连接 Internet 资源时，NAT 设备会替这台计算机进行连接。所有从 Internet 资源发送来的数据包都会被转换成本地网络的地址格式，并转发给发起连接的本地计算机。

图 12.4

NAT 设备

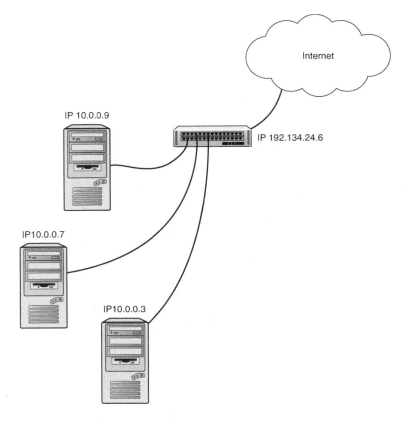

由于 NAT 设备可以阻止外部的攻击者发现本地网络，所以它能够提升网络的安全性（尽管不能将单独的 NAT 当作一个完整的安全系统）。对外部世界而言，NAT 设备看上去就好像是一台连接到 Internet 上的单独主机。即使攻击者知道本地网络上计算机的地址，也不能够打开与本地网络的连接，这是因为本地网络的寻址模式与 Internet 地址空间是不相关的。在第 4 章中讲到，少量的 IP 地址范围被留给了"私有"网络：

```
10.0.0.0 ~ 10.255.255.255
172.16.0.0 ~ 172.31.255.255
192.168.0.0 ~ 192.168.255.255
```

在本章后面将会讲到，169.254.0.0~169.254.255.255 地址范围是一个不可路由的地址块，它主要用于自动配置的链路本地地址，NAT 不能使用它。

NAT 设备通常从这些私有地址范围中分配 IP 地址。这些地址从传统意义上来讲是不可路由的，只能通过地址转换过程来到达 NAT 客户端计算机。NAT 也可以减少各个公司对 Internet 公共地址的需求。只有充当 NAT 设备的路由器才需要能够在 Internet 上使用的真实地址。由于具有节省 Internet 地址以及私有网络固有的安全性这两大优点，NAT 设备在家庭和企业网络中使用得越来越广泛。

当然，安全性并不是那么容易做到的。即使看上去万无一失的 NAT 设备也很可能被攻破。NAT 设备有时会提供通过 Internet 进行管理的特性，如果不锁定这些特性，就会带来安全漏洞。

随着 NAT 设备的增长，有更多的攻击技术被开发出来，以图绕过私有网络的天然防御。攻击者用来进入私有网络内部的一种常见的方式是，让网络中的客户端邀请攻击者进入私有网络。入侵者会发送一些虚假的 Web 页面链接和一些具有吸引力的内容，诱骗用户连接到一个高风险的服务器系统。因为这种攻击的存在，计算机用户通常会被告诫不要点击那些不请自来的电子邮件上的链接。现代的 Web 浏览器有时能够识别经由跨站点脚本或 Web 攻击方法发起的攻击。

注意：IPv6 和 NAT

下一代 IPv6 协议提供了一些额外的链路本地寻址特性，而且这些特性有可能会让当今网络中使用的 NAT 设备成为多余。有关 IPv6 的更多细节，请见第 13 章。

By the Way

12.7 零配置

如果网络中的客户端都配置为使用 DHCP，但是 DHCP 服务器不在线，会出现什么情况呢？此时，客户端计算机是在线的，并一直等待着进行通信，却没有静态的 IP 地址，也无法从 DHCP 获得动态地址。另一种情况下（尽管这种情况现在已经很罕见），用户可能需要将联网的 PC 设置成一个小型的工作组，这个工作组不需要访问 Internet 和特殊的 DHCP/路由设备。这应该如何解决呢？

一些操作系统厂商开发了几种技术，允许本地网络上的计算机在没有静态配置或基于 DHCP 的动态配置的情况下获得网络连接。先前的 LAN 协议，如 NetBEUI（Windows 系统上）和 AppleTalk（Apple 网络上）都提供了这种方便使用且无需配置的连接性，因此这些厂商可以将这些协议和 TCP/IP 一起使用。

实现这种方法的第一步是一个被称为"链路本地寻址"（IPv4LL）的概念。链路本地寻址从 Mac OS 9 开始被引入了 Apple 的系统，同时从 Windows 98 开始也被引入到 Windows 系统中。

Microsoft 将 IPv4LL 的 Windows 版本称为自动私有 IP 地址寻址（APIPA）。如果 Windows 计算机没有静态 IP 地址，也无法接收动态地址，就会从不可路由的地址空间 169.254.0.4～169.254.255.255 中为自己选择并分配一个地址。如果本地网络上的其他计算机具有相同的情况，它们也会从这个地址范围内为自己分配一个未被使用的 IP 地址。这样，这些计算机就可以开始在本地网络上进行通信了。当然，由于这些地址是不可路由的，所以计算机将不能访问 Internet 和本地网络之外的资源。

APIPA 的核心特点是不需要进行配置，因此就配置来讲也就没有什么好说的。大多数 Windows 版本都包含了一个注册表的键值，用来关闭 APIPA。用户可以查询 Windows 的文档获得这方面的信息。

APIPA 也带来了一些排错问题。例如，如果网络上的其他计算机配置正常，而只有一台计算机无法被访问，可以查看这台计算机是否是没有找到 DHCP 服务器，从而自己配置了与本地地址空间不相容的一个 APIPA 地址。

一种更新的技术——Zeroconf（零配置），能够提供更强大的和完整的无配置环境。

Zeroconf 扩展了 IPv4LL 的体系，为小型本地网络提供了更完整的网络连接环境。Zeroconf 系统是在 Apple Macintosh 系统下的 Bonjour 中实现的。新近的 Windows 系统版本也通过使用一个略微不同的协议系统提供了与零配置技术相似的功能。Linux 和 UNIX 系统的 Zeroconf 实现 Avahi 与 Apple 的版本相似。

这种新的零配置环境有 3 个重要的部分。

➤ **链路本地寻址**：计算机从私有地址范围 169.254.0.0～169.254.255.255 中为自己分配 IP 地址（见前面 IPv4LL 的讨论）。

➤ **多播 DNS**：没有服务器或预配置主机文件的 DNS 名称解析。将名称解析成 IP 地址（或者将 IP 地址解析成名称）是通过查询特定 IP 地址和端口号完成的。其他设备监听发向这个地址的请求，进而做出相应的响应。

➤ **DNS 服务发现**：客户端用来找到网络上可用服务的一种方法。

这些组件之间的相互作用创造了一种环境，使计算机可以无需预先配置 TCP/IP 就能够启动，接收本地兼容的不可路由的 IP 地址，将它的主机名注册到本地网络中的其他计算机上，通过类似于网络邻居而且具有点选类型的文件浏览器来浏览可用的网络服务（例如文件和打印服务器）。

当 Apple 发现需要为简单、易用的 AppleTalk 网络环境寻找一种等效于 DNS 的技术，而且该技术可以提供零配置方法来浏览和访问网络服务和设备时，它们开始围绕多播 DNS 和 DNS 服务发现来开发技术。这些增强的 DNS 服务协同工作，为查看本地网络提供了便利，但是，需要注意的是，对大型网络而言，这些技术的扩展性并不好，它们只能用于单个 LAN 网段中的小型网络。

支持多播 DNS（mDNS）的计算机存储着它自己的 DNS 资源记录的内部表，并使用该表格将名称解析为 IP 地址。在图 12.5 中，如果计算机遇到了一个不属于上述表中的名称，它发送一条消息到多播地址 224.0.0.251。支持多播 DNS 的其他计算机被配置为在该地址上监听 DNS 查询。能够完成该查询的计算机返回响应，并显示正确的名称到 IP 地址的映射。

图 12.5

在多播 DNS 中，每一台计算机都存储着它自己的 DNS 表（在真实的环境中，除了基本的名称到 IP 地址的映射之外，计算机还传递和保存其他 DNS 信息）

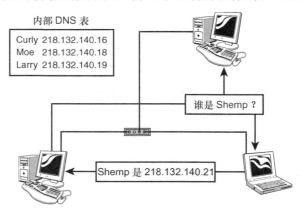

内部 DNS 表

Curly 218.132.140.16
Moe　218.132.140.18
Larry 218.132.140.19

谁是 Shemp？

Shemp 是 218.132.140.21

DNS 服务发现（DNS-SD）提供了一种方法，可以让计算机和设备通过 DNS 来通告它们的服务。许多新出现的小玩意儿对 DNS 服务发现有很强的依赖性，而且许多其他类似的技术也可以使得在不需要对设备进行预先配置的情况下，就能让设备迅速上线使用，并发现诸如打印机、音乐播放器等这样的服务。

DNS-SD 依赖于对 SRV 资源记录的查询，后者可以识别域内提供的服务。例如，在传统的 DNS 网络中，某一个域 SRV 记录可能存放着 FTP 服务器或活动目录域控制器的主机名和端口号。DNS-SD 将该性能进行了扩展，使其可以应用到更小的范围，并使用其他记录类型来完成该过程。首先，DNS PTR 指针记录的一个变体（variation）（用于逆向查询）指向网络中运行的一个可用服务实例。该查询可能会返回如下信息。

> **实例**：服务的一个特定实例（可能存在同一个网络中的多台服务器提供相同服务的情况）。

> **服务**：服务的名称（DNS-SD 服务类型的主注册表保存在 http://www.dns-sd.org 上）。

> **域**：服务所在的域。

通过组合对这个查询的响应信息，DNS-SD 客户端创建了一个网络上可用服务和服务实例的浏览列表。

当用户或客户端应用程序在这个浏览列表中选择一个特定的服务实例，对相关 SRV 记录的一个 DNS 查询将返回主机名和端口号，以用于访问网络中的服务。DNS-SD 还使用 TXT 资源记录来返回服务相关的其他信息。

DNS 服务发现旨在用于与多播 DNS 协同工作，以提供一个完整的零配置 DNS 环境，但是 DNS-SD 也可以与传统的 DNS 服务（仅有最少的初步配置）一起工作。

Microsoft 定义了另外一种多播 DNS 协议，名为链路本地多播名称解析（Link-Local Multicast Name Resolution，LLNR）。Microsoft 的简单服务发现协议（Simple Service Discovery Protocol，SSDP）提供了服务发现功能。SSDP 基于 HTTP 而不是传统的 DNS，这与人们日渐重视基于 URL 的服务相吻合，但是却与传统的 DNS 基础设施形成了间断。提供了与 DNS-SD 相似的服务浏览基础设施的通用即插即用（uPnP）协议系统就是依赖于 SSDP 的。

Microsoft、Apple 和其他厂商参与了零配置 TCP/IP 联网的共同讨论，但是巨头厂商实现的系统却有些许不同。最大的不同点存在于服务发现协议中。另外一种服务发现协议——服务位置协议（Service Location Protocol，SLP），被广泛应用于 HP 的打印机和其他许多设备上。

零配置协议出现在多份信息性 RFC 中，另外还有一个在 IPv6 中建立的并行系统。毫无疑问，在未来的几年中，零配置技术会引起更多的重视。

注意：零配置协议

正是因为主要的操作系统厂商都支持特定的协议，所以也就意味着在操作系统上不只有一种选择。应用程序开发人员可以自由选择他们想要使用的协议。Apple 甚至开发了一个用于 Windows 的 Bonjour Zeroconf 系统。

By the Way

12.8 配置 TCP/IP

本章已经讲到，当代的大多数计算机几乎不需要进行网络配置，而且大多数所需要的步骤都是在安装期间或者是某些类型的"首次启动"配置向导中完成的。只要你输入了计算机名称，并指明计算机使用的是静态地址还是动态地址，或者输入其他一些基本的设置，剩余的事情将由操作系统来处理。然而，你稍后需要检查网络设置，或者在某些情况下，当计算机运行之后，需要更改其配置选项。下面的小节将介绍如何在 Windows、Mac OS 和 Ubuntu Linux 系统上找到 TCP/IP 配置设置。

有关如何在上面提到的 3 种操作系统中配置网络连接以及排错的内容可以很容易就填满一本书。下面的小节并非用作网络连接的完全配置手册和排错指南，而只是为基本的配置环境提供一个简单的方向，并演示 GUI 如何充当管理底层网络协议设置的窗口。有关在这些系统上进行网络配置的具体细节，请见厂商提供的文档，或是查询在线的联网文档。

12.8.1 Windows

Windows 的网络设置存储在 Windows 注册表中，如果你不确定在做什么的话，最好不要随意修改注册表，否则将会带来危险。在 Windows 中配置网络的首选方法是通过 GUI 工具提供的 Windows 用户界面来配置。在 Windows 中通常是通过多个点选步骤打开各种配置对话框。最近的 Windows 系统都是通过名为"网络和共享中心"的工具来管理网络配置。要在 Windows 7 中进入"网络和共享中心"，可单击 Windows 的"开始"按钮，然后选择"控制面板"。在"控制面板"的主视图中，选择"网络和 Internet"，然后单击"网络和共享中心"链接。在 Windows 10 中，在"开始"菜单中选择"设置"，然后选择 NETWORK & INTERNET（网络和 Internet）进入其窗口界面，其中列出了各种网络配置选项（见图 12.6）。

图 12.6

Windows 10 中的"网络和 Internet"窗口

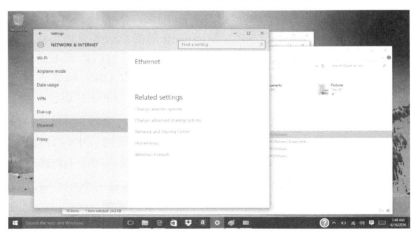

Network and Sharing Center（网络和共享中心，见图 12.7）在窗口的顶部显示当前的网络连接，其配置选项位于左侧。要添加一个新的网络连接，可选择 Set up a new connection or network（设置新的连接或网络）。

Windows 将每一个预先配置的连接当作一个单独的逻辑实体。要在 Windows 7 或后续版本中查看当前的配置连接，可选择 Change Adapter Settings（更改适配器设置）。你将看到多个用于与本地网络、无线网络等相连接的图标。右键单击这些图标，然后选择 Properties（属性）来查看 Connection Properties（连接属性）对话框（见图 12.8）。

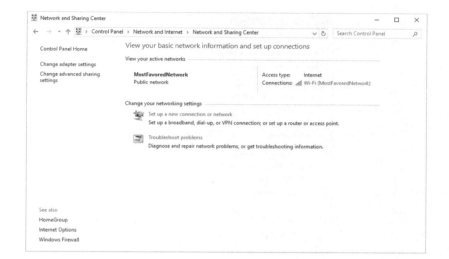

图 12.7

Window 10 中的 "网络和共享中心"

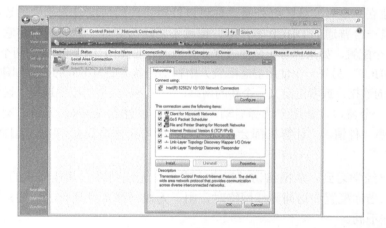

图 12.8

连接属性对话框

在图 12.8 中可以看到，连接属性对话框列出了一些当前安装在网络配置中的条目。术语 "条目"（item）看起来似乎没有必要这么含糊，但是本书读者很快就会注意到，这些条目实际上是 TCP/IP 网络栈的可选组件。位于顶部的条目（图 12.8 中顶部的前 3 个条目）是网络客户端和对应于 TCP/IP 应用层的服务组件。

要查看当前的 TCP/IP 配置（假定你的计算机与大多数的计算机相同，都是使用的 IPv4），选择名为 Internet Protocol Version 4（TCP/IPv4）的组件，然后单击 Properties（属性）按钮。

在 IPv4 Properties（IPv4 属性）对话框中（见图 12.9），你可以做出一些基本的选择，比如连接是否应该接收一个由 DCHP 自动分配的 IP 地址，还是配置一个静态的 TCP/IP 连接。如果你的计算机被设置为接收动态地址。而且它已经在工作之中，则只需保持该设置不变即可。如果你想手动配置网络，单击 Use the following IP address（使用下面的 IP 地址）单选框，然后输入地址、子网掩码和默认网关（该地址信息必须与你的网络一致。有关 IP 地址和子网掩码的更多信息，请见第 4 章和第 5 章）。

单击 Advanced（高级）按钮（见图 12.9）后，会弹出其他对话框，以便让用户手动配置默认网关、DNS 和 WINS 名称服务选项（见第 10 章）。

图 12.9

在 Windows 中配置
IPv4 属性

　　将网络连接视为独立的逻辑实体的好处是，你可以针对不同的情况设置不同的连接。如果你的计算机只是充当一台普通的 DHCP 客户端，也就不要这么麻烦。你只需要将它接入到网络中，它就会找到一个配置。如果你有一台便携式计算机，需要在具有不同配置的两个不同网络（比如，一个使用 DHCP，另外一个使用静态配置）中移动，就需要为不同的位置创建不同的连接。为了建立一个新的连接，或者是定义一个新的网络，在网络和共享中心中选择"设置新的连接或网络"，将打开一个窗口，让用户选择启动一个向导，以建立 LAN、无线、宽带、拨号或 VPN 连接。无论哪一种情况，计算机都会寻找未定义的可用网络连接，以便选择可用的网络或设备。

　　在前面的章节中已经学习到，从网络访问层之上来看，无线网络与其他形式的 TCP/IP 网络并无不同，但是，当你配置和访问无线网络时，由于无线网络本身具有的特性，因此与其他网络相比会有一些不同。

　　具有无线硬件的 Windows 系统通常会自动配置无线网络。但是，取决于你的配置，在启动时，你的系统可能不会自动打开一个无线网络连接。要查看可用的无线网络，单击屏幕右下角的无线图标，将会出现一个可用的网络列表。从中选择一个网络，然后单击 Connect（连接）按钮（见图 12.10）。要开始这个连接，你必须提供所需要的安全信息，比如服务集识别符（SSID）。

图 12.10

在 Windows 中选择
一个无线网络

12.8.2 Mac OS

与 Windows 一样，Mac OS 也可以发现可用的有线（或无线）网络，而且如果它被配置为使用 DHCP 的话，就可以连接到网络。为了进行网络配置，在 Apple 菜单中选择 System Preference，然后选择 Network 图标。在 Mac OS 中，Network Preferences 窗口（见图 12.11）是配置 TCP/IP 的地方。在左侧的网络列表中，选择 Ethernet，以访问用于传统有线 LAN 的设置。

在以太网配置窗口中，下拉 Configure 菜单列表（来选择 DHCP 或手动配置选项，见图 12.11）。如果选择的是手动配置，则输入地址、子网掩码、路由器地址（网关）。单击 Advanced 按钮进入其他信息配置界面，比如 DNS 或 WINS 服务器。单击 Apply 按钮保存更改。

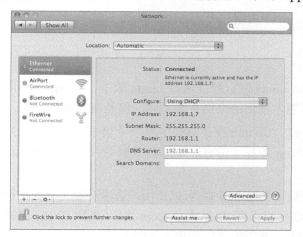

图 12.11

在 Mac OS 中配置 TCP/IP 设置

在 Network Preferences 窗口中选择 Wi-Fi，可以配置无线网络（Mac OS 的有些版本使用名称 AirPort 来表示无线网络，如果你的系统较老，则选择 Airport）。在 Wi-Fi 配置窗口中（见图 12.12），单击右上角的按钮来启用或关闭无线网络。在 Network Name 下拉列表中，选择想要连接的可用网络。你也可以选择加入一个指定的网络，但是你必须提供密码、SSID，以及其他安全信息。Create a Network 选项可以让你与其他无线计算机或设备一起建立一个 ad hoc 网络。

图 12.12

在 Mac OS 中配置无线网络

Mac OS 还提供了一个便捷的易于访问的工具栏图标，以用于选择无线网络或启动其他配置选项。

> **By the Way**
>
> **注意**：禁用 Wi-Fi
>
> 　　在让两个不同的访问方法共享协议栈方面，Mac OS 做得并不好。如果你想要体验一下在无线网络和有线网络之间进行切换，则在访问有线网络之前可能需要先关闭无线网络。可在 Network Preferences 窗口中单击名为 Turn Wi-Fi Off 的按钮。也可以使用工具栏中的网络图标来关闭 Wi-Fi。在重新激活之前，无线网络将一直为禁用状态。要想重新激活网络，可在左侧菜单中单击想要激活的网络。如果网络被设置为使用 DHCP，则需要单击 Advanced 按钮，然后在 Advanced Configuration 窗口的 TCP/IP 区域选择 Renew DHCP Lease。

12.8.3　Linux

Ubuntu 是一款基于 Debian Linux 发行版的流行 Linux 版本。Ubuntu 使用 Unity 桌面，尽管它看起来与其他 Linux 发行版本使用的桌面有些不同，但是概念是相似的。

与 Window 和 Mac OS 一样，Ubuntu 在工具栏中有一个很小的图标，用来快速访问网络信息。也可以单击 System Settings 图标（带有一个齿轮和扳手），然后在 Settings 目录中选择 Network 应用程序。

Network 应用程序的主窗口（见图 12.13）可以让用户查看、配置有线网络、无线网络以及网络代理的设置。要配置有线网络设置，可单击 Options 按钮（见图 12.13）。在 Edit Connection 窗口中选择 IPv4 Settings 选项卡。其中的下拉菜单（见图 12.14）可以让用户选择使用 DHCP 或手动配置 IP 地址。你也可以输入 DNS 服务器、默认网关和路由信息。在 Network Settings 菜单的左侧面板中单击 Wireless 图标，访问无线设置（见图 12.15）。可以选择一个网络或连接到一个隐藏的无线网络。在无线网络列表中，出现在网络条目最右侧的箭头可以让用户查看和配置连接设置。

图 12.13

在 Ubuntu Linux 中使用 Network 应用程序配置网络设置

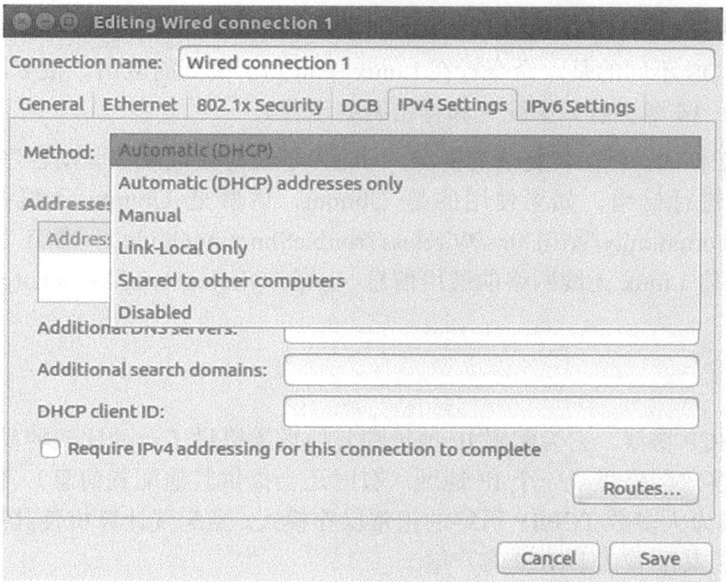

图 12.14

Ubuntu 中的 Edit Connection 窗口允许用户选择动态（DHCP）或静态（手动）IP 地址

图 12.15

从可用的选项列表中选择一个无线网络。单击最右侧的箭头将出现一个对话框，用于配置连接设置

Linux 的天性是，如果你使用的是不同的 Linux 版本（哪怕是 Ubuntu 的早期版本），则配置对话框看起来也有很大的差别。然而，所有这些对话框实际上就是作为 GUI 界面来访问网络配置文件。其中一个很重要的文件是/etc/network/interfaces 文件，它存储了 IP 地址信息和其他重要的设置。

在/etc/network/interfaces 文件内，eth0 接口（第一个以太网卡）的一个静态地址配置的定义如下所示：

```
iface eth0 inet static
address 203.121.14.13
netmask 255.255.255.0
gateway 203.121.14.1
```

针对 DHCP 而配置的网络接口，其/etc/network/interfaces 条目如下所示：

```
auth eth0
iface eth0 inet dhcp
```

/etc/network/inferfaces 文件也能包含用于定义配置的其他设置，具体可参见 Linux 文档。

与 Windows 和 Mac OS 不同的是，命令行在 Linux 中得到了很到的应用。很多用户更喜欢使用命令工具（将在第 14 章讲解）来配置和排错网络设置。

由于在开源系统中工作时，存在很复杂的情况，同时为了及时获取硬件驱动程序的信息，有时需要对于无线网络进行排错。如果使用的是 Ubuntu，请参见 Ubuntu 无线排错指南（https://help.ubuntu.com/community/WifiDocs/WirelessTroubleShootingGuide）。你还可以通过 Linux Wireless Wiki 来获得 Linux 无线网络的通用信息（http://wireless.wiki.kernel.org/）。

12.9　小结

本章首先讨论了 DHCP 协议，它为配置 IP 地址和其他设置提供了一种比较容易的方法。DHCP 服务器为 DHCP 客户端提供了一个 IP 地址（有时还会提供其他配置信息）。DCHP 现在相当常见，以至于它成为大多数 TCP/IP 网络的正常操作模式。当配置计算机使其接收动态 IP 地址时，你实际上是将其配置为 DHCP 客户端。

本章还讲解了 NAT 和零配置协议，最后通过几个例子讲解了如何在典型的 Windows、Mac OS 和 Linux 系统中配置 TCP/IP。

12.10　问与答

问：在 DHCP 客户端首次启动时，是如何与 DHCP 服务器进行通信的？

答：通过广播数据包和接收广播数据包。

问：NAT 是如何提高安全性的？

答：因为 NAT 地址是不连续的和不可路由的，所以外部攻击者无法与本地网络通信。注意，这个重要的特性并不能保证网络的安全性。攻击者还可以通过其他技术对 NAT 网络进行访问。

12.11　测验

下面的测验由一组问题和练习组成。这些问题旨在测试读者对本章知识的理解程度，而练习旨在为读者提供一个机会来应用本章讲解的概念。在继续学习之前，请先完成这些问题和练习。有关问题的答案，请参见"附录 A"。

12.11.1　问题

1. 为了让某个网络上的 DHCP 客户端租用另外一个网络上 DHCP 服务器提供的 IP 地址，需要做些什么？

2. DNS-SD 主要依赖于哪个 DNS 记录？

12.11.2 练习

如果你的计算机不能连接到网络，一个常见的解决办法是更新 DHCP 租期。如果你有一台 Mac，而且系统使用的是 DHCP，在 Apple 下拉菜单中选择 System Preferences。在 System Preferences 窗口中，打开 Network 应用程序。如果你使用的是基于 LAN 的有线以太网络连接，则选择 Ethernet，如果使用的是无线网络连接，则选择 Wi-Fi（较老的系统使用的名字是 AirPort）。

当前的 IP 地址将显示在窗口中。现在单击 Advanced 选项卡。在 Advanced Network 窗口中，确保顶端的 TCP/IP 被选中，然后单击 Renew DHCP Lease 按钮。取决于 Mac OS 的版本，这些步骤可能不同。如果这里的步骤无法生效，可以尝试在配置对话框中寻找替代方案。你的计算机将释放它的 IP 地址配置，然后从 DHCP 服务器中接收一个新的地址（取决于你的 DHCP 服务器及其配置方式，这个新地址可能与旧地址相同）。

为了在 Windows 中进行该练习，你需要获得管理员权限。如果具有了管理员权限，可右键单击命令提示符图标，然后选择 Run as Administrator。你需要输入密码，如果你已经以管理员身份成功登录，则可以进一步下面的步骤。

打开命令行窗口，针对当前的 IP 地址输入下面的命令：

```
ipconfig
```

现在输入如下命令，来释放 IP 地址：

```
ipconfig /release
```

再次输入下述命令：

```
ipconfig
```

应该可以看到，IPv4 地址已经不存在。在某些情况下，你的计算机可能会从 169.254.0.0 地址范围中为自己分配一个新的链路本地地址。现在输入如下命令：

```
ipconfig/renew
```

最后再访问 ipconfig 命令，它将显示你的地址已经恢复。

有关 ipconfig 和其他排错配置以及命令，将在第 14 章详细介绍。

12.12 关键术语

复习下列关键术语。

➢ **自动私有 IP 寻址（Automatic Private Addressing，APIPA）**：在某些 Microsoft 系统中使用的一种链路本地寻址技术。

➢ **BOOTP**：主要用来为无盘客户端分配地址的一种协议。

> **DHCP**：动态主机配置协议，用于提供 IP 地址动态分配的协议。

> **DHCP 客户端**：通过 DHCP 来接收动态 IP 地址的计算机。

> **DHCP 服务器**：通过 DHCP 将 TCP/IP 配置参数传输给客户端计算机的一台计算机。

> **DNS-SD**：DNS 服务发现。客户端在零配置网络上获悉服务的一种方式。

> **链路本地寻址**：一种用于零配置 IP 地址分配的技术。

> **LLMNR**：链路本地多播名称解析。由 Microsoft 开发的另外一种零配置名称解析技术。

> **多播 DNS**：不需要服务器或预配置主机文件的一种 DNS 名称解析技术。

> **SSDP**：简单服务发现协议。由 Microsoft 发起的一种服务发现技术，它使用的是 HTTP 而不是 DNS。SSDP 一种与通用即插即用（uPnP）相关联的服务发现协议。

> **Zeroconf**：一个协议集合，用于提供零配置 TCP/IP 服务。

第 13 章

IPv6：下一代协议

本章介绍如下内容：

➤ IPv6 产生的原因；

➤ IPv6 报头格式；

➤ IPv6 寻址；

➤ 子网划分；

➤ 多播；

➤ 邻居发现；

➤ IPv6 隧道。

因为 Internet 在不断地变化，所以管理 Internet 通信的协议也必须不断地变化。定义了至关重要的 IP 地址系统的 Internet 协议（IP）多年以来也一直处于升级阶段。本章将会介绍什么是下一代 IP 系统。

学完本章后，你可以：

➤ 解释应用新 IP 地址系统的必要性；

➤ 描述 IPv6 报头中的字段；

➤ 应用书写和简化 IPv6 地址的规则；

➤ 将现有的 IPv4 地址映射到 IPv6 地址空间；

➤ 理解 IPv6 多播和邻居发现；

➤ 描述一些常见的 IPv6 隧道选项。

13.1　为什么需要新的 IP

第 4 章讲解的 IP 寻址系统已经为 Internet 社区服务了很长时间，这个系统的开发人员有足够的理由为 TCP/IP 的生命力感到骄傲。但是 Internet 社区有一个很大的问题：经典的 32 位 IP 地址即将用完。这个迫在眉睫的地址危机看上去很令人吃惊，因为当前 IPv4 格式的 32 位地址字段可以提供 30 亿个主机 ID。不过，需要重点注意的是，这 30 亿个地址中，实际上有很多是无法使用的，原因在于 ISP 业界在分配 IP 地址时采用的是成块分配的方式。CIDR 这样的技术也减少了被浪费的地址的数量，但是，即使没有地址浪费，对于具有 70 多亿人口的地球来说，30 亿个地址也是不够的，何况很多人会使用多台设备连接到 Internet。

在本书写作时，IANA 已经用完了新地址，IANA 旗下五大区域地址分配机构中的 4 个也已经将地址全部用尽。当然，分配给接入提供商（access provider）的许多地址当前还在流通中，这就是为什么仍然可以让 ISP 创建一个新账户并为其分配一个可以直接访问 Internet 的静态 IPv4 地址。

Internet 设计者们已经意识到，需要在某个时候将当前的寻址系统过渡到一个新的寻址系统。而且当前系统无论如何都需要进行彻底改造，所以，他们建议加入新的特性并集成新的技术以便增强 IP 的功能。这个新系统最终被称为 IPv6，有时也称之为 IPng（IP next generation，下一代 IP）。当前 IPv6 的规范是 1998 年 12 月制定的 RFC 2460（最初的其他几个 RFC 为 RFC 2460 打下了基础，多个较新的 RFC 则继续讨论 IPv6 的相关问题）。

为什么整个世界还不抛弃 IPv4 寻址系统，转而拥抱这个强大而且具有大量地址的 IPv6 地址空间呢？IPv4 之所以能够继续统治 Internet，主要原因是开出了网络地址转换（Network Address Translation，NAT）技术（见第 12 章）。NAT 技术可以使得整个网络在一个私有地址空间中运行，而且只需要很少量的 IANA 分配的地址，甚至有时候只要路由器有一个地址就可以。有些 ISP 甚至已经开始将它们的整个服务网络部署在私有地址空间中。

虽然 IPv4 还在沿用，但是很多人相信 IPv6 依然是未来的地址系统。许多公司网络当前正在向 IPv6 迁移，并在测试和完善其 IPv6 连通性。无论下一代 IP 是下一年到来还是在 10 年之后到来，现在最好了解一些 IPv6 寻址的背景知识，并知道其工作机制。

IPv6 中的 IP 地址是一个 128 位的地址。这么大的地址空间能够支持 10 亿个网络。本章后面将讲到，这么大的地址还为满足 IPv4 地址和 IPv6 地址的兼容性提供了足够的空间。

下面列出了 IPv6 的目标。

➢ **扩展的寻址能力**：IPv6 不仅仅是可以提供更多的地址，还能够提升 IP 寻址的能力。例如，IPv6 支持更多层次的寻址级别。IPv6 还可以提升地址的自动配置能力，并且提供更好的任播寻址支持，使得入站的数据报可以到达“最近”或“最佳”的目的地。

➢ **更简单的报头格式**：有些 IPv4 报头字段被移除。其他的字段则是可选的。

➢ **提升了对扩展和选项的支持**：IPv6 可以在可选的扩展报头中加入一些报头信息。这种方法能够在不浪费主报头空间的情况下增加信息字段的范围。在大多数情况下，路由器并不处理扩展报头；使得数据报的传递过程更加流畅。

➢ **流标签**：可以用特定的流级别标记 IPv6 数据报。流级别就是一类需要特别处理的数据报。例如，应用于实时服务的流级别与邮件信息的流级别有所不同。设置流级别对用于传输的最低服务质量是很有用的。

➢ **提升身份认证和隐私保护的能力**：IPv6 扩展可以支持身份认证、机密性和数据完整性技术。

目前为止，所有主流的操作系统和大多数路由器都支持 IPv6。但是，绝大多数组织都没有额外的费用同时支持两种系统的运行（虽然 IPv6 协议栈的运行可能是默认的）。

即使一个组织希望在本地级别实现一个天然的 IPv6 网络，也很难找到对天然 IPv6 提供支持的 Internet 服务提供商（ISP）。Internet IPv6 服务通常是通过 IPv6 隧道代理提供的。本章后面会讲到，隧道代理将 IPv6 数据包封装到 IPv4 隧道中。这种方法确实可以在终端提供 IPv6 的连通性，但是通过 IPv4 隧道支持 IPv6 则降低了 IPv6 中内置的高级路由效果和服务质量特性。

13.2 IPv6 报头格式

IPv6 的报头格式如图 13.1 所示。请注意，基本的 IPv6 报头实际上比相应的 IPv4 报头更简单。报头被简化的部分原因是，细节信息被转移到主报头之后的扩展报头中。

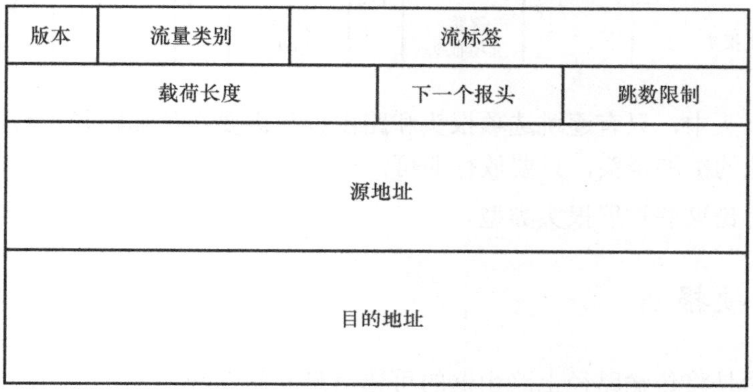

版本	流量类别	流标签	
载荷长度		下一个报头	跳数限制
源地址			
目的地址			

图 13.1

IPv6 报头

IPv6 报头的字段如下所示。

➢ **版本（4 位）**：识别 IP 版本号（在这里应该是版本 6）。

➢ **流量类别（8 位）**：识别数据报中封装的数据类型。

➢ **流标签（20 位）**：指派流级别。

➢ **载荷长度（16 位）**：确定数据（报头之后的数据报部分）的长度。

➢ **下一个报头（8 位）**：定义紧跟在当前报头之后的报头的类型。本节稍后会讲解扩展报头。

➢ **跳数限制（8 位）**：指示该数据报还有多少剩余的跳数。每经过一个节点，这个值就减 1。如果跳数限制到达 0，数据报将被丢弃。

➢ **源地址（128 位）**：识别发送数据报的计算机的 IP 地址。

➢ **目的地址（128 位）**：识别接收数据报的计算机的 IP 地址。

本章前面已经介绍过，IPv6 会将可选的信息添加在主报头和数据之间的扩展报头内。这些扩展报头提供的信息可以应用于特定的环境，同时保证了主报头能够尽量小，以及容易管理。

IPv6 规范中定义了如下的扩展报头。

➢ 逐跳选项；

> ➢ 目的选项；

> ➢ 路由；

> ➢ 分段；

> ➢ 身份认证；

> ➢ 有效载荷安全封装。

每一个报头类型都与一个 8 位的识别符相关联。在主报头或扩展报头中的下一个报头字段定义了报头链中下一个报头的识别符（见图 13.2）。

图 13.2

下一个报头字段

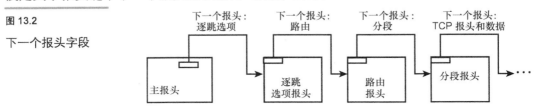

在上面描述的扩展报头中，只有逐跳选项报头和路由报头需要在传输路径中被中间节点处理。路由器不处理其他的扩展报头，只要放行即可。

下面的小节将详细讨论这些扩展报头类型。

13.2.1　逐跳选项报头

逐跳选项报头的作用是将传输路径上路由器的可选信息关联起来。

逐跳选项报头与目的选项报头很相似，IPv6 规范中包括这个报头的作用是为未来开发出的选项提供一种格式和机制。

规范包括了一个选项类型指派（option type designation）以及一些用于对齐数据的填充选项。规范中明确定义的一个选项是巨型载荷（jumbo payload）选项，可用于传递载荷大于 65 535 字节的数据。

13.2.2　目的选项报头

目的选项报头的目的是将可选的信息与目的节点关联起来。与逐跳选项报头类似，目的选项报头主要是作为开发未来选项的框架。

13.2.3　路由报头

路由报头用来指定数据报在传递路径上的一个或多个路由器。

路由报头的格式如图 13.3 所示。

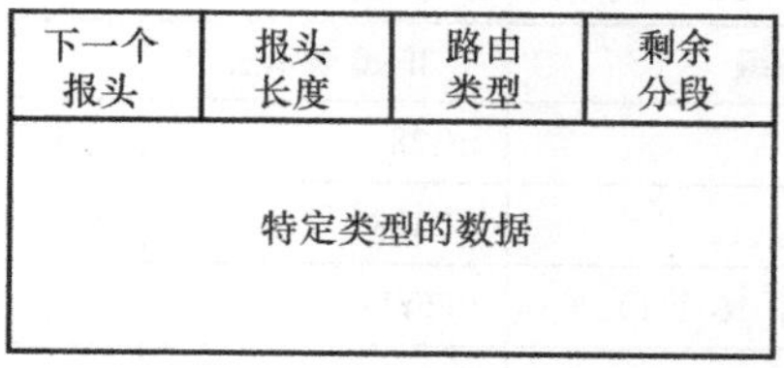

图 13.3
路由报头

路由报头的数据字段如下所示。

> **下一个报头**：识别紧跟在该报头之后的下一个报头的报头类型。
> **报头长度（8 位）**：定义报头的长度，单位是字节，但其中不包括下一个报头字段。
> **路由类型（8 位）**：识别路由报头的类型。不同的路由报头类型应用于不同的特定场景。
> **剩余分段**：指示到达目的之前，被显式定义的路由段的数量。
> **特定类型的数据**：表示路由类型字段中定义的特定路由类型的数据字段。

13.2.4 分段报头

消息路径上的每一个路由器都有一个最大传输单元（Maximum Transmission Unit, MTU）的设置。MTU 设置表示路由器可以传输的最大数据单元。在 IPv6 中，源节点可以发现路径 MTU，即传输路径上所有设备的最小 MTU 设置。路径 MTU 表示的是可以在路径上传递的最大数据单元。如果数据报的尺寸大于路径 MTU，数据报必须被分成更小的部分，这样才能将数据报跨越网络传递。分段报头包含的是重组分段数据报所需的信息。

13.2.5 身份认证报头

身份认证报头用于提供安全性和身份认证信息。身份认证信息提供了一种可以确定数据报在传递过程中是否被更改的方法。

13.2.6 有效载荷安全封装报头

有效载荷安全封装（Encrypted Security Payload, ESP）报头提供了保密性和机密性。通过使用 IPv6 的 ESP 功能，部分或所有被传递的数据都能够被加密。使用隧道模式的 ESP 时（用于 VPN 隧道），整个 IP 数据报都会被加密并放置在一个未加密的外部数据报中。在传输模式中，只有载荷和 ESP 尾部信息是被加密的。

13.3 IPv6 寻址

与 IPv4 地址类似，IPv6 地址是由 Internet 授权中心分配的，并且通过 ISP 和其他带宽提供商的系统进行分发。如表 13.1 所示，有些特定的地址范围被保留，以用作特殊的活动，例如多播和链接本地寻址（与第 12 章介绍的 IPv4 零配置系统相似）。还有一部分地址范围被用作 IPv4 地址到 IPv6 地址空间的映射。

表 13.1　　　　　　　　　　　　RFC 4291 中的 IPv6 地址范围

地 址 类 型	二进制前缀	IPv6 表示法	描　　述
未指定	0...00（全 0）	::/128	未被分配，表示缺少地址
环回	0...01（127 个 0）	::1/128	诊断地址，用于向本机发送数据包
映射后的 IPv4	0...0:FFFF（80 个 0，16 个 1）	::FFFF/96	与现有 IPv4 地址对应的 IPv6 地址
多播	11111111	FF00::/8	表示一组主机
链路本地单播	1111111010	FE80::/10	用于自动地址配置
全局单播	所有其他的前缀		

要想记住 128 位的 IPv6 地址是几乎不可能的。在第 4 章讲到，32 位的 IPv4 地址通常可以用点分十进制形式来表示，即每个字节的数据可以用最多 3 位十进制数来表示。记住用 12 个十进制数表示的字符串比记住用 32 个二进制数表示的二进制地址要容易一些。不过，这种应用于 32 位地址的方法对记忆 128 位的地址是没有效果的。因此，IPv6 地址的少许表示惯例逐步进化，简化了其表达。

IPv6 地址通常是由用冒号隔开 8 个 4 位十六进制数组成的（显示时每一组数据都会省略掉前面的 0 字符）：

```
2001:DB8:0:0:8:800:200C:417A
```

此外，还可以通过用双冒号来替代多个连续 0 的方法简化地址的写法。对于上面的地址，可以按照如下方法简写：

```
2001:DB8::8:800:200C:417A
```

每一个地址只允许使用一个双冒号。IPv6 地址的分配规则常常会导致地址中有很长一串的 0。此时，双冒号将十分有用。例如，下面的地址：

```
FF01:0:0:0:0:0:0:101
```

可以简写为：

```
FF01::101
```

与 IPv4 地址相似，IPv6 地址的开始是表示网络的前缀。与 CIDR 系统相同，用户可以通过指定地址组中的第一个地址并加上表示网络位数目的十进制数来表示一个地址组。根据 RFC 4291 "IPv6 Addressing Architecture"，要想表达带有 60 位网络前缀 20010DB80000CD3 的一组地址，可以按如下方法编写：

```
2001:0DB8:0000:CD30:0000:0000:0000:0000/60
```

或写为

```
2001:0DB8:0:CD30::/60
```

IPv6 网络配置软件允许用户定义一个默认的网络前缀，以便在客户端的手动配置只需要参考地址的主机部分。IPv6 也提供了复杂的自动配置特性，可以避免用户输入冗长的地址。虽然现在预测"网络管理员将如何适应这么长的 IPv6 地址"还为时尚早，但是可以肯定的是，名称解析一定会在 IPv6 网络中扮演重要的角色。

13.4 子网划分

第 5 章讲到，IPv4 地址的某些位可以用来表示网络或子网，有些位则表示主机 ID。在最近几年，旧有的地址分类系统已经被 CIDR 取代。在 CIDR 表示法中，地址后面的斜线后跟着一个数字，用来表示 32 位地址中与网络和子网相关联的位数：205.123.196.183/25

在上一节讲到，IPv6 也使用这种 CIDR 风格的表示法，来标记与地址的网络部分相关联的位数。IPv6 具备的更大的地址空间和高级的技术，使得我们需要一种全新的子网划分技术。128 位的 IPv6 地址为地址的网络和主机部分留下了很大的空间。在 IPv6 中，假定子网划分发生在地址的前 64 位，这样剩余的 64 位（或更多）可以用于子网中的主机 ID。这样，这个几十亿数量级的主机对任何网络而言都足够了，这也意味着对地址空间进行细分，以充分利用地址空间的概念成为过去时。在同一个子网中，可以轻松共存几千个网络节点。

然而，出于性能和流量管理的原因，管理员仍然希望使用路由器来分割大型网络，并使用子网划分技术将数据包发送到不同的网段。此时，地址空间的前 64 位可以为地址中的网络和子网部分提供大量的空间。例如，如果一个网络被分派了一个/48 的地址范围，它将有 16 位用于子网划分，剩余的 64 位可以用于主机 ID。

13.5 多播

IPv4 是围绕着网络广播的理念设计的。发送到广播地址（比如 255.255.255.255，也即全 1）的消息将会被子网中的所有主机读取。这个概念相当不错，但是自从设计出 IPv4 以来，更为有效的解决方案也被开发了出来。一个名为多播的新方法在发送给个体（单播）和发送给全体（广播）之间提供了一个中间选项。尽管多播是在 IPv4 的时代引入的，但是在 IPv6 中，它引起了更多的兴趣和大量的关注。事实上，多播是内置在 IPv6 架构中的。在多播中，主机参与到共享同一个多播地址的多播组中。不是该组成员的主机不能读取消息，这就使得多播的效率高于广播。

IPv6 中定义了几种不同类型的 IPv6 多播地址。例如，链路本地多播的多播地址前缀是 FF02::/16。

多播在 IPv6 网络中具有很重要的作用。应用开发人员也使用多播技术，将数据更为高效地传递给 IPv6 网络上的多播主机。

13.6 链路本地

前缀为 FE80::/10 的 IPv6 地址是链路本地地址。链路本地地址不会穿越路由器，仅用于本地网段的通信。这使得链路本地地址与 IPv4 网络中使用的私有地址范围具有异曲同工之妙（有关 IPv4 私有地址范围的更多信息，请见第 4 章）。

本章后面将讲到，这些链路本地地址在 IPv6 的自动配置系统中具有重要的作用。链路本地地址允许计算机在不需要进行手动配置（也不需要 DHCP 服务器的自动配置）的情况下，就能在本地网段进行通信。当然，由于这些链路本地地址是不可路由的，因此无法为更大的网络（比本地网络大）提供连通性。为了与世界其他地方进行连接，主机需要一个可路由的 IP 地址，或者是通过访问一个现成的 IPv6 DHCP 设备来接收一个动态地址。

13.7　邻居发现

什么？不需要地址解析协议（ARP）？在第 4 章讲到，ARP 提供了将 IPv4 地址映射为与网卡相关联的物理地址的方法。ARP 在网际层的逻辑寻址和网络访问层基于硬件的地址之间提供了链路。在 IPv6 网络中，IP 地址到物理地址的映射是通过邻居发现协议（Neighbor Discovery Protocol，NDP）实现的，该协议使用了 Internet 控制消息协议版本 6（ICMPv6）。本地网络中需要解析 IPv6 地址的主机首先计算与该地址相关联的一个请求节点多播地址（请求节点多播地址的格式在 IPv6 文档中有定义，它包含一个多播范围中的前缀，以及与 IPv6 单播地址相对应的主机位）。主机随后将邻居请求数据包发送到请求多播地址（该地址包含发送者希望解析的 IPv6 地址），要求地址的拥有者进行响应。发送者还将其物理地址作为响应的目的地址发送给 IPv6 地址的所有者。IPv6 地址的所有者使用一个邻居通告数据包进行响应，该数据包中包含它自己的物理地址和链路本地地址。

通过该过程，网络中的主机建立了邻居缓存，该缓存类似于 IPv4 网络中使用的 ARP 表。

13.8　自动配置

169.254.0.0/16 地址范围中的自动配置地址近年来在 IPv4 网络中出现（有关 IPv4 自动配置的详情，请见第 12 章）。自动配置技术旨在用于在计算机无法找到 DHCP 无服务器并且也没有手动配置地址的情况时，为其指派一个 IP 地址。这个不可路由的"零配置"地址足以让计算机连接到打印机或本地网络中的其他对等体，也可以让计算机通过 DNS 服务发现找到本地服务。

IPv6 无状态自动配置特性以一种更安全的方式提供了类似的功能。IPv6 自动配置基于物理地址的一个哈希为计算机指派一个链路本地地址。由于物理地址都是独一无二的，因此链路本地地址在很多情况下也是唯一的，这也就避免了 IPv4 零配置网络中出现的地址冲突问题。通过使用一个标准的转换将 48 位的物理地址转换为一个 64 位的字符串，然后再将其附加到 FE80::/10 链路本地前缀的后面（在必要时使用二进制 0 进行填充），从而形成一个完整的链路本地地址。

通过名为重复地址检测（Duplicate Address Detection，DAD）的另外一个进程，主机将检测该地址是否已经在本地网段使用了，如果没有的话，主机将采用这个自动配置的地址。

13.9　IPv6 和服务质量

IPv6 解决了在日渐老化的 IPv4 基础设施中存在的另外一个挑战：需要统一的服务质量

（QoS）级别。

以前，Internet 主要用于电子邮件和 FTP 类型的下载，没有人考虑数据传递的优先级。如果电子邮件无法在两秒钟内到达，那么它会在两分钟或者一小时后到达。没有人在意是否指定或限制消息到达的时间。与之相反，今天的 Internet 可以支持很多种不同类型的传递，其中有一些具有刚性的传递要求。如果因为数据包被停留在路由器的缓存中而导致了很长的延时，那么 Internet 视频、电视以及其他实时应用程序将无法正常工作。对于 Internet 电话，即使是很小的延时，也会对通话质量产生影响。

在未来的 Internet 中，当有 IP 数据报在排队等待传输时，需要对它们划分优先级。来自交互式视频应用程序的数据报会被移动到路由器缓存队列中的最顶端，而电子邮件数据报则需要暂停一个短暂的延时之后再行发送。

IPv6 可以通过区分服务的级别来进行优先级划分。IPv6 报头中的流量类别字段和流标签字段能够指定数据报中数据的类型和优先级（见图 13.1）。

> **注意**：区分服务　　　　　　　　　　　　　　　　　　　　　　**By the**
> 　　一些厂商和工程师已经尝试将 IPv4 的服务类型字段用于区分服务信　　**Way**
> 息。IPv6 的流量类型字段旨在继续支持区分服务。

13.10　IPv6 和 IPv4

当然，IPv6 需要采用逐渐推进的方式才能落地生根，而且 Internet 也不会被推倒重来，因此，工程师对 IPv6 进行了设计，使得在 IPv4 向 IPv6 的长期过渡中，两者能够共存。

一种方法是通过多协议配置，使得 IPv6 协议栈能够与 IPv4 协议栈同时运行，就像 IPv4 曾经与 IPX/SPX、NetBEUI 以及其他协议栈同时共存那样。

IPv6 寻址系统提供了将现有的 IPv4 地址包含在自己的地址空间中的方法。最初的计划是将每一个有效的 IPv4 地址映射成一个 128 位的 IPv6 地址（通过在原地址前添加 96 个 0 位）。这种形式被称为与 IPv4 兼容的 IPv6 地址。不过，在 RFC 4291 中对这种形式提出了强烈的反对，RFC 4291 更倾向于另一种技术——映射 IPv4 的 IPv6 地址，这种地址包含 80 个 0 位和 16 个 1 位（十六进制 FFFF），后面再加上原来的 32 位的 IPv4 地址。

例如，对于 IPv4 地址：

```
169.219.13.133
```

可以映射成 IPv6 地址：

```
0000:0000:0000:0000:0000:FFFF:A9DB:0D85
```

或简写的：

```
::FFFF:A9DB:0D85
```

因为这个前缀清晰地将这个地址放到了用于映射 IPv4 地址的空间内，所以 IPv4 部分有时候可以保留点分十进制形式：

```
::FFFF:169.219.13.133
```

13.11 IPv6 隧道

所有人都知道，我们不可能通过按下一个开关，就可以神奇地将 Internet 从 IPv4 网络切换到 IPv6 网络。在过去的几年中，为了实现 IPv4 向 IPv6 的逐步过渡，人们已经发明了大量的技术。这些技术的理念是，网络和 Internet 提供商在缓慢地实现和测试 IPv6 基础设置的各种组件时，仍然保持 IPv4 的连接性。

大多数计算机系统提供了一些与 IPv6 兼容的形式。一个典型的场景是计算机可以在双栈配置中同时支持 IPv4 和 IPv6。一个采用双栈配置的计算机使用必要的连网软件通过 IPv4 或 IPv6 进行通信。

当然，只有在全面实现了 IPv6 之后，才能通过 IPv6 来无缝访问整个 Internet，但是目前来看还不现实。工程师因此开发了几种技术，用于将 IPv6 孤岛与更大的 IPv4 Internet 连接起来。

实现远程 IPv6 连接的常见方法是使用 IPv6 隧道代理。IPv6 隧道的理念是将 IPv6 流量封装在 IPv4 之内。位于隧道末端的隧道服务器接收 IPv6 数据包，并将其封装到 IPv4 报头中，然后将它发送到另外一个末端。最初的 IPv6 数据包在这个末端被提取出来，然后转发到目的 IPv6 网络（见图 13.4）。这种类型的隧道可以让 IPv6 网络与其他 IPv6 网络通信。管理员可以在家乡网络和分支网络上实现和测试完整的 IPv6 配置，并使用隧道代理将其连接起来。

图 13.4

隧道代理操作隧道服务器，使得 IPv6 网络在 IPv4 网络中连接起来

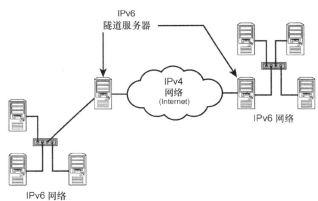

有时，网络直接与隧道代理签订协议，以支持 IPv6 流量；有时候是 ISP 与幕后的代理签订协议，然后将数据包发送给提供 IPv6 支持的终端用户网络。

下面的小节将讨论一些 IPv6 隧道技术。注意，所有的这些隧道技术用于将刻意配置的 IPv6 主机与其他刻意配置的 IPv6 主机连接起来。这提供了一种实现 IPv6 某些优势的方式，比如高级多播和服务质量，它还可以使 IT 工作人员获得一些 IPv6 的工作经验，但是 Internet 的其余部分仍然与以往相同，除非数千台 Web 服务器、邮件服务器和其他连接 Internet 的服务已经全面支持 IPv6。

13.11.1　6in4 和 6to4

6in4 和 6to4 隧道技术利用了 IPv4 的 IP 报头中的 8 位协议报头（见图 4.3）。这两种技术在协议报头字段中使用数值 41 来表示一个 IPv6 隧道数据包。6to4 提供了一种方式，使得即使当 IPv6 网络没有与支持 IPv6 的隧道提供者或 ISP 进行协商时，也可以通过 IPv4 网络来线性化（threading）地发送 IPv6 数据包。

6in4 需要静态配置隧道端点，而 6to4 是将 IPv4 目的地址嵌入 IPv6 地址。前缀为 2002::/16 的 IPv6 地址供 6to4 使用。32 位的 IPv4 地址附加到这个前缀后面，这意味着 IPv6 地址的前 48 位表示该地址是一个 6to4 地址，并且提供了在整个 IPv4 网络上路由的 IPv4 目的地址。随后的 16 位指定了 IPv6 子网，最后的 64 位表示主机 ID。

一个 6to4 中继服务器接收这个篡改后的 IPv6 地址，然后提取出 IPv4 地址，并将 IPv6 数据包封装到 IPv4 数据包之内，然后再发送到目的地址（见图 13.5）。在数据包的目的地址，该数据包被发送到运行在任播地址 192.88.89.1 上的 6to4 中继，并在该中继上提取出最初的 IPv6 数据包，然后再进行发送。

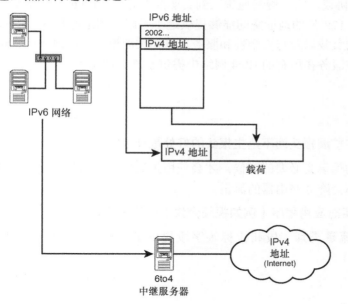

图 13.5

一台 6to4 中继服务器接收带有前缀 2002::/16 的 IPv6 数据包，提取出里面的 IPv4 地址，然后创建一个 IPv4 数据包，以在 IPv4 网络中传输

13.11.2　TSP

隧道建立协议（Tunnel Setup Protocol，TSP）是一种允许动态协商隧道参数的技术。在一个 TSP 场景中（见图 13.6），IPv6 网络中希望建立一条连接的端点与 TSP 服务器进行联系，然后该服务器与目的网络上的潜在端点协商连接参数，随后允许这两个端点建立一条连接。

在图 13.6 中可以看到，TSP 主要关注的是协商连接参数，而且 TSP 支持大量潜在的数据包封装协议。在某些情况下，TSP 服务器甚至可以针对不同的情况采用不同的协议，比如切换到基于 UDP 的隧道协议，以便穿越 NAT 设备。

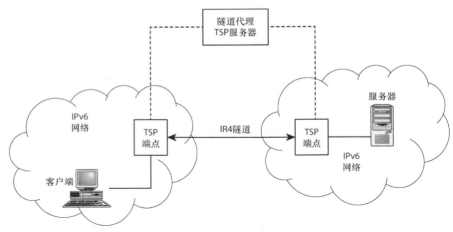

图 13.6

TSP 服务器与隧道端点协商连接参数，然后隧道端点可以直接建立一条 IPv4 隧道连接

13.12 小结

IPv6 是下一代的 IP 协议，它正慢慢地进入到真实的世界中。IPv6 寻址系统与第 4 章介绍的系统是完全不同的。128 位的地址空间能够提供近乎无限制的地址数量。IPv6 还提供了一个简单的报头、更大的负载以及与安全性和服务质量相关的增强。IPv4 向 IPv6 的迁移已经开始。现在有多种隧道服务在现有的 IPv4 网络中提供了连通性服务。

13.13 问与答

问：将报头信息放在扩展报头而不是主报头的好处是什么？

答：只有当报头中的信息是必要的时候，才会使用扩展报头。另外，路由器并不处理大部分扩展报头，所以也不会降低路由器的流量。

问：IPv6 如何协助实时应用程序（例如视频会议）进行工作？

答：IPv6 报头中的流量类别字段和流标签字段提供了一种指明数据类型和优先级的方法。

13.14 测验

下面的测验由一组问题和练习组成。这些问题旨在测试读者对本章知识的理解程度，而练习旨在为读者提供一个机会来应用本章讲解的概念。在继续学习之前，请先完成这些问题和练习。有关问题的答案，请参见"附录 A"。

13.14.1 问题

1. 多播为什要比广播更高效？

2. 为什么 IPv6 自动配置要比 IPv4 的 zeroconf（零配置）自动配置更为可靠？

3. IPv6 的哪个地址前缀供 6to4 使用？

13.14.2 练习

Internet 上有几个可用的 IPv6 计算器。例如，Subnet Online（http://www.subnetonline.com/pages/subnet-calculators/ipv4-to-ipv6-converter.php）上的计算器可以将 IPv4 地址转换为 IPv6 地址。在其中输入你的 IPv4 地址，然后单击 IPv6 按钮，可以将输入的地址转换为 IPv6 格式的地址。

取决于你使用的地址和网络掩码，你可能会看到一个映射后的 6to4 地址，该地址以 2002::/16 前缀打头。

使用其他 IP 地址和网络掩码进行测试，以理解 IPv4 是如何映射到 IPv6 的。

13.15 关键术语

复习下列关键术语。

➢ **6in4**：一种需要对隧道端点进行静态配置的 IPv6 隧道技术。

➢ **6to4**：一种将 IPv4 地址嵌入到 IPv6 地址内的 IPv6 隧道技术。

➢ **任播**：将数据报发送到最近或最佳目的的一种寻址技术。

➢ **流级别**：指派给 IPv6 数据报，以表明需要对其进行特殊的处理，或者表示吞吐量的一个特殊级别（比如，实时）。

➢ **IPv6**：带有 128 位 IP 地址的新 IP 寻址标准。IPv6 设计者们希望 IPv6 可以在未来的几年中被逐步采用。

➢ **IPv6 隧道**：能够在 IPv4 网络中传输 IPv6 流量的 Internet 连接。

➢ **巨型载荷**：长度大于传统的 65 535 字节限制的数据报载荷。IPv6 能够让巨型载荷数据报通过网络传递。

➢ **最大传输单元（MTU）**：路由器可以传输的最大数据单位。

➢ **多播**：将数据发送到网段中一组用户的一种技术。

➢ **邻居发现**：在 IPv6 网络中，将 IPv6 地址映射到物理（MAC）地址的过程。

➢ **路径 MTU**：传输路径上的任何设备都可以处理的最小 MTU 设置。路径 MTU 表示传输路径可以传输的最大数据单位。

第 4 部分　工具和服务

第 14 章　经典的工具　　　　　　　　　　　　　199

第 15 章　经典的服务　　　　　　　　　　　　　222

第 14 章

经典的工具

本章介绍如下内容：
- ➢ 协议问题；
- ➢ 线路问题；
- ➢ 名称解析问题；
- ➢ 网络性能问题；
- ➢ Telnet；
- ➢ SSH；
- ➢ SNMP；
- ➢ RMON。

TCP/IP 环境中包含了大量用于配置、管理以及排错网络连接故障的标准工具。其他一些经典的工具可以管理远程访问和监控等任务。这些 TCP/IP 工具的历史可以追溯到现代的图形用户界面产生之前，而且其中许多工具是针对命令行界面进行设计的。命令行界面可能听起来有点过时了，但是许多经验丰富的网络管理员仍然认为，在命令提示符下工作，要比单击鼠标和拖动窗口更快、更简单，也更有效。

本章将讲解一些可以用来排错、配置、监控和管理 TCP/IP 的一些工具。当然，也存在其他的管理和排错工具——大多数是昂贵的专用程序，具有复杂的图形界面和其他高级特性——但是，本章的重点是经典的免费工具，它们是在 TCP/IP 的演进中形成的，是一组用来处理网络问题的通用工具包。

学完本章后，你可以：
- ➢ 认识和描述常见的 TCP/IP 连接工具；
- ➢ 使用这些连接工具对网络问题进行排错；
- ➢ 解释 SSH 和 Telnet 的用途；

> 理解一些常见的网络管理协议。

14.1 连通性问题

前面几章讲到，一个协议就是一种通信标准。软件厂商在软件模块中实现这个标准，然后由软件模块执行标准中描述的操作。人们直接安装和配置所需的协议软件，或者是通过安装支持相应协议软件的操作系统来获得。你可能已经猜到，当相应的软件被启动并运行时，网络仍然可能无法工作。有时，某些服务功能正常，而其他的不正常。其他时候，一台计算机可以连接到某台远程 PC，却无法连接到另外一台。偶尔，某台计算机似乎根本没有任何网络访问权，就好像根本没有连接到网络一样。

网络功能障碍通常源于一些常见的问题。TCP/IP 社区已经开发了大量工具，用于发现这些问题并弄清其根源。本章将讨论一些常见的网络问题，以及可以用来解决这些问题的工具。

最常见的网络连接问题通常属于下列 4 种之一。

> **协议功能障碍或配置错误：**协议软件不工作（不管是什么原因）或配置不正确。

> **线路问题：**某段电缆没插上或有故障。某个 HUB、路由器或交换机不工作。

> **名称解析有误：**DNS 或 NetBIOS 名称无法被解析。资源可以通过 IP 地址访问，但无法通过主机名或 DNS 名称访问。

> **流量过载：**网络似乎还在工作，但运行缓慢。

下面几节将讨论解决这些常见连接问题的工具和技术。

14.2 协议功能障碍和配置错误

如同任何软件一样，TCP/IP 协议软件有时也会出现安装不当的情况。就算安装好了，它也会因为文件受损或系统配置改变而无法工作。例如，即使该软件正在工作，计算机也可能因为其 IP 地址和子网掩码不正确而无法连接到其他计算机。

TCP/IP 协议簇提供了如下所示的大量实用工具，可以帮助你检测 TCP/IP 是否运作正常或配置是否正确。

> **ping：**这是个极其有用的诊断工具，通过发起一个简单的网络连通性测试，报告其他计算机或网络设备的响应情况。

> **配置信息工具：**每个操作系统厂商都会提供一些工具用于显示 TCP/IP 的配置信息，并帮助你检查 IP 地址、子网掩码、DNS 服务器和其他参数是否配置正确。

> **arp：**该工具可以用来查看和配置 ARP 缓存（见第 4 章）的内容，ARP 缓存将 IP 地址和物理地址（MAC 地址）关联起来。

这些工具已经成为所有操作系统实现 TCP/IP 时的标配。下面开始介绍这些重要的 TCP/IP 配置工具。

14.2.1 ping

如果你发现计算机无法完成某项网络操作，应该想到的第一个问题就是：它是否能完成其他网络操作？换句话说，你的计算机作为网络中的一员当前是否还能正常运行？ping 工具发起一个最小的网络连通性测试，并发送一则消息给另一台计算机，就好像在说"你在那里吗？"，然后等待那台计算机的回应。

> **注意**：ping 名称的由来
>   ping 这个名字起源于声纳技术，该技术帮助潜艇或舰艇定位其他物体。

By the Way

ping 命令的基本形式如下：

```
ping IP_address
```

这里的"IP 地址"为想要连接的计算机的地址。和其他工具一样，ping 工具还提供大量附加的命令行选项。根据实现和操作系统的不同，这些选项会有所不同。

ping 工具使用 ICMP Echo Request 命令（有关 ICMP 的更多信息，请见第 4 章），向接收方计算机发送一条消息。如果接收方计算机存在并运行正常，它将以 ICMP Echo Reply 消息方式进行响应。

当发送方计算机收到回复时，它会输出一条消息，说明 ping 成功了。

成功执行完 ping 命令，说明接收方和发送方计算机都在网络上且可以相互通信。但是请注意，ping 只是一种最小的应用程序，它仅用到 TCP/IP 栈的网际层和网络访问层（对应于 OSI 栈的底部 3 层；在第 4 章讲到，ICMP 是 OSI 第 3 层的协议）。你的问题可能出现在 TCP、UDP 或更高层的应用上，但此时 ping 仍然会成功。如果 ping 运行正确，就基本上能排除问题出现在网络访问层、网络适配器、电缆甚至路由器上了。

ping 提供的一系列选项使它在排错网络问题时特别有用。你可以用如下方式使用 ping。

➢ 使用一个被称为环回地址（127.0.0.1）的特殊地址来 ping 本地 IP 软件。如果命令 ping 127.0.0.1 执行成功，说明你的 TCP/IP 协议软件运行正常。

➢ ping 你自己的 IP 地址（就是 ping 你自己）。如果能 ping 通分配给你的网络适配器的 IP 地址，则说明该适配器配置正确，并且可以与 TCP/IP 软件交互。

➢ ping 主机名。绝大多数系统允许在 ping 命令中使用主机名来替代相应的 IP 地址。如果使用 IP 地址可以 ping 通某台计算机，却无法通过其主机名 ping 通，则可以推断问题一定和名称解析有关。

在一个典型的排错场景中，网络管理员会执行如下 ping 命令。

1．ping 环回地址（127.0.0.1），检测 TCP/IP 软件在本地计算机上是否工作正常。

2．ping 本地 IP 地址，检测网络适配器是否运行正常，以及本地 IP 地址配置是否正常。

3．ping 默认网关，检测计算机是否可以与本地子网通信，以及默认网关是否在线。

4．ping 默认网关之外的某个地址，检测该网关是否能将数据包转发出本地网段。

5. 使用主机名 ping 本地主机和远程主机，检测名称解析功能是否正常。

有些管理员更喜欢以相反的顺序来应用这些步骤，也就是先检测 Internet，最后再检测返回地址。无论哪种情况，其目的都是相同的，即找出通信中断的地方。上述步骤是查找网络故障的良好开端，也许执行后还找不到网络故障所在，但至少可以从执行结果中找到故障线索。

ping 命令在所有的 UNIX 和 Linux 系统（包括 Mac OS）上都是可用的。传统的 Windows 系统也使用了 ping 命令。在 Windows PowerShell 环境中，Test-NetConnection 命令等同于经典的 ping 命令。

> **By the Way**
>
> **注意：** ping 命令输出结果详解
>
> 依据实现的不同，ping 命令的输出也是不同的。在某些系统中，只会输出一行来表示被叫地址正常（IP_address is alive）。在某些 Linux 版本（默认安装）中，ping 会不停发送 ICMP 数据包并不停输出数据包响应信息，直到使用 Ctrl+C 组合键强行终止。在 Windows 系统中，通常会发送 4 个 ICMP Echo Request 并输出 4 个响应。其实发送 4 个 Echo Request 消息却只收到 3 个或更少回应信息的情况并不少见，但不应该将这种偶尔的数据报丢弃行为当作网络出错，因为 ICMP 协议本身并不保证传输正确。不过，丢失响应信息可以说明当前的网络十分拥挤。尽管丢弃了数据包，但是在大多数情况下，ping 命令执行的结果都是收到所有的响应信息（说明连接正常），或丢失全部响应信息（说明连接有误）。
>
> 某些版本的 ping 工具还会显示一个以毫秒为单位的时间信息，表示从发出 Echo Request 消息到收到 Echo Reply 消息之间的时间间隔。当这个时间较短时，表明数据报没有经过太多路由器或速度缓慢的网络。如果 ping 响应返回的 TTL 值接近零，则可能说明当前连接可能接近于 TTL 的阈值，而且部分数据包可能被丢弃或重新发送。

14.2.2　配置信息工具

所有的现代操作系统都会提供查看当前 TCP/IP 配置的工具。这些工具会输出本地计算机的 IP 地址、子网掩码和默认网关等信息，使用这些工具还可以检验计算机的 IP 地址信息是否与你期望的相同。随着 DHCP 的日渐流行，从配置文件或设置对话框中并不总能确定 IP 地址信息，而配置信息工具则可以显示计算机实际使用的 IP 地址。如果你的计算机被配置为使用 DHCP 来分配 IP 地址，那么你甚至会发现该计算机没有 IP 地址，这说明与 DHCP 服务器的连接发生了错误。

当然，这些工具不会告诉你，你的 IP 地址和子网掩码应该是什么，它们只是告知你的计算机当前使用了什么 IP 地址和子网掩码，然后由你来验证地址参数是否与当前网络的 IP 寻址方案（请见第 5 章和第 6 章）一致。

UNIX 和 Linux 系统使用 ifconfig 命令来显示地址信息。前几章中讲过，IP 地址实际上是与网络接口（例如网络适配卡）关联，而不是计算机本身。如果一台计算机拥有两个网络接口，就会拥有两个 IP 地址。ifconfig 命令会根据不同的网络接口显示地址信息。

要想使用 ifconfig 显示 IP 地址信息，输入如下命令：

```
ifconfig interface_name
```

这里的<接口名称>指的是要显示 IP 地址信息的网络接口（在 UNIX 和 Linux 系统中，每个网络接口都由配置文件（它定义了接口）分配了一个名称，并使用该名称来引用这些接口）。例如：

```
ifconfig eth0
```

执行该命令将显示名为 eth0 的网络接口的当前 IP 地址和子网掩码（根据 UNIX 和 Linux 版本的不同，有时还会显示出其他参数）。

直接在 ifconfig 命令行中写入 IP 地址和子网掩码，即可直接配置对应网络接口的 IP 地址：

```
ifconfig eth0 IP_address netmask netmask
```

这里的<IP 地址>和<网络掩码>分别是指网络接口的 IP 地址和网络掩码。

使用 ifconfig 的 up 和 down 选项，可以启用和禁用相应的网络接口。例如：

```
ifconfig eth0 up
ifconfig eth0 down
```

还有其他的 ifconfig 选项可以使用，不同版本的情况会有所不同。有关 ifconfig 命令的更多细节，可以查看 UNIX/Linux 系统中的 ifconfig 帮助页面，如下所示：

```
man ifconfig
```

传统的 Windows 系统使用 ipconfig 命令来显示本地的 TCP/IP 配置情况。在 PowerShell 环境中，Get-NetIPConfiguration 命令与 ipconfig 命令最为接近。

> **注意：**
> 　　更新、更通用的 ip 工具作为 UNIX/Linux 系统主要的 TCP/IP 配置工具，正在逐渐取代 ifconfig 命令。有关使用 ip 配置网络设置的而更多信息，请参见 ip 帮助页面。

14.2.3　地址解析协议

ARP 是一种重要的 TCP/IP 协议，用来确定与某一 IP 地址相对应的物理（MAC）地址。TCP/IP 网络上的每台主机都维护着一个 ARP 缓存，即一张用来关联 IP 地址和物理地址的表。arp 命令可以帮助你查看本地计算机或其他计算机 ARP 缓存中当前的内容。在大多数情况下，协议软件负责更新 ARP 缓存，而使用 arp 命令来排错网络连通性的情况则很少见。但是，在追踪与 IP 地址和物理地址的关联相关的微妙问题时，arp 命令偶尔还是很有用的。

arp 命令还可以帮助你手动输入想得到的物理/IP 地址对。系统管理员有时需要为经常使用的主机（比如默认网关和本地服务器）手动输入 arp 信息。这种方法有助于减少网络流量（尽管在小型网络中，这通常没有必要）。

ARP 缓存内的条目在默认情况下是动态的，每当发送一个定向数据报且目的计算机的 ARP 缓存中不存在当前条目时，相应的条目就会被自动加入到缓存中。一旦它们进入，缓存条目就开始计时并在计时期满后删除。因此，如果你发现 ARP 缓存中只有很少或根本没有条目时也不必惊讶，当 ping 其他计算机或路由器时，会自动加入条目。下面的 arp 命令可以用来查看缓存条目。

➤ **arp -a：** 使用这条命令可查看所有的 ARP 缓存条目。

➤ **arp -g：** 使用这条命令可查看所有的 ARP 缓存条目。

By the Way

> **注意：** 显示 ARP 缓存条目
>
> arp -a 和 arp-g 都可以使用。-g 选项显示全部 ARP 缓存记录，多年来一直在 UNIX 平台上使用。Windows 使用 arp -a（把-a 看作 all），但是它也接受更传统的-g 选项。

➤ **arp -a IP 地址：** 如果有多个网络适配器，则可以通过执行 arp -a 加这个网络接口的 IP 地址的方式，只查看该网络接口的 ARP 缓存条目，例如 arp -a 192.59.66.200。

➤ **arp -s：** 可以向 ARP 缓存手动添加一个永久性的静态条目。就算计算机重新启动，该条目都一直有效，而且如果在使用手动配置的物理地址时发生错误，该内容会自动更新。例如，要想手动为 IP 地址 192.59.66.250 和物理地址 0080C7E07EC5 的服务器添加一个条目，可输入 arp -s 192.59.66.250 00-80-C7-E0-7E-C5。

➤ **arp -d IP 地址：** 这个命令用于手动删除一个静态条目。例如，输入 arp -d 192.59.66.250。

图 14.1 所示为 arp 命令和执行结果的示例。

图 14.1

arp 命令和执行结果

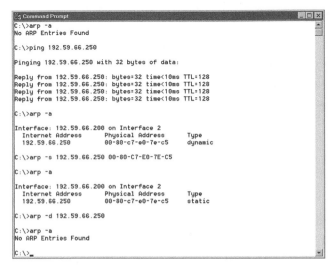

14.3　线路问题

网络 HUB 或电缆的问题并不是真正的 TCP/IP 问题。但是，仍然可以运用 TCP/IP 诊断工具（比如 ping）来诊断线路问题。一般来说，如果网络在正常工作时突然中断，往往都是线路问题的原因。这时需要确认所有网络电缆均已被正确插入。绝大多数网卡、HUB 和路由器都有显示灯来表明它们是否开启，以及是否准备好接收数据。HUB、路由器或交换机的每个端口都有一个链路状态灯，显示相应端口是否有活动的网络连接。有一些工具专门测试网络布线。如果没有电缆检测工具，也可以拔掉可疑电缆，换上新电缆，看看是不是解决了问题。

你也可以使用 ping（前面已经讲过）来排查线路问题。如果一台计算机可以 ping 通自己的地址，但无法 ping 通网络中的其他任意地址，问题则可能出现在计算机和本地子网的连接电缆部分。

14.4　名称解析问题

当某个消息要去往的主机名不能在网络中被解析时，会出现名称解析问题。名称解析问题不能算是连通性问题，因为发生这类问题并不一定意味着源计算机连接不上目标计算机。实际上，正如前面一节提及的那样，名称解析问题最常见的症状是源计算机可以连接到目标计算机的 IP 地址，但却无法用目标计算机的名字来进行连接。尽管在严格意义上说，名称解析问题不能算是连通性问题，但一个实际的情况是，如今网络中的资源经常用主机名来引用，而当你第一次尝试连接到某一主机时，也经常会使用主机名。如果连接失败，就应该实施之前讨论 ping 命令时提到的故障诊断步骤了。如果仍然可以通过 IP 地址进行连接，那么就可能遇到了名称解析问题。

当你考虑了名称解析（见第 10 章）的过程时，许多常见的名称解析问题就很容易被发现了。下面列出了一些常见原因。

- ➢ 主机文件丢失或不正确。
- ➢ 名称服务器离线或不可达。
- ➢ 在客户端配置中，名称服务器没有被正确引用。
- ➢ 试图连接的主机在名称服务器中没有条目。
- ➢ 命令中使用的主机名不正确。

如果无法根据主机名连接到某台计算机，可以先试试连接其他的计算机。如果用主机名连接到了计算机 A，却无法连接到计算机 B，则问题可能在于计算机 B 和名称服务引用它的方式。如果计算机 A 和计算机 B 均连接失败，则可能是名称服务基础设施发生了整体故障。

如果发现在使用一台名称服务器的网络上出现了名称解析问题，最好通过 ping 命令来确认这台服务器是否在线。如果该名称服务器在本地子网之外，要先 ping 网关，以确认名称解析请求可以抵达名称服务器，还要仔细检查你输入的资源名称，以确保正确。如果上述措施都无法解决问题，则可以利用 nslookup 工具查询名称服务器的具体条目。有关 nslookup 和其他 DNS 工具的详情，请见第 10 章。在 PowerShell 中，与 nslookup 等同的命令是 Resolve-DNSName。

如果不知道自己所用计算机的主机名，请使用 hostname 命令。大多数操作系统都支持 hostname 命令，这个简单的命令可以返回本地计算机的主机名。只需输入 hostname 命令，然后查看它返回的那一行结果即可。

14.5 网络性能问题

网络性能问题导致网络响应缓慢。因为 TCP/IP 协议通常使用 TTL（生存周期）设置来限制数据包在网络上的传输时间，缓慢的网络性能会导致数据包丢失及失去连通性。就算连接没有断开，缓慢的网络性能也是降低生产效率的一个因素和根源。通常导致网络性能变差的原因是流量过载。流量过载的原因可能是网络上存在过多计算机，也可能是设备故障。例如，一块网卡在网络出现广播风暴时，就会产生大量不必要的网络流量。有时导致网络性能下降的原因是，某个产生故障的路由器停止转发网络流量，导致网络传输出现瓶颈。

TCP/IP 协议提供了大量用于查看数据包流向和显示网络性能统计信息的工具。下面就来讨论这些工具。

14.5.1 traceroute

traceroute 工具用于跟踪数据报的传输路径，当数据报从源计算机发送到目的计算机时会经过多个网关，通过 traceroute 工具跟踪到的传输路径只是这两台计算机之间众多路径中的一条，所以不能肯定或假设数据报会永远只走这一条通路。如果你的计算机使用的是 DNS，你还会经常从返回结果中辨认出城市、地区和运营商的名称。traceroute 是一条缓慢的命令，因为每经过一台路由器都要花去大约 10～15 秒。

traceroute 命令利用 ICMP 协议定位你的客户端计算机和目的计算机之间的所有路由器。TTL 值可以反映数据包经过的路由器或网关的数量，通过操纵原始的 ICMP Echo 消息中使用的 TTL 值，traceroute 命令能够找到数据包传输路径上的所有路由器，其过程如下。

1. 将发送到目的 IP 地址的 ICMP Echo 消息的 TTL 值设置为 1，该消息经过第一个路由器时，其 TTL 值减去 1，此时新产生的 TTL 值为 0。

2. 由于 TTL 值现在被置为 0，路由器得知不应该尝试继续转发数据报，而是直接丢弃该数据报。由于数据报的 TTL 值已经到期，这个路由器会向客户端计算机发送过一条 ICMP Time Exceeded-TTL Expired In Transit 消息。

3. 此时，发出 traceroute 命令的客户端计算机将显示该路由器的名称，之后可以再发送一条 ICMP Echo 消息并把 TTL 值设置为 2。

4. 第一个路由器仍然将这个 TTL 值减 1，然后，如果可能的话，将这个数据报转发到传输路径上的下一跳。当数据报抵达第二个路由器，TTL 值会再被减去 1，成为 0 值。

5. 第二个路由器会像第一个路由器那样，丢弃这个数据包，并像第一个路由器那样向发送方返回一个 ICMP 消息。

6. 该过程会一直持续，traceroute 命令不停递增 TTL 值，而传输路径上的路由器不断递减该值，直到数据报最终抵达预期的目的地。

7. 当目的计算机接收到 ICMP Echo 消息时，会回传一个 ICMP Echo Reply 消息。

除了能定位数据报穿越过的每一个路由器或网关之外，traceroute 工具还能记录数据报抵达每个路由器的往返时间。根据实现情况，traceroute 命令实际上可能会向每个路由器发送多个 Echo 消息，以便更好地判断数据报的往返时间。

但是不应该使用 traceroute 命令获得的往返时间来精确判断你的网络性能，因为许多路由器为 ICMP 流量分配到了较低的优先级，而且会花费大量的处理时间来转发更重要的数据报。

traceroute 命令的语法就是在 traceroute 后面加上一个 IP 地址、DNS 名称或者是 URL：

```
traceroute 198.137.240.91
traceroute www.whitehouse.gov
```

traceroute 命令在显示数据报传输路径方面很有用，并具有一定的诊断能力。传统的 Windows 系统使用 tracert 命令作为 traceroute 命令的替代。在 PowerShell 系统中，TraceRoute 是 Test-NetConnection 命令的一个选项。

```
test-NetConnection www.pearson.com -TraceRoute
```

14.5.2　route

第 8 章讲到，每台计算机和每台路由器都包含一张路由表。绝大多数路由器均使用专门的路由协议来交换路由信息，并动态地定期更新这些路由表。不过，还是有许多时候需要我们手动在路由器和主机路由表中添加路由条目。

route 命令在 TCP/IP 网络中有许多用途。在一台主机发出的数据包没有被有效路由的情况下，可以利用 route 命令显示路由表。如果 traceroute 命令揭示出一条异常或低效率的传输路径，则可以使用 route 命令来确认为何使用该路径，而且可以配置一个更有效的路由。

route 命令也可以用来手动添加、删除和修改路由表中的条目，其选项如下所示。

➢ **route print**：route 命令的这个形式会显示路由表中的当前条目。图 14.2 中显示的是 route print 命令的输出示例。可以看到，一些条目涉及了不同网络（比如 0.0.0.0、127.0.0.0 和 192.59.66.0）；一些条目用于广播（255.255.255.255 和 192.59.66.255）；还有一些用于多播（224.0.0.0）。所有这些条目都是作为为网络适配器配置 IP 地址的结果而自动添加的。

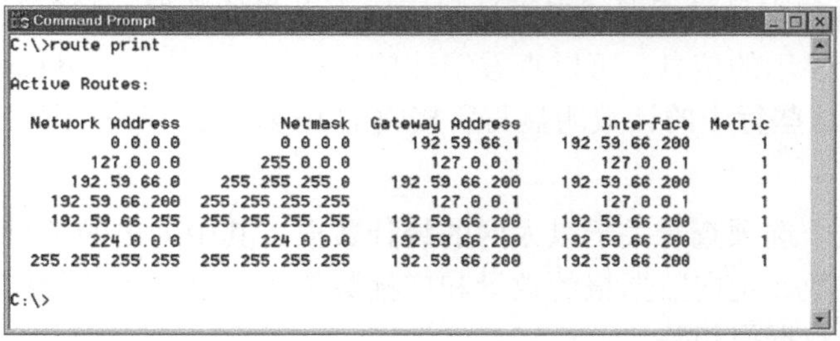

图 14.2

route print 命令显示路由表中的当前信息

➢ **route add**：使用 route 命令的这个形式，可以向路由表添加一个新的路由条目。例如，要想指定一个去往 5 个路由器跳数之外的目的网络 207.34.17.0 的路由，而且首先会经过一台在本地网络上的 IP 地址为 192.59.66.5 和子网掩码为 255.255.255.224 的路由器，那么可以输入如下命令：

```
route add 207.34.17.0 mask 255.255.255.224 192.59.66.5 metric 5
```

> **By the Way**
>
> **注意**：只是临时的路由
>
>   以这种方式添加的路由信息是不稳定的，一旦计算机或路由器重新启动，这些信息就会消失。通常在启动脚本中会有一系列 route add 命令，这样每次计算机或路由器启动时相应信息就会被再次应用。

> - **route change**：可以使用这个语法在路由表中修改条目。下面的示例是将数据的传输路径修改为另一台路由器，该路由器到目的的距离有 3 跳。

```
route change 207.34.17.0 mask 255.255.255.224 192.59.66.7 metric 3
```

> - **route delete**：使用这个命令语法可以在路由表中删除一个条目。

```
route delete 207.34.17.0
```

14.5.3 netstat

netstat 工具可用于显示与 IP、TCP、UDP 和 ICMP 协议相关的统计数据。这些统计数据展示了诸如发送的数据报数量、接收的数据报数量，以及可能会发生的各种错误等信息。

如果你的计算机偶尔接收到了导致报错、丢弃或接收失败的数据报，请不必惊讶。TCP/IP 协议可以允许这些类型的错误，并会自动重发数据报。当数据报被传递到错误的位置时将被丢弃，如果你的计算机被作为路由器，那么当数据报的 TTL 值成为 0 时，也会将其丢弃。当在已收到分组中的 TTL 值限定的时段内，分组没有全部抵达时，会发生重组失败的情况。就像报错和丢弃一样，我们也不必过分关注偶尔出现的数据报重组失败。但是在上述 3 种情况中，如果累计的出错情况次数在所接收的 IP 数据包中占据相当大的比例，或者出错数量正迅速增大，那么就应该检查一下为什么会出现这些情况了。

下面介绍 netstat 命令的各种选项。

> - **netstat -s**：这个选项能够按照各个协议分别显示统计信息。如果用户应用程序（比如 Web 浏览器）看起来异常缓慢或者无法显示网页之类的数据，那么你可能会使用这个选项来查看所显示的信息。可以查看统计信息行，寻找 error、discard 或 failure 这样的单词。如果这些行中的计数明显与所接收的 IP 数据包有关，则需要展开进一步的检测。

> - **netstat -e**：使用这个选项查看关于以太网的统计数据。其中列出的条目包括总字节数、错误数、丢弃数、定向数据报的数量和广播数量等。这些统计数据同时与发送的数据报和接收的数据报相关。

> - **netstat -r**：这个选项用于显示路由表信息，其显示类似于我们之前学到过的 route

print 命令。除了显示活动的路由条目外，还可以显示当前活动的连接。

➢ **netstat -a**：这个选项用于查看所有的活动连接，包括已建立的连接和那些正在监听连接请求的连接。

下列 3 个选项可以提供 netstat –a 命令输出结果的子集信息。

➢ **netstat -n**：这个选项显示所有已建立的活动的连接。

➢ **netstat -p TCP**：这个选项显示已建立的 TCP 连接。

➢ **netstat -p UDP**：这个选项显示已建立的 UDP 连接。

图 14.3 所示为 netstat -s 命令所显示的统计信息。

在 Windows PowerShell 环境中，与 netstat 命令等价的是 Get-NetTCPConnection 命令。

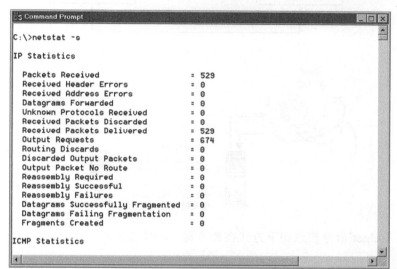

图 14.3

netstat 命令显示协议的统计信息

14.6　Telnet

Telnet 是对远程计算机进行类似于终端访问的一组套件。Telnet 一度是采用命令行来访问远程计算机的最常见方式。但是，近些年来，更为安全的 SSH 协议（将在本章后面讲到）已经成为终端访问的标准。但是，Telnet 仍然存在，而且如果想要学习 TCP/IP，Telnet 则无法回避。

一个 Telnet 会话需要一个 Telnet 客户端作为远程终端，以及一台 Telnet 服务器用于接收连接请求并允许连接。该关系如图 14.4 所示。

Telnet 也是一种协议——一套定义 Telnet 服务器与客户端之间交互规则的系统。Telnet 协议在一系列的 RFC 中定义。由于 Telnet 是基于定义良好的开放型协议，因此它可以并且已经在硬件和软件系统中得到广泛应用。Telnet 的基本用途是为远程用户提供一种方式，使他输入的命令可以通过网络输入到另一台计算机中。与会话相关的输出经过网络从那台计算机（服务器）传输到客户端系统（见图 14.5）。这就可以使得远程用户可以与服务器进行交互，就如同他登录的是本地服务器那样。

图 14.4

Telnet 客户端和服
务器

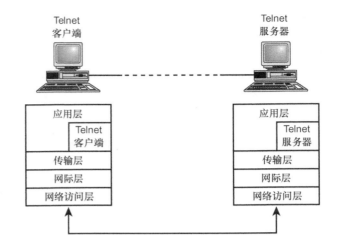

图 14.5

Telnet 的网络输入
和输出

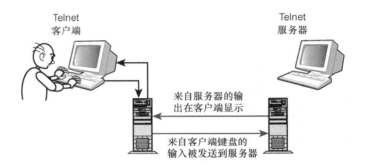

在 UNIX 系统中，Telnet 命令按照如下方式在命令提示符中输入：

```
telnet hostname
```

这里的主机名表示想要连接的计算机的名称（也可以使用 IP 地址来替代主机名）。上面这条命令将启动 Telnet 程序。在 Telnet 运行时，你输入的命令就会在远程计算机上执行。Telent 还提供了一些特殊的命令，你可以在 Telnet 会话期间使用。这些命令如下所示。

➢ **close**：此命令用于关闭当前连接。

➢ **display**：此命令用于显示连接设置，例如端口或者终端仿真。

➢ **environ**：此命令用于设置环境变量。环境变量被操作系统用来提供特定的用户或计算机信息。

➢ **logout**：此命令用于注销远程用户并关闭连接。

➢ **mode**：此命令用于在 ASCII 和二进制文件传输模式中切换。ASCII 模式旨在高效地传输文本文件，二进制模式用于传输其他类型的文件，例如可执行文件或者图片。

➢ **open**：此命令用于连接到某台远程计算机。

➢ **quit**：此命令用于退出 Telnet 程序。

➢ **send**：此命令用于向远程计算机发送特殊的 Telnet 协议指令序列，例如一个终止指令序列、中断指令序列或者文件结束指令序列。

> **set**：此命令用于设置链接参数。

> **unset**：此命令用于取消设置的连接参数。

> **?**：此命令用于显示帮助信息。

在 Windows 这样的图形界面操作系统中，Telnet 程序可能有它自己的图标，并在一个窗口中运行，但底层的命令和进程同基于命令行的系统是一样的。

注意：安全问题

　　Telnet 曾经是极为有用的工具，但近年来，它逐渐被更安全的工具所替代，例如 SSH（本章后面将讲到）。Telnet 的一个问题是，它给予网络入侵者最想要的东西——远程服务器上某个终端对话的直接访问权，而且，尽管 Telnet 标准支持密码验证，但这些密码往往是以纯文本方式传输的。

14.7　Berkeley 远程工具

Berkeley 软件分发（BSD）的 UNIX 系统实现（被称为 BSD UNIX）是 UNIX 发展中的重要一步。许多创新始于 BSD UNIX，而且目前是其他 UNIX 系统上的标准配置，并且已经被纳入到 TCP/IP 和 Internet 世界中的其他操作系统里。

BSD UNIX 的一项创新是一组用来提供远程访问的命令行工具。由于这一组工具的名称都以一个代表"远程"的首字母 r 开头，所以这组工具被称为 Berkeley r*工具。尽管与 Telnet 相似，这些工具在当前的安全环境下显得有些不合时宜，但是 UNIX、Linux 和 Windows 系统仍然提供有不同版本的 Berkeley r*工具。幸运的是，下一节将讲到，许多 r*工具在 SSH 协议簇中以更安全的形式出现。

以下是一些 Berkeley r*工具。

> **Rlogin**：允许用户远程登录。

> **Rcp**：用于远程文件传输。

> **Rsh**：通过 rshd 守护进程执行一条远程命令。

> **Rexec**：通过 rexecd 守护进程执行一条远程命令。

> **Ruptime**：显示有关正常运行时间和连接用户的数量的系统信息。

> **Rwho**：显示当前连接的用户的信息。

Berkeley r*工具设计于 TCP/IP 网络的早期，创建这些工具的人预期只有受信任的用户才能使用这些工具。如今，许多管理员都否认存在"受信任"用户。在当今开放和互联的网络环境中，使用 r*工具一般被认为过于冒险，即使是在内部网络中，也必须在如何和何时使用这些工具上持谨慎态度。r*工具倒是有一个基本的安全系统，如果正确实施的话，可以在受限和信任的环境中提供某种保护措施。

r*工具使用了一个名为"受信访问"的概念。受信访问允许一台计算机信任另一台计算机的身份验证。在图 14.6 中，若计算机 A 指定计算机 B 为受信主机，则登录到计算机 B 上的用户可以使用 r*工具访问计算机 A，无需提供登录计算机 A 的密码。计算机 A 也可以指定特定用户为受信用户。受信主机和受信用户在当前用户设法获得访问权的远程计算机的 /etc/hosts.equiv 文件中识别。每个用户主目录中的 rhosts 文件，也可被用来把受信访问授予相应的用户账户。

图14.6

UNIX 的受信访问

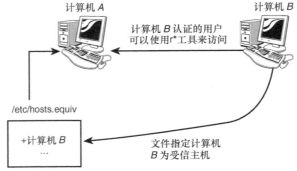

> **注意**：寻找主机
>
>   由于/etc/hosts.equiv 文件和 rhosts 文件允许访问系统资源，所以它们是网络入侵者的主要搜寻目标。这些文件的脆弱性也是 r*工具被认为不再安全的原因之一。

By the Way

14.8 安全外壳（SSH）

本章前面讲到，像 Telnet 和 r*工具这样的经典 TCP/IP 远程访问工具并不十分安全。绝大多数 IT 专业人员不会考虑在开放的 Internet 中使用 Telnet 这样的工具。

与此同时，Internet 也越来越重视网络化和远程访问。在当今的网络中，远程外壳会话通常通过一套协议和工具来进行管理，而这些工具被统称为安全外壳（SSH）。SSH 相当于只带有公开密钥加密的 Berkeley r*工具。SSH 套件的主要组成部分如下所示。

➢ **SSH**：用于替代 rlogin、rsh 和 Telnet 的远程外壳程序。

➢ **scp**：用于替代 rcp 的文件传输工具。

➢ **sftp**：用于替代 FTP 的文件传输工具。

SSH 最流行的实现是免费的 OpenSSH 项目，在 UNIX、Linux、Windows 和 Mac OS 中都可使用。OpenSSH 提供了一些管理密钥签名和加密的附加工具，服务器端的 SSH 连接由 sshd（SSH 守护进程）处理，sshd 也包含在 OpenSSH 包中。

在利用 OpenSSH 登录到某个远程系统（命令形式为 ssh *user@host_name*），并在提示符下输入密码之后，就可以像在本地命令外壳中那样执行命令了。与它的前辈相比，SSH 在 Internet 上要安全得多，其内置的加密技术可阻止大多数形式的网络监视和欺骗。许多防火墙支持通过 SSH 连接从外部访问内部网络，这样一来，网络管理员就可以使用 SSH 跨 Internet 来登录内部网络了。

除了提供安全的远程外壳连接，SSH 还支持某种形式的端口转发，从而使其他无安全防护措施的应用程序可以通过基于 SSH 的加密连接安全地运行。

> **注意**：需要一个服务器
>
> 　　如果你喜欢尝试，请记住，SSH 是一个客户端/服务器应用程序。大多数现代的计算机系统都带有 SSH 客户端工具，但是当 SSH 服务没有在远程计算机上运行时，将无法连接到该计算机。如果服务已经运行，你还需要必要的登录凭证。

By the Way

14.9　网络管理

　　很多用户很乐意通过在配置对话框中输入命令或单击的方式来连接到远程计算机，但是管理着几十台甚至上百台计算机的 IT 专家却需要一种更为高效的方式。网络管理工具可以让用户通过一个用户界面来配置、监视、管理远程系统和设备。而且这些工具不会等着让用户来指出是否存在问题。在远程系统上运行的代理应用程序会自动将状态信息返回，因此当磁盘空间、资源使用率和网络性能在超于预定义的阈值时，系统会通过 E-mail 或文本消息来对用户发出警告。

　　如今存在多种网络管理工具和协议。许多管理工具仍然基于古老的简单网络管理协议（SNMP）和远程监控（RMON）协议（本章后面会讲到）。但是，随着像 SNMP 这样的工具的开发，分布式管理工程任务组（Distributed Management Task Force，DMTF）这家由多家网络硬件和软件公司支持的机构，公布了诸如基于 Web 的企业管理（Web-Based Enterprise Management，WBEM）和公用信息模型（Common Information Model，CIM）这样的标准，以提供更加通用的解决方案，以便开发人员和硬件厂商构建可以与网络管理工具进行通信的驱动程序。Microsoft 的 Windows 管理规范（Windows Management Instrumentation，WMI）和 Red Hat 的 OpenPegasus 系统是 WBEM 的两种实现形式。

14.9.1　简单网络管理协议

　　协议的目的是促进通信，而且只要存在某种具有与众不同且可定义特征的通信，就很可能找到相应的一种协议。简单网络管理协议（SNMP）是一种用于管理和监控网络上远程设备的协议。SNMP 可以使得网络管理员通过一台工作站完成对计算机、路由器和其他网络设备的远程管理和监视。

　　图 14.7 所示为 SNMP 架构的主要组成部分，如下所示。

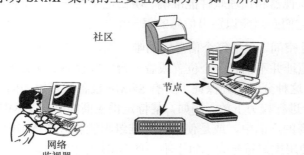

社区

节点

网络监视器

图 14.7

一个 SNMP 社区包含多个一个或多个网络监视器和一组节点

> **网络监视器：** 一个管理控制台，有时被称为管理器或网络管理控制台（Network Management Console，NMS），它为管理网络上的设备提供了一个中央位置。网络监视器通常是一台带有必要 SNMP 管理软件的普通计算机。

> **节点：** 网络上的设备。

> **社区：** 同一个管理框架下的一组节点。

在本书其他地方中我们了解到，一个协议提供了一种通信计划，但实际的交互是发生在运行于同一设备上的应用程序之间。以 SNMP 为例，被称为代理的程序运行于远程节点，它与运行于网络监视器上的管理软件进行通信（见图 14.8）。

图 14.8

远程节点上运行的代理程序向网络监视器发送所在节点的信息，并接收更改配置设置的请求

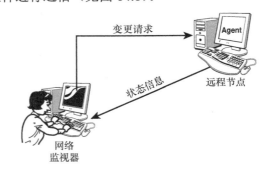

监视器和代理使用 SNMP 协议进行通信。SNMP 使用 UDP 的 161 和 162 端口。SNMP 的早期版本不要求任何形式的用户登录安全措施。其安全性由被称为社区字符串的社区名称提供（只有知道社区字符串才能连接）。在某些情况下也可以配置代理，使其只从指定的 IP 地址接收数据。但是从现代标准考虑，这类安全措施很薄弱。SNMP 的最新版本（SNMP v3）解决了这些问题，它为系统提供验证、隐私和更好的整体安全措施。

你可能想知道监视器和代理之间的通信内容，即监视器和代理通过 SNMP 在传递些什么数据？在下一小节中我们可以学习到，SNMP 定义了一个大型的管理参数集。网络监视器使用这个管理信息库（Management Information Base，MIB）的参数来向代理请求信息和更改配置设置。

14.9.2　SNMP 地址空间

监视器和代理软件能够交换 MIB 中可寻址的特定位置信息，其前提是运行 SNMP 进程。如图 14.9 所示，MIB 使得监视器和代理软件能准确、明白地交换信息。监视器和代理必须使用相同的 MIB 结构，因为它们必须能识别出信息的每一个单元。

MIB 是一种分级的地址空间，包括每个信息段的唯一地址。需要注意的是，MIB 地址与网络地址不同，因为 MIB 地址并不代表一个位置或者一台实际设备。参数集合分级排列于一个地址空间就构成了 MIB，这种分级排列保证了所有 SNMP 设备都可用相同的方式引用特定的设置。这种做法同样利于进行权力下放，例如，某特定供应商能够定义 MIB 设置（通常简称为 MIB）并用于该供应商的产品中，或是使某个标准组织能够管理 MIB 树的一部分，使其专门对应其标准。MIB 使用虚线符号表示每个唯一的 MIB 对象地址。

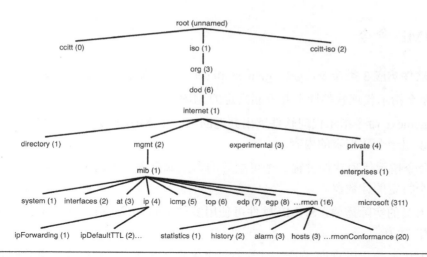

图 14.9

MIB 的部分结构

> **注意**: MIB
>
> 多个 RFC 中均已描述过 MIB, 包括 RFC 1158 和 RFC 1213。在 RFC 1157 中, 可以找到 SNMP 的官方描述。SNMP 的最新版本(SNMP v3)在 RFC 3418 和其他一些 RFC 中有描述。

By the Way

MIB 中的大多数可寻址位置都引用计数器（计数器显然是某种数字）。图 14.9 中的 ipForwarding 就是一个计数器。图中没有显示出来的 ipInReceives 也是一个计数器, 每次网络软件启动或计数器重置, ipInReceives 就会开始统计接收到的入站 IP 数据报量。

MIB 信息可以是下列任意的形式: 数字、文本和 IP 地址等。MIB 配置信息的另一个实例是 ipDefaultTTL。ipDefaultTTL 设置保存了 TTL 参数值（该参数插入源自某台计算机的所有 IP 数据报）。

在 MIB 结构中, 寻址永远起始于根部, 并逐级向下定位, 直到找到想要读取的唯一设置。例如, 要定位 ipDefaultTTL 和 ipInReceives MIB, SNMP 监视器会向 SNMP 代理发送下面的 MIB 地址:

```
.iso.org.dod.internet.mgmt.mib.ip.ipDefaultTTL
.iso.org.dod.internet.mgmt.mib.ip.ipInReceives
```

MIB 树的每个位置也拥有一个等效的数字地址, 可以通过其字母数字字符串或其数字地址来引用一个 MIB。事实上, 在网络监视器从代理软件接收到查询信息后, 会使用数字表示 MIB 地址:

```
.1.3.6.1.2.1.4.2
.1.3.6.1.2.1.4.3
```

MIB 地址提供了统一的命名方式, 确保监视器和代理能够可靠地引用特定的参数。这些 MIB 参数包含在命令中, 这些内容将在下一节讲述。

14.9.3　SNMP 命令

网络监视代理软件响应 3 类命令：get、getnext 和 set。这些命令执行如下功能。

➤ **get**：get 命令指示代理软件读出并返回指定的 MIB 信息单元。

➤ **getnext**：getnext 命令指示代理软件读出并返回下一个 MIB 信息单元。例如，可使用该命令读出一个数据表的内容。

➤ **set**：set 命令指示代理软件设置一个可配置的参数或重置一个对象，例如某个网络接口或某个特定的计数器。

根据网络管理人员的实际需要，SNMP 软件可使用多种不同方式进行工作。下面具体描述不同类型的 SNMP 行为。

➤ 网络监视器代理一直以查询/响应方式运行，即从某台网络监视器接收请求并向其发送响应。代理软件接收 get 或 getnext 命令，然后返回来自一个可寻址位置的信息。

➤ 虽然只是可选方式，但是代理软件经常配置为在发生非正常事件时向网络监视器发送主动（unsolicited）消息。这些主动消息称为"陷阱消息"或"陷阱"；当代理软件捕获到某些不正常情况时就会产生这些消息。例如，SNMP 代理软件通常的运行模式是监视预先定义的阈值是否被超出。这些阈值是由 set 命令建立的。当阈值被超出时，代理软件会捕获到这个事件，然后生成并向网络监视器发送一条主动消息，用于识别捕获现场的 IP 地址，同时也通报被超出的是哪个阈值。

➤ 代理软件也可以通过从监视器接收请求来执行某些动作，例如重置路由器上的特定端口，或者设置阈值等级，这些阈值是用于捕获事件的。同样，set 命令用于设置可配置的参数或重置计数器或接口。

下列的实例阐明了 SNMP 使用的查询和响应命令，该实例使用了名为 snmputil 的诊断工具，这种工具可以用来模拟一个监视器。通过这个工具，操作员可以给代理软件发送命令。在本例中，代理软件运行于 IP 地址为 192.59.66.200 的计算机上，代理是名为 public 的社区成员。注意，位于前面两个命令末尾的是.0，当读取简单变量时（例如计数器）会使用这种后缀。

```
D:\>snmputil get 192.59.66.200 public .1.3.6.1.2.1.4.2.0
Variable = ip.ipDefaultTTL.0
Value    = INTEGER - 128
D:\>snmputil getnext 192.59.66.200 public .1.3.6.1.2.1.4.2.0
Variable = ip.ipInReceives.0
Value    = Counter - 11898
```

By the Way

> **注意**：更改名称
> 　　许多 SNMP 系统上的默认社区名称都是 public。在这个示例中，管理员应该把该名称改为其他名称。如果使用默认名称，就会给攻击者发起攻击创造了条件。

虽然 SNMP 对网络管理员来说非常有用，但其实它并不完美，下面列出 SNMP 的一些缺点。

➤ **无法查看网络低层**：SNMP 位于 UDP 上面的应用层中，所以无法查看协议栈内最底层发生的事件，例如网络访问层上发生的事件。

➤ **需要一个可运行的协议栈**：SNMP 监视器和代理软件进行通信时，需要一个完全可运行的 TCP/IP 栈。如果出现了使得该协议栈无法正确工作的网络问题，那么 SNMP 就无能为力了。

➤ **会产生很大的网络流量**：SNMP 使用的查询响应机制会生成大量的网络流量。尽管在重要事件发生时会发送主动陷阱消息，但实际上，当网络监视器向代理软件查询特定信息时，会产生恒定大小的网络流量。

➤ **提供的数据量过多而有用信息过少**：MIB 包含着数以千计的地址位置，可以检索到许多小片的信息。但是，只有通过强大的管理控制台来分析这些微小的细节，才能成功地分析出特定设备中发生的故障。

➤ **只提供设备视图而没有提供网络视图**：使用 SNMP 只能使我们得到特定设备的信息，而不能直接了解网段上发生的事件情况。

14.9.4 远程监控

远程监控（RMON）是 MIB 地址空间的扩展，可以用于远程局域网的监控和维护。SNMP 提供单台计算机的信息检索，与之不同的是，RMON 直接从网络介质捕捉数据，因此，可以获得局域网的整体信息。

RMON MIB 始于地址位置.1.3.6.1.2.1.16（见图 14.9），目前分为 20 组（从.1.3.6.1.2.1.16.1～.1.3.6.1.2.1.16.20）。RMON 由 IETF 开发，用于解决 SNMP 的缺陷，并为远程局域网的网络流量提供更好的可视性。

RMON 有两个版本：RMON 1 和 RMON 2。

➤ **RMON 1**：RMON 1 用于监控以太局域网，RMON 1 中包含的所有组都用于监控 OSI 参考模型的最低两层，即物理层和数据链路层（在 TCP/IP 协议模型中，对应的是网络访问层）。RMON 1 在多个 RFC 文档中描述，当前标准是 RFC 2819。

➤ **RMON 2**：RMON 2 提供了 RMON 1 的功能，并且允许对 OSI 参考模型的其余 5 层（在 TCP/IP 协议模型中，对应的是网际层、传输层和应用层）进行监控。RMON 2 的规范在 RFC 2021 中描述，该 RFC 文档于 1997 年发布，随后被 RFC 4502 更新。

由于 RMON 2 是对协议栈的更高层进行监听，因此可以提供更高级别协议的信息，比如 IP、TCP 和 NFS 协议等。

RMON 用于捕获网络流量数据。RMON 代理软件（或称为探测软件）在网段上进行监听，并将流量数据转发到 RMON 控制台。如果网络包含多个网段，则需要在每一个网段上运行一个不同的代理软件进行监听。RMON 信息被收集到一组统计数据中，这组统计数据关联着不同种类的信息。RMON 1 的组名称如下所示。

➤ **以太网统计**：统计组拥有从每个探测网段搜集到的表格形式的统计信息，这个组中的一些计数器用于追踪数据包、广播、冲突、过小数据报和过大数据报等的数量。

> ➤ **以太网历史**：历史组拥有定期编译的统计信息，并将这些信息存储起来以备后查。

> ➤ **历史控制**：历史控制组包含管理数据采样的控制信息。

> ➤ **警告**：警告组需要同其他事件组（后面会讲到）结合工作。警告组定期检测探测软件内变量的统计样本，并将其与已经配置的阈值进行对比。当阈值被超出时，就会产生相应的事件通知网络管理者。

> ➤ **主机**：主机组维护网段上每台主机的统计信息，它是通过检测数据报中的源和目的物理地址来获取这些主机信息的。

> ➤ **主机排行**：在某一个特定分类中，主机按照已定义的数值进行排列，主机排行组根据这些主机的统计信息来生成报告。例如，某网络管理员可能要查找哪台主机在大多数数据报中出现过，或者哪台主机发送了大多数的过大或过小的数据报。

> ➤ **矩阵**：矩阵组构建了一个表，该表包含网络上监控到的每个数据报的源和目的物理地址对信息。这些地址对用于定义两个地址之间的会话。

> ➤ **过滤**：过滤组利用生成的二进制模式匹配或过滤网络中的数据报。

> ➤ **数据包捕获**：捕获组捕获过滤组选取的数据报，以供日后被网络管理员检索和分析。

> ➤ **事件**：事件组与警告组一同工作，当某个监控对象的阈值被超出时，它会生成事件以通知网络管理员。

由于需要监视上层协议，RMON 2 还提供了其他组。

14.10　小结

TCP/IP 的连通性工具组可以帮助用户配置和排错网络连接。每种工具只显示了少量信息，但是，知道如何应用这些工具的用户可以快速查找到问题源点，并预防潜在的问题。本章还讲解了由协议故障和错误配置、链路问题、名称解析故障，以及流量过载等引起的连通性问题，并讨论了如何使用 ping、ifconfig、ipconfig 和 arp 这样的工具来解决这些问题。本章还讲解了一些用来排错网络性能问题、用来进行远程访问和网络监控的工具。

14.11　问与答

问：哪个工具可以显示数据报的传输路径？

答：traceroute 工具。

问：当我在上网时感觉到网速很慢，我想看一下是否是因为网络流量太高而导致丢包现象，我应该使用哪个工具呢？

答：netstat。

问：我想看一下能否连接到地址为 192.168.1.18 的主机上，我应该使用哪个工具？

答：ping。

问：命令 tractroute 显示了一条去往远程计算机的低效路径，我想查看一下路由表中的条目，以确定是否存在问题，我应该使用哪个工具？

答：route。

问：**SNMP 协议使用哪种传输协议和哪些端口？**

答：SNMP 通常使用 UDP 的 161 端口；162 端口用于 SNMP 陷阱。

问：**事件发生时，SNMP 代理以主动模式发送的消息名称是什么？**

答：陷阱消息。

问：**RMON 1 位于 TCP/IP 模型的哪一层？**

答：网络访问层。

问：**RMON 2 位于 TCP/IP 模型的哪一层？**

答：RMON 2 覆盖了 TCP/IP 协议栈的所有层。

问：**若要监视网络流量等级的周期性变化，应使用 SNMP 还是 RMON？**

答：SNMP 主要用于监视网络设备。RMON 直接从网络介质捕获数据，所以更适于监视网络流量。

14.12　测验

下面的测验由一组问题和练习组成。这些问题旨在测试读者对本章知识的理解程度，而练习旨在为读者提供一个机会来应用本章讲解的概念。在继续学习之前，请先完成这些问题和练习。有关问题的答案，请参见"附录 A"。

14.12.1　问题

1．当你在上网时，页面突然停止载入，你应该先考虑使用哪一个排错工具呢？

2．使用哪个命令可以查看 ARP 缓存中的内容？

3．如何查看通过 TCP 连接的主机？

4．route 命令的一些版本没有用于输出路由表的选项。你可以使用哪些工具来完成该功能？

5．为什么要优先选择 SSH，而非 Telnet？

14.12.2　练习

在你的计算机上执行下列命令并查看结果。

ipconfig /all 或 ifconfig –a（不是所有的 TCP/IP 栈都实现了这些功能）

ping 127.0.0.1

ping w.x.y.z（将 w.x.y.z 替换为你的计算机的 IP 地址）

ping w.x.y.z（将 w.x.y.z 替换为另外一台本地计算机的 IP 地址）

ping w.x.y.z（将 w.x.y.z 替换为你的默认网关的 IP 地址）

ping w.x.y.z（将 w.x.y.z 替换为一台远程计算机的 IP 地址）

ping localhost

ping http://www.whitehouse.gov（如果你已连接到 Internet 并且拥有一台 DNS 服务器）

hostname

ping *hostname*（将 hostname 替换为你的主机的实际名称）

arp -a 或 arp –g（至少有一个可以执行。等待几分钟后再行尝试）

14.13 关键术语

复习下列关键术语。

➤ **代理**：载入主机的 SNMP 软件，可以读取 MIB 并使用想要的结果来响应监视器。当发生重大的异常事件时，代理能够向监视器发送主动消息。

➤ **arp**：用于配置和显示地址解析协议（ARP）表中内容的工具。

➤ **广播风暴**：由网络适配器运行故障所引发的过量流量。

➤ **社区字符串**：与一个 SNMP 网络或监控组相关的名称。

➤ **hostname**：用于显示本地主机的主机名的工具。

➤ **ifconfig**：UNIX/Linux 系统中显示 TCP/IP 配置信息的工具。

➤ **ipconfig**：在 PowerShell 出现之前的 Windows 系统中显示 TCP/IP 配置信息的工具。

➤ **管理信息库（MIB）**：SNMP 监视器和代理使用的一种分层地址空间。通过使用虚线符号，以从 MIB 结构的根部向下搜索 MIB 地址的方式，来定位 MIB 中的特定参数。

➤ **netstat**：TCP/IP 协议中提供统计信息和其他诊断信息的工具。

➤ **ping**：一种用于检测与其他主机连接状况的诊断程序。

➤ **探测器**：代理的别称。在涉及 RMON 时，经常使用这个术语。

➤ **协议分析器（或数据包嗅探器）**：可以捕获和显示网络数据包内容的一类诊断应用程序或硬件设备。

➤ **rcp**：一种远程文件传输工具。

➤ **远程监控（RMON）**：一种服务和 MIB 扩展，能提供比传统的 SNMP 更强大的功能。为了在 RMON MIB 中存储数据，代理或探测器中必须包含 RMON 软件。

➤ **rexec**：一种远程命令执行工具。

➤ **rlogin**：一种远程登录工具。

➤ **route**：用于配置和显示路由表内容的工具。

➤ **rsh**：一种远程命令执行工具。

➤ **ruptime**：一种显示正常运行时间和连接用户的数量等系统信息的工具。

➤ **rwho**：一种显示当前连接用户信息的工具。

➤ **安全外壳（SSH）**：一组工具，它可以提供一个安全而且加密的远程外壳访问解决方案。

➤ **Shell**：操作系统的命令行接口。

➤ **简单网络管理协议（SNMP）**：一种用于管理 TCP/IP 网络资源的协议。

➤ **Telnet**：一种一度很流行的远程终端工具，现在已经被更为安全的 SSH 取代。

➤ **traceroute**：用于显示从源计算机到目的计算机之间的数据报传输路径的工具。

➤ **tracert**：在 PowerShell 出现之前的 Windows 系统中使用的工具，其功能等效于 traceroute。

➤ **陷阱**：SNMP 代理发送的一个主动消息，用来通知发生了某一个事件。

➤ **受信访问**：一种薄弱的安全系统，系统管理员在其中指定可以访问本地系统的受信远程主机和用户。

第 15 章

经典的服务

本章介绍如下内容：

- ➤ FTP；
- ➤ TFTP；
- ➤ NFS；
- ➤ SMB 和 CIFS；
- ➤ LDAP；
- ➤ 远程控制。

到现在为止，我们已经知道 TCP/IP 协议簇是用于网络通信的一个非常通用的系统。你可以编写一个服务器应用程序，或者编写一个客户端应用程序，或者捆绑网络电缆，从而创建一个具有广泛用途的工具。但是，大多数人还是更愿意使用已经编写好的工具。

在 Internet 的早期，大量古老的服务发挥了重要的作用。本书第一版就曾经对这些服务进行过讲解，其中包括 Archie、Veronica 和 Gopher。这些服务如今都已经被功能更强大的超文本传输协议（Hypertext Transfer Protocol，HTTP）服务（位于万维网的核心位置）取代。本章将讲解一些最重要的标准服务，这些服务如今仍然在 TCP/IP 网络中运行。在 TCP/IP 协议系统中，这些服务都运行于应用层，并通过传输层端口来监听服务请求。Internet 上的大多数活动均与这些工具相关，因此它们引起了 IT 从业人员的大量关注。本章会讲解以下内容：

- ➤ HTTP；
- ➤ E-mail；
- ➤ FTP 文件传输；
- ➤ 文件和打印服务；
- ➤ LDAP；
- ➤ IRC 和 IM 通信。

本书后面章节中将会讲到，Web 上作为单独功能（activity）而出现的许多工具（比如社交化网络和流媒体）都是 HTTP 所支持的 Web 基础设施的扩展。第 17 章将会详细讲解 HTTP、HTML 和万维网。E-mail 是另外一个相当重要的 Internet 功能，因此有必要单独拿出一章（见第 20 章）对其详细讲解。

本章主要关注的是已联网用户可以使用的服务，用户可以根据他们的网络行为选择相应的服务。有些底层服务虽然不会被用户看到，比如 DNS（见第 10 章）、DHCP（见第 12 章），但是它们也非常重要。

15.1 HTTP

在 Internet 早期，一度通过许多独立工具来引发的行为，以及近年来出现的大量创新性的应用开发，现在都被无处不在而且功能强大的 HTTP 所囊括。HTTP 作为万维网现象的核心，从本质上讲是一个应用层协议，它用来传输和请求 HTML 格式的数据和图片。

HTTP 包含了大量的主题，因此难以进行简要概括。第 16、17、18 章讲到的 HTTP 和 HTML 都致力于这个重要的服务以及与其相关的技术。就本章而言，要记住，带有单词 Web 的任何事务都与 HTTP 相关。Web 服务器从根本上讲就是一个 HTTP 服务器。Web 站点是一个可以通过 HTTP 访问的文件、链接或其他资源的目录。网管（webmaster）就是知道如何与 HTTP、HTML 以及将 Web 站点整合起来的其他组件打交道的人。博客和社交化网络站点使用的就是 HTTP。如今的内容管理系统（Content Management System，CMS）将用户从硬编码的 HTML 标记的繁文缛节中解放出来。但是，从本质上来讲，这些内容管理系统仍然是通过 HTTP 来运行的。

有关 HTTP 重要主题的详细信息，请见本书后面的章节。

15.2 E-mail

E-mail（电子邮件）是 Internet 中一项重要服务。大量的 Internet 用户每天都会（在家或在办公室）发送几十封邮件信息。

与其他 Internet 服务相同，E-mail 也依赖于客户端应用程序（通常是个人计算机上的一个 E-mail 客户端软件）和服务器应用程序之间的交互。实际上，标准的 E-mail 依赖于一对服务器系统，这一对服务器就是你在 E-mail 客户端软件的配置界面进行配置的"接收服务器"和"发送服务器"。发送服务器（使用简单邮件传输协议（SMTP））先接收你发出的 E-mail 消息，然后将其通过一个 SMTP 服务器网络转发到目的地址。接收邮件的服务器（通常使用 POP 或 IMAP 协议）接收发往你的邮件账户的消息，然后等待你的邮件客户端软件发出连接请求和访问消息的请求。

大多数邮件服务器都是由 Internet 服务提供商来运营，它们也可以由为其成员或员工提供 E-mail 连通性的公司、机构和组织来运营。

有关 TCP/IP 之上的 E-mail 的完整讨论，请见第 20 章。

15.3　FTP

文件传输协议（FTP）是一个广泛应用的协议，它允许用户在 TCP/IP 网络上的两台计算机之间进行文件传输。文件传输应用程序（通常被称为 ftp）使用 FTP 来传输文件。用户在一台计算机上运行 FTP 客户端应用程序，在另一台计算机上运行 FTP 服务端程序，例如 UNIX/Linux 系统上的 ftpd（FTP 守护进程），或者其他平台上的 FTP 服务。许多 FTP 客户端程序是基于命令行的，但也有基于图形界面的版本。FTP 主要用来传输文件，但是它也可以执行其他功能，例如创建目录、删除目录和列出目录文件等。

> **By the Way**
>
> **注意**：FTP 和 Web
> FTP 广泛应用于万维网中，而且 FTP 协议也已经被集成进大多数 Web 浏览器中。有时，当你通过 Web 浏览器下载文件时，你可能已经注意到，地址栏中的 URL 是以 ftp://打头的。

FTP 使用 TCP 协议，因此它是通过客户端计算机和服务器计算机之间的面向连接的可靠会话进行操作的。标准的 FTP 守护进程（在服务器端）在 TCP 的 21 端口监听来自客户端的请求。当客户端发送出一个请求后，它就会发起一个 TCP 连接（见第 6 章），此时远程用户就会被 FTP 服务器进行验证，然后开始会话。经典的基于文本的 FTP 会话需要远程用户利用命令行界面与服务器进行交互。典型的命令语句可以开始或停止 FTP 会话、远程浏览目录结构，以及上传或下载文件等。较新的基于图形用户界面的 FTP 客户端提供一个图形界面（而是命令行界面）来浏览目录和移动文件。

> **By the Way**
>
> **注意**：守护进程和服务
> 在 UNIX 中，守护进程（daemon）是一个在后台运行的进程，当对某一服务发出请求时，该进程将执行所请求的服务。在 Windows 中，守护进程被称为服务。

在大多数计算机中，输入 ftp 加 FTP 服务器的主机名或 IP 地址就可以开启一个基于文本的 FTP 会话。之后，FTP 会提示你输入用户名和密码，FTP 服务器通过它们来验证你的授权并决定你的权限。例如，你登录的用户账户可能只有只读权限，也可能被配置为同时具有读写操作权限。许多 FTP 服务器开放公众使用，并允许以 anonymous（匿名）作为用户名进行登录（通常只能具有只读访问权限）。当使用匿名账户名时，您可以使用任意密码，不过，在习惯上一般使用电子邮件的账户名作为密码。FTP 服务器不开放公众使用时，就被配置为不允许匿名访问，此时，必须输入用户名和密码才能获得访问权限，这些用户名和密码通常由 FTP 服务器管理员建立或提供。

许多 FTP 客户端工具允许使用基于 UNIX 或基于 DOS 的命令，实际可用的命令取决于被使用的客户端软件。当使用 FTP 传输文件的时候，必须为 FTP 指定将要传输文件的类型，最常见的选择是二进制和 ASCII 码。要传输简单文本文件时应选择 ASCII 码，当要传输的文件是程序文件、字处理文档或图形文件时则选择二进制文件。默认选项为 ASCII 码。

请注意，众多的 FTP 服务器架设在 UNIX 或 Linux 系统的计算机上，这些系统是区分大小写的，所以输入文件名的时候请严格区分大小写。当启动 FTP 会话以后，接收和发送的文件会默认置于本地计算机的当前目录。

下面列出一些常用的 FTP 命令语句及对它们的解释。

➢ **ftp**：ftp 命令用于启动一个 FTP 客户端程序。可直接输入 ftp，或输入 ftp 加一个 IP 地址或域名。在图 15.1 中，我们通过输入 ftp rs.internic.net 命令启动了一个与 rs.internic.net 相关的 FTP 会话。

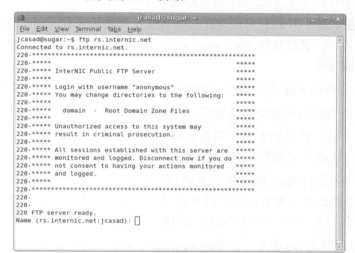

图 15.1

启动一个 FTP 会话

➢ **user**：可以使用 user 命令来更改当前会话的用户账户和密码信息。这条命令提示你输入新的用户账户和密码，就如同使用 ftp 命令一样。user 命令等效于退出当前 FTP 会话，然后以新用户身份进行登录。

➢ **help**：help 命令列出 FTP 客户端支持的所有 ftp 命令（见图 15.2）。

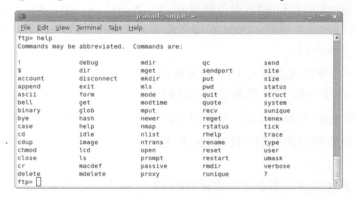

图 15.2

在 FTP 提示符下输入 help，以获得所有的 FTP 命令

➢ **ls 或 dir**：UNIX/Linux 系统下的 ls 或 ls -l 命令，或者是 Windows 系统下的 dir 命令，都会列出某个目录的内容。这些命令执行后，会返回 FTP 服务器上当前工作目录内的文件名和目录名。在两条系统消息（150 和 226 之后的行）之间，即为实际的目录列表，包含有当前工作目录内的所有文件和子目录。ls -l 命令与 ls 命令类似，但是会列出更多细节信息，例如用户的读写权限和文件创建日期等。

➢ **pwd**：使用 pwd 命令显示当前工作目录的名称。这里指的是远程服务器上的目录，而非本地计算机的目录。

➢ **cd**：使用 cd 命令改变 FTP 服务器上的当前工作目录。

➢ **mkdir**：在 UNIX/Linux 系统下，使用 mkdir 命令在 FTP 服务器上的当前工作目录下创建一个目录。此命令在匿名 FTP 会话中通常不允许使用。

➢ **rmdir**：在 UNIX/Linux 系统下，使用 rmdir 在 FTP 服务器上的当前工作目录下移除一个目录。此命令在匿名 FTP 会话中通常不允许使用。

➢ **binary**：使用 binary 命令将 FTP 客户端默认的 ASCII 码传输模式改为二进制传输模式。在二进制模式下，通过使用 get、put、mget 和 mput 命令，可以高效传输如程序或图片等二进制文件。

➢ **ascii**：使用 ascii 命令将 FTP 客户端的二进制传输模式改为 ASCII 码传输模式。

➢ **type**：使用 type 命令显示当前文件传输模式（ASCII 码或二进制）。

➢ **status**：status 命令用于显示 FTP 客户端的各种设置信息，包括客户端设置的传输模式（ASCII 码或二进制）和客户端是否被设置为显示详细的系统信息。

➢ **get**：使用 get 命令从 FTP 服务器端向 FTP 客户端下载文件。执行 get 后边跟一个文件名的命令时，会将这个文件从服务器端复制至客户端的当前工作目录中。执行 get 后边跟两个文件名的命令时，在客户端创建的新文件的名称由第 2 个文件名指定。

➢ **mget**：mget 命令类似于 get 命令，但使用 mget 命令可以一次下载多个文件。

➢ **put**：使用 put 命令从 FTP 客户端向 FTP 服务器端上传文件。put 命令后边跟一个文件名时，将这个文件从客户端复制到服务器端。put 命令后边跟两个文件名时，在服务器端创建的新文件的名称由第 2 个文件名指定。

➢ **mput**：mput 命令类似于 put 命令，但使用 mput 命令可以一次上传多个文件。

➢ **open**：使用 open 命令可以和 FTP 服务器建立一个新的对话。open 命令等效于立即退出当前 FTP 会话并重新登录。open 命令可用于登录一个完全不同的 FTP 服务器或者重新登录当前服务器。

➢ **close**：使用 close 命令结束当前与 FTP 服务器的对话。FTP 客户端程序此时依然运行，可以使用 open 命令同 FTP 服务器建立新的对话。

➢ **bye 或 quit**：使用 bye 或 quit 命令，将关闭当前 FTP 会话并结束 FTP 客户端程序。

上面介绍的命令虽然没有包含所有的 FTP 命令，但是涵盖了 FTP 会话中经常用到的大部分命令。

绝大多数现代计算机系统支持以命令行方式运行的 FTP，而新一代的图形 FTP 客户端则不再需要通过命令行进行输入。经常访问 FTP 的用户通常选择图形界面的客户端，这类客户端可以像一个普通的文件浏览器那样显示和管理文件资源。

FTP 协议是一个相对古老的协议，早在强调网络安全之前它就形成了。在最近对该协议规范的更新中（如 RFC 2228 "FTP Security Extensions"），加入了一些重要的保护措施（例如更安全的验证），但是，FTP 仍然被认为是不够安全的。

尽管存在安全问题，FTP 仍然相当受欢迎。FTP 协议为上传和下载普通文件提供了一个方便的机制，这些文件通常都因为太大而无法通过电子邮件来发送。相比电子邮件，使用 FTP 上传文件的一大优势是可以使用 FTP 命令来确认服务器上的文件是否存在，进而检测出文件是否已经抵达目的地。如果你需要比普通 FTP 更为安全的工具，可以考虑使用 SSH 工具包（见第 14 章），它包含了 scp 和 sftp 文件传输工具。

15.4　简单文件传输协议（TFTP）

简单文件传输协议（Trivial File Transfer Protocol，TFTP）用于在 TFTP 客户端和 TFTP 服务器之间传输文件，其中 TFTP 服务器就是一台运行 TFTP 守护进程的计算机。TFTP 基于 UDP 协议进行文件传输，与 FTP 不同的是，TFTP 传输文件时不需要用户进行登录。正因为如此，TFTP 协议通常被认为存在安全漏洞，特别是当 TFTP 服务器允许写入操作时。

TFTP 协议被设计得短小精悍，这样它和 UDP 协议就都可以在一片可编程只读存储器（PROM）芯片上实现。同 FTP 协议相比，TFTP 协议的功能很有限，它名称中的首字母 T 代表 trivial，就是平凡、微不足道的意思。TFTP 协议只能进行文件读写操作，无法列出目录中的内容、创建或移除目录，也不允许用户像 FTP 一样进行登录。TFTP 协议的主要用途是与 RARP 和 BOOTP 协议结合，完成无盘工作站的启动工作，在某些时候，也执行上传新系统代码或为路由器等网络设备安装补丁程序的任务。TFTP 协议传输中有 3 种模式：第一种是 netascii，使用 ASCII 码格式；第二种是 octet，二进制数据格式；第三种是 mail，但是已经不再使用。

当用户在命令行中执行 tftp 命令时，计算机便开始建立与服务器的连接并执行文件传输操作。文件传输结束时，会话结束并断开连接。TFTP 命令的语法如下所示：

```
TFTP [-i] host [get | put] <source filename> [<destination filename>]
```

有关 TFTP 协议的更多细节，请见 RFC 1350。

15.5　文件和打印服务

像 ftp 和 tftp 这样的工具都是运行在 TCP/IP 协议栈应用层上的独立应用程序。这些工具在它们刚出现的那个时代具有很大优势，如今在某些环境中仍然有用武之地，但是软件厂商和 Internet 梦想家已经在开始寻找更加通用的解决方案。他们的目标是将远程文件访问与本地文件访问相集成，以便使本地资源和远程资源通过一个公用接口来访问。

在第 7 章我们讲到，集成网络文件访问的部分功能要求客户端计算机上有一个重定向器（或请求程序），以截获资源请求，并把与网络相关的请求路由给当前网络。这种解决方案的另一部分是一种通用的文件访问协议，通过构建一个完整的协议层，来使得基于 GUI 的用户界面工具和其他应用程序可以访问网络。对于本地网络来说，这种文件访问方法是现在的首选方法。下面几个小节将会介绍一对提供集成网络文件访问的协议。

- ➤ **网络文件系统（Network File System，NFS）**：在 UNIX 和 Linux 系统中使用的协议。
- ➤ **通用 Internet 文件系统/服务器消息块（Common Internet File System/Server Message Block，CIFS/SMB）**：用于为 Windows 客户端提供远程文件访问的协议。

这些协议展示了 TCP/IP 应用层的能力，以及围绕良好定义的协议栈建立一个网络系统可以获得的收益，在这个系统中，底层协议为上层更为专用的协议构建了基础。

15.5.1 网络文件系统

网络文件系统（NFS）最初由 SUN 公司开发，现在被 UNIX、Linux 和其他众多操作系统支持。NFS 允许用户像在本地一样访问远程计算机的目录和文件，执行包括读、写、建立和删除等操作。由于 NFS 旨在为在本地文件系统和远程计算机文件系统之间提供透明接口，而且它是在这两台计算机的操作系统内部实现的，因此不需要对应用程序做任何改动。通过 NFS，应用程序能够同时访问本地和远程计算机上的文件和目录，不需要做任何重新编译或其他改动。对用户而言，所有的文件和目录好像存在于本地文件系统上一样。

NFS 的最初实现使用了 UDP 协议进行数据传输并运行于局域网之中，在最近的版本里，NFS 开始使用 TCP 协议。TCP 附加的可靠性赋予 NFS 更多的能力，使其现在可以在广域网上运行。

NFS 被设计成独立于操作系统、传输协议和物理网络架构，这使得 NFS 客户端可以与任何 NFS 服务器进行交互。这种独立性是通过在客户端和服务器计算机之间使用远程过程调用（Remote Procedure Call，RPC）来实现的。RPC 允许在一台计算机上运行的程序调用运行于其他计算机上程序的内部代码段。RPC 已经存在了多年并得到了多种操作系统的支持。在 NFS 中，由客户端操作系统发起对服务端操作系统的远程过程调用。

NFS 系统中，在远程文件和目录被使用之前，它们必须首先经历名为安装（mounting）的过程。在安装之后，远程文件和目录就可以像在本地文件系统中那样显示和使用了。

当前，NFS 协议的最新版本是第 4 版，RFC 3530 对其进行了讲解。有关 NFS 早期版本的信息，可查阅 RFC 1094 和 RFC 1813。NFS 的具体实现随操作系统而变。有关如何为你的操作系统配置 NFS 的信息，请查阅厂商提供的文档。

15.5.2 服务消息块和通用 Internet 文件系统

服务器消息块（SMB）是一个支持 Windows 用户界面的网络集成工具的协议，这些工具包括资源管理器、网上邻居和网络驱动器映射等。SMB 被设计为运行于各种不同协议系统之上，这些系统包括 IPX/SPX（传统的 NetWare 协议栈）、NetBEUI（一种过时的 PC LAN 协议）和 TCP/IP。

如同其他网络协议一样，SMB 围绕着客户端（请求服务的计算机）和服务器（提供服务的计算机）的概念而设计。每次会话都始于一次信息的初步交换，包括对 SMB 语法的协商、对客户端的认证，以及登录服务器。认证过程的细节因操作系统和配置的不同而不同，不过就 SMB 而言，登录是封装在 sesssetupX SMB 中的（SMB 协议下的一个协议传输被简单地称为一个 SMB）。

如果登录成功，客户端会发送一个 SMB，用于指定要访问的网络共享名称，如果共享访问成功，客户端就可以开始对网络资源执行各种操作，包括打开、关闭、读取或写入等，而服务器会发送必要的数据来完成这些请求。

SMB 通常被当作一个 Windows 协议，的确是这样，SMB 的重要性体现在它与 Windows 客户端用户界面的紧密集成。SMB 的一个开放标准版本被称作通用 Internet 文件系统（CIFS）。开发人员和支持服务器与 Windows 客户端进行 SMB 连接的操作系统，都很了解 SMB 和 CIFS 协议的细节。一种名为 Samba（可以注意到，SMB 加上两个元音，就成了一种舞蹈）的流行开源服务器为 UNIX/Linux 系统提供 SMB 文件服务。

当在 Windows 中配置文件共享时，实质上是将计算机配置为一个 CIFS 服务器（见图 15.3）。当从另外一个系统连接一个共享资源时，这个系统会将资源识别为 Windows Network，然后使用内置的 SMB/CIFS 客户端软件进行连接。

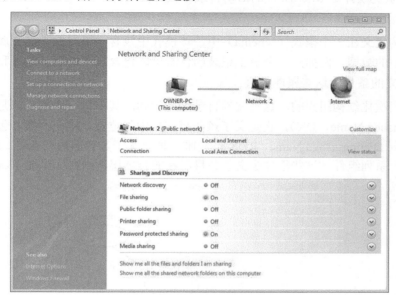

图 15.3

当在 Windows 中配置文件共享时，实际上是将其配置为使用 SMB/CIFS 协议

SMB/CIFS 凭借其通用性得到了广泛的支持，因此当网络中混杂了不同类型的操作系统时，会考虑使用 SMB/CIFS。SBM 除了得到 Windows 客户端的支持之外，还得到了 Linux 和 Mac OS 客户端的支持，因此它成为小型网络的一个理性选择。在服务器端，免费的 Samba 服务器已经成为一款复杂的工具，它运行良好，并且能够与 Microsoft 自带的连网组件很好地集成。Linux 服务器管理员即使在不需要与 Windows 进行交互操作时，也会倾向于选择 SMB/CIFS。

15.6 轻型目录访问协议

多年以来，专家们一直在考虑如何存储和检索与用户、系统、设备以及其他网络资源相关的信息。在较大的网络中，以一种统一有效的方式来管理资源信息的难度日益增大。轻型目录访问协议（Lightweight Directory Access Protocol，LDAP）最初是作为 X.500 数据模型的继任者来发出出来的，它基于 TCP/IP。LDAP 是一个目录服务。一台 LDAP 服务器维护网络资源的信息目录，而且这些信息以树状的逻辑层次进行组织。LDAP 运行于 TCP/IP 应用层，并在周知的 TCP 端口 389 上监听请求。LDAP 协议、数据格式以及语法都在一系列 RFC 文档中有介绍。LDAP v3（最新版本）在 RFC 4510~4159 中有介绍。

在现代网络中，安全系统并不仅仅意味着用户名和密码，它远比这些复杂。首先，网络中通常会包含多个服务器，从而可以使用一种公用的方法，让不同的系统访问与用户证书相关的信息。此外，网络还需要一种通用的方法来指派、跟踪和验证用户对硬件资源（比如打印机）和文件、目录的访问许可。一旦编译完这个通用的网络信息目录之后，你也可以用来记录其他类型的信息，比如员工合同信息、设备生产厂商的紧急电话号码，以及员工所在的位置（这个位置可以指员工在公司中的物理位置，也可以指员工在公司中的职位）。

LDAP 提供的这种网络信息的通用结构，使得它可以在 TCP/IP 网络中很轻易地运行。最有名的基于 LDAP 的系统或许是 Microsoft 的活动目录。在开源世界中，OpenLDAP 也同样很受欢迎。

LDAP 目录的结构定义在一个模式（schema）中。该模式中包含一组属性，这些属性定义了将要存放在目录中的数据。例如，一个员工记录的目录可能包含员工姓名、地址和用户 ID 等属性。目录中独立的条目为这些属性赋值。

LDAP 目录是以层次化结构组织的，这与文件目录结构相同。其中每一个条目都是一个唯一区别名（Distinguished Name，DN），它定义了该条目在树中的位置。唯一区别名包含一个相对区别名（Relative Distinguished Name，RDN），它唯一地定义了其容器内的条目。此外，唯一区别名中还包含一系列组件，这些组件定义了条目所在的容器层次结构（见图 15.4）。

图 15.4

LDAP DN 包含一个定义了容器内条目的 RDN，还包含定义了容器层次结构的一系列组件

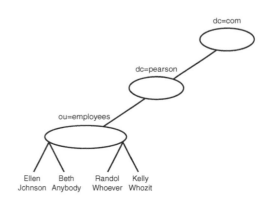

一个 DN 看起来可能会如下所示：

```
dn : cn = Ellen Johnson, ou = employees, dc = pearson, dc = com
```

注意，在等号左边由两个字母组成的属性类型与名称的值相关。LDAP 预先定义了一些标准的属性类型，它们可以用来定义唯一的区别名。这些类型属性如下所示。

➢ **域组件（domain component，dc）**：嵌套容器链中定义了目录层次结构的一个条目。在上面的例子中，dc 条目指向一个 DNS 域名（person.com）。以唯一区别名为基础，同时结合一个域名，是现代网络中常用的一个方法，但是这并不是必需的。

➢ **组织单元（organizational unit，ou）**：对条目进行编组以方便管理的一个容器。一个 ou 可能定义了多个逻辑组，比如一个部门，而一个 dc 更可能反映的是网络自身

的结构。

> **规范名称（canonical name，cn）：**对容器而言是唯一的，对用户来说是便于识别的一个对象名称。

在上面的例子中，cn 充当 RDN。也可以使用另外一个可以进行区分的属性，比如用户 ID 或雇员编号，来充当唯一区别名内的 RDN：

```
dn: userid = ejohnson, ou = Employees, dc = pearson, dc =com
```

与模式（schema）相关的其他属性可以包含你想要与条目进行关联的任何其他参数：

```
dn: cn = Ellen Johnson, ou = employees, dc = pearson, dc =com
cn: Ellen Johnson
userid: ejohnson
phonenumber: 785-212-2311
employeeID: 3224177
…
```

LDAP 为二进制格式。上面实例中的字母数字表示法实际上是 LDAP 数据交换格式（LDAP Data Interchange Format，LDIF），它主要用于读取和报告 LDAP 数据。

引用目录信息时，采用的格式是传输给 LDAP 服务器的 URL 形式（第 16 章将详细讲解 URL 和 RUI 等知识）。取决于请求的格式，URL 可能会指明唯一区别名、与查询或更新相关的属性、用来定义一个查找的范围（域）和过滤标准，以及 LDAP 标准中描述的其他扩展。前缀（或模式）ldap 用来将 URL 与 LDAP 协议相关联。

下面的 URL：

```
ldap://ldap.pearson.com/userid=ejohnson, ou=Employees, dc=pearson, dc=com
```

在 ldap.pearson.com 上引用了所有属性，这些属性都与下面的唯一区别名相关联：

```
userid=ejohnson, ou=employees, dc=pearson, dc=com
```

为了指明一个特定的属性，需要使用问号将其包围起来：

```
ldap://ldap.pearson.com/userid=ejohnson,ou=Employees,dc=pearson,dc=com?phone-
    number?
```

有关 LDAP URL 的更多信息，请参见 RFC 4516。每一个 LDAP 实现都有一组工具来查询和更新 LDAP 目录。许多 UNIX 和 Linux 系统都支持 ldapsearch、ldapmodify 和 ldapdelete 命令行工具。Microsoft 的活动目录中包含一组用户界面工具，可以用来与目录进行交互。

通过 LDAP 来存储和检索数据是完全有可能的，你可以创建自己的模式，并按照自己喜欢的方式来组织 LDAP 目录。

由于 LDAP 目录存储于用户和资源相关的信息，因此可以参与网络范围内的验证服务。有时，LDAP 也会与其他验证工具搭配使用，从而为用户验证 LDAP 数据存储提供更为安全的方式。例如，可以将活动目录与 Kerberos 验证（第 19 章中讲到）相集成。UNIX/Linux 管理员也可以将 LDAP 与 Kerberos 或插入式验证模块（Pluggable Authentication Module，PAM）系统组合使用。

与活动目录相似的大多数 LDAP 基础设施都提供了现成的模式选项，以及一组用户界面工具，以方便用户输入和访问 LDAP 信息。LDAP 服务通常也提供了一个复制系统，它可以将多个服务器上存储的数据进行复制和同步。复制功能提供了容错机制，并提升了性能，尤其是在大型的多站点网络中。

像活动目录这样的现成系统都提供了标准的用户和资源管理服务，LDAP 也支持这些服务，除此之外，LDAP 还可以很容易地适应自定义的应用程序。在任何场景中，只要它在需要对公共的数据存储进行网络查询，或者是想从目录类型的数据结构（而不是扁平式的文件或 SQL 类型的数据库）中获益，就可以考虑使用 LDAP。LDAP 的模式框架可以很容易地适应面向对象的编程方法，而且许多编程环境都提供了 API 和其他工具，从而为 LDAP 查询提供支持。

15.7 远程控制

许多系统管理员和超级用户更喜欢通过命令外壳进行操作，在那里，一行文本整洁地对应一个响应。通过使用 SSH 和相似的工具，命令外壳还很容易扩展至远程执行环境。但是，绝大多数用户已不再在这种外壳提示符下操作了，他们喜欢用鼠标在图形用户界面中点击进行操作。

大量的远程访问协议和工具可以让用户通过使用带有键盘和鼠标的普通图形桌面操作，从而控制远程系统。通过图形用户界面提供远程访问似乎更复杂一些，但原理是相同的（见图 15.5）。在计算机 A 的应用层上运行的某个软件组件截取键盘输入，并通过 TCP/IP 协议栈将其重定向至计算机 B。计算机 B 的屏幕输出数据再被通过网络发送回计算机 A。结果是计算机 A 的鼠标和键盘作为计算机 B 的鼠标和键盘，而计算机 A 的屏幕显示计算机 B 的桌面视图。简而言之，位于计算机 A 的用户可以通过远程控制，查看和操作计算机 B。

图 15.5

基于图形用户界面的远程访问工具重定向键盘和鼠标命令

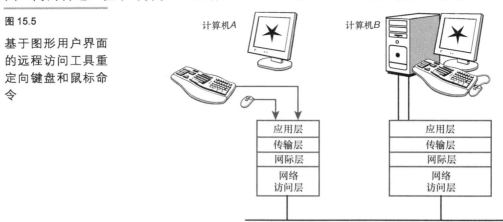

基于图形用户界面的远程访问最初是由第三方工具应用推广的，例如 Symantec 公司的 pcAnywhere 和 Netopia 公司的 Timbuktu。近几个版本的 Mac 和 Windows 系统直接将远程访问功能集成到操作系统中。Apple 使用的是 Remote Desktop（远程桌面）工具，Windows 使用的是 Remote Desktop Connection（远程桌面连接）工具，该工具使用了远程桌面协议（Remote Desktop Prototol，RDP）。UNIX/Linux 系统也通过 X Server 图形环境的基本架构实现了该功能的基本版本。不过，最近像虚拟网络计算（Virtual Network Computing，VNC）和 NoMachine 的 NX 这样的工具，使用起来更加方便，而且可以供终端用户进行远程访问。

在幕后，这些工具都具备相似的设计。远程计算机（图 15.5 中的右侧）其实运行了一个应用层服务，用来监听入向连接使用的预定义端口号。客户端发起访问请求，然后远程计算机进行某种形式的认证过程，从而开启两者之间的会话。

远程系统管理员和 IT 帮助台经常使用远程控制工具，对台式计算机进行配置和排错。

15.8　小结

运行于应用层的网络服务创造了丰富而且充满活力的用户环境（也就是 Internet）。本章讲解了一些重要的网络服务，其中包括 FTP、NFS、SMB 和 CIFS，以及 LDAP。此外，本章还简要介绍了 HTTP 和 E-mail，这些内容将在后面的章节详细介绍。

15.9　问与答

问：FTP 默认的传输类型是什么？

答：ASCII。

问：当用户使用匿名账户连接 FTP 时，通常不允许使用什么命令？

答：匿名用户通常只有只读访问权限，因此用户无法对 FTP 服务器执行写文件的命令，以及更改目录结构的命令。这些命令包括 put、mkdir、rmdir 和 mput。

问：在绝大多数的现代网络中，LDAP 的主要职责是什么？

答：LDAP 维护一个网络和用户信息的目录，该目录可以通过 TCP/IP 轻易访问。

15.10　测验

下面的测验由一组问题和练习组成。这些问题旨在测试读者对本章知识的理解程度，而练习旨在为读者提供一个机会来应用本章讲解的概念。在继续学习之前，请先完成这些问题和练习。有关问题的答案，请参见"附录 A"。

15.10.1　问题

1．FTP 的 put 命令与 mput 命令的区别是什么？

2．能否使用 TFTP 列出目录中的文件？

3．UNIX/Linux Samba 文件服务器中使用的文件服务协议是什么？

15.10.2 练习

在一台真实的匿名 FTP 服务器中进行如下操作。

1．在已经接入 Internet 的计算机上，打开一个终端或者是带有命令提示符的工具。在 Windows 中，在主菜单或附件菜单中找到命令提示符图标。在 Mac OS 中，在 Utilites 菜单中找到 Terminal 工具。在 Linux 中，可以使用 Terminal 或 Bash；具体信息请查看厂商提供的文档。

2．在终端窗口中，输入 ftp ftp.gnu.org，访问 GUN 共享软件项目的 FTP 服务器。如果提示输入用户名，请输入 anonymous。在本书编写之时，该站点并不要求输入密码。如果它现在要求输入密码，或者是你决定在另外一个匿名的 FTP 站点上进行尝试，可以输入你的电子邮件地址作为密码。如果登录失败，或者是输入错误，需要从头来过，一定要确保在再次输入上述命令之前，先行退出 FTP>提示符。在提示符中输入 quit。如果打算通过 FTP>提示符来连接该站点，可以使用 open 命令：open ftp.gnu.org。

3．一旦登录成功，输入命令 ls，列出当前目录的所有内容。

4．要下载 README 文件，可以输入 get README 命令。为了确保 README 正确地下载到你的计算机，可以在目录列表命令之前添加！字符：!ls 或！dir（取决于你使用的操作系统）。

5．要进入 gnu 目录，请输入 cd ./gnu。

6．为了检查更改目录的操作是否成功，可以输入 pwd，列出当前的工作目录。

7．当打算结束对 FTP 站点的访问时，可以输入 close 来关闭连接，然后再输入 quit，退出 FTP>提示符。

15.11　关键术语

复习下列关键术语。

> **通用 Internet 文件系统（CIFS）**：SMB 文件服务协议的开放标准版本，最初由 Microsoft 进行推广，现在用于所有常见的操作系统中。

> **目录服务**：在多个网络中使用的一种信息服务，它以树状的层次化结构来组织和管理用户和资源信息。

> **唯一区别名（DN）**：唯一定义 LDAP 数据中一个对象的名称。它包含一个相对区别名和一串标识符，这些标识符用来描述对象所在的容器的层次。

> **文件传输协议（FTP）**：一个客户端/服务器工具和协议，用来在两台计算机之间传输文件。除了传输文件之外，FTP 工具还可以创建和移除目录，并显示目录中的内容。

> **轻型目录访问协议（LDAP）**：用来轻松访问 TCP/IP 上的目录服务的一个协议。

> **LDAP 数据交换格式（LDIF）**：用来显示 LDAP 数据的一种便于阅读的格式。

> **网络文系统（NFS）**：NFS 允许用户通过一台 NFS 客户端计算机来透明地访问位于

远程 NFS 服务器计算机上的文件。

➢ **相对区别名（RDN）**：包含在 LDAP 对象定义中的一个属性，它唯一地识别了其容器内的一个 LDAP 对象。尽管其他具有唯一值的属性也可以用作 RDN，但是通常使用的是规范名称。

➢ **服务器消息块（SMB）**：SMB 是一个应用层协议，它允许 Windows 客户端访问诸如文件和打印机这样的网络资源。

➢ **简单文件传输协议（TFTP）**：一款基于 UDP 的客户端/服务器的工具和协议，用于简单的文件传输操作。

第5部分 Internet

第 16 章　近距离了解 Internet　　　　　　　　　　　239

第 17 章　HTTP、HTML 和万维网　　　　　　　　　248

第 18 章　Web 服务　　　　　　　　　　　　　　　272

第 19 章　加密、跟踪和隐私　　　　　　　　　　　288

第 16 章

近距离了解 Internet

本章介绍如下内容：

> Internet 拓扑；

> IXP 和 POP；

> URI 和 URL。

处于不断扩展中的 Internet 是当今世界上最大的 TCP/IP 网络实例。本章将简要介绍 Internet 的结构。接下来的两章会对 Internet 进行详细介绍，其中包括万维网（第 17 章）、HTML5 和 Web 服务（第 18 章）。

学完本章后，你可以：

> 简要描述 Internet 的结构；

> 认识和描述统一资源标识符（Uniform Resource Identifier，URL）的组件。

16.1 Internet 是什么样子的

要想找到一个有关 Internet 到底是什么的描述，您将不得不费力去寻找。不幸的是，绝大多数的 Internet 描述都喜简弃繁，只是给读者留下一种含糊的印象，即 Internet 只是一条数据高速公路。

实际上，Internet 拓扑结构的细节非常复杂。很少有专业的网络管理员能够精确地告诉你，离开其所辖线路的数据发生了些什么事，他们也不必知道这些。TCP/IP 的稳定性和多功能性，使得数据报能够进入 Internet 之云，然后在没有任何监督的情况下，出现在地球的另一端。在数据报进入 Internet 之云时，它去哪里了呢？

最终发展为 Internet 的 ARPAnet 是基于骨干网络的，该骨干网络在不同的参与机构之间传输流量。只要你接入到骨干网，你就可以与接入到该骨干网的其他网络共享信息。美国国家科学基金会的 NSFNET 在 1987 年取代了最初的 ARPAnet，并对其容量进行了扩展，增加了许多功能。尽管如此，那时的 Internet 在规模上仍然要比今天的小，而且主要是由大学和科研机构使用，而且 NSFNET 仍然基于同一个基本的骨干网络的扩展版本。

随着 Internet 逐渐引起世界的关注，骨干网变得越来越低效，而且不容易进行进一步的扩展。在 20 世纪 90 年代中期，出现了另外一种分散的系统。今天的 Internet 是大量私有网络的集合，这些私有网络共享或出售对其他网络的访问权限。骨干网络的核心是一级网络（Tier 1 Network）。Verizon、Sprint、AT&T 以及 Qwest 运营的都是一级网络。每一个一级网络都有一个对等安排（arrangement），它可以让一级网络的流量在一级网络之回自由传输（从理论上来说应该是这样；但是两个网络之间真正的合约安排通常不一定能够被大众所知，原因是大多数一级网络都是有私营公司运营的）。巨大的一级网络幅员辽阔，为 Internet 提供了全球的连通性，但是一级网络只是 Internet 蓝图的一部分。

被称为二级网络（Tier 2 Network）的系统在一级网络的外围运行。二级网络可以出租对一级网络提供商的访问权限，但是它也需要与其他二级网络提供商形成对等关系，以形成区域骨干网，并为下游的客户提供冗余的传输路径。按照定义，二级网络提供商之间的流量传输是免费的，它通过把对 Internet 的访问权限租借给三级网络（Tier 3 Network）来盈利。

三级网络也就是我们经常提到的 Internet 服务提供商（ISP）。三级网络从上游提供商（通常是二级网络）那里购买 Internet 访问权限，然后通过将该权限出售给个体的家庭和企业来赚钱。三级网络 ISP 将入网点（Point Of Presence，POP）连接（见图 16.1）租借给用户，从而让用户通过他们的线路来访问 Internet。

图 16.1

如今的 Internet 是由公共网络和私有网络组合而成的多层系统

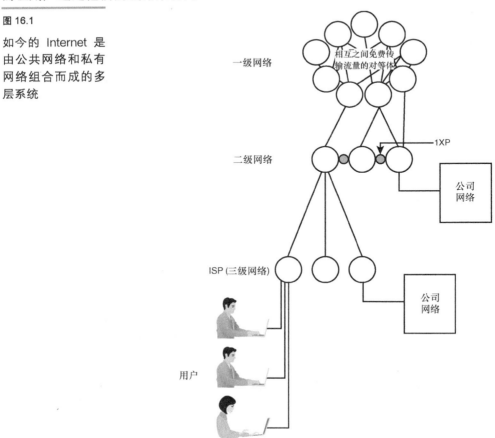

> **注意：电话连接**
>
> 　　在 Internet 拓扑中，像 Sprint 和 AT&T 这样的电话公司是主要的参与者，这并不奇怪。这些长途电话运营商的存在凸显了这样一个事实，即 Internet 与电话系统一样，都是通过将远距离分布的大量电缆连接起来构成的。

By the Way

　　横跨 Internet（以及一些 ISP）的一级网络和二级网络在 Internet 交换点（Internet Exchange Point，IXP）的大型交换设施处相交。Verizon 的 MAE East（在华盛顿特区地区）和 MAE West（在加利福尼亚州圣何塞地区）是美国最繁忙的 IXP 中的两个。IXP 是大型设施，几十个甚至上百个参与网络可以在一个交换点处相连，IXP 并不提供路由服务，相反，成员网络在 IXP 设施处提供的安全空间内，提供和维护它们自己的路由器。IXP 设施本身是一个本地网络，它充当成员网络之间的接口，在 IXP 设施内跨本地网络传输的流量通常由运行在网络访问层（OSI 的数据链路层）的交换机来管理。

　　因此，Internet 由几千个交织在一起的商业布局组成，其中包括线路、链路终端的连接、带宽租赁，以及为用户、商业和组织提供服务的数千家 ISP。你可以想象为什么通常将 Internet 描述为云了：从远处来看，Internet 看起来像一个单独的物体，但是移近后再看，你将永远无法真正找到其中心，因为无论你怎么看，它就在你周围。

　　Internet 是一个单一的紧密实体，并不是因为它的物理连通性，而是因为：

➢ 它有一组通用的规则；

➢ 它由一群公共的组织机构来进行管理和维护；

➢ 它的语言是统一的。

　　在第 1 章中我们知道，管理 Internet 的组织包括 Internet 咨询委员会（IAB）和 Internet 工程任务组（IETF）。Internet 的语言虽然就是 TCP/IP，但是还值得强调 TCP/IP 基础结构的一个重要元素，它为 Internet 提供全球规模的消息收发：ICANN 监管的那个公共的命名和编号系统。DNS 命名系统并不只是第 10 章中所描述的名称解析协议。全球规模的名称服务需要巨大的人力来管理那些控制 Internet 名称有序分配的低层级组织。如果没有强大的 DNS 命名系统，Internet 将不会像它今天那样普遍深入人们的日常生活。

　　尽管几十年以来 Internet 已经逐渐变得越来越国际化，但是直到最近，在外界看来，美国政府、Internet 和 TCP/IP 的发明者和最初的维护人员仍然通过 IANA（受管于 ICANN）的监管来控制着 Internet。在 2016 年，美国商务部已经正式放弃了其 IANA 的监管角色，现在 Internet 已经成为一个真正的全球性机构。

16.2　Internet 上发生了什么

　　Internet 其实就是一个大型的 TCP/IP 网络，而且，如果你不担心安全性或时间延迟的话，就可以利用 Internet 来做你可以在路由式 LAN 上完成的几乎所有事。当然，安全考虑是很重要的。你绝对不应该使用 Internet 来做可以在路由式 LAN 上完成的任何事，但是如果你非要这么做，确实也是可以的。

　　要重点记住的是，所有参与（Internet 上或任何其他网络上）某个联网活动的计算机，都有一个共同点：它们都在运行着为它们正从事的活动而设计的软件。联网并未就此发生。它需要协议软件（例如第 2 章～第 7 章讲解的 TCP/IP 软件），而且在连接的两端，还需要有为相互通信而设计的专用应用程序。如图 16.2 所示，Internet 上的绝大多数计算机，都可以被分类为客户端（请求服务的计算机）或服务器（提供服务的计算机）。客户端计算机上的客户端应用程序，是专门与服务器计算机上的服务器应用程序相交互的。服务器应用程序则用来监听来自客户端的请求，并对这些请求做出响应。

图 16.2

在 Internet 上，计算机通常充当客户端或服务器

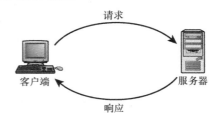

> **注意：** 对等联网
>
> 传统的网络被视为由客户端和服务器构成，一种名为对等联网的技术为这样的传统网络添加了一些混乱。对等网络中的节点在运行时具有相同的身份，原因是每个节点同时充当客户端和服务器。

图 16.3 显示的是整个群组生态系统。坐在位于世界上任何位置的一台计算机前的用户，可以连接到世界各地的成千上万台服务器中的任何一台。一个 DNS 服务器分级系统会把目标域名解析为一个 IP 地址（该过程对用户来说是不可见的），然后该用户计算机上的客户端软件建立一个连接。所连接到的服务器，可能为该用户提供浏览和查看的网页、即时通信或者利用 FTP 下载的文件。或者，该用户有可能正连接到一台邮件服务器来下载新邮件。

图 16.3

Internet 是一个从地球上任何位置均可以访问的浩瀚的服务之海

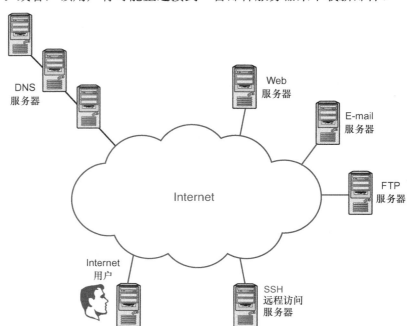

刚开始时，只有几台互联在一起的大型机，现在 Internet 已经出乎最初的专家和研究人

员的预期，变成了一个四处铺散的服务混合体。除了发送电子邮件和网上冲浪外，新一代 Internet 用户可以拨打电话、连接网络视频、看电视、下载音乐、收听播客（Podcasting）以及用博客（Blog）记录下他们最深的感受，所有这一切均通过 TCP/IP 的神奇功能来实现。在后面的章节中，你将学到更多有关新型 Web 技术的内容。

16.3 URI 和 URL

如图 16.3 所示，Internet 是一个由请求资源的客户端系统和提供资源的服务器系统组成的巨大集团。可是，如果你靠近一些查看该过程，就会认识到，本书前面讨论过的协议编址规则，并不足以支持 Internet 上可以使用的极其丰富的服务。IP 地址或域名可以定位某台主机，端口号可以指向该主机上运行的某个服务，但是，客户端请求的是什么？服务器应该做些什么？针对客户端请求的输出，有没有相应的输入？

专家们早已认识到提供一种请求 Internet 资源的标准格式的重要性。有些专家已经指出，实际上，一种统一请求格式的存在，正可以从另一个方面说明，为什么 Internet 看起来像是一个巨大的有粘聚性的本体，而不仅仅是一堆杂乱的计算机。

Internet 用户最熟悉的请求格式，就是统一资源定位符（Uniform Resource Locator，URL）。URL 因为其经典的 Web 地址格式而人所共知：http://www.mercurial.org。URL 现在是如此的普及，以至于不需要对它们进行任何解释，就出现在电视广告和泡泡糖包装纸上。所谓 URL，实际上是一种被称为统一资源标识符（Uniform Resource Identifier，URI）的更一般格式的一个特例。通常情况下，术语"标识符"要好于"定位符"，原因是每一个请求实际上并没有指向某个位置（URI 的另外一个形式是统一资源名称［Universal Resource Name，URN］，它与处于实验阶段的语义 Web 有关，第 18 章将详细讲解）。

有关 URL 结构的详细说明超过 60 页，但是在万维网上看到的 URL 基本格式如下所示：

```
scheme://authority/path?query#fragment
```

这里的 scheme 标识了用来解释相应请求的系统，这个 scheme 字段通常与某种协议相关，表 16.1 显示的是当前 Internet 上使用的一些模式。经典的 http 模式与 Web 地址一同使用。尽管像 gopher 这样的可选模式没有它们之前那样重要了，但其他的（例如 ftp）模式仍在普遍使用。

表 16.1   URI 模式

模　　式	描　　述	参　　考
file	主机系统上的一个文件	RFC 1738
ftp	文件传输协议	RFC 1738
gopher	Gopher 协议	RFC 4266
http	超文本传输协议	RFC 2616
https	安全超文本传输协议	RFC 2818
im	即时通信	RFC 3860
ldap	轻量级目录访问协议	RFC 4516

续表

模　　式	描　　述	参　　考
mailto	电子邮件地址	RFC 2368
nfs	网络文件系统协议	RFC 2224
pop	邮局协议 v3	RFC 2384
telnet	Telnet 交互会话	RFC 4248

这里的 authority 以一个双斜线（//）开头，它提供了访问 URL 中指定服务所必须的信息。这个 authority 组件包含了如下内容。

➢ **用户名（可选）**：用来访问服务的用户账户。

➢ **密码（可选）**：由用户名指定。

➢ **主机**：保存所请求的服务或资源的计算机。可以将主机指定为一个 IP 地址或者 DNS 名称。IPv6 地址应该封装在方括号（[ ]）中。

➢ **端口**：用来接收地址的服务所在的端口号。

如果服务使用的是其周知的端口，则可以将端口号省略（有关 TCP/IP 传输层端口号的更多信息，请见第 6 章）。例如，HTTP 服务在默认情况下使用端口 80，因此没有必要为其指定端口号，除非 URL 引用的 Web 服务器被刻意配置为使用不同的端口号。只有当要求用户提供凭证以访问资源时，才会用到用户名和密码。

URL 中 authority 部分最一般的形式如下所示：

```
//user:password@host:port_number
```

来看下面几个例子：

```
//www.whitehouse.gov
//tommyb:three$bricks14@google.com
//haley:b171%rnx@141.17.15.32
//www.elbows.org:81
```

可以看到，第一个例子没有引用端口号和用户凭证，它是与万维网 URL 最相关的经典形式。

在第 6 章讲到，通常会有一个默认的端口号与相应的协议相关，因此该端口号常常被省略。用户名只在用户必须提供证书才能访问相应的资源时（这对于 Web 来说很罕见，但是对于类似 FTP 的协议来说很常见）是必需的。

> **By the Way** | **注意**：登录
> 　　即使用户被要求提供凭证，你仍可能不需要在 URI 中指定用户。许多服务在初始请求之后，会提示用户输入用户 ID 和密码。

这里的 path 组件穿过一个目录层次结构，指向请求的文件。在 http 模式下，如果这个 path 被省略，那么请求将指向相应域的一个默认 Web 页面（主页面）。Web 页面的默认文件名通常是 index.html。绝大多数用户现在已熟悉在域名之后输入额外的目录和文件名：

```
http://www.bonzai.com/trees/LittleTrees.pdf
```

query 组件很少由人来输入或解释，但是经常会在脚本和 Web 应用程序中用到，用来向网络服务传递请求和其他信息。观察 query 字段的最容易的方法是，在像 Google 这样的搜索引擎中输入一个搜索请求，然后检查地址栏中出现的 URI。query 字符串的形式为由连字符或分号分割的属性-值对，这个字符串将被传递到服务器中进行处理。

跟在井号（#）后面的 fragment（分段）组件，指定了一个二级资源，比如一个文档内的节标题。当指定了 fragment 时，服务器通常会交付完整的文档，然后，Web 浏览器在这个文档资源内找到相应的分段。

前面的示例在万维网上使用的、非常流行的 HTTP 协议环境中考虑了 URI（第 17 章将详细讲解 HTTP 以及 HTML）。可是请记住，每一个不同的模式规范都可以定义如何解释 URI 中的信息。URI 的通用规范有意与每一种模式规范中定义的细节相分离，从而使得那些模式不需要更改基本格式即可向前发展。表 16.1 还列出了与每一种模式相关的 RFC。

16.4　小结

Internet 由世界各处请求和提供服务的计算机组成。组成 Internet 的网络分为 3 种基本的类别：一级网络与一级网络之间存在的是可以自由传输流量的对等关系；二级网络之间也存在对等的关系，但是需要向一级网络购买 IP 传输安排（arrangement）；三级网络（比如典型的本地 ISP）从其上游提供商处购买 Internet 连通性，然后再将 Internet 访问权限出售给商业用户和个人用户。

URI 格式为标识和定位那些资源提供了一种标准方法。不过，所有这些协议均不同，而且通信的细节随服务而变。本书后面的章节会讲解一些运行在当今 Internet 上的关键服务。

16.5　问与答

问：URL 和 URI 之间的区别是什么？

答：URI（统一资源标识符）是一个用来在 Internet 上标识资源的文本字符串。URL（统一资源定位符）是 URI 的一个子类别，重点关注的是资源的位置。万维网上的 http 模式使用 URL 作为网络资源的链接。URI 的另外一个形式是 URN（统一资源名称），它通常与语义 Web 技术相关联。

问：为什么通常会将 URL 中的端口号删除？

答：按照惯例，Internet 服务默认在预定义的周知端口上进行监听，只有当服务被预配置为使用不同的端口号时，才需要在 URL 中出现端口号。

16.6　测验

下面的测验由一组问题和练习组成。这些问题旨在测试读者对本章知识的理解程度，而练习旨在为读者提供一个机会来应用本章讲解的概念。在继续学习之前，请先完成这些问题和练习。有关问题的答案，请参见"附录 A"。

16.6.1　问题

1. 一级网络和二级网络之间的区别是什么？

2. URL 中的哪个部分是 scheme？

3. scheme 位于 URL 的哪个位置？

4. Internet 中常用的 4 个 scheme 是什么？

5. 在 URI 的目的目录中，如果删除了文件名，则大多数 Web 服务器在默认情况下会发送什么文件？

16.6.2　练习

1. 在 Google 或 Bing 中输入一个搜索条目，然后研究返回的 URI。主流的搜索引擎通常会返回一个显式的结果，因此你应该很容易就可以发现一个完全聚合的搜索 URL。试着将单词拼错，然后单击"Did you mean"链接。当你发现一个搜索 URL 时，请确定其 scheme、path 和 query 部分，并查找 fragment 组件。

2. 如果有这样一个 Web 站点或 FTP 站点，通常只要求你在对话框中输入凭证，然后就可以登录进去。现在请将你的用户名添加到 URL 中，看能否登录成功（取决于服务器的配置，该操作可能不一定成功）。

16.7　关键术语

复习下列关键术语。

➢ **authority**：URL 的一部分，用于标识主机、用户和端口。

➢ **Internet 交换点（IXP）**：一个交换设施，一级网络与二级网络互联于此。

➢ **对等（peering）**：在一对 Internet 提供商网络之间的一种自由传输布局。参与网络同意在连接之中免费共享流量。

➢ **入网点（POP）**：ISP 出租的连向 Internet 的附着点。

➢ **模式（scheme）**：URL 的一部分，标识用来解释 URI 其余部分的协议或系统。

➢ **一级网络**：位于 Internet 中心的几个大型网络之一，它参与到相互对等布局的系统中。

➢ **二级网络**：Internet 基础设置之中的一个中间级网络，它将从其他网络处购买到的 Internet 访问权限出售给另外的网络，并且与其他二级网络形成对等关系。

➢ **三级网络**：将 Internet 访问权限出售给商业用户和终端用户的零售级别的 Internet 网络，它从其上游提供商处（通常是二级网络）购买 Internet 访问权限。许多本地的 ISP 就是三级网络。

➢ **统一资源标识符（URI）**：用来标识 Internet 资源的一种字母数字字符串。

➢ **统一资源定位符（URL）**：一种定位资源的 URI。Web 地址（如 www.pearson.com）是一种常见的 URL 形式。

第17章

HTTP、HTML 和万维网

本章介绍如下内容：
- ➤ HTML；
- ➤ HTTP；
- ➤ Web 浏览器；
- ➤ 语义 Web；
- ➤ XHTML；
- ➤ HTML5。

万维网开始时是 Internet 的一种通用图形显示框架。从开始时，Web 就一直支配着公众对 Internet 的认知，而且它已经根本改变了我们考虑应用程序界面的方式。本章将介绍 HTTP、HTML 和 Web。

学完本章后，你可以：
- ➤ 了解万维网是如何工作的；
- ➤ 使用文本和 HTML 标记，构建一个基本的网页；
- ➤ 讨论 HTTP 协议，并描述它是如何工作的；
- ➤ 解释语义 Web 的用途。

17.1 什么是万维网

你通过 Web 浏览器窗口看到的网页视图，是该浏览器与某台 Web 服务器计算机之间会话的结果。用于这种会话的语言被称为超文本传输协议（HTTP）。从服务器交付给客户端的数据，是一种制作精巧的文本、图像、地址和格式代码混合体，通过一种奇妙的通用格式化语言——超文本标记语言（HTML），呈现到统一的文档中。我们当前知道的万维网的基本要素，是 Tim Berners-Lee 于 1989 年在瑞士日内瓦 CERN 研究所创建的。Berners-Lee 通过汇聚当时已经在研发的 3 种技术，创建了一种精巧且功能强大的信息系统。

> **标记语言**：一种嵌入在文本中的指令和格式化代码系统。

> **超文本**：一种将链接嵌入文档、图像和其他文本中元素的方法。

> **Internet**：（正如现在知道的那样）一种全球性的计算机网络，通过 TCP/IP，客户端请求服务，服务器提供服务。

作为向早期计算机使用的简单文本添加格式化和排版规范的一种方法，标记语言始于 20 世纪 60 年代。在那时，整个计算世界里的配置文件、在线帮助文档和电子邮件消息均使用文本文件。在人们开始使用计算机编写信函、备忘录和其他精美文档之时，他们需要一种方法来指定像标题行、斜体字、粗体字和页边距这样的要素。一些早期的标记语言（比如现在还在使用的 TeX）是作为替科学家们格式化和排版数学等式的方法而开发的。

到现代字处理程序开始出现时，厂商已经开发了大量系统（其中很多是专有的），用于将格式化信息编码进文本文档。其中一些系统使用基于 ASCII 的代码。有些则使用不同的数字标记符来表示格式化信息。

注意：兼容性

当然，只有编写文档的应用程序和读取文档的应用程序就每一个代码的含义达成一致时，这些格式化代码系统才会起作用。

By the Way

Berners-Lee 和其他 HTML 先驱者想要一种通用的、独立于厂商的系统，用于编码格式信息。他们希望这种标记系统不仅包括排版规范，同时包括对图像文件的引用和指向其他文档的链接。

超文本的概念（文本内的活链接，用于将视图切换至该链接中引用的文档）在 20 世纪 60 年代逐渐形成。Berners-Lee 通过开发的 URL 或 URL（见第 16 章）将超文本概念带至 Internet。链接使得阅读者能够一点一点地查看在线信息，阅读者可以选择是否链接至另一个页面查看更多信息。HTML 文档可以被装配进统一的页面和链接系统（见图 17.1）。取决于访问者在那些链接中穿行的情况，访问者可以找到一条不同的路径来穿过那些数据。同时，Web 开发人员几乎可以毫无限制地定义某个链接将指向的位置。该链接可以指向相同目录下的另一个 HTML 文档、不同目录下的某个文档，甚至另一台计算机上的某个文档。链接可以跨越世界到达另一台计算机上一个完全不同的网站。

第 16 章讲到，与 Web 最相关的 URL 形式是：

```
http://www.dobro.com
```

而且还经常可以看到，这种 URL 附加有某个路径和文件名：

```
http://www.dobro.com/techniques/repair/fix.html
```

Web 浏览器通过 URL 进行导航。用户通过在浏览器窗口的地址栏中输入相应页面的 URL 来访问网页（见图 17.2）。单击某个链接，浏览器就会打开该链接 URL 中所指定的网页。

图 17.1

网站是一个统一的
页面和链接系统

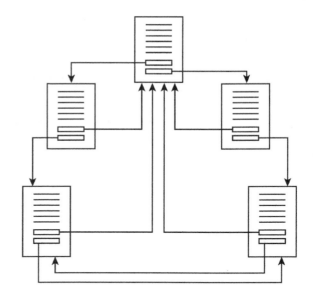

图 17.2

在浏览器窗口的地
址栏中输入 URL

综上所述，一个基本的 HTML 文档包含下面这些元素：

➢　标题信息（与文档相关的元数据）；

➢　文本；

➢　图形；

➢　文本格式化代码（字体和布局信息）；

➢　对辅助文件（比如图形文件）的引用；

➢　指向其他 HTML 文档或当前文档中其他位置的链接。

为了访问某个网站，用户在 Web 浏览器窗口中输入该网站的 URL。URL 指定了 Web 浏览器请求访问 Web 服务器上的哪些页面（或者其他数据）。浏览器发起一个到此 URL 中所指定 Web 服务器的连接。该服务器通过网络向 Web 浏览器发送 HTML 数据。Web 浏览器解释所收到的 HTML 数据，创建在浏览器窗口中显示的网页视图。

17.2　理解 HTML

HTML 是通过 HTTP 进程传输的负荷。本章前面讲到，HTML 文档包括文本、格式化代码、对其他文件的引用和链接。在使用某个文本处理应用程序（例如 Windows 记事本或 UNIX 系统中的 vi）查看一个基本 HTML 文档的内容时，你会发现该文档实际上就是一个普通的文本文件。这个文件包含所有将会随相应的页面显示的文本，而且它还包括许多称为标记（tag）的特殊 HTML 代码。标记是针对浏览器的指令，它们并不像编写的那样在网页上显示，但是会影响数据显示的方式和页面表现的方式。HTML 标记提供与某个网页相关的所有格式化、文件引用和链接。一些重要的 HTML 标记如表 17.1 所示。

表 17.1　一些重要的 HTML 标记

标　记	描　述
`<html>`	标记文件中 HTML 内容的开始与结束
`<head>`	标记标题部分的开始与结束
`<body>`	标记主体部分的开始与结束，该主体部分描述将会在浏览器窗口中显示的文本
`<h1>`、`<h2>`、`<h3>`、`<h4>`、`<h5>`和`<h6>`	标记某个标题的开始与结束。每个标题标记代表一个不同的标题等级。`<h1>`是最高的等级
`<b>`	标记粗体字文本部分的开始与结束
`<u>`	标记下划线文本部分的开始与结束
`<i>`	标记斜体字文本部分的开始与结束
`<font>`	标记特殊字体特征部分的开始与结束。在当前的应用中，要避免使用这个标记来表达字体信息，而是使用层叠样式表来表达。HTML5 不支持`<font>`标记
`<a>`	定义一个锚，通常用来标记某个链接。该链接的目的 URL 显示在第一个`<a>`标记中，作为 href 属性（本节后面将讲到）的值
`<img>`	指定应该在文本中出现的图像文件。该文件 URL 出现在这个标记中，作为 SRC 属性的值（本节后面将讲解更多的属性）

当然，HTML 标记还有很多，一张表格根本不够用。许多标记会应用到某个文本块。在那种情况下，标记出现在文本块的开始与结束处。文本块结尾处的标记包括斜线字符（/），以表示它是结束标记。换句话说，一个 H1 标题的标注会像下面这样放置标记：

```
<h1>Dewey Defeats Truman</h1>
```

HTML 文档应该以一个<!DOCTYPE>声明开始。这个!DOCTYPE 定义当前文档所使用的 HTML 版本。对于 HTML 4.0，相应的!DOCTYPE 命令为：

```
<!DOCTYPE HTML PUBLIC "-//W3C/DTD HTML 4.0//EN">
```

（使用特定浏览器扩展的网页可能会指定一个不同的文档类型。）

大多数浏览器并不要求上述!DOCTYPE 语句，而且许多 HTML 手册甚至不讨论!DOCTYPE。

在!DOCTYPE 语句之后是<html>标记。文档的其余部分都被封装在这个<html>标记和当前文件最后一个对应的</html>标记之间。在这起始和结束<html>标记之内，文档被分为以下两个部分。

> 文档报头（封装在<head>和</head>标记之间）包含有关当前文档的信息。虽然，其中的<title>标记会指定一个将出现在浏览器窗口标题栏中的标题，但是文档报头中的信息并不会出现在网页上。这里的<title>是一个必需的要素。<head>部分的其他要素都是可选的，比如用于指定有关文档样式信息的<style>标记。

> 文档主体（封装在<body>和</body>标记之间）是实际出现在网页上的文本，以及与该文本相关的所有 HTML 标记。

一个简单的 HTML 文档大致如下所示：

```
<!DOCTYPE HTML PUBLIC "-//W3C/DTD HTML 4.0//EN">
<html>
<head>
<title> Ooh This is Easy </title>
</head>
<body>
Easy!
</body>
</html>
```

如果你把上面这段 HTML 保存为一个文本文件，然后用 Web 浏览器打开这个文件，"Easy!"就会出现在相应的浏览器窗口中（根据所用浏览器和操作系统的不同，你可能需要使用.htm 或.html 扩展名来保存这个文件，或者把它当作一个 HTML 文件来打开）。浏览器标题栏将包含"Ooh This is Easy"标题（见图 17.3）。

图 17.3

一个非常简单的网页示例

你可以在文档主体部分中，添加一些文本和格式化，使这个页面活泼起来。下面这个示例添加了用于标题的<h1>和<h2>标记、用于段落的<p>标记、用于粗体的<b>标记、用于斜体的<i>标记和用于字体信息的<font>标记。注意，这里的<font>标记包括一个属性。属性是封装在相应标记内的参数，用来提供额外的信息。其他字体属性如表 17.2 所示。本章后面将讲到，专业的网站使用层叠样式表来管理字体，而 HTML4 支持的<font>标记尽管在 HTML5 中已经找不到，但是这个简单的选项可以让你首次体验 HTML。

```html
<!DOCTYPE HTML PUBLIC "-//W3C/DTD HTML 4.0//EN">
<html>
<head>
<title> Ooh This is Easy </title>
</head>
<body>
<h1>The Easy and Hard of HTML</h1>

<p><u>Webster's Dictionary</u> defines HTML as <i>"a small snail found originally
in the Canary Islands and ranging now to the Archipelago of Parakeets."</i>
I borrow from this theme in my consideration of HTML as a language that is both
easy and hard.
</p>

<h2>HTML is Easy</h2>
<p>HTML is easy to learn and use because everyone reacts to it energetically.
You can walk into a bar and start speaking HTML, and the man beside you will
<b>happily</b> tell you his many accomplishments.</p>
<h2>HTML is Hard</h2>

<p>HTML is hard because the options are bewildering. You never know when to use
<font size =1>small text</font> and when to use <font size =7>big text</font>.</p>
</body>
</html>
```

上述示例在浏览器中的显示如图 17.4 所示。

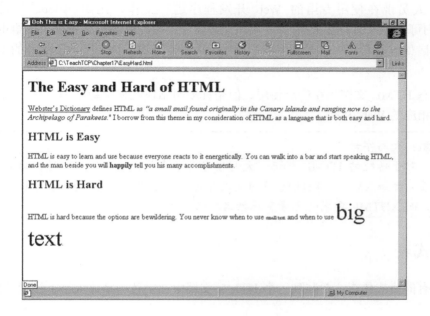

图 17.4

对前面的简单示例进行扩展

表 17.2　　　　　　　　　　　　　　　HTML `<font>`标记属性

属　　性	描　　述
size	相对字体大小设置。值从 1～7：`<font size =7>`
lang	标记文本编写所用语言的语言代码
face	字体设置：`<font size ="Arial">`
color	文本颜色：`<font color ="RED">`

本章前面讲到，超文本链接是 Web 设计的一个重要元素。一个链接就是对另一个文档或者是当前文档的另一部分的引用。如果用户单击链接文本，当前浏览器就会立即打开该链接所引用的文档。最终的效果就是，用户看上去就像是轻快地穿行在一个丰富多彩的无尽的花园里。

> **注意**：什么是浏览器？　　　　　　　　　　　　　　　　　　　　**By the** ___
> 　　当你在这个多彩的花园里轻快地穿行时，可以偶尔停下来，把浏览器这　　Way
> 个术语别出心裁地看作一头正在树林里吃叶子的长颈鹿或者大恐龙。

HTML 文件中的链接以标记形式出现。链接的最简单形式使用`<a>`标记，以及链接目的地的 URL 作为 HREF 属性的值。例如，在前面那个示例中，如果你愿意将"Archipelago of Parakeets"这些单词显示为超文本，从而有一个链接指向一个介绍有关该群岛信息的网站，请把这些单词封装进`<a>`标记，如下所示：

```
ranging now to the <a href="http://www.ArchipelagoParakeets.com"> Archipelago
    of Parakeets</a>. I borrow from this theme
```

通用的 HTML 格式包括许多附加的选项。你可以在一张图片内放置一个热区链接，还可以针对预先格式化好的段落样式，使用特殊的标记创建你自己的样式表。你可以使用表格、分栏、表单和框架来组织网页，还可以添加单选按钮、复选框和下拉菜单。在早期的 HTML 中，设计人员使用文本编辑器，直接在其文档中编码所有 HTML（就像前面那几个示例一样）。专业的 Web 设计人员现在使用专用的 Web 开发程序进行工作，比如 Adobe 公司的 Dreamweaver，它们可以隐藏 HTML 的细节，从而使得设计人员能够像页面将会呈现给用户的那样来查看它。诸如维基和"内容管理系统"（CMS）之类的新工具，提供了额外的工具来简化 Web 设计。

预先成型的静态 HTML 文档仍在广泛使用，但是许多网站现在使用动态 HTML 技术，在被请求时再生成相应的 Web 内容。

> **By the** ___　　**注意**：大写字母
> 　　Way　　　　　对于传统的 HTML 标记，大写字母是没有什么区别的；不过，后来的
> 标准（比如 XML 和 XHTML）对大写字母给予了更多关注。XML 区分大小
> 写，而 XHTML 要求的元素和属性名称必须小写。

17.3　层叠样式表

尽管可以将所有的格式化指令封装到一个 HTML 文档中（字体、字体大小、线型等），

但是在实践中，针对相同的少量样式元素反复使用相同的标签是很繁琐的。更重要的是，对 HTML 文档的即时修改也容易导致文档的不一致性，让设计更复杂。

一种更好的方式是为文档定义标准的样式元素，并将这些元素放到一起，然后在文本中引用这些元素。万维网联盟的研究人员开发了层叠样式表（Cascading Style Sheet，CSS），并将其作为在单个文档中存放样式信息的一种方法。层叠样式表的开发目标是让 HTML 更像一个现代的字处理器或桌面发布工具，你可以从中选择预定义的字符样式或段落样式。其中，样式定义了一组参数，比如字体、颜色、间距、填充和边距。

CSS 可以用来将文档内容和呈现信息分离开来。这使得 HTML 更容易阅读，而且 CSS 还给文档强加了一致性的风格，这也被看作是一种好的设计实践。

例如，在 CSS 文档中，标题样式的定义可能如下所示：

```
h1 {
    Color: black;
    Font-family: Arial, sans-serif;
    Margin: 0 4px 0 0;
}
```

可以看到，定义中包含了由冒号分割的属性和值。列表中的分项使用分号分割，样式块被封装到大括号对（{}）中。

随后，要想针对 HTML 文档中的标题进行真实的标注（callout），只需引用样式即可：

```
<h1> This Is the Heading</h1>
```

样式的属性值将应用到标题上。

在当今的网站上，CSS 文件（扩展名为.css）相当常见。HTML 文件可以按照如下方式引用 CSS 文件：

```
<link href="path…/filename.css" rel="stylesheet">
```

17.4 理解 HTTP

前文讲到，Web 服务器和浏览器使用超文本传输协议（HTTP）进行通信。HTTP 1.1 于 1997 年在 RFC 2068 中发布，当前定义在 RFC 7230~7235 中，多年以来一直是 HTTP 的主流版本。HTTP 的一个新版本，称之为 HTTP/2，于 2015 年发布。HTTP/2 以 Google 的 SPDY 协议为基础，在性能方面提供了增强，而且也不是要替代 HTTP 的语义或状态码。许多网站和浏览器现在都支持 HTTP/2，但是 HTTP 1.1 在 Internet 上依然很受欢迎。HTTP/2 定义在 RFC 7540 中。

HTTP 的目的是支持 HTML 文档的传输。HTTP 是一种应用层协议。HTTP 客户端和服务器应用程序使用可靠的 TCP 传输协议建立连接。

HTTP 可以完成以下工作：

➤   在浏览器（客户端）和服务器之间建立一个连接；

➤   为会话协商设置和确定参数；

> 提供 HTML 内容的有序传输；

> 关闭与服务器的连接。

尽管 Web 通信的本质已经变得极其复杂，但是绝大部分复杂性与服务器如何构建 HTML 内容和浏览器如何处理它所接收到的内容相关。通过 HTML 传输内容的实际过程相对来说还是整齐、有序的。本节后面将会讲到，为了提高性能，HTTP/2 在传输过程中添加了一些额外的困难。

当你在浏览器窗口中输入一个 URL 时，浏览器首先检查这个 URL 的模式（scheme），以确定相应的协议（除了 HTTP 之外，绝大多数 Web 浏览器还支持其他协议）。如果浏览器确定该 URL 引用某个 HTTP 站点上的资源，那么它就会从那个 URL 提取相应的 DNS 名称，并启动名称解析进程。客户端计算机向一个名称服务器发送 DNS 查找请求，并接收该服务器的 IP 地址。然后，浏览器利用该服务器的 IP 地址，启动一个与此服务器的 TCP 连接（有关 TCP 的更多内容，请见第 6 章）。

在上述 TCP 连接建立之后，浏览器将使用 HTTP GET 命令，向该服务器请求相应的网页。这个 GET 命令包含浏览器正在请求的资源 URL，以及浏览器想要为此事务使用的 HTTP 版本。在绝大多数情况下，浏览器可以随此 GET 请求发送相对 URL（而不是整个 URL），因为与相应服务器的连接已经建立好了：

```
GET /watergate/tapes/transcript HTTP/1.1
```

在这个 GET 命令之后，可能会跟着几对其他可选的 field:value，指定像语言、浏览器类型和可接受的文件类型之类的设置。

服务器响应包括一个报头，随后跟着所请求的文档。响应报头的格式如下所示：

```
HTTP/1.1 status_code reason-phrase
field:value
field:value...
```

这里的状态码是一个描述请求状态的三位数。这里的 reason-phrase（原因短语）是对该状态的一个简要描述。一些常见的状态码如表 17.3 所示。可以看到，该代码最左边的位标识一种通用分类。该位为 1，表示提供信息；该位为 2，表示成功；该位为 3，表示重定向；该位为 4，表示一个客户端错误；该位为 5，表示一个服务器错误。你可能很熟悉那个著名的 404 代码，它经常在找不到页面或 URL 输入错误时出现。与客户端请求类似，服务器响应也可以包括许多可选的 field:value 对。其中一些报头字段如表 17.4 所示。浏览器不能理解的任何字段都将被忽略。

表 17.3　　　　　　　　　　　　　　一些常见的 HTTP 状态码

代　码	原因短语	描　述
100	Continue	请求正在进行中
200	OK	请求成功
202	Accepted	请求已被接受且正在处理中，但尚未完成
301	Moving Permanently	资源有个新地址

续表

代　码	原因短语	描　述
302	Moving Temporarily	资源有个新的临时地址
400	Bad Request	服务器不认可这个请求
401	Unauthorized	授权失败
404	Not Found	所请求的资源不存在
406	Not Acceptable	内容将不被浏览器所接受
500	Internal Server Error	服务器遭遇错误
503	Service Unavailable	服务器过载或不工作

表 17.4　　　　　　　　　　　　　　HTTP 报头字段示例

字　段	值必须是	描　述
Content-Length	整数	内容对象的大小（以八位字节为单位）
Content-Encoding	x-compress、x-gzip	表示与当前消息相关的编码类型的值
Date	RFC 1036 中定义的标准日期格式	当前对象创建时的格林尼治标准时间
Last-modified date	RFC 1036 中定义的标准日期格式	当前对象最后一次修改时的格林尼治标准时间
Content-Language	依照 ISO 3316 的语言代码	编写当前对象的语言

从表 17.4 中可以看到，有些报头字段是纯粹的信息，而有些报头字段则可能包含用来分析和处理传入 HTML 文档的信息。

这里的 Content-Length 字段特别重要。在早期的 HTTP 1.0 版本中，每一个请求/响应周期都需要一个新的 TCP 连接。客户端打开一个连接，并发起一个请求。服务器实现该请求，然后关闭该连接。在那种情况下，客户端知道服务器何时停止发送数据，因为该服务器关闭了相应的 TCP 连接。不幸的是，这个过程需要不断地打开和关闭连接，从而增加了系统开销。HTTP 1.1 允许客户端和服务器在一次传输之后，继续维持相应的连接。在那种情况下，客户端需要以某种方式知道一个响应何时结束。这个 Content-Length 字段就指定了与当前响应相关的 HTML 对象的长度。如果服务器不知道它正发送的对象的长度（随着动态 HTML 的出现，这种情况越来越常见），服务器就发送报头字段 Connection:close 来通知浏览器，服务器将通过关闭当前连接来表示数据的结束。HTTP 还支持一个协商阶段，服务器和浏览器可以在此期间就某些格式和首选项的共同设置达成共识。

前面讲到，HTTP/2 是为了解决性能问题而开发的，并没有改变 HTTP 1.1 的语法和方法。HTTP/2 带来的好处如下所示。

➢ **在一个连接内进行并行处理**：HTTP 1.1 允许浏览器同时打开多个连接，但是每个连接每次只能响应一个请求。HTTP/2 允许服务器通过同一个连接同时为多个请求提供服务。

➢ **报头压缩**：在一个新连接的开始阶段传输的报头信息会显著降低响应时间。采用压缩将降低报头数据的总大小。

➢ **服务器"推送"响应**：服务器可以在等待一个请求之前为客户端提供内容。随着网站日渐复杂，一个页面可能包含许多不同的对象，比如图形文件。服务器不是等待客户端请求每一个对象，而是提前预见对这些额外对象的请求，并将这些内容直接推送给客户端。

HTTP/2 不需要加密，但是也支持加密，它针对 TLS 加密提供了标准的配置文件（第19章将详细讲解加密）。

17.5 脚本

在最近 20 多年中，网页的发展格外迅猛，如今大多数专业的网页都已经与本章前面描述的"网页只是嵌入了静态 HTML 标记的简单文本文件"大不相同。

现代的网页通常是一个包含对象、脚本、为响应用户输入而由机器生成的代码和后端数据的复杂集合。通过使用多功能的 HTML，我们可以在页面传输时为其插入数据或额外的指令，也可以添加在页面到达之后再运行的代码。

Web 浏览器已经变得非常善于解释和操纵这些传入的代码。在下一章将学到，在 Web 服务器上运行的名为内容管理系统的专用工具，隐藏了 HTML 代码生成的细节，而只给 Web 开发人员提供了一个简单的界面。

用于自动生成 Web 代码的两种基本技术是服务器端脚本编程和客户端脚本编程。

在本章后面将会讲到，在客户端系统上运行的插件和附加应用程序，为通过网页来触发的行为添加了另外一种维度。有关高级 Web 技术的更多细节，请见第 18 章。

这些技术大部分都属于编程的主题。终端用户没有必要知道嵌入网页的图片或表格是来自于静态标注还是来自于脚本。但是，对这些概念进行简单讲解，可以让用户理解 HTML 是如何应用在如今的 Internet 上的。

17.5.1 服务器端脚本编程

服务器端脚本编程可以让服务器接受来自客户端的输入，并在幕后处理这些输入。一个常见的服务器端脚本编程的场景如图 17.5 所示。处理过程如下所示。

图 17.5

服务器端脚本编程
的场景

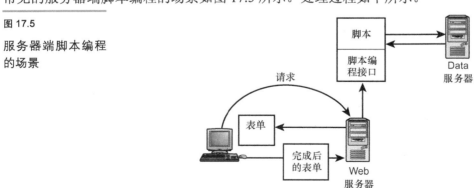

1. 用户浏览到一个页面，它包含一张用来购买某一产品或输入访问者信息的表单。
2. 服务器根据用户的选择生成该表单，并将其传送给浏览器。

　　3. 用户在此表单中输入必要的信息后，浏览器将该表单传回服务器（注意，这个 HTML 表单特性与通常的过程相反。浏览器在服务器请求时，向其发送内容）。

　　4. 服务器接受来自浏览器的数据，并使用一个编程接口，将此数据传递给处理用户信息的程序。如果用户正在购买某一产品，这些后台程序可能会检查信用卡信息，或者发送一个出货单给邮件室。如果用户正在向一个邮件列表添加其姓名，或者加入一个受限制的在线站点，那么可能会有一个程序把有关的用户信息添加到一个数据库中。

　　现在，有几种编程语言和环境可以用来帮助开发人员构建基于服务器的 Web 应用程序。一种将程序或脚本与网页相连接的方法是通过公共网关接口（Common Gateway Interface，CGI）。CGI 用来接受并处理来自 Web 用户的表单型输入，然后生成 HTML 格式的输出。CGI 脚本一般使用 Perl 语言编写，但是 CGI 能兼容其他语言，其中包括 C 语言。

　　作为一种用于 Web 开发的语言，PHP 越来越流行。一个简单的 PHP 脚本通常会嵌入在一个 HTML 标记中：

```
<?php code here…?>
```

或者使用<script language>标记来定义：

```
<script language="php"> code here…</script>
```

　　支持 PHP 的 Web 服务器解析和执行括号之间的代码，并且在页面发送给客户端时，将 PHP 命令集的输出插入到原来标记的位置。

　　Microsoft 的活动服务器页面（Active Server Page，ASP）以及后续的 ASP.NET 技术也是流行的服务器端 Web 技术。针对自定义的服务器端应用程序的 Web 接口的概念，已经产生了一种被称为 Web 服务环境的编程范式。许多主要的硬件和软件厂商，其中包括 IBM、Microsoft 等公司，已经开发了先进的基础设施来支持 Web 服务编程。

17.5.2　客户端脚本编程

　　将脚本集成到 Web 环境的另外一种方式存在于客户端（也就是说，存在于运行 Web 浏览器应用程序的本地客户端计算机上）。服务器端脚本是在服务器上执行，而且脚本的输出被嵌入在网页中，客户端的解决方案是将嵌入的脚本与 HMTL 代码和文本的其他部分一起传输，而且脚本经由浏览器来执行。

　　JavaScript 和 VBScript 是两种常见的客户端脚本编程技术，脚本文件通常通过 HTML 来引用：

```
<script src="/script.js" type="text/javascript"></script>
```

　　标记可以引用真实的指令，或者是引用包含代码的一个外部文件。无论哪种情况，只有当客户端计算机支持代码中引用的脚本语言时，才行得通。

　　对某些类型的应用程序来说，客户端脚本编程是一种更为有效的选择。在客户端执行脚本的解释器（interpreter）能够详细地查看本地环境，而且通过将交互元素限制在客户端，也减少了网络流量，提升了网络性能。

AJAX（有时称为异步 JavaScript 和 XML 的缩写）是使用客户端脚本编程来对 Web 内容进行无缝更新的一组技术，它无需对整个网页进行刷新。其他一些常见的客户端技术为用户提供了一些交互选项，可以调用动画或其他多媒体效果，也可以根据客户端系统的状态信息进行响应。

客户端脚本编程相当常见，但你也可以想象到，它将会带来一些安全挑战。入侵者都喜欢在客户端系统上执行代码。现在大多数系统都采取了措施，来限制浏览器上的代码执行权限，而且在下一节也会讲到，用户也可以对在浏览器上运行的脚本进行限制。在与网络相关的软件中，最佳防范措施是对系统进行实时升级，一旦有最新的安全补丁推出，就立即安装它。

17.6　Web 浏览器

你可能已经知道，万维网的整个业务依赖于被称为 Web 浏览器的这种非常特殊但又很通用的应用程序。在本书前面讨论的客户端-服务器模型中，Web 浏览器就是客户端。在开始时，简单的浏览器只是呈现早期、简单而且静态的 HTML 文件。当 Web 数据从服务器端到达时，浏览器将对使用特殊的字体、链接和照片来格式化文本的标记进行解释。

随着 Web 数据日渐复杂，Web 浏览器也随之进化，当 Web 成为 Internet 商业活动的中心时，浏览器也成为主流软件厂商的兵家必争之地，我们现在将其称之为"浏览器战争"。

众所周知，对大多数软件厂商来说，浏览器并没有市场价值，都是作为免费软件推出的（或者与操作系统绑定，或者是供用户免费下载），那么它们为什么要进行"浏览器战争"呢？像 Microsoft 和 Netscape（以及后来的 Google）这样的大公司都知道，控制了浏览器，也就相当于控制了与 Internet 活动相关的所有技术，它不只是 Web 服务器，还可以通过提供开发工具和与操作系统交互的 API 来增加其影响力，并从中获取经济利益。

Microsoft 曾经声称，它的 IE 浏览器是使用一种无法被分离出来的方式嵌入到操作系统中的（该论点后来被法院驳回）。Microsoft 希望将其对 OS 市场的控制延伸到浏览器市场中，以便能够控制开发环境，并通过构建返回操作系统的路径，来确保它们的 OS 项目能够继续占据主导地址。

从用户的角度来看，浏览器是如今 Internet 上发生的一切事情的焦点。HTML 和 HTTP 标准的目的是确保任何与标准兼容的浏览器能够与任何兼容标准的服务器通信。但是，大型的软件厂商趋向于将标准作为最低要求，然后在其上添加它们自己的一些增强特性。这样，当用户为了给这个专有的开发环境开发自定义的工具，而进行了大量投资时，将不会再轻易转投其他开发环境。迫于诉讼压力，Microsoft 不得不开放其 API，这很大程度上解决了这个问题。为了彻底地参与到如今的 Internet 当中，浏览器必须通过支持 JavaScript 或其他脚本技术，来支持客户端的脚本编程。取决于浏览器和操作系统，该支持可能是通过浏览器插件或附加应用程序实现的，或者是通过操作系统实现的。一个全功能的浏览器必须支持数字签名和认证，从而让用户通过 SSL/TLS 加密与 HTTPS 来从事安全的事务和通信。

在必要的情况下，现代的浏览器可以启动其他应用程序，来打开文件或执行程序。通过使用其他应用程序来扩展浏览器的功能，可以避免浏览器太大、太过笨重，而且可以让应用程序开发人员专注于他们的专业领域。这些扩展的应用程序通常称为插件或辅助应用程序。

　　浏览器通常十分智能，可以识别缺失的插件，并且在需要使用该插件打开文件或播放视频时，会询问用户是否进行安装。大多数浏览器也提供了一种方法来手动添加、移除和管理配置中的插件（见图 17.6）。

图 17.6

在 经典的 Internet Explorer 中管理插件

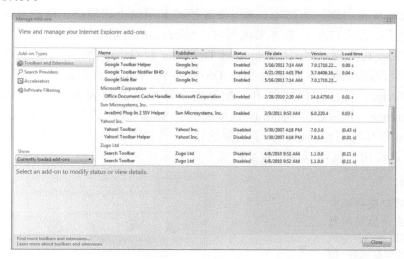

　　浏览器插件的经典示例是 Adobe 工具，比如 Acrobat reader 和 Flash player。当浏览器遇到一个链接引用或 DPF 文件引用时，它会调用合适的 Acrobat 插件来打开文件，并在浏览器窗口中显示相应的内容。

　　有些插件提供了其他形式的扩展和增强的性能。例如，Firefox 提供了一组用于报警、社交化网络和隐私以及其他用途的插件（见图 17.7）

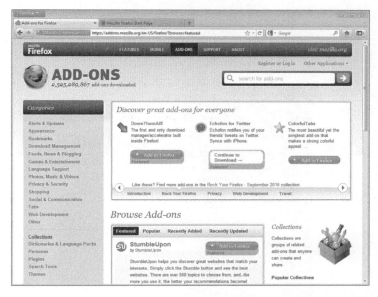

图 17.7

Firefox 提供了用于社交化网络、隐私、报警和其他用途的插件

　　本章后面将讲到，最近的 HMTL5 标准可能会通过在浏览器内直接提供对视频编解码器的支持来降低某些插件（比如 Flash）的重要性。

　　浏览器配置中的其他关键组件除了扩展浏览器的功能之外，也对浏览器的功能进行了限制。Internet 上的新威胁不断涌现，而且旧有的威胁仍然在兴风作浪（尽管人们一直在为解决此问题而努力），因此安全配置成为浏览器环境中的一个重要方面。大多数浏览器提供了一种方式来定义 Web 行为的安全设置，从本质上讲，就是根据源的信任级别和用户环境所需要的隐私和安全级别，来开启或关闭某些功能。Internet Explorer 提供了一个滑动的 Internet 安全级别，为脚本、Active X 控件和网站上可能会出现的其他元素提供了不同的控制级别（见图 17.8）。在本书编写时，Microsoft 的新浏览器 Edge 对自身携带的安全控件提供了更多的限制，然而，Windows Defender 和 Group Policy 等支持工具取代了浏览器的部分安全控制功能。在简化的 Mac OS 世界中，Safari 浏览器提供了一种启用和禁用 Java 和 JavaScript、阻止弹出式菜单、配置安全环境及其他因素的方法。在 Safari 菜单中选择 Preference，然后选择 Security 选项来配置 Safari 安全设置（见图 17.9）。Firefox、Chrome、Opera 和其他浏览器也提供了相似的特性。许多浏览器还允许用户预定义一个受信站点的列表，这样用户就可以使用较少的安全限制来访问这些站点。

图 17.8

大多数浏览器都有微调安全级别的方法。浏览器的安全级别虽然越高越好，但是过高的安全设置会阻止合法的网络行为

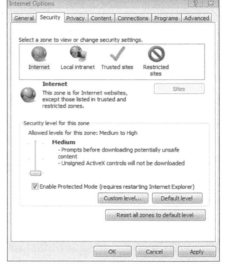

图 17.9

通过 Safari 的简洁界面，可以启用 JavaScript，并定义一个 cookie 策略

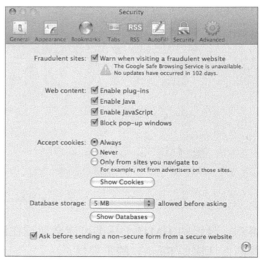

17.7　语义 Web

　　语义 Web 这个充满雄心壮志的概念，是当前可能真的会引发另一场 Internet 革命的研究领域。语义 Web 得到了万维网创建者 Tim Berners-Lee 的全力支持和拥护，语义 Web 是一种通用技术，用于把 Web 数据和人类理解的真实语义联系起来。换句话说，其目的就是设法以一种计算机容易访问和处理的方式来编码 Web 信息的含义。

　　要想理解语义 Web 的用途，必须首先知道网页上真正呈现的信息是什么。例如，考虑下列几行文本，它们可能会出现在某个典型的网站上：

```
A Streetcar Named Desire
Lawrence Community Theater
Saturday, October 12, 2016
7:30 PM
```

　　看到这个文本的人立刻就会知道，它是一个将会于 2016 年 10 月 12 日晚 7 时 30 分在 Lawrence 社区剧院举行活动的通知。许多读者还会看出"A Streetcar Named Desire"（欲望号街车）这个名称是一部著名的戏剧，但是那些不认识这个标题的人仍然会推断这个事件是一部戏剧或电影，因为它与一个剧院相关。

　　相反，一台计算机将只会把那些行读作字母数字文本。该计算机实际上根本不知道这段文本的任何含义。它不知道剧院是什么，而且除非你专门告诉它，否则它也不知道第 3 行是一个日期。就此而言，搜索引擎甚至会为某个正在搜索市内有轨电车时刻表的用户调用该页面。

　　语义 Web 的工具有朝一日将会帮助 Web 开发人员编码语义信息，使得自动化进程能够知道这个页面是有关一部戏剧，而不是乘坐有轨电车车票的。由于这个语义信息会与页面本身编码在一起，因此站点创建者将不需要有关读者会如何使用该信息的高级知识。任何人稍后都可以创建一个搜索有关戏剧信息的工具，而且该工具将会找到这个戏剧的通知。不同网站可以用不同方式呈现此类信息（没有标准格式或样式），而戏剧查找应用程序仍然会找到这些戏剧，只要这些语义信息定义了文本的含义即可。

17.7.1　资源描述框架

　　尽管万维网联盟（W3C）的出版物里已经出现了几个策略，但是语义 Web 技术目前仍处于试验阶段。有一个在 Web 社区中已经受到大量关注的语义 Web 工具被称为资源描述框架（Resource Description Framework，RDF）。RDF 是一个框架，用来表示提供了含义指示的关系。RDF 的基本单位是一条由 3 个部分组成的语句，在 RDF 中被称为三元组。三元组的结构与基本句子的主、谓、宾结构相似。

　　例如，在"The play has the title A Streetcar Named Desire"这个句子中，主语是"The play"，宾语是"the title A Streetcar Named Desire"，而谓语是"has"。

　　RDF 三元组可以采用多种形式，但是其要领是每一个元素都被表示为一个通用资源标识符（URI），并且这些 URI 串联在一个用冒号隔开的列表中。都柏林核心元数据计划（Dublin

Core Metadata Initiative）组织维护着 RDF 三元组中所引用的标准谓语的数据库。例如，下列标注<http://purl.org/dc/elements/1.1/title>指的是谓语 "has"。

RDF 和其他语义 Web 技术有朝一日可能会使得搜索工具变得更加聪明。

17.7.2　微格式

RDF 是一种可以为文本添加含义的强大工具。但是，Internet 社区正在进行一场激烈的讨论，其讨论的主题是 RDF 概念是否太过复杂、太浪费精力，以至于无法被应用到普通的 Web 开发方法中。一种替代方法是微格式，它没有过高的要求，而且对 Web 从业人员来说，它更容易管理和使用。

与 RDF 不同，微格式不会试图表示完整的句子结构和语法结构。微格式的目的是使用一个预先定义的含义来标记一段与之相关的文本，这样查看站点的浏览器或其他 Web 应用程序就可以知道这段文字的用途。

尽管微格式的实现依赖于 HTML 中的现有标记和概念，但是它不属于任何官方 Internet 规范。微格式社区都是独立出现的，其中一部分接受了非盈利组织 CommerceNet（它对促进互联网商务中的机会很感兴趣）的资助。

微格式是一个特定的名称/值对的词汇，主要为特定目的提供服务。可以按照如下格式使用微格式词汇：

```
calendars (hCalendar)
business  cards (hCard)
recipes   (hRecipe)
copyright information (rel-license)
```

当一个文本块与一个微格式相关时（比如一份简历，它可以通过 hResume 微格式来识别），则周围的文本元素就可以与构成简历的不同元素（比如经历、技能、背景、出版物）建立关联。

或许如今最常使用的微格式之一是 hCard 微格式，它主要在名片中使用。hCard 是 vCard 格式的化身，其中后者是一种 MIME 类型，最初在 RFC 2426 中定义，后来在 RFC 6351 和其他 RFC 中进行了更新。

使用 hCard 微格式标记的一个简单的 HTML 数据示例如下所示：

```
<div class ="vcard">
<div class="fn">Abraham Lincoln</div>
<div class="org"> Former Presidents USA</div>
<div class="tel">785-842-5115</div>
<a class="url" href="http://former_presidents.org">http://former.presidents.
  org</a>
</div>
```

当然，还可以使用其他设置来指明街道地址和 E-mail 地址，甚至可以指明电话是家用电话、办公电话、手机，还是传真号。如果网页上的文本使用这些 hCard 设置进行了标记，访问该站点的浏览器会立即知道如何处理这些信息。可以感知微格式的浏览器会自动将数据格式化为名片。

有关微格式发展的更多细节，比如用于特定微格式的规范，甚至是能够自动生成微格式数据的某些工具，请访问 microformats.org 网站。本章后面会讲到，随着 HTML5 的出现，一种名为微数据的相似概念现在进入了官方的 Internet 词汇。

17.8 XHTML

许多新的 Web 工具，以及当今出现在 Internet 上的许多其他站点，都依赖于另外一个技术的发展，尽管该技术对本章而言很专业，但是还有必要提及。XHTML 标准可以将老式的 HTML 和基于 XML 的 Web 环境的现实桥接起来（有关 XML 的更多细节，请见第 18 章）。从本质上讲，XHTML 是一个定制的 HTML 功能，而且它符合 XML 语法。XHTML 格式在 XML 模式（schema）的可机读的限制内，提供了 HTML 的所有表现力。

尽管 XHTML 的概念与 HTML 相似，但是 XHTML 对于马虎或者是不规范的编码习惯更加严格限制。某些声明的方式不同（或者说更加正规），而且标记的嵌套必须更加井井有条和精确。把 HTML 表示成 XML 模式的目的，是使开发人员在构建生成和解释代码的脚本及其他程序时能够更加灵活。XHTML 还有助于更容易地被接收实体动态解释或修改。例如，移动设备的小屏幕可能无法按照规定的那样显示标准的 HTML 页面，但是把该页面当作 XHTML 接收的客户端应用程序，可以轻松地为比较小的屏幕修改文本。

很多人都相信，HTML5 的出现将会降低 XHTML 的重要性。

17.9 HTML5

如今，Internet 上发生的一个最重要的变化就是它采纳了新的 HTML 标准。HTML5 已经被讨论了多年，最终它还是成功进入了 Internet 的日常应用。

如果你查看 HTML5 特性列表，就会看到，HTML 作为一款推动移动革命的工具，其新的职责都在它的许多特征中得以体现。HTML5 标准包含许多用于从移动设备浏览 Web 的特性。然而，其他一些特性只是反映了 Web 环境的进一步演变，并且将曾经由插件和扩展提供的功能直接合并到 HTML 中。

HTML5 的一些重要的新特性如下所示：

➤ 支持本地存储和离线应用程序；

➤ 绘图（drawing）；

➤ 嵌入式音频和视频；

➤ 地理定位；

➤ 语义元素。

下面的小节将讲解 HTML5 中的这些重要进展。HTML5 标准还包含其他改进，比如拖放 API 和对表单的更好支持。在很多方面，HTML5 让 HTML 看起来更像一个用于开发 Web 应用程序的开发环境。长久以来，开发人员一直使用 HTML 及其相关的技术来构建基于 Web

的客户端/服务器应用程序，但是其中很多功能需要借助于额外的组件和第三方扩展才能实现。HTML5 将很多功能直接内置到 HTML 当中。在移动设备编程快速发展的今天，开发人员已经开始使用 HTML5 来构建跨平台的移动应用程序，通过对它们进行细微的修改，就可以使它们运行在 Android、iOS 和其他平台上。

当然，标准机构采纳 HTML5 标准并不能保证大型的 Internet 社区也会采纳 HTML5。有些流行的浏览器已经开始支持 HTML5，而且 Web 服务器也能够与最新的 HTML 连接。但是，除非 Web 开发人员开始构建集成了 HTML5 元素的普通页面，否则，你在日常的网上冲浪中，将不会发现 HTML5 的益处。

17.9.1　HTML5 本地存储和离线应用程序的支持

cookie 是 Web 服务器存储在远程客户端系统上的一小块永久性数据。多年以来，cookie 一直是 Web 场景中的一部分，你可以在大多数 Web 浏览器中发现配置选项，通过它们可以管理 cookie 的存储和保存方式。Web 服务器使用 cookie 来恢复之前的应用程序的状态，或者存储与用户之前行为相关的信息。cookie 是大多数 Web 开发人员（和大多数 Web 用户）非常熟悉的一个有用的工具；但是，它本身还有一些限制。cookie 的存储容量只有 4KB，仅能存储与用户和会话历史相关的少量数据，但是如今的 Web 开发人员需要更多的本地存储。

HTML5 自带的本地存储特性极大地扩展和增强了 Web 浏览器在本地系统存储和检索信息的方法。HTML5 存储（也称为 Web 存储或 DOM 存储）可以让浏览器存储 Web 应用程序内定义的设置值。本地存储具有很多好处。例如，在客户端执行的脚本将临时结果隐藏在存储区域内，因此降低了通过网络与服务器进行通信的需求，从而提升了性能。存储空间还可以存放当前会话状态的完整视图，这样，当服务器崩溃或连接丢失时，基于 Web 的游戏或其他交互式应用程序也可以被恢复（在某些情况下，可以让应用程序处于暂时运行状态）。

HTML5 的本地存储功能产生了另外一个重要的改进：离线应用程序的支持。支持离线应用程序特性的 Web 浏览器可以在网络连接断开时继续运行。

在图 17.10 中，支持离线处理的 Web 应用程序包含一个缓存清单（cache manifest），其中列出了离线运行时所需要的文件和其他资源。当浏览器第一次连接到站点时，缓存清单中列出的文件将会被下载到客户端系统中。

当网络不可达时，Web 应用程序可以通过缓存清单中列出的文件的离线版本来继续运行。乍一看，似乎没有那么让人印象深刻（当然，只要应用程序访问的所有文件都在系统中，那么它就可以运行）。问题是，下载到客户端的文件不久之后就会过期。但是，HTML5 离线应用程序特性中最有趣的地方之一是，在连接恢复时，浏览器系统能够自动更新本地系统中的文件，并将所有离线的变化存回服务器。这样，当系统离线时，缓存清单中引用的文件也可以保持为最新状态，而且客户端能够在不需要用户的帮助下，通过恢复后的连接，无缝地同步文件的更改。

HTML5 的离线存储特性也有一些弊端。在第 19 章中将讲到，cookie 为广告商和内容提供了一种跟踪用户习惯和活动的方法。如果厂商将离线存储功能进行扩展，使其存储一些类似于 cookie 的信息，这将带来一些额外的隐私问题。

图 17.10

缓存清单列出了离线处理所需要的资源。客户端下载所需要的文件，因此在连接丢失时也可以继续运行

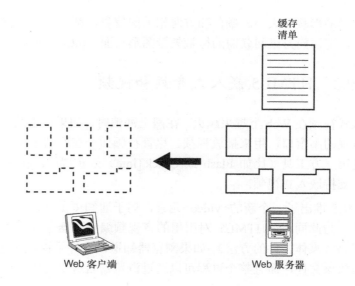

缓存
清单

Web 客户端　　　　　　　　　　Web 服务器

17.9.2　HTML5 绘图

Internet 用户已经很习惯看到照片和图表嵌入网页中的图像文件，这种嵌入图形图像的技术极大地增强了网络的性能和美观。然而，Web 设计人员和开发人员希望页面中能包含更多的东西，比如通过编程来绘制图形，或者是创建一个小动画，当用户观看时，该动画将会向用户播放。以前的 HTML 版本通过第三方的插件工具（比如 Adobe Flash）提供了该功能。

HTML5 通过一对重要的新元素推出了它自己的绘制功能，这一对元素是用于位图图像的<canvas>元素和用于标量矢量图形（Scalar Vector Graphics，SVG）图像的<svg>元素。

<canvas>元素简单定义了一块用作绘图表面的屏幕区域：

```
<canvas  id="picture1" width="350" height="250"></canvas>
```

随后，Web 开发人员可以使用以 JavaScript 编写的绘制命令在这个"画布"（canvas）上进行绘图。该定义中使用的 ID 创建了一个标识符，用于将 JavaScript 与画布的定义关联起来（通过文档对象模型（Document Object Model，DOM）的定义来实现，DOM 被 Web 程序员用来管理网站中的对象）。

每一个页面可以有多个画布，甚至可以同时包含画布元素与传统图形。

标量图形（scalar graphics）是使用形状、线条和其他几何元素（而不是网格中的点）来绘图的一种方法。HTML5 通过<svg>元素提供了标量图形。由于标量图形图像是使用形状和其他预先定义的元素来绘制的，因此 Web 开发人员和浏览器厂商需要为这些形状以及影响形状和方向的参数，设置一组公共的定义。

<svg>标记需要指向一个 XML 名称空间，该名称空点定义了绘图中使用的图形元素。万维网联盟（W3C）在 http://www.w3.org/2000/svg 上定义了它自己的名称空间，以供 HTML5 标量图形引用：

```
<svg xmlns="http://www.w3.org/2000/svg"></svg>
```

与图形的形状、大小、颜色和方向相关的信息，都可以被放置在<svg>元素的括号之内。更多信息，请访问万维网联盟的标量矢量图形页面：http://www.w3.org/Graphics/SVG/。

17.9.3 HTML5 嵌入式音频和视频

嵌入式视频在 Web 上越来越火。在网上冲浪时，如果单击某个视频链接，则会打开一个类似于电视的小窗口，用来播放视频。尽管视频如今在网站上无处不在，但是视频支持通常都是通过第三方工具（比如 Flash 或 QuickTime）来实现的。在 HTML5 之前，标准的 Web 规范并不支持嵌入式视频。

HTML5 推出了一个新的<video>元素，用于通知浏览器：使用该标记引用的文件是一个视频文件。与此同时，HTML5 对引用的音视频编解码器也提供了直接支持（编解码器主要是提供解码多媒体文件的方法）。如果浏览器知道该文件是视频文件，就可以访问必要的编解码器来播放该文件，而且整个过程可以通过浏览器自身来完成，而不需要额外的第三方应用程序。

HTML5 内置的视频特性会让类似于 Flash（当前用于很多在线动画中）这样的第三方工具无用武之地。

17.9.4 HTML5 地理定位

全球 GPS 卫星系统可以让 GPS 电子设备确定它在标准地理坐标中的当前位置。使用 GPS 设备的旅客可以对他们的位置进行跟踪。在工业界，GPS 工具的使用也非常普遍，中央调度系统可以绘制出送货车和出租车的活动轨迹。而且地理定位功能也被内置在大多数移动手机中，终端用户已经很习惯基于手机设备中内置的 GPS 功能提供的位置数据，利用移动应用程序来确定距离最近的咖啡店或饭馆。

HTML5 的地理定位 API 提供了一种标准的方法，让应用程序查询设备，以获得地理位置的数据。程序员可以使用地理定位 API 来确定设备的位置，而且可以处理其他地理定位数据，以映射到坐标系中或查找去往附近服务场所的路径。

17.9.5 HTML5 语义

HTML5 定义了一些语义概念，这些概念已经在 Internet 社区中得以应用（见本章前面的"语义 Web"一节）。HTML5 通过一系列预先定义的 HTML 元素来使用语义，这一系列元素提供了文本的含义（见表 17.5）。用户可以使用这些元素来标记用于特定目的的文本。

表 17.5　　　　　　　　　　　　　　　　HTML5 语义元素

元　　素	描　　述
<article>	文本的一个区块（section），可以当作一个独立的文章
<aside>	一个侧边栏，其内容与主讨论相关但是又独立于主讨论
<footer>	与区块相关的基本信息，比如作者名字和相关链接
<header>	引导信息和导航信息，比如一个目录

元　素	描　述
`<hgroup>`	一个区块的标题
`<mark>`	为了进行参考而标记的文本
`<nav>`	被设计为一个导航工具的页面块，带有去往文档其他部分的常规链接
`<section>`	文档的一章或者按照其他主题进行的划分
`<time>`	引用日期或时间

注意，与语义 Web 有关的趣事是，你不需要确切地知道用户或应用程序为什么需要这些信息。文本的含义是编码到页面中的，Web 浏览器可以确定如何显示或解释这些信息。

HTML5 规范中包含的另外一个重要的语义概念是微数据。微数据是本章前面讲解的微格式概念的扩展。微数据特性可以让用户构建专业词汇，从而为文本字符串分配含义。与重要主题（比如人员、事件、组织）相关的一些基本词汇之前已经定义（见 http://data-vacabulary.org）。你还可以创建自己的微数据词汇，然后将数据源用作 HTML 内的 URL。

与微格式相同，微数据也采取一系列名称/值对的形式。微数据开发背后的一个驱动力来自于搜索引擎业界。例如，Google 一直在参与标准草案的制定和微数据词汇的定义。它们相信，微数据的广泛使用将会为它们的搜索算法提供额外的信息，从而帮助它们得出更好的结果。

17.10　总结

本章描述了在那著名的 Internet 服务（即通常所说的万维网）背后工作的各个过程，内容包括 Web 的工作方式，以及 HTML 文档和 HTTP 协议。本章还介绍了动态 HTML 和语义 Web 的概念，并讲解了 HTML5 规范提供的一些额外的特性。第 18 章将进一步讲解动态 HTML 和其他 Web 技术。

17.11　问与答

问：哪个 HTML 标记更改文本的颜色？

答：要想更改文本的颜色，请使用带有 color 属性的`<font>`标记：

```
<font color="red"> red text </font>
```

问：哪个 HTML 标记定义了一个超文本链接？

答：对于超文本链接，请使用带有 href 属性的`<a>`标记：

```
<a href="www.ElvisIsDiseased.com">I'm All Shook Up</a>
```

问：为语义 Web 进行编码的优势是什么？

答：语义信息可以让搜索引擎和其他工具解释更为复杂的数据。

17.12　测验

下面的测验由一组问题和练习组成。这些问题旨在测试读者对本章知识的理解程度，而练习旨在为读者提供一个机会来应用本章讲解的概念。在继续学习之前，请先完成这些问题和练习。有关问题的答案，请参见"附录 A"。

17.12.1　问题

1．为什么 HTTP 支持协商阶段？

2．HTML 文档的主要部分是什么？

3．考虑这样一个网站，它包含一个带有书名和价格信息的后端数据库。你应该使用服务器端脚本还是客户端脚本来为用户提供这些信息呢？

4．假定你刚安装了一个新的系统，而且它运行良好，但是当你访问最喜欢的网站并单击一个 PDF 文件时，该文件却没有打开。你如何来解决这个问题呢？

5．RDF 三元组的 3 个组成部分是什么？

6．为什么有些专家觉得 Adobe Flash 以及类似的工具在接下来的几年会丧失影响力？

17.12.2　练习

1．打开一个 Web 浏览器，然后进入一个流行的商业网站。选择浏览器菜单选项，显示网页的源代码。例如，在 Internet Explorer 中，选择 View 菜单，然后选择 Source。在老版本的 Safari 中，选择 View 菜单，然后选择 View Source；在新版本的 Safari 中，选择 Develop 菜单（需要先启用）。在 Firefox 中，在 Firefox Tools 菜单中选择 Web Developer，然后选择 Page Source 或 View Page Source。

这将打开一个单独的窗口，并显示与网页相关的 HTML。你可以从中发现很多本章讲到的元素。查看一些常见的而且带有文本（显示在页面的主视图中）的静态 HTML。查看带有 <h1>、<h2> 或 <h3> 标记的标题。查看带有 <p> 标记的段落。查看超链接。搜索术语 JavaScript，查找 JavaScript 代码。试着确定每一个代码块在已完成的站点视图（显示在浏览器窗口中）上的作用。

2．访问 http://www.microformats.org 站点。在网站顶部的菜单中，单击 code&tools。当进入 code&tools 页面时，选择 hCard creator。它可以让你交互式地生成用于在线名片的微格式代码。在左侧的表格中输入名片信息，微格式代码将会出现在右侧的框中。仔细审视代码，以进一步理解微格式。通过 code&tools 页面，你也可以了解其他微格式类型，比如 hCalendar 或 hReview 微格式。

3．浏览 http://www.html5test.com。该站点可以根据你的浏览器对 HTML5 的支持程度进行打分。滚动页面到子项得分区域，查看你的浏览器对不同 HTML5 特性的支持程度的得分。

17.13 关键术语

复习下列关键术语。

➢ **文档主体**：在 HTML 文档中包含文本的一个部分，这个文本将实际出现在浏览器窗口中。这个主体部分被封装在\<body\>和\</body\>标记之间。

➢ **浏览器**：一种 HTTP 客户端应用程序。大多数现代的浏览器都可以处理其他协议，比如 FTP。

➢ **客户端脚本编程**：一种在客户端计算机（浏览器系统）上执行的脚本。

➢ **CGI（公共网关接口）**：一种程序设计接口，允许设计人员把脚本和程序与某个网页结合在一起。

➢ **地理定位**：在地球上确定地理位置的行为，通常是使用类似于 GPS 的电子设备或手机来实现的。

➢ **文档报头**：HTML 文档的开始部分，包含文档的标题和其他可选参数。这个文档报头部分被封装在\<head\>和\</head\>标记之间。

➢ **超文本链接**：网页的一个突出显示部分。当用户单击这种链接时，浏览器就会转向此 URL 指定的另一个文档或位置。

➢ **HTML（超文本标记语言）**：一种用于构建网页的标记语言。HTML 由文本和描述格式化、链接和图形的专用代码组成。

➢ **HTTP（超文本传输协议）**：用来在服务器和客户端之间传输 HTML 内容的协议。

➢ **微数据**：HTML5 内微格式概念的一种实现。

➢ **微格式**：HTML 文档内的一种语义结构，它定义了一个文本块（比如一张名片或一份处方）的用途，并且将数据部分（比如地址或成分）标记为一些列名称/值对。

➢ **PHP**：一种流行的程序设计语言，用于 Web 开发。

➢ **资源描述框架（RDP）**：一种语义 Web 框架。

➢ **语义 Web**：一组技术，旨在提供有关 Web 数据含义的信息。

➢ **服务器端脚本编程**：一种在服务器系统（Web 服务器）上执行的脚本。

➢ **标记**：一种 HTML 指令。

➢ **XHTML**：一种通过 XML 模式的 HTML 表达方式。

第 18 章

Web 服务

本章介绍如下内容：
> 内容管理系统；
> 对等连网；
> Web 服务；
> XML；
> SOAP；
> WSDL；
> REST；
> Web 交易。

Web 技术已经在软件开发领域引领了一场新的革命。在上一章讲到，简单的 Web 服务器实际上就是一个 HTTP 服务器，它构成了通过 Web 浏览器界面进行访问的应用程序和服务的基础。本章讲解了一些我们每天都要打交道的 Web 应用程序，比如内容管理系统、维基和博客。此外，本章还讲解了强大的 Web 服务架构，这个架构可以让程序开发人员利用 Web 工具执行复杂的任务，这些复杂的任务甚至是 HTML 的创建者所不曾想象到的。本章在最后简单讲解了电子商务网站处理 Web 交易的方式。

学完本章后，你可以：
> 谈论博客（Blog）、维基（Wiki）和社交网站（social networking site）；
> 理解对等网络是如何工作的；
> 讨论 Web 服务架构；
> 理解 XML、SOAP、WSDL 和 REST 在 Web 服务范例（paradigm）中的作用；
> 描述电子商务网站是如何处理货币交易的。

18.1　内容管理系统

在不久的将来，Web 开发人员和用户就发现，将 HTML 标记输入文本文件的这样一个单调乏味的工作，其实是对宝贵人力资源的一种浪费。而且，随着 Web 开发向商业领域的转移，产生了新一代的 Web 设计人员，他们不再是传统的计算机程序员，而应该被看作图形艺术家或编辑。对 Web 开发进行简化，同时将其扩展到非技术专业人员的需求，产生了一组 Web 编辑工具。这些工具掩藏了 HTML 的细节，可以让用户在一个简单的图形界面内操作，从而使开发人员看到的页面就像其最终页面一样。该概念后来被称为 WYSIWYG 编辑界面。这个缩写通常的发音是 wizzy-wig，它代表"所见即所得"（What You See Is What You Get）。换句话说，你可以在这样一个环境中操纵文本、图像和其他特性：这个环境和最终显示给用户的环境很像。

WYSIWYG 概念并没有听上去那样激进，它非常接近于文字处理器所做的事情，而且像 Dreamweaver 这样的 Web 开发工具很早就已经提供了这一特性。事实上，这些 WYSISYG 编辑器在 Web 开发领域已经存在了很长的时间，那么为什么还要在本章对其进行介绍呢？因为它们是向内容管理系统（Content Management System，CMS）这类新工具进化的一个合理步骤。

像 Dreamweaver 这样的 Web 编辑器可以让用户在图形界面中构建内容，然后将结果输出到一个 HTML 文件（以及其他支持文件）中。开发人员然后获得 Web 编辑器工具生成的基于 HTML 的内容，并且像发布其他 HTML 文件那样，将其发布到 Web 服务器。

活力四射、创意无限的编程社区"居民"不久之后意识到，他们可以将该过程进一步自动化。下一个必然步骤是将 Web 内容的生成与向 Web 访客发布和提供信息的实际过程合并起来。也就是说，他们希望找到一种方法将这个基于 GUI 的设计界面与 Web 服务器进行连接，这样通过使用同一个工具，就可以创建内容，并将其发布到该工具的实时 Web 服务器上。与此同时，开发人员还使用了另外一些 Web 服务技术（这些技术将在下一章讲到），这些技术带有后端数据库以及其他数据管理特性。带有后端服务的 Web 服务器与 WYSIWYG 用户界面的会聚，产生了 CMS，而且 CMS 现在是在商业 Web 服务器上管理内容的一种最常用的方法。

从本质上讲，CMS 是 Web 服务器的扩展。它通常运行在 Web 服务器所在的机器上，而且用户通过远程客户端工作站上的 Web 接口与它进行交互。通过 CMS 管理的 Web 内容作为属性值系统进行存储和管理，这种存储和管理是通过可扩展标记语言（XML）或其他形式的后端数据库实现的（见图 18.1）。

CMS 界面通常内置在标准的服务器端 Web 脚本组件中，它是使用 PHP、Perl、Java 或 ASP.NET 语言实现的。如今使用的 CMS 应用程序包括像 Drupal 和 WordPress 这样的免费工具，也有像 Microsoft SharePoint 这样的专有应用程序。

一个好的 CMS 可以处理大量的 Web 场景，当 Web 内容包含遵循标准模式的多个实例时，比如博客，或者是每一个条目都包含一组预定义元素（标题、作者、描述、主体等）的网络杂志，CMS 系统可以发挥其最大作用。

图 18.1

运行在 Web 服务器之上的 CMS，它提供了一个友好的配置界面，而且内容数据通常存储在后端数据库中，或以 XML 的形式存储

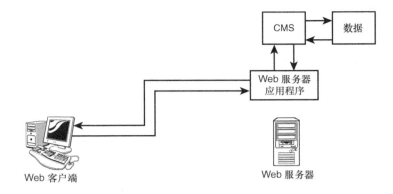

除了提供一个用于管理和发布内容的简单界面之外，许多 CMS 工具还提供了标准的 Web 设计模板和组件，这使用户在无需单独创建每一个元素的情况下，就可以轻松创建出一个自定义的外观。

18.2　社交化网络

尽管社交化网络现象已经成为一个相当宽泛的话题，它涉及的技术和工具也相当宽泛，而且甚至偏离了 TCP/IP 的基本主题，但是仍然有必要指出，像 Facebook 这样的社交化网络站点代表了 CMS 概念的进一步演化。Facebook 以及与之相似的其他形态将 CMS 和 Web 观看体验融合到一个单一的工具中。

Facebook 页面的拥有者可以登录到一个安全空间，这个安全空间的界面充当 CMS，可以让拥有者输入文本和张贴图片，以供访客查看。其理念是将与用户相关的一组属性存储在数据库中，当有人请求页面时，运行在服务器上的软件将特定用户的数据与定义了站点结构的通用模板相融合，从而形成供访客查看的页面。

对查看页面的用户来说，页面虽然有独特的 Facebook 外观，但是看起来就像一个普通的站点。其他技术（比如在线聊天）创建了一个丰富的用户体验，但是在所有的应用层以及 API 之下，Facebook 页面仍然是一个 Web 应用程序，其中 Web 服务器和基于浏览器的客户端通过 HTTP 来通信。

18.3　博客和维基

博客（Blog）的英文全名为 weblog（网络日志），是一种电子杂志或者在线日志，其中新故事被添加到顶部，而较老的故事则在一个垂直列表中向下滚动。博客按照时间顺序排列滚动的特性，给人的印象是它一直在发展变化，因此能吸引读者再次访问。从本质上讲，一些写博客的人就是在记在线日记，但是评论员、记者和公司发言人也在使用这种形式。许多博客，例如 Slashdot.org 站点，都是查看高科技新闻和评论的好地方（见图 18.2）。

大多数博客其实是 CMS 的一种特殊形式，而且许多标准的 CMS 工具提供了内置的博客编写支持。Slashdot 使用的博客编写软件是一种被称为 Slash 的工具，它实际上是一个开源的应用程序，可以通过 SourceForge 站点免费下载。Microsoft 公司提供了 Windows Live Writer

桌面端博客编写应用程序。

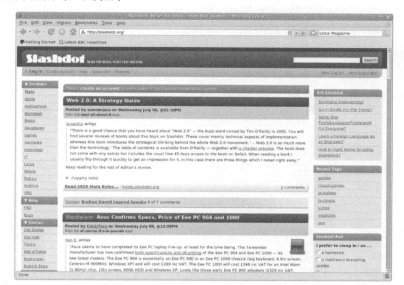

图 18.2

Slashdot.org 是一
个流行的博客站点

研究博客是如何工作的一种方法，是查看发送到客户端的源代码。大多数 Web 浏览器都提供查看与 Web 文档相关的源代码的特性。在 Slashdot 这个示例中，可以发现，不同的新条目都是通过一系列嵌套的 HTML <div>标记创建的。<div>标记表示文档内的一个部分或节。从浏览器查看到的代码是已经到达客户端的完成了的 HTML 代码。在服务器端，应用程序或脚本（在 Slashdot 这个示例中，就是 Slash 程序）生成代码，根据与新闻故事相关的数据记录，为故事标题、描述、介绍、图像等元素插入属性值。

维基是一种充当轻松协作和信息共享空间的网站。维基的出发点是为用户提供一个张贴评论、文档和其他重要信息的位置。在理论上，维基是很容易扩展的。用户可以轻松地创建新的页面，并将它们链接到现有页面。一些维基还提供版本控制，这意味着可以分别跟踪不同用户的编辑修改。

世界上最大的维基是巨大的在线百科全书 Wikipedia（见图 18.3）。维基百科用户可以张贴他们自己的条目，而且可以编辑现有条目（单击 Wikipedia 菜单中的 Recent Changes 链接，可查看对某一条目的更改）。

维基被公司和其他组织广泛用作编制计划、协调工作和组织文档的一种手段。MediaWiki（Wikipedia 站点上使用的软件）是一种可免费获得的开源应用程序。

虽然维基系统的设计可以千变万化，但是你可以把一个维基页面或者条目（例如 Wikipedia 中的一个条目）当作分派给标准属性的一组属性值。一个 XML 模式或类似的数据结构可能定义一系列与该条目相关的值，如下所示。

➢ **Title**：该条目的标题。

➢ **Category**：该条目按照主题的层次分类。

➢ **Language**：编写该条目的语言。

➢ **Contents**：与该条目相关的完整 HTML 代码。

图 18.3

Wikipedia 是一个任
何人都可以编辑的
巨大维基站点

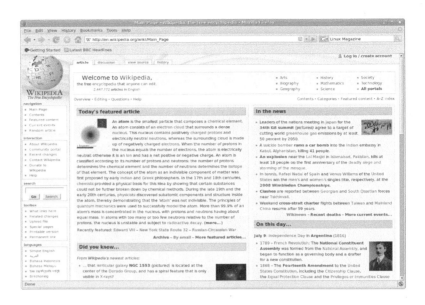

　　通过扩展这个结构，还可以跟踪对文本的修订。当对页面进行请求时，这些数据与布局
标记和其他格式信息合在一起，形成出现在浏览器中的代码。

18.4　对等网络

　　有一种被称为对等连网（P2P，peer-to-peer）的新的信息共享技术，逐渐形成于 Internet
音乐共享团体（例如 Napster）。对等连网这个术语实际上取自 LAN 网络上的有关配置，在那
里，服务是分散的，而且每一台计算机都既充当客户端又充当服务器。Internet 对等连网形式
允许整个网络里的计算机在数据共享团体中分享数据。换句话说，数据并不是来自单台服务
大量客户端请求的 Web 服务器；相反，数据保留在整个团体的普通 PC 上。

　　如果你已经仔细阅读过本书，那么可能会奇怪，刚才描述的这个对等连网场景与普通的
联网有何不同呢？其实，上一段中所要表达的就是，每一个对等体（peer）必须能够既充当
客户端（请求数据）又充当服务器（满足请求）。简短的回答是，在连接建立之后，对等连网
就是普通的连网。较长的回答是，这就是为什么对等连网被认为是有点革命性的原因。

　　多样性是 Internet 的创建目标之一，而且从理论上讲，任意一台能够连接到 Internet 的计
算机，都可以与其他任何连接到 Internet 并装有必要服务的兼容计算机建立一个连接。不过
要考虑到普通 PC 并不总是开着。同时还要考虑到，绝大多数连接到 Internet 的计算机都没有
永久性的 IP 地址，而是通过 DHCP 接收一个动态地址（见第 12 章）。在传统的 TCP/IP 网络
上，其他计算机不可能知道如何联系一台没有永久性 IP 地址或域名的计算机。

　　对等连网技术的设计人员知道，在解决这些问题之前，他们无法实现一个多元化的音乐
共享团体。他们的解决方案是提供一台中央服务器，用于分配客户端随后可以用来相互建立
连接的连接信息。如图 18.4 所示，计算机 A 的用户登录到 Internet。该用户计算机上的客户
端软件告诉服务器这个用户来了。服务器记录客户端的 IP 地址以及该客户端已经提供给所在
团体的所有文件。计算机 B 上的一个用户连接到服务器，并发现计算机 A 上有一个所需的文

件。服务器向计算机 B 提供联系计算机 A 所必需的信息。计算机 B 联系计算机 A，建立一个直接的连接，然后下载所需的文件。

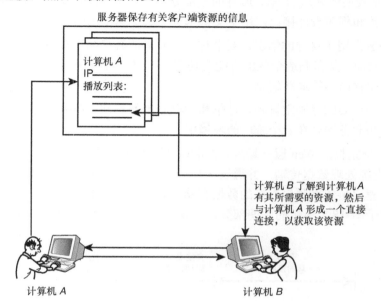

服务器保存有关客户端资源的信息

计算机 A
IP___
播放列表:

计算机 A

计算机 B

计算机 B 了解到计算机 A
有其所需要的资源，然后
与计算机 A 形成一个直接
连接，以获取该资源

图 18.4

一台对等连网计算机注册其地址以及其资源列表，其他计算机接着通过直接连接来访问那些资源

对等连网团体的最大优点是，请求所需的 IP 地址以及建立相应连接的细节，都是在客户端软件中处理的。用户停留在对等连网应用程序的用户界面中，不必知道任何有关连网的事情。

对等连网已经遭到抨击，但并不是因为其技术的不足，而是因为法律原因。对于 P2P 的发展来说，它受到抨击的一个理由就是，它使得受版权保护的素材更容易被非法交换且难以跟踪。

18.5　理解 Web 服务

当前，几乎每一台计算机都带有 Web 浏览器，而且 Web 服务器也已家喻户晓，有远见卓识的人和软件开发商已很难发明出新的方式来使用 Web 工具。在过去，程序员想要编写网络应用程序，必须为用来交换信息的那两个应用程序创建自定义的服务器程序、自定义的客户端程序和自定义的语法或格式。编写整个软件，需要耗费大量的时间和精力，但是随着计算机网络的日益重要，数据集成和集中管理的目标推动了对客户端/服务器应用程序的需求。网络程序接口当然存在，否则本书中所描述的许多经典应用程序就不会得到发展了，但是，网络程序设计通常在这样的网络接口处需要数量巨大且成本较高的编码。

后来逐渐出现的一种比较简单的解决方案是以现有的 Web 工具、技术和协议为基础，来创建自定义的网络应用程序。这种方法就是 Web 服务架构，大型公司（比如 IBM 和 Microsoft 等公司）以及世界各地的开源拥护者和开发工具厂商们都支持它。

Web 服务架构的理念是，Web 浏览器、Web 服务器和 TCP/IP 协议栈处理连网的细节，从而使程序员可以专注于应用程序的细节。最近几年，这项技术已经发展到远不再是 Web 作为全球性 Internet 一种表现形式的最初版本了。这一 Web 服务架构现在已被当作构建各类网络应用程序的一种方法，而不管相应的应用程序是否实际连接到 Internet。大型实力派软件厂商已经在构建组件基础结构来支持这一 Web 服务方面投入了大量的资源。

HTTP 传输系统只是我们所知道的 Web 服务的一部分。同样重要的是组件架构的交付，它们提供现成的类、函数和程序设计接口，用于支持基于 Web 环境内的工作。

Web 服务应用程序通常用于这样的情况：要求有一个简单的客户端连接到维护库存清单或处理订单的服务器。例如，某家制造企业就可能会使用一个 Web 服务程序来提交订单、跟踪交付情况和维护有关库存内容的最新信息。

几乎所有大型公司都需要跟踪固定设备、订单和库存清单的软件。Web 服务框架可以很好地把完全不同的服务和业务聚合在一个统一的环境中。

图 18.5 显示的是一个完整的 Web 服务场景。在前端（图 18.5 的左侧），程序员可以利用预先存在的 Web 基础设施处理数据传输，并通过客户端计算机上的 Web 浏览器应用程序提供用户界面。在后端，程序员依靠预先存在的数据存储系统（由一个 SQL 数据库提供）。这样，程序员就可以专注于图 18.5 所示的中间部分，而现成的 Web 服务平台组件可以更进一步简化程序设计任务。

图 18.5

Web 服务程序设计
模型

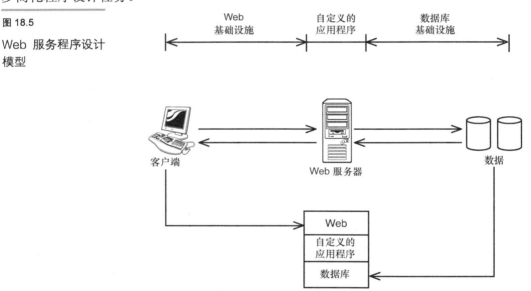

数据以一种标准的标记格式（通常是 XML）在 Web 服务系统的各个组件之间传输。但是，现在其他替代技术（比如 JavaScript 对象表示法 [JavaScript Object Notation，JSON]）也开始逐渐流行起来。

XML 是一种高效且通用的方法，用于为属性赋值。强大的 Web 服务范例已经带来了很多创新和发展。专家们很快就认识到，如果系统可以使用 XML 格式在网络上实际调用服务或生成响应，那么它们将会表现得更棒。简单对象访问协议（Simple Object Access Protocol，SOAP）提供了一种标准的方法，用于在 Web 服务进程之间传输基于 XML 的数据。SOAP 同时描述了如何利用 XML 和 HTTP 来调用远程过程。本章后面会讲到，SOAP 消息在通过 Web 服务描述语言（Web Services Description Language，WSDL）定义的网络服务之间传递。

其他专家提倡另外一种回归本源的方法（back-to-basics approach），这是一种精心设计的系统，可以通过标准的 HTTP 命令来操作。表述性状态转移（Representational State Transfer，

REST）架构反映了这种简化设计的重点。

18.6 XML

在用户、软件厂商和 Web 设计人员习惯 HTML 之后，他们就开始提出了更高的要求。随着服务器端和客户端程序设计技术的发展，许多专家都想知道，是否能有一种方式来扩展呆板的 HTML 标记系统。他们的目标是，突破标记语言作为一种格式化文本和图形的手段的概念，而将该语言只用作一种传输数据的手段。这一讨论的结果，就是一种新的被称为可扩展标记语言（XML）出现了。

HTML 数据的含义和上下文关系被限制在你可以使用一组预定义的 HTML 标记所能表示的范围内。如果数据被封装在<h1>标记内，则被认为是一个标题。如果数据被封装在<a>标记内，则被认为是一个链接。而 XML 则从另一个角度出发，允许用户定义他们自己的元素。数据可以表示你希望它表示的任何意思，而且你可以创造出准备用来标识数据的标记。例如，如果你关注赛马，则可以利用有关你所喜爱的马匹的信息，创建一个 XML 文件。该文件可以包含这样的条目：

```
<horses>
    <horse_name="winky" breed="Thoroughbred">
        <sex="male" />
        <age="3" />
    </horse>
    <horse_name="Goddess" breed="Arabian">
        <sex="female" />
        <age="3" />
    </horse>
    <horse_name=""Gecko" breed="Uncertain">
        <sex="male" />
        <age="14" />
    </horse>
</horses>
```

XML 格式看上去与 HTML 有点相像，但是它当然不是 HTML（你能想象如果你试图把<horse_name>用作一个 HTML 标记，你的浏览器会变得慢到什么程度吗）。在 XML 中，你可以使用希望使用的任何标记，因为你并不像 Web 浏览器那样为某些严格预定义的特定应用程序准备数据。数据就是数据。这里的理念是，不管是谁创建了当前文件的结构，他稍后会创建一个应用程序或样式表读取该文件，并理解其中数据的含义。

一个独立的文档包含 XML 模式（schema）（用来格式化和解释 XML 数据的路标）。模式文档的出现使得人们可以轻松地验证 XML 数据的有效性，而且可以轻松创建能够分析和处理 XML 数据的新的客户端应用程序。

XML 是一种功能非常强大的工具，用于在应用程序之间传递数据。脚本或自编应用程序很容易创建 XML 作为输出，或者是把 XML 作为输入进行读取。尽管浏览器不能直接阅读 XML，但是 XML 在 Web 上的应用仍然十分广泛。在某些情况下，XML 数据在服务器端生成，然后在传输给浏览器之前转换为便于显示的 HTML。另一种技巧是提供一个称为层叠式样式表

（Cascading Style Sheet，CSS）的附带文件，告知如何解释和显示 XML 数据。然而，XML 并不限于 Web 应用。程序员们正将 XML 用于要求一种简便格式来为属性赋值的其他语境。

XML 现在已远不止于作为一种普通的 Web 格式来存储和传输数据。只要编写 XML 数据的应用程序和读取相应数据的应用程序在元素的含义方面达成一致，数据就可以借助 XML 奇迹般的特性，在这两个应用程序之间轻松并且高效地传递了。

XML 通常被称为"用于创建标记语言的标记语言"。

> **By the Way**
>
> **注意：模式**
>
> 　　术语"模式"有时会与用来提供 XML 架构的大量模式语言一并使用。W3C 也提供了一份称为 XML 模式语言的正式规范，它可以用来创建兼容 W3C 的 XML 模式文档（XML Schema Document，XSD）模式文件，该文件的扩展名为.xsd。

18.7　SOAP

XML 定义了一种用来交换应用程序数据的通用格式。然而，这种通用的 XML 规范尚不足以单独为开发人员提供创建易于使用的一流 Web 服务所需的基础结构。尽管 XML 为读写程序数据提供了一种高效的格式，但是它本身并没有为构建和解释相应的数据提供标准格式。SOAP 规范则充当了这个角色。它是一种标准协议，用来交换在 Web 服务客户端和服务器之间传递的基于 XML 的消息。

SOAP 旨在支持所谓的 SOAP 节点之间的通信（SOAP 节点主要是支持 SOAP 的计算机或者是应用程序）。SOAP 规范定义了从 SOAP 发送者传递到 SOAP 接收者的消息结构。该消息沿途可能会经过以某种方式处理其中信息的中间节点（见图 18.6）。中间节点可能会提供日志记录功能，也可能会在所传递的消息一路到达其最终目的地的过程中以某种方式修改它。

图 18.6

SOAP 消息从发送者传递到接收者，而且可能会经过中间节点

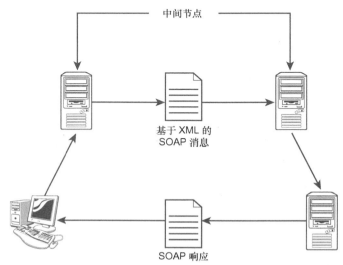

从概念上来讲，来自客户端的一条 SOAP 消息会说："这是某种输入。处理它，并将输出发送给我。"应用程序的功能衍生自一连串这种基于 XML 的 SOAP 消息，发送端和接收端

在其中发送信息和接收响应。SOAP 消息的正规结构使得软件开发人员能够轻松创建基于 SOAP 的客户端应用程序，与服务器进行相互。例如，一家通过基于 Web 的服务器应用程序提供汽车租赁预约的租赁公司，可以轻松地为开发人员提供规范，以便编写一个自定义的客户端应用程序，能够连接到服务器并预约汽车。

SOAP 消息的结构由一个可选的报头和一个消息主体组成。报头包含标注、定义以及将被消息沿途任意节点使用的元消息。消息主体包括打算供该消息接收者所使用的数据。例如，在前面的汽车预约服务中，消息主体就可能包含来自客户端的数据，描述客户想要租借的汽车，以及该车可以使用的日期。

18.8　WSDL

Web 服务描述语言（Web Services Description Language，WSDL）提供了一种 XML 格式，用于描述与 Web 服务应用程序相关的服务。根据 W3C 的 WSDL 规范，"WSDL 是一种用于描述网络服务的 XML 格式，它将网络服务描述为一组能对包含面向文档信息或面向过程信息的消息进行操作的端点（endpoint）。"WSDL 是一种用来定义通过 SOAP 消息交换信息的服务的格式。

WSDL 文档主要是一组定义。文档中的那些定义指定了有关被传输数据和与该数据相关的操作的信息，以及与相应服务和服务位置相关的其他数据。

WSDL 并不限于 SOAP，可以和其他 Web 服务通信协议一同使用。在某些情况下，WSDL 直接与 HTTP 一同使用，以便简化设计，并在 HTTP 核心处将动作限定为更加基础的 GET 和 POST 操作。

18.9　Web 服务协议栈

有了 XML、SOAP、WSDL 以及 TCP/IP 和 Web 服务框架的基础组件，开发人员就可以轻松地创建出大小适度且简单易懂的客户端和服务器应用程序，并通过 Web 界面进行通信。类似 TCP/IP 本身，Web 服务环境也是由一堆组件组成。主要软件厂商都有他们自己的 Web 服务协议栈，供客户使用。完整的系统包括服务器软件、开发人员工具甚至提供给客户的计算机硬件，还包括咨询服务以及偶尔会定制的应用程序。

Linux 厂商和开发人员经常谈论 LAMP 协议栈，那是一个开源组件集，可以轻松地针对 Web 服务环境进行修改。LAMP 这个著名的首字母缩写词，清楚地说明了该协议栈的主要组成部分。

➢ **Linux**：一种支持服务器应用程序在服务器系统上运行的操作系统。

➢ **Apache**：一种提供基于 XML 的 SOAP 消息的 Web 服务器。

➢ **MySQL**：一种提供对后端数据服务访问的数据库系统。

➢ **PHP（或者是 Perl 或 Python）**：一种用于 Web 的程序设计语言，用来编码自定义 Web 服务应用程序的细节。

专有的 Web 服务基础结构提供了相似的特性。Java 程序设计语言经常与 Web 服务一同使用。Microsoft 公司通过.NET 框架的工具提供与 Java 相当的功能。

18.10 REST

强大的 XML 和客户端/服务器模型导致各种共享请求和传输数据的应用程序层出不穷，从而使得自定义的服务器能够为自定义的客户端传递任何格式的自定义信息。但是，当开发人员开始构建 Web 服务应用程序时，他们发现客户端和服务器之间存在的那种复杂而且高度专业化的非标准交互会产生大量问题。例如，开发人员很难编写出那种必须具备服务器相关的方法和结构等专业知识的客户端应用程序（而且开发人员也很难将其移植到其他平台）。从另一方面来说，服务器必须通过一系列状态的变化，才能与客户端进行复杂的多级交互，而且这些状态的变化可能会导致并发问题和意料之外的问题。近年来，开发人员已经选定了一个名为表述性状态转移（REST）的设计理念来解决这些问题。

REST 实际上是在 HTTP 1.1 的时代被开发出来的。REST 的概念于 2000 年由 Roy Fielding 在他的博士论文"架构风格与基于网络的软件架构设计"（Architectural Styles and the Design of Network-based Software Architectures）中首次定义。在近年来，REST 日渐流行，现在已经成为在几百万个本地 Web 应用程序和几千个世界级的大流量网站中使用的主导原则。

与 SOAP 不同，REST 自身并不是一种协议；它是一种用来创建简单、整洁和可移植的基于 Web 的应用程序的设计理念。REST 系统将通信过程归结为下面几个基本的元素。

➢ **资源**：请求的目标（客户端想要的东西）。它可以是一个网页、一个数据库记录，也可以是其他编程对象。

➢ **资源标识符**：一个对资源命名的 URI。

➢ **表示**：来自服务器的响应，用于传输精巧的（finished）格式中的资源。注意，资源没有必要存储到要发送给客户端的表属性表格（representational form）中。对象可以在服务器端动态地组装到发送给客户端的表属性表格中。

By the Way

> **注意**：元数据
> 除了主要的 REST 元素（资源、资源标识符和表示）之外，还有很多其他形式的资源和表述性元数据可以与消息一起传输，以阐明数据的性质。

REST 系统的重要组成部分是，客户端不会告诉服务器去做什么，而是告诉服务器"它（客户端）想要什么"。REST 摒弃了传统意义上的 API（即客户端调用服务器上的进程）。相反，客户端只是以 URI 的形式发送一个资源标识符，以指明它想添加、查看或者修改的资源，并在 URI 的主体内提供必要的信息来完成该请求。

通过一个基本的 REST 请求来指定的唯一行为是一个标准的 HTTP 方法。

➢ **GET**：从服务器获取资源。

➢ **PUT**：直接创建或修改资源。

➢ **POST**：向服务器提交数据，以修改资源。

➢ **HEAD**：获取与资源相关的元数据。

➢ **DELETE**：删除资源。

通过将可用的方法局限在标准的 HTTP 请求（所有的 Web 程序员都了解这些标准的 HTTP 请求，而且这些请求都可用于所有的 Web 服务器）中，可以进一步简化 REST 系统，并确保可移植性。

POST 和 PUT 命令之间的区别值得我们进行思考。虽然 PUT 将替换整个资源内容，但 PUT 只是将信息提交给服务器，以用于更新资源，而且不会假定更新发生的方式（见图 18.7）。PUT 通常被称为等幂的（idempotent），也就是说，无论该命令执行多少次，相同的行为必定产生相同的结果。而 POST 则无法保证这样的结果。例如，POST 命令可能会在一个文档的末尾添加一行文本，当多次执行该命令时，其输出每次都不相同，因为你每执行一次该命令，就会添加一行文本。REST 设计原则强调尽可能地使用等幂的方法，但是在必要的情况下，也会使用 POST 方法。这种对等幂操作的强调是 REST 系统的一个定义的特性（defining feature）。例如，基于 SOAP 的系统往往会广泛使用非等幂的 POST 操作，就最小化数据传输和网络带宽而言，这种操作方式的效率很高。出于简洁性和清晰度考虑，REST 进行了权威性的声明，但是这样会以偶尔牺牲掉边际性能优势为代价。

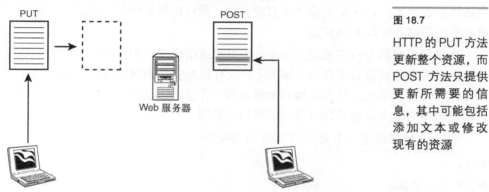

图 18.7

HTTP 的 PUT 方法更新整个资源，而 POST 方法只提供更新所需要的信息，其中可能包括添加文本或修改现有的资源

尽管 REST 服务有时支持 JSON 和普通的 HTML，但是传输到服务器的数据通常是 XML 格式的。理想情况下，从服务器返回的数据位于表述性表单中，该表单通常是 HTML 格式或 Web 浏览器可以轻易处理的其他格式。

读者可能已经猜到，REST 系统中主要关注的是 URI 的结构。URI 是分层次的，而且指向的是对象（资源）。当然，URI 的中间层可以指向一组对象。此时，REST URI 的结构看起来通常与目录路径的结构相似，都是遍历一系列更精细（ever-more granular）的容器或集合，到达位于字符串末尾的记录 ID。该方法似乎是显而易见的（因为 URI 最初的目的就是沿着一条目录路径向下，最终指向一个文件），但是这种回归本源的方法却与 Web 服务模型中的其他发展形成鲜明对比，在后者中，URI 中包含复杂的命令字符串，并将该字符串发送给服务器，以获得执行。

除了提供简洁性和可移植性之外，REST 模型还提供了更好的、更统一的安全措施，因为它屏蔽了服务器中的所有的服务器操作，并让该操作远离了接口。另外一种通过 URI 将命令传输给服务器的技术，在 Web 服务的早期很常见，它属于入侵技术的一种，但是不容易穿透安全而且设计良好的 REST 系统。因此，高流量的站点（比如 Amazon、eBay 和 YouTube）使用 REST 设计原则也就不奇怪了。

> **By the Way**
>
> **注意：** REST 风格
>
> 围绕着 REST 范例设计的网站、服务或开发框架都是具有 REST 风格（RESTful）的。

18.11 电子商务

电子商务站点不必按照本章前面所描述的 Web 服务范例来实现；不过，它仍有可能使用某些 Web 服务技术，尤其是在后端。借助于 Web 工具将应用程序和组件组合在一起的一个引人注目的例子就是电子商务。

供货商和广告商早就开始注意到，Web 是一种促使人们购物的绝好方式。众所周知，许多网站看上去就像是又长又复杂的广告。虽然不去管那些大肆宣传，它们已足以使得任何人都不相信其设计的有效性，但事实上，Web 仍是一种方便并且划算的购物方式。供货商不必再通过直接邮寄广告来发送成千上万份目录，而可以简单地把产品目录张贴到 Web 上，让消费者通过搜索和链接来找到它。

在供货商解决与在开放式的 Internet 上发送信用卡信息相关的安全问题之前，Web 上的购买业务其实并没有真正开始。事实上，没有那些安全的网络技术，Internet 销售甚至不会成为可能。目前，绝大多数浏览器都能够开辟一个安全的通信通道，并连接到服务器。这种安全通道使得网络大盗无法窃听密码或信用卡信息。

图 18.8 显示的是一个典型的 Web 交易场景。

图 18.8

典型的 Web 交易场景

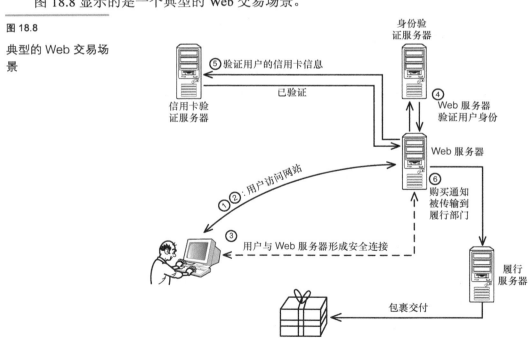

1. 一台 Web 服务器提供一个可以从 Web 访问的在线产品目录。一名用户通过 Internet 从一个远程位置浏览这些产品信息。

2. 该用户决定购买一个产品，并单击了相应网页上的"购买此产品"链接。

3. 服务器和浏览器建立一个安全的连接（有关安全通信技术的细节，请见第 19 章）。在这时，浏览器有时会显示一则消息，内容类似"你现在正进入一个安全区域……"。不同浏览器有不同的方法来表示这是一个安全连接。

4. 在上述连接建立之后，通常紧接着会是某种形式的身份验证。在一些交易站点上，购物者会与供货商确立某种形式的用户账户。这一方面是出于安全考虑，另一方面是为了方便（那样用户就可以跟踪购买的状态了）。用户账户信息同时使得供货商能够跟踪用户的行为，并将用户的个人信息与购买历史联系在一起。这个登录步骤要求 Web 服务器联系某种后端数据库服务器，建立一个新的账户或者是检查提交的证明信息以登录某个现有账户。最近，另外一种方法逐渐流行开来，它可以在不需要登录的情况下，直接在会话内提供信用信息。

5. 在用户登录之后，服务器（或者是在服务器后端工作的某个应用程序）必须核实信用卡信息，并且与某一信用卡权力机构登记相应的交易，其中信用卡权力机构负责监管与执行和验证信用卡信息相关的任务（通常被称为支付网关）。信用卡权力机构通常是一个商业服务。

6. 如果该交易被认可，购买和投递信息的通知就会被传输到供货商的履行部门，而交易应用程序则会管理用户确认的此次购买的最终详细资料，并更新该用户的账户资料。

操作系统厂商（例如 Oracle、IBM 和 Microsoft 公司）提供交易服务器应用程序，来帮助完成通过 Web 处理订单的重要任务。因为 Web 交易非常特殊，而且它们需要有一个接口与供货商网络上的现有应用程序交互，所以应用程序框架通常提供专用工具来帮助完成构建交易基础结构的任务。

请注意，图 18.8 在交易基础结构内省略了防火墙的作用。大型商业网络可能会在 Web 服务器之后包括一个防火墙，以保护其网络，并在 Web 服务器之前放置另一个防火墙，阻止某些流量，但让服务器接受 Web 请求。而且，在高容量网站上，你很可能会发现有一组 Web 服务器在分担负载，而不只是一台服务器。

从 Web 服务器到后端服务器的连接，可以穿过一个受保护的内部网络。此外，到后端的连接，也可以通过一条与主网络分开的专用线路。信用卡验证服务器通常是由另外一家公司提供的一项远距离服务，需要通过一个安全的 Internet 连接进行访问。

18.12 小结

Web 工具为许多种应用程序开发提供了一个背景。除了简单的网页和 Web 表单外，开发人员正在把安排预约、跟踪库存和处理购货订单的复杂应用程序装配在一起。本章讲解了一些常见的 Web 应用程序，并描述了 Web 服务范例核心处的一些技术。读者在本章学习了内容管理系统、博客、维基和对等网络，还学习了 Web 服务基础结构及其重要性。本章还讨论了 3 个重要的 Web 服务组件：XML、SOAP 和 WSDL，并讲解了 REST Web 服务架构。最后，本章还简要介绍了 Web 交易的结构。

18.13 问与答

问：为什么使用维基而不使用传统的网站？

答：维基易于扩展和修改，而且它支持协同作业。许多维基都有内置的版本控制系统，可以用于跟踪不同用户的修订。

问：与传统的客户端/服务器程序设计相比，Web 服务模型有何优点？

答：Web 服务模型旨在集成绝大多数网络上已有的标准组件（例如 Web 服务器和 Web 浏览器应用程序）。

问：为什么 Web 服务模型基于 XML，而不是 HTML？

答：HTML 是一组预先定义的标记，是一种专门用于网页的标记语言。而 XML 几乎能够毫无限制地定义新元素和为变量赋值。

问：既然无数厂商都有他们自己的语言和组件来支持 Web 服务，那么像 SOAP 和 WSDL 这样的统一标准有什么益处呢？

答：像 SOAP 和 WSDL 这样的标准可以提供一种通用格式，从而使得针对不同厂商环境编写的组件可以轻松地相互作用。

18.14 测验

下面的测验由一组问题和练习组成。这些问题旨在测试读者对本章知识的理解程度，而练习旨在为读者提供一个机会来应用本章讲解的概念。在继续学习之前，请先完成这些问题和练习。有关问题的答案，请参见"附录 A"。

18.14.1 问题

1. 为什么通常使用 Web 浏览器来访问 CMS 工具？
2. 对等网络的显著特征是什么？
3. 什么是 XML 模式？
4. HTTP PUT 和 POST 方法的区别是什么？
5. 为什么 REST 格外看重 PUT？
6. 为什么很多专家觉得 REST 要比其他类似的 Web 服务架构更安全呢？

18.15 关键术语

复习下列关键术语。

➢ **博客：**一种在垂直滚动消息队列中张贴定期更新条目或新条目的网站。

➢ **内容管理系统（CMS）：**一款基于 GUI 的工具，它为构建和管理站点提供了一个易于使用的界面。

➢ **LAMP**：一种开源的 Web 服务协议栈，由 Linux 操作系统、Apache Web 服务器、MySQL 数据库系统和 3 种"P"打头的程序设计语言之一（PHP、Perl 或 Python）组成。

➢ **对等连网（P2P）**：一种为了共享文件而在 Internet 用户之间建立直接连接的系统。

➢ **表述性状态转移（REST）**：一种用于构建简单和可移植的 Web 应用程序的设计理念。

➢ **SOAP**：一种针对 Web 应用程序的消息交换协议。

➢ **Web 服务架构**：一个用来围绕 Web 组件构建自定义网络应用程序的范例。

➢ **WSDL（Web 服务描述语言）**：用来描述网络服务的一种基于 XML 的格式。

➢ **维基**：一种可以轻松编辑的交互式网站，用于支持协同工作。

➢ **WYSIWYG（所见即所得）**：一种可以像在用户面前呈现的那样显示页面的编辑工具。

➢ **XML（可扩展标记语言）**：一种用来在 Web 服务应用程序中定义和传输程序数据的标记语言。

第19章

加密、跟踪和隐私

本章介绍如下内容：
- ➢ 加密；
- ➢ 数字签名；
- ➢ VPN；
- ➢ Kerberos；
- ➢ 网络跟踪；
- ➢ cookie；
- ➢ 匿名网络。

Internet 是一个开放的广袤之地，攻击者、窃听者、广告商和间谍有许多理由来件事你的所做作为。让入侵者远离你的网络只是安全挑战的一方面。本章讲解加密技术如何与 Internet 协议一并使用，以保护传输中的数据，并向远程用户验证你的身份。

尽管您不是电影明星，也不是企业大亨，但是依然要为你的隐私考虑。在如今的 Internet 中，即便是普通的上网行为，也会导致一些重要的数据被他人收集起来。你还将学习网络跟踪、浏览器 cookie 和匿名网络等相关的知识。

学完本章后，你可以：
- ➢ 解释对称加密和非对称加密之间的区别；
- ➢ 解释数字证书；
- ➢ 描述在网络上进行跟踪的几种常见方法；
- ➢ 知道什么是匿名网络以及它是如何工作的。

19.1 加密和保密

截获和读取通过某一公用网络传输的无保护的数据包，是一件很容易的事。在某些情况下，这些数据可能包含用户信息或密码信息。在其他情况下，该数据可能包含您不希望其他人看到的其他敏感信息，例如信用卡号码或者公司机密。事实是，即使数据并不特别涉密，许多用户也无可非议地对窃听者可能会偷听到他们的电子通信而感到不舒服。

下面将讨论的安全方法会让网络更加隐秘。这其中的许多方法都使用了一种称为加密的概念。加密是指系统地改变数据，使得未授权用户无法读取它的过程。数据由发送方加密。然后，该数据以不可读的编码形式在网络上传输。接收方计算机接着解密和读取该数据。

实际上，加密根本不需要计算机。加密方法已经有几个世纪的历史了。在人们编写密信的时候，他们就已开始寻找标记或诀窍来保护那些消息的秘密。不过，在计算机时代，加密已变得更加复杂，因为用计算机可以轻松地处理数量惊人的杂乱数字。绝大多数计算机加密算法产生自对大量质数的处理。由于这些算法本身完全属于数学领域，因此毫不夸张地说，绝大多数创建和部署加密算法的专家，都有计算机科学或数学专业的研究生学位。

加密几乎是所有 TCP/IP 安全措施的重要基础。下面几个小节将讨论一些重要的加密概念。在阅读本章其余部分时，一定要记住安全基础设施实际上有多个目的，而且安全方法必须满足多种需求。本节先讨论了机密性的目的（保守数据的秘密）。安全系统还必须满足如下需求。

➢ **身份验证**：确保数据来自于产生它的源头。
➢ **完整性**：确保数据在传输过程中未被篡改。

加密技术被用来帮助确保身份验证和完整性，以及机密性。

19.1.1　算法和密钥

上一节讲到，加密就是使没有解密秘诀的任何物体和任何人，均无法读取数据的过程。要使加密起作用，通信实体双方都必须有：

➢ 使数据无法读取的过程（加密）；
➢ 将无法读取的数据恢复至其可读取的原始格式的过程（解密）。

在程序员刚开始编写加密软件时，他们就认识到自己必须对付下列问题。

➢ 如果每一台计算机均使用完全相同的过程来加密和解密数据，那么该程序就不够安全，因为任何窃听者都可以只获得该程序的一个副本，然后就可以开始解密信息。
➢ 如果每一台计算机均使用完全不同且不相干的过程来加密和解密数据，那么每一台计算机都将需要一个完全不同且不相干的程序。每一对想要通信的计算机，都将需要使用单独的软件。这将造成成本高昂，而且在不同的大型网络上无法进行管理。

这些问题似乎很难对付，但是开发加密技术的那些大脑们很快就想到了一种解决方案。这种解决方案是，加密或解密数据的过程，必须被分成一个标准的可重复、可复制的部分（它始终相同）和一个独一无二的部分（它在通信双方之间强加一个秘密关系）。

加密过程的标准部分被称为加密算法。加密算法实质上是一组数学步骤，用来将数据转换为无法读取的格式。加密过程中独一无二的秘密部分，被称为加密密钥。加密学非常复杂，但是为了便于讨论，可以把密钥看作一个比较大的数字，它在加密算法内当作一个变量使用。

加密过程的结果，取决于密钥的值。因此，只要保守住密钥值的秘密，未经授权的用户便无法读取被加密的数据，即使他们拥有必需的解密软件。

优秀加密算法的奇妙与晦涩，无论怎样强调都不为过。虽然如此，下面这个示例仍然可以阐明密钥和算法概念。

有一个人不希望他母亲知道他为家具支付了多少钱。但是，他知道他母亲有数学爱好，因此不想冒险使用一个简单的因式或乘式，来隐藏真实的数值，害怕她会发现秘密。他已经与他爱人商定，如果他母亲来访并询问家具价格，他会用真实价格除以一个新的自然产生的数字，结果乘以 2，然后再加上 10 美元。换句话说，那个人准备使用下列算法：

$$\frac{(真实价格)}{n} \times 2 + \$10 = 报告的价格$$

那个新的自然产生的数字（n）就是密钥。每次他母亲来访，都可以使用这种相同的算法。只要不知道计算中使用的相应密钥，那位母亲便将无法确定隐藏家具真实价格的模式。

如果那个人带了一把椅子或一张桌子回家，并看到他母亲在院子里，他就会悄悄地用动作示意其爱人一个数字（见图 19.1）。当他母亲询问该家具的价格时，他便执行上述算法，并使用他示意其爱人的数字作为密钥。例如，如果这里的密钥为 3，而那把椅子花了 600 美元，那么他就会说：

$$\frac{\$600}{3} \times 2 + \$10 = \$410$$

其爱人知道他们俩分享的秘诀，知道必须反向执行上述算法才能得到真实价格：

$$\frac{\$410 - \$10}{2} \times 3 = \$600$$

这个简单的示例，只是为了说明算法与密钥之间的差别，它并未显示出计算机加密方法真正的复杂性。还要记住，更改数值的目的与使得数据无法读取的目的并不完全相同。不过，在计算机的二进制世界里，这个差别可能没有看上去那么明显。

图 19.1

一个用于伪装通信
的非常简单的算法

$$\frac{\$600}{3} \times 2 + \$10 = \$410.00$$

$$\frac{(\$410 - \$10)}{2} \times 3 = \$600.00$$

伪装通信中
的密钥值

这把椅子
多少钱？

$410.00

对于计算机来说，所有数据均采用使用 1 和 0 表示的二进制数据位格式，因此可以进行数学运算。任何把数据位串转换为另一个数据位串的过程，均隐藏信息的原始状态。重要的是，接收方必须有某种方法对加密数据进行逆向作业，以打开原始信息，而且加密过程必须提供某种共享的秘密值（密钥），没有它，解密将变得没有可能。

加密是几乎所有安全连网技术的核心。安全系统会加密密码、登录程序甚至整个通信会话。尽管开发人员或网络管理员会经常有意调用管理加密的应用程序和组件，但对于用户来说，加密过程通常是看不见的。

19.1.2　对称（常规）加密

对称加密有时被称为常规加密，因为它先于较新的非对称技术而开发。

对称加密之所以称为对称，是因为加密和解密过程使用的是相同的密钥（或者至少是密钥可以用某些可预测的方式来推出）。图19.2描述了一个对称加密/解密过程。

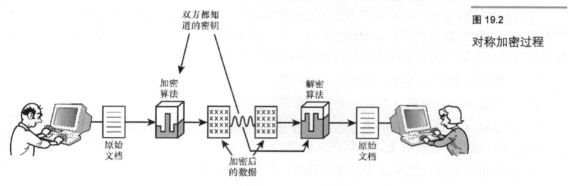

图 19.2

对称加密过程

1．创建一个发送方计算机和接收方计算机都知道的密钥。

2．发送方计算机使用一个预定的加密算法和上述密钥，加密要发送的数据。

3．加密（不可读的）文本被转交给目的计算机。

4．接收方计算机使用相对应的解密算法（以及密钥）来解密数据。

对于那件家具，男人和他的爱人（见上一小节中的那个示例）使用一种对称算法，隐藏了那把椅子的真实价格。

如果小心执行，对称加密可以非常安全。对于任何加密方案（对称或非对称）的安全性，最重要的考虑因素如下：

➤　加密算法的强度；

➤　密钥的强度；

➤　密钥的保密能力。

破解一种使用128位密钥的加密算法，可能看来好像完全不可能，但是确实会发生。密钥破解工具可以在 Internet 上可以随意获取，而且有些曾经被认为牢不可破的128位加密算法，现在也被认为是不安全的了。盗取加密数据的另一种方式是盗取密钥。相关的软件必须提供某种安全的手段，以便将密钥转交给接收方计算机。当前有多种密钥交付系统，本章稍后将介绍其中的几种。就对称加密来说，密钥就是整个秘密。如果捕获了相应的密钥，您就拥有一切了。因此，绝大多数系统要求定期更新密钥。一对相互通信的计算机所使用的独一无二的密钥，可能会重新创建每一个会话，也可能在指定时间间隔之后重新创建。密钥更新增加了网络上的密钥数量，这加重了有效保护密钥的需求。

有一些常见的加密算法都充分利用了对称加密。数据加密标准（DES）算法曾经很流行，但是其 56 位的密钥现在看来太短了。现代加密技术通常允许可变的密钥长度。DES 的一种派生算法被称为高级加密标准（AES），它支持 128、192 或 256 位密钥。Blowfish 对称算法可提供高达 448 位的密钥长度。

19.1.3 非对称（公开密钥）加密

另外一种加密方法解决了对称加密固有的一些密钥分发问题。非对称加密之所以称为非对称，是因为用来加密数据的密钥，与用来解密数据的密钥不同。

非对称加密通常与一种称为公开密钥加密的加密方法相关。在公开密钥加密中，两个密钥中的一个（称为私有密钥）安全地保留在一台计算机上。另一个密钥（公开密钥）对于所有想要给私有密钥持有者发送数据的计算机均可用。具体步骤如下所示。

1．计算机 A 尝试与计算机 B 建立一个连接。

2．计算机 B 向计算机 A 发送一个公开密钥。

3．计算机 A 使用从计算机 B 接收到的公开密钥加密数据并传输数据。来自计算机 B 的公开密钥被存储在计算机 A 上，以供将来引用。

4．计算机 B 接收计算机 A 发送来的数据，并使用相应的私有密钥进行解密。

By the Way

> **注意**：保密性和真实性
>
> 可能会发生争论的是，尽管截获公开密钥的窃听者无法读取发送自计算机 A 的数据，但是该窃听者仍然可以通过加密新的数据并将其发送给计算机 B 来伪装成计算机 A。因此，虽然公开密钥加密提供了机密性，但是它未必提供真实性。不过，有几种方法可以在加密数据内装入认证信息，从而使得数据被解密时，计算机 B 将有一定的把握确保该数据实际上来自计算机 A。请见本章后面的"数字签名"和"数字证书"。

公开密钥方法的一个重要方面是，通过公开密钥执行的加密是单向函数。公开密钥可以用来加密数据，但是只有相应的私有密钥才可以解密加密后的数据。截获公开密钥的窃听者将仍然不能读取使用该公开密钥加密的信息。

公开密钥加密通常用于建立一个安全的连接。通过公开密钥加密传输的数据，通常包含一个对称会话密钥，用来加密会话内传输的数据。

公开密钥加密方法通常用于受保护的 Internet 交易。本章稍后将讨论有关公开密钥证书的内容，它们用于 TCP/IP 安全协议，例如安全套接层（Secure Sockets Layer）和 IPSec。

19.1.4 数字签名

有时，一定要确保消息的真实性，即使您并不关心该消息的内容是否包含机密信息。例如，一名证券经纪人可能接收到一则电子邮件信息，说：

```
Sell 20 shares of my Microsoft stock.
-Bennie
```

出售 20 份股份可能是这个投资者的日常事件。该投资者和经纪人可能并不关心这个交易是否完全免遭窃听。不过，他们可能认为，确保这个出售通知来自 Bennie 而非其他伪装成 Bennie 的某个人更重要。

数字签名方法用于确保数据来自其所属的数据源，并且该数据在其交付路径中没有被更改过。

数字签名就是与消息包含在一起的一块加密数据。这块加密数据有时被称为鉴别码（authenticator）。数字签名通常逆向使用公开密钥加密过程（见图 19.3）。

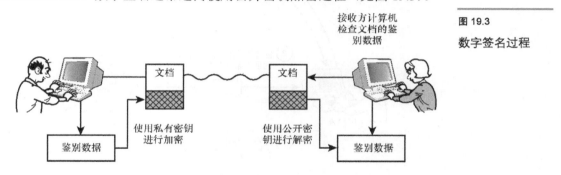

图 19.3

数字签名过程

1. 计算机 A 想要发送一个带有数字签名的文档给计算机 B。计算机 A 根据验证文档内容所需的信息，创建一小段数据。换句话说，就是对文档中的一些位执行某种数学计算，以得到一个值。鉴别码可能还包含其他可用来验证消息真实性的其他信息，例如一个时间戳值，或其他将鉴别码与其附着的消息关联起来的参数。

2. 计算机 A 使用一个私有密钥加密鉴别码（注意，这是上一小节中描述的公开密钥加密过程的逆向。在上一小节中，私有密钥解密数据）。然后，鉴别码被附于要传输的文档，该文档再被发送给计算机 B。

3. 计算机 B 接收数据，并使用计算机 A 的公开密钥解密相应的鉴别码。鉴别码中的信息使得计算机 B 可以验证该数据是否在传输过程中被更改过。实际上，数据可以使用计算机 B 的公开密钥进行解密，即证实该数据是使用计算机 A 的私有密钥加密的，这就确保了数据来自计算机 A。

数字签名以这种方式确保数据没有被更改过，而且它来自其推定的数据源。作为一项基本的安全措施，整个消息都可以使用计算机 A 的私有密钥进行加密，而不仅仅是鉴别码。然而，使用私有密钥加密，再使用公开密钥解密，实际上并不可靠，因为用来解密的公开密钥是通过 Internet 发送的，因此可能并不保密。一个获得公开密钥的窃听者可以解密加密后的鉴别码。不过，该窃听者将无法再加密一个新的鉴别码，因此也就无法伪装成计算机 *B*。

19.1.5 数字证书

使得任何提出请求的人都可以获得公开密钥的重大设计是一项有趣的解决方案，但是仍然存在一些局限性。事实上，攻击者仍然可以利用公开密钥进行恶作剧。攻击者可以解密数字签名，甚至可以读取使用相应用户私有密钥加密的密码。提供某种安全系统，用于确保谁可以获得公开密钥的访问权，这样会更安全一些。

对于这个问题的一种解决方法就是所谓的数字证书。数字证书实质上就是公开密钥的一个加密副本。相应的认证过程如图 19.4 所示。

图 19.4

利用数字证书进行
身份验证

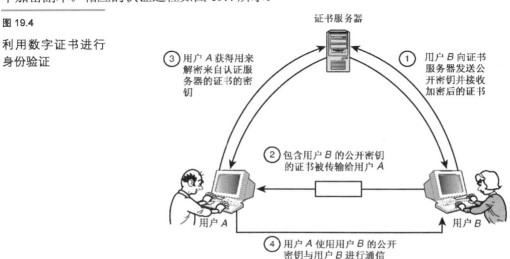

这个过程需要一台第三方的证书服务器，它与想要通信的双方都有一个安全的关系。证书服务器也被称为认证中心（Certificate Authority，CA）。

有多家公司为 Internet 提供证书服务，其中一家主要的证书中心是 VeriSign 公司。一些大型公司也提供它们自己的证书服务。不同厂商的认证过程有所不同。下面概述一下该过程。

1．用户 *B* 通过一个安全通信，将其公开密钥的一个副本发送给证书服务器。

2．证书服务器使用另一个密钥加密用户 *B* 的公开密钥（以及其他用户参数）。这个新加密的数据包被称为证书。与该证书包含在一起的是证书服务器的数字签名。

3．证书服务器将证书返回给用户 *B*。

4．用户 *A* 需要获得用户 *B* 的公开密钥。计算机 *A* 向计算机 *B* 请求用户 *B* 的一个证书副本。

5．计算机 *A* 通过与证书服务器的安全通信，获得用来加密证书的密钥副本。

6．计算机 *A* 使用从证书服务器获得的密钥解密证书，并提取用户 *B* 的公开密钥。计算机 *A* 同时检查证书服务器的数字签名（见步骤 2），以确保该证书是可信的。

这种认证过程最著名的标准是 X.509 标准，它在多个 RFC 中均有描述。X.509v3 在 RFC 2459 和后续 RFC 中均有描述。最新的 RFC 版本是 5280，随后被 RFC 6818 替代。

数字证书的过程是为用户团体而设计的。你可能也猜到了，该过程的安全性依赖于与证书服务器通信所需的所有密钥的安全分发。这看起来好像只是转移了问题（通过预先假定与证书服务器的安全通信来保证与远程主机的安全通信）。然而，受保护的通信通道被限于单台证书服务器（而不是团体内任何可能的主机）的事实，使得为确保安全交换而强加额外安全措施的系统开销更为可行。

本章前面描述的认证过程假定分配给计算机 A 的证书服务器，与为用户 B 提供证书的服务器是同一台。在大型网络中，该认证过程可能需要许多四处分散的证书服务器。在那种情况下，该过程可能需要与其他证书服务器进行一系列的通信和证书交换，以到达提供用户 B 证书的那台服务器。正如 RFC 2459 所述："一般而言，可能需要一连串多个证书，包括由一个 CA 签署的公开密钥所有者（终端实体）的证书，以及零个或多个由其他 CA 签署的另外的 CA 证书。这样的证书链（称为认证路径）是必需的，因为公开密钥用户最初只有有限几个有保证的 CA 公开密钥。"很幸运，就像是绝大多数与加密相关的细节一样，这个过程也被内置于软件中，而且不需要用户直接监视。

在本章稍后讨论的一些 TCP/IP 安全协议（例如 SSL 和 IPSec）中，将被使用到 X.509 认证过程。

19.1.6 保护 TCP/IP

最近几年，厂商们一直忙于扩展和推广他们的 TCP/IP 实现，以并入本章前面讨论的安全和加密技术。下面将描述加密技术是如何被集成到两种 Internet 安全协议系统（SSL/TLS 和 IPSec）中的。

其他公用的安全协议也在开发之中，而且有些安全软件厂商已经开发了他们自己的系统。下面几个小节将帮助读者对"在某个真实网络的业务中加入加密保证所需解决方案的类型"有一定的了解。

1. TLS 和 SSL

安全套接层（Secure Sockets Layer，SSL）是美国 Netscape 公司为保护 Web 通信而引入的一个 TCP/IP 安全协议集。SSL 的目的是，在传输层上的套接字和通过那些套接字访问网络的应用程序之间提供一层安全。传输层安全（Transport Layer Security，TLS）基于 SSL 3.0，它是 SSL 的后续产品，现在被当作业界标准。TLS 最初在 RFC 2246 中描述，随后在 RFC 5246 和其他几个 RFC 中得以更新。图 19.5 所示为 TLS 在 TCP/IP 协议栈中的位置。这里的理念是，当 TLS 是活跃的，网络服务（比如 FTP 和 HTTP）将受到安全 TLS 协议的保护，免遭攻击。多年以来，TLS 和 SSL 一直共存于用户空间，但是最近一些引人注目的攻击（比如 2014 年的 POODLE 攻击）揭开了 SSL 的漏洞，因此强烈建议用户使用更安全（尽管理论上相似）的 TLS。

仔细查看 TLS 层，可以发现它包含两个子层（见图 19.6）。TLS 记录协议（Record Protocol）是访问 TCP 的一个标准库。在这个记录协议之上，是一组执行特定服务的相关协议。

➢ **TLS 握手协议（Handshake Protocol）**：处理认证和协商连接参数。

> ➢ **TLS 更改密码规范协议（Change Cipher Spec Protocol）**：发出信号以指示一个转换，比如转换到协商后的加密参数。

> ➢ **TLS 警告协议（Alert Protocol）**：发出警告。

图 19.5

TCP/IP 栈和 SSL

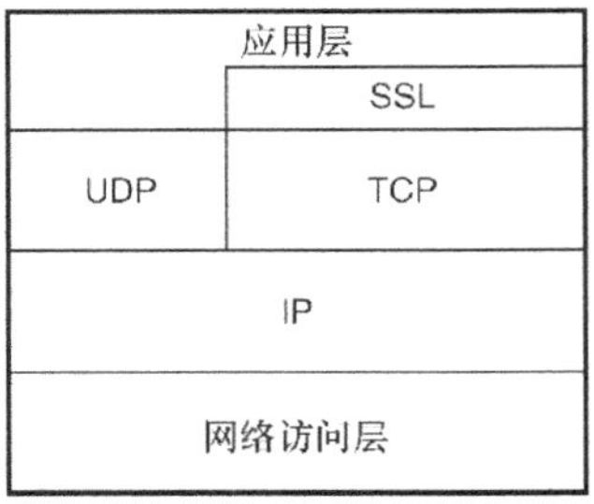

图 19.6

TLS 子层

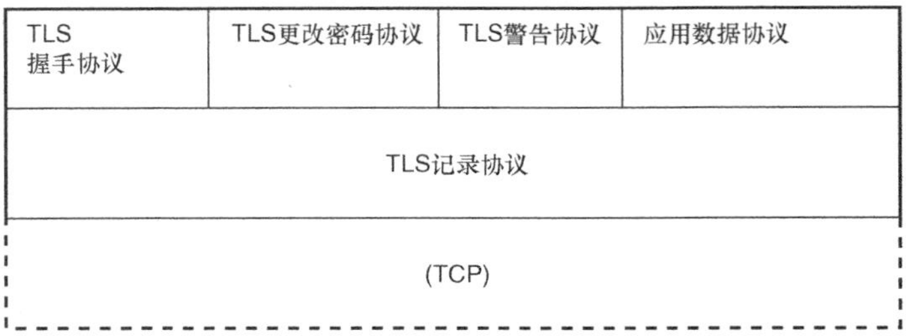

启用 TLS 的服务直接通过 TLS 记录协议运行。在连接建立之后，TLS 记录协议提供确保会话机密性和完整性所需的加密和验证。

如同其他协议安全技术一样，这里的技巧是要检验参与者的身份和安全地交换用来加解密数据传输的密钥。TLS 采用公开密钥加密，并提供对数字证书的支持。

TLS 握手协议建立相应的连接，并协商所有连接设置（包括加密设置）。

许多网站利用 TLS 建立一个安全的连接，用于交换财务信息以及其他敏感数据。带有 TLS 加密的一个 HTTP Web 协议版本被称为 HTTPS。绝大多数主流的浏览器很少或根本不需要用户输入，就能够建立 TLS 连接。TLS 的一个问题是，由于 TLS 在传输层之上运行，因此使用相应连接的应用程序必须能够感知 TLS（除非它们通过可以感知 TLS 的兼容软件来运行）。下一小节将描述另一种 TCP/IP 安全系统（IPSec），它运行在一个较低的层，因此会对应用程序隐藏安全系统的具体细节。

By the Way

注意：

SSL 和 TLS 都是用于面向连接的 TCP 连接。被称为数据报传输协议安全（Datagram Transport Protocol Security，DTLS）的另外一种协议提供了类似于 TLS 的安全，它可以支持使用 UDP 的无连接通信。有关 DTLS 的更多细节，请参阅 RFC 4327。

2. IPSec

IP 安全（IPSec）是 TCP/IP 网络上使用的另一种安全协议系统。IPSec 在 TCP/IP 协议栈中运行，位于传输层之下。由于安全系统在传输层之下实现，因此在传输层之上运行的应用程序就不需要安全系统的相关知识。IPSec 旨在提供对机密性、访问控制、身份验证和数据完整性的支持。IPSec 还可以防护重放攻击，所谓重放攻击，是指攻击者会从数据流中提取一个数据包，稍后再重新使用它。

IPSec 实质上是对 IP 协议的一组扩展，它在多个 RFC 中均有描述，包括 RFC 2401、4301、4302 和 4303。这些 RFC 描述了针对 IPv4 和 IPv6 的 IP 安全扩展。IPv6 协议系统结构内置有 IPSec。在 IPv4 中，IPv4 被当作一个扩展，但是许多 IPv4 实现中仍然内置了对 IPSec 的支持。

IPSec 可向任何网络应用程序提供基于加密的安全，不管该应用程序是否可以感知到安全。不过，相互通信的两台计算机的协议栈都必须支持 IPSec。由于这种安全措施对于高层应用程序来说是不可见的，因此，IPSec 非常适于为像路由器和防火墙之类的网络设备提供安全。IPSec 可以以下面两种模式运行。

> **传送模式**：为 IP 数据包的载荷提供加密。然后，该载荷被封装进一个正常的 IP 数据包中进行传送。

> **隧道模式**：加密整个 IP 数据包。加密后的数据包随后被作为载荷封装到进另一个外部数据包。

隧道模式可以用来构建一个安全的通信隧道，在其中，网络的所有细节都将被隐藏起来。窃听者甚至无法读取报头以获取数据源 IP 地址。IPSec 隧道模式通常用于虚拟专用网络（VPN）产品，它们用来在公用网络中创建一个完全专用的通信隧道。

IPSec 使用了许多加密算法和密钥分发技术，数据使用像 AES、RC5 或 Blowfish 这样的常规加密算法进行加密，身份验证和密钥分发可能会使用公开密钥技术。

3. 虚拟专用网络（VPN）

远程访问的问题已经在本书中出现过很多次了。这个问题实际上已经是贯穿 TCP/IP 发展的一个重要问题。您如何将无法采用 LAN 线缆连接且距离不近的计算机连接起来呢？系统管理员总是依靠以下两种重要的方法进行远程连接。

> **拨号**：远程用户通过调制解调器连接到某个拨号服务器，后者充当到网络的一个网关。

> **广域网（WAN）**：两个网络通过租用电话公司或 Internet 服务提供商的专用线路连接在一起。

这两种方法都有缺点。众所周知，拨号连接速度很慢，而且它们依赖于电话连接的质量。WAN 连接有时也比较慢，更重要的是，构建和维护 WAN 会比较昂贵，而且它不可移动。对于带着笔记本电脑四处旅行、位置不定的远程用户来说，就不能选用 WAN 连接。

这些问题的一种解决办法是，通过开放式的 Internet 直接连接到远程网络。这个解决方案快速、方便，但是 Internet 上充满敌意和不安全因素，如果不提供某种防止窃听的方式，那么这样的选择完全是不可行的。专家开始考虑，是否有某种方式可以利用加密工具来创建一个穿过公用网络的专用通道。这个问题的解决方案后来便形成了我们现在所知道的虚拟专用网络（Virtual Private Network，VPN）。VPN 建立一个横穿网络的"隧道"，通过它，普通的 TCP/IP 流量即可安全地进行传递。

> **By the Way**
>
> **注意：** VPN 协议
>
> 　　本章前面所讲解的 IPSec 是一种支持安全网络连接的协议，而 VPN 本身就是连接。VPN 应用程序就是创建和维持这些专用远程连接的程序。有些 VPN 工具利用 IPSec 进行加密，有些则依赖于 TLS 或其他加密技术。Microsoft 的系统通过"点对点隧道协议"（源自 PPP 调制解调器协议）提供 VPN 隧道功能；最近的 Microsoft 系统为 VPN 会话采用第 2 层隧道协议（L2TP）。

　　如果传送链中的每一台路由器都需要知道加密密钥，那么本章前面所描述的加密技术将无法很好地发挥作用。加密是针对点对点连接的。这里的理念是，远程服务器上的 VPN 客户端软件与一台充当所在网络网关的 VPN 服务器建立连接（见图 19.7）。VPN 客户端和服务器通过 Internet 交换正常传递的、可路由的明文 TCP/IP 数据报。不过，通过 VPN 连接发送的载荷（即数据），实际上就是加密后的数据报。加密后的数据报（在开放的 Internet 上是不可读的）被封装到可读取的明文数据报中，再转发给 VPN 服务器。VPN 服务器软件接着提取加密后的数据报，利用加密密钥解密该数据报，然后将封装数据转发至受保护网络上的目的地址。

图 19.7

VPN 通过公共网络
提供专用隧道

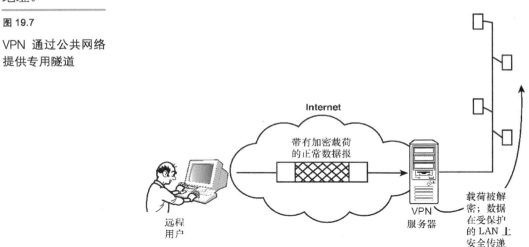

　　尽管 VPN 客户端和服务器之间发送的未加密数据包有可能被截获，但是有用信息都在加密后的载荷中，没有必要的密钥，那个窃贼将无法解密它。

　　随着 VPN 的出现，现在用户可以轻易地越过 Internet，与远程网络建立安全的、类似 LAN 的连接。在大多数系统上，有关建立和维护 VPN 连接的细节，均在相应的软件中处理。用户只需要启动 VPN 应用程序，然后输入身份验证信息即可。在连接建立之后，用户就可以像连接在本地一样与远程网络交互了。

4. Kerberos

Kerberos 是一种基于网络的身份验证和访问控制系统，旨在支持跨敌意网络的安全访问。它是美国麻省理工学院（MIT）作为"雅典娜"计划的一部分而开发的。Kerberos 系统最初计划用于基于 UNIX 的系统，但是后来被移植到其他环境。Microsoft 就为 Windows 网络提供了一个 Kerberos 版本。

现在你可能已经知道，对于敌意网络上的安全通信问题，较简洁的回答就是加密。较长的回答则是提供一种手段，来保护加密密钥的安全。Kerberos 提供了一个系统的流程，用于向通信主机分发密钥，并检验请求访问某一服务的客户端的证书。

Kerberos 系统使用被称为密钥分发中心（Key Distribution Center，KDC）的服务器来管理密钥分发过程。Kerberos 身份验证过程涉及以下 3 个实体的关系。

➢ **客户端**：请求访问服务器的计算机。

➢ **服务器**：在网络上提供服务的计算机。

➢ **KDC**：指定为网络通信提供密钥的计算机。

Kerberos 身份验证过程如图 19.8 所示。注意，这个过程假定 KDC 已经有一个共享的密钥可以用来与这里的客户端进行通信，还有一个共享的密钥可以用来与这里的服务器进行通信。这些密钥用来加密一个新的会话密钥，客户端和服务器将使用它进行相互通信。KDC 用来为客户端和服务器加密数据的那两个单独密钥被称为长期密钥。长期密钥通常产生于 KDC 和另一台计算机共享的一个秘密。一般而言，客户端长期密钥产生于客户端和 KDC 都知道的用户登录密码的一个哈希。

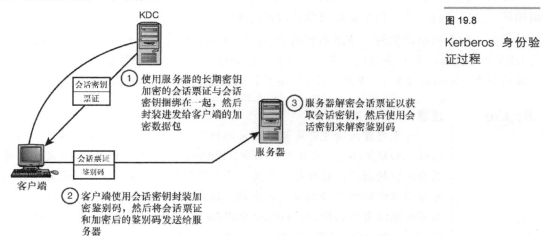

图 19.8

Kerberos 身份验证过程

具体过程如下。在阅读这个过程时，请记住，Kerberos 一般使用常规的（对称）加密技术，而不是公开密钥（非对称）加密技术。换句话说，每次交换的双方均使用相同的密钥。

1. 这里的客户端想要访问服务器 A 上的某个服务。它向 KDC 发送一个请求来访问服务器 A 上的服务（在某些情况下，客户端已经经过身份验证，并接收到一个单独的会话密钥，用于加密与 KDC 上票证授予服务的通信）。

2. 这里的 KDC 执行以下步骤。

a. KDC 生成一个会话密钥，该密钥将用来加密客户端和服务器 A 之间的通信。

b. KDC 创建一个会话票证（session ticket），它包括步骤 2a 中所生成的会话密钥的一个副本。该票证还包含时间戳信息以及有关正在请求访问的客户端的信息，例如客户端安全设置。

  c．KDC 使用服务器 A 的长期密钥加密刚创建的会话票证。

  d．KDC 为客户端捆绑加密后的会话票证、会话密钥的一个副本以及其他响应参数，并使用客户端的密钥加密整个数据包。该响应然后被发送给客户端。

  3．客户端接收来自 KDC 的响应并解密。客户端将获得与服务器 A 通信所需的会话密钥。它所接收到的数据包中，还包括 KDC 创建的会话票证，那是使用所请求的服务器的长期密钥加密的。客户端无法读取该会话票证，但是它知道必须将此票证发送给相应的服务器，才能通过身份验证。客户端创建一个鉴别码（一串身份验证参数），并使用这里的会话密钥对它进行加密。

  4．客户端向服务器 A 发送一个访问请求。该请求包括上述会话票证（已使用所请求服务器的长期密钥进行加密）和鉴别码（已使用会话密钥进行加密）。这里的鉴别码包括用户的名称、网络地址和时间戳信息等。

  5．服务器 A 接收上述请求。服务器 A 使用其长期密钥解密上述会话票证（见步骤 2c）。服务器 A 从会话票证中提取会话密钥，并使用该会话密钥解密鉴别码。服务器 A 检验鉴别码中的信息是否与包括在会话票证中的信息相匹配。如果是，则授予对所请求服务的访问权。

  6．作为可选的最后一步，如果客户端想要检验服务器 A 的证书，服务器 A 将用会话密钥加密一个鉴别码，并将这个鉴别码返回给客户端。

  作为一种为网络提供统一登录系统的手段，Kerberos 系统正越来越流行。Kerberos 4 使用 DES 加密技术，本章前面已经讲到，许多加密领域的专家认为该技术不够安全。Kerberos 的最新版本（Kerberos 5，在 RFC 4120 中定义）则支持 AES 和其他加密类型。

By the Way

> **注意**：3 个头？
>
>   如果您曾阅读过有关 Kerberos 的叙述，就可能知道 Kerberos 这个名称从何而来的规范描述。在希腊神话中，Kerberos（也称为 Cerberus）是一只守护冥府入口的猎犬，它长有 3 个头。这个故事演变成了那 3 个头就是 Kerberos 身份验证过程的 3 个要素（客户端、服务器和 KDC）。但是，Kerberos 这个名字的原意有些模糊。在 William Stalling 的 *Network Security Essentials, Fourth Edition*（Prentice Hall，2010）一书中，他指出，Kerberos 系统最初计划使用身份验证、账户管理和审核这 3 个头守护网络的入口，但是，其中的后两个头（账户管理和审核）从未实施。安全界很轻易地发现，相对于把相应的协议重新命名为相当的单头犬来说，重新调整那个暗喻要更加容易一些。

19.2　跟踪

  尽管 Internet 最初只是国防部的一个实验，外加科学界的一个论坛，但是如今的 Internet 已经成为一个商业用地。企业有大部分的 Internet 布线和基础设施，而且你每天访问的很多网站都是由企业运营的。你的 Internet 服务提供商可能也是一个企业公司，甚至最流行的搜索引擎，比如 Google、Yahoo 和 Bing，都是由营利性公司来运营的。

当然，这些公司也需要赚钱。在 Dot Com（.com）兴盛的那几年（大概是从 1995 年到 2001 年），企业家和风险资本家想出了许多能在 Internet 上赚钱的激动人心的方法。股票市场也是动辄数十亿美元的投资，但是一谈到如何能以一种持续和可预测的方式来赚钱，绝大多数公司却力有不逮。

从那时起，网上赚钱的盈利模式大大减少。投资者摸清了人们愿意为之埋单的东西。人们会在 Internet 上购物，会购买网络服务，以及云相关的服务，但是却不会为内容付费。当然也有几个明显的例外，比如《纽约时报》网站，Internet 提供商只能直接向读者收取信息费用。整个网络被吸引到一个"信息免费"的模式。

支持所有这些免费信息的主体是谁呢？出现在网站页面空白处的经典条幅广告会带来少量收入，但是这点收入和运营站点的支出相比，简直是微不足道。带有赞助商链接和下载链接的专项活动，虽然收入要高一些，但是通常不足以支撑整体的运营。网络上真正能赚钱的是与用户浏览和购买行为有关的信息。当你访问一个网站获得信息时，在连接的另一端就可以借此机会查找与你相关的信息。在许多情况下，这些信息可能不是个性化的（尽管有时候是）。大部分数据将以人口统计的形式保存下来，用来研究趋势和概况。然而，这些信息通常用来构建一个浏览记录，以揭示用户的喜好以及用户频繁浏览的站点。这一信息就相当有力了。例如，对某家销售折叠椅的公司来说，如果有用户 A 在过去 6 个月之内买过折叠椅，而用户 B 则是一位随机用户，那么它们会对出现在用户 A（而非用户 B）浏览器上的广告就更好的反应。像 Google 这样的公司通过向合适的用户投放合适的广告，每年可以盈利几十亿美元。

为了跟踪用户的行为，Internet 上的公司需要识别用户，或者至少需要识别用户的浏览器。在许多情况下，这些公司甚至不关心用户是谁，住在哪里，它们只想知道：

> 我之前见过这台计算机吗？

> 使用这台计算机的人喜欢什么类型的产品？

跟踪用户行为的另外一个重要原因是，让网站与顾客建立一种持续的关系。当你返回之前访问过的一个站点时，其界面就是你离开时的那个。你之前单击的页面会重新显示出来，以方便引用。像 Amazon 或 YouTube 这样的站点甚至可以提供与你之前的选择而相关的新链接。所有这些重要的特性都要求站点有一种方式可以识别你的浏览器。

浏览器通过业内人士称为 cookie（有时称为浏览器 cookie 或 HTTP cookie）的东西，维护与网站之间的持续关系，这也是最重要的一种方式。cookie 是 Web 服务器存储在客户端计算机上的一小块信息，用来识别和描述客户端。

cookie 是简单的文本字符串，作为 Web 服务器和浏览器之间普通通信的一部分，借助于 HTTP 发送。传统上来讲，cookie 以小文本文件的形式存储在客户端计算机上，但是现代的浏览器（比如 Firefox 和 Chrome）是将 cookie 存储在 SQLite 数据库中，以便高效访问。

cookie 有多种不同的形式，但是最基础的类型如下所示。

> **会话 cookie**：出现在内存中，只在会话期间存活（有效）。

> **持久化 cookie**：其生存时间比会话 cookie 长，直到一个指定的日期超期为止。

会话 cookie 定义了语言之类的设置，当访客在站点的不同页面上单击时，服务器会根据这些设置进行一致对待。持久化 cookie 也被称为跟踪 cookie，能包含会话 cookie 中使用的任何设置，但是其生命周期要比当前会话长，从而形成浏览器之前与站点进行交互的持久记录。这个记录允许站点存储之前的配置信息（profile），或者是访问之前的购物车或购买记录。

当前有关 cookie 的规范是 RFC 6265，IETE 称之为 HTTP 状态管理机制（HTTP State Management Mechanism）。该规范取代了之前的 RFC 2109 和 2965，于 2011 年被批准。

会话 cookie 和持久化 cookie 都是 Web 服务器使用 HTTP Set-Cookie 报头设置的。持久化 cookie 指定另一个到期日期。如果 cookie 没有指定到期日期和时间，则会被当作会话 cookie。

Web 服务器使用 Set-Cookie HTTP 报头在浏览器系统上存储 cookie。浏览器在请求页面时，使用 Cookie 报头将 cookie 返给服务器。根据 RFC 6265 中的一个示例，服务器可能使用 Set-Cookie 报头为浏览器分配一个会话 ID：

```
Set-Cookie: SID=31d4d96e407aad42
```

当浏览器再次访问页面时，它将 ID 报告给服务器，这样服务器就可以使用 Cookie 报头得知这是同一台浏览器：

```
Cookie: SID=31d4d96e407aad42
```

其他的属性为服务器与浏览器之间的交互提供了特外的细节。例如，服务器发送 Path 和 Domain 属性，告知浏览器返回与指定域中所有路径相关的 cookie：

```
Set-Cookie: SID=31d4d96e407aad42; Path=/; Domain=example.com
```

通过添加一个到期日期可以告知浏览器 cookie 的有效期，也可以指明，这是一个持久化 cookie，而非会话 cookie：

```
Set-Cookie: SID=31d4d96e407aad42; Path=/; Domain=example.com; Expires=Wed, 09 Jun
2021 10:00:00 GMT
```

其他属性指定了语言，并提供了与 cookie 用途相关的其他指令。例如，Secure 属性指定了应该使用一个加密的 HTTP 连接传输 cookie。HTTPOnly 属性则规定只能通过 HTTP 来访问 cookie，而且无法用于 JavaScript 或客户端一侧的 API。

By the Way

> **注意：**
>
> cookie 一度被认为是相当安全的，因为它的值包含不可执行的文本字符串。但是，最近的技术（比如，跨站点脚本和会话劫持）在攻击中都用到了 cookie。HTTPOnly 和 Secure cookie 报头属性旨在预防这类攻击。

有趣的是，真实的 cookie 不必包含浏览器与站点之间的完整交互历史。服务器可以使用 SID=31d4d96e407aad42 来存储浏览器的完整配置文件和历史。通过将 SID 报告给服务器，浏览器只需要一个简单的文本字符串，就可以将自身与服务器上存储的与 SID=31d4d96e407aad42 相关的完整用户配置文件关联起来。这将网络传输降低到最小量，从而提升了网络性能。

持久化 cookie 存储在浏览器配置内，这意味着 cookie 是与特定计算机上的特定浏览器实例相关联的。如果使用另外一台计算机访问网站，甚至使用同一台计算机上的另外一个浏览器来访问，通常通过 cookie 传输的信息将不会出现。然而，如果登录到网站上，你仍然可以访问服务器上存储的任何配置文件信息，以及与你的用户账户相关的信息。就这种情况来说，两台计算机存储的是引用相同网站和用户账户的不同 cookie。

19.2.1 第三方 cookie

设计 cookie 的最初目的，是让网站能够在客户端系统上存储与网站相关的信息。换句话说，cookie 中指定的 Domain 属性与网站自身的域产生了匹配。但是，在当今疯狂的网络广告世界中，事情没有那么简单。第三方 cookie 是这样一个 cookie，即它指定的域不同于获得 cookie 的站点的域。第三方 cookie 是用于跟踪用户行为的常见工具。

例如，有一家名为 Goggles.com 的公司，其触角遍及整个 Internet，它可以与几个网站进行协商，将它们的 cookie 设置为指向第三方 Domain=Googles.com。用户在上网时，会从多个位置获得 Google.com cookie。当用户再次访问 Google.com 网站时（无论是直接访问还是通过网络广告或链接访问），cookie 都会报告 Googles.com，由此构建用户网络行为的历史。

第三方 cookie 的另外一个例子是出现在页面中的 Facebook 的 "Like" 按钮。假设你访问了站点 TeenIdols.com，并单击了 Facebook 的 "Like" 按钮，你实际上接受了 Facebook.com 站点的第三方 cookie。当你下次访问 Facebook 时，cookie 将报告 Facebook。Facebook 会记录下 "你喜欢 TeenIdols.com 站点"。

19.2.2 管理和控制 cookie

许多用户都对 cookie 心生抱怨，但是我们都知道，如果没有 cookie，当今的 Internet 可能无法运行。如果关闭所有的 cookie，在现代网站上发生的一些较为复杂的交互将不再出现。然而，很多用户会选择禁用第三方 cookie 或者在浏览器关闭时（由此防止了长期的持久化 cookie）删除 cookie。

许多主流的 Web 浏览器都是由与互联网广告业务有很大利害关系的公司创建并支持的，这并不奇怪。Google 开发了 Chrome 和 Chromium 浏览器，Microsoft 提供了 Internet Explorer 和新的 Edge 浏览器。Firefox 虽然是由非盈利公司 Mozilla 开发的，但是 Mozilla 通过与 Yahoo 的协议得到了后者的大量资助。大多数浏览器默认都开启了所有的 cookie，但是提供了手动控制 cookie 设置的方法。Apple 的 Safari 浏览器以及少量其他的浏览器，默认是关闭了第三方 cookie，但是提供了相应的开启方法。

要在 Firefox 中管理 cookie 设置，选择 Edit 菜单，然后选择 Preferences。在 Preferences 窗口左侧的菜单中，选择 Privacy。在 Privacy 页面中，在 History 下方，单击 "Firefox will:" 下拉菜单，然后选择 "Use custom settings for history"（见图 19.9）。在图 19.9 中可以看到，可以使用多个复选项来自定义 cookie 策略。例如，可以关闭所有的 cookie、关闭第三方 cookie，或者只有当 Firefox 关闭时再关闭 cookie。Exception 按钮可以让你关闭 cookie，但是针对特定的网站给予了 "例外" 权限，或者打开 cookie 但是阻止某些站点。Show Cookies 按钮会显示一个对话框，用于查看浏览器当前存储的所有 cookie 的内容（见图 19.10）。前一节讲到，

Firefox 将 cookie 存储在 SQLite 数据库中。图 19.10 中的对话框是一个用来访问 cookie 数据库中数据的基本用户界面。

图 19.9

在 Firefox 中配置 cookie

图 19.10

大多数浏览器提供了一种方法来查看系统中存储的 cookie

其他流行的 Web 浏览器都提供了管理 cookie 设置的类似选项。具体请见浏览器的 Help 或在线文档。

19.2.3 脚本、像素和令牌

你可能好奇，像 cookie 这样的一个无伤大雅的小文本字符串竟然能导致当今 Internet 上的所有跟踪和广告定位行为。cookie 绝对是网络跟踪基础设施中的一个基本构件，但是其他工具也对跟踪行为起到了推波助澜的作用。

跟踪脚本是一个嵌入页面的小脚本（通常是 JavaScript 脚本），用来报告有关访客行为的信息。跟踪脚本的最初目的是帮助网站所有者维护网站访客的信息，Google Analytics 这样的分析工具使用了跟踪脚本来统计网站使用情况。但是，在最近几年，跟踪脚本被用于支持广告跟踪机构的第三方跟踪。网站所有者同意在网站的 HTML 中嵌入脚本，当某个访客访问网站时，脚本会联系跟踪机构，报告这一访问行为。有几家大型广告跟踪机构已经在世界各地的网站上嵌入了跟踪脚本，因此能够跟踪数百万用户的信息，并将这些信息卖给广告商，或用来在广告和买家之间进行信息匹配。该技术与 cookie 所用的技术相似（见上一节），区别是脚本会主动上报信息，而 cookie 则是被动的，且依赖于本地的 HTTP 报头交换过程。

JavaScript 在现代网站中无处不在，如果你在浏览器安全设置中采取极端步骤，禁用了所有 JavaScript，你很有可能会发现浏览体验急剧降低。

大多数现代浏览器支持多种类型的插件或附加应用程序来识别或管理跟踪脚本。这些工具不是禁止所有脚本，而是使用白名单或黑名单机制（scheme）阻止脚本向未知的源或不可信的源发送数据。例如，Mozilla Firefox 的 NoScript 插件，可以让用户识别允许脚本访问的可信任站点。其他的工具，比如电子自由基金会的 Privacy Badger，根据脚本试图传输的信息类型来决定是否阻止这个脚本。

跟踪像素是一个更一般的对象类别的示例，这个对象称之为网络信标。网络信标是一个不显眼的小物体，充当一种计数器，用来提供站点访问的证据。跟踪像素使用 HTML 标记 `<img>` 来传递，这个标记通常用来放置嵌入网页的图像的 URL。在本例中，URL 引用的是希望统计访问行为的一个第三方站点。接收到请求的服务器传输一个透明的 1x1 GIF 图像，它不会显示在页面上，但是传输图像所需的连接将确认访客访问了页面，并传输 cookie 以及其他信息。

跟踪令牌（也称为跟踪代码或跟踪 URL）通过 URL 自身的查询字符串提供了一种方法来跟踪对页面的访问。第 17 章讲到，查询字符串旨在发起一个查询，它将发送一个或多个查询参数以及对指定页面的请求。就跟踪令牌来说，参数不是定义了一个搜索，而是提供了流量始发地的信息。

例如，Googles.com 可以发起一个线上广告活动，将流量路由到 googles.com/NewSpecs 页面。公司在两个不同的网站上将广告上线，想要知道哪个广告更有成效。它们告诉站点 A，将横幅广告与下面的 URL 关联起来：

```
http://www.goggles.com/NewSpecs?utm_source=SiteA.com&utm_medium=banner&utm_
campaign=312870
```

然后告诉站点 B 使用下面的 URL：

```
http://www.goggles.com/NewSpecs?utm_source=SiteB.com&utm_medium=banner&utm_
campaign=312870
```

问号（?）后面的文本是一个查询字符串形式的跟踪令牌。通过站点 A 广告到来的访客与通过站点 B 广告到来的访客实际访问的是同一个页面：

```
http://www.goggles.com/NewSpecs?utm_source=SiteB.com&utm_medium=banner&utm_
campaign=312870
```

查询字符串不影响 URL 中引用的位置，但是它提供了一种简单的方法来跟踪访客的来源。可以看到，查询字符串包含了使用&符号分隔的额外参数。复杂的广告活动不仅传递广告的源头，而且还包含指定了活动 ID、广告 ID、广告位置以及其他数据的参数，这些其他的数据可以帮助广告商比较不同的广告和广告活动的效果。前面的例子使用了 Urchin

Tracking Module（UTM）参数，这个参数在线上广告业中很常用。在这个例子中可以看到，utm_source 参数指定了来源网站，utm_指定了广告类型，utm_campaign 指定了一个由字母和数字构成的 ID，这个 ID 将链接与一个指定的广告活动关联起来。

19.2.4　Do Not Track

Do Not Track（请勿跟踪）的倡议作为网络的一种"无呼叫列表"（no call list）得到了隐私拥护者的支持。这样做的目的是让用户能够跳出网络广告商使用的跟踪机制。Do Not Track 是使用 HTTP 报头 DNT 来表示的，它有 3 个可能的值。

➢ **0**：允许跟踪。

➢ **1**：请勿跟踪。

➢ **Null（没有发送报头）**：用户没有表示是允许跟踪还是请勿跟踪。

浏览器会发送下面的 HTTP 报头来指定不被跟踪的愿望：

```
DNT: 1
```

就违反 Do Not Track 设置的法律后果来说，会因司法管辖区而异。但是从技术角度来讲，服务器尊重 Do Not Track 请求与否，完全是自愿的行为。服务器可能只是忽略 DNT 报头，但重要的是，如果有足够多的用户支持 Do Not Track 请求，舆论将迫使广告商尊重这一请求。

几家网络广告公司最初声称，它们会支持 Do Not Track，但是由于它们将其视为一种威胁，所以从落实层面上来讲，这一支持已经被搁置了。许多浏览器都支持 DNT 报头，但是只有少数几个默认启用了该设置。在图 19.9 中可以看到页面顶部的 Do Not Track 选项，上面写着"Tell sites that I do not want to be tracked"（告诉站点，我不想被跟踪）。

19.3　匿名网络

本章前面讲解的加密技术提供了一个有力的方法来保护数据，但是它们并没有针对网络上的隐私提供一个完整的解决方案。大多数网络加密的目的是保护数据；通过网络上的路由器链传输数据包所需要的报头必须是可读的，否则将无法交付数据。因此，即使攻击者无法读取数据，他仍然可以确定数据的来源、目的地和发送时间。此外，报头的存在也为攻击者提供了其他线索，并打开可能导致隐私进一步丧失的其他攻击向量。

VPN 通过将一个完全加密的数据包嵌入一个外部的数据包（该数据包带有未加密的报头），提供了部分解决方案。但是 VPN 只是用于点对点（或网络到网络）通信的。如果想要访问整个 Internet，最终还需要使用整个 Internet 上的语言（即 TCP/IP），外加路由器和 Web 服务器能够看到并处理的未加密报头。

隐藏数据通常足以保护隐私。要想在更为严格的环境中自由通信，则需要一种手段来实现一种更为完整的匿名形式。

匿名网络由此被开发出来，它可以为网上冲浪提供一种更为完整的匿名性。最流程的匿名网络是 TOR 网络，现在每天有超过 100 万用户访问它。

TOR 的名字最初是 The Onion Router（洋葱路由器）的缩写，TOR 节点处理名为洋葱路由的过程。洋葱路由并不是经典的 TCP/IP 路由中的含义（即做出转发决策）。在 TOR 网络中，发送端计算机上的软件选择一条随机路径，穿过匿名节点组成的网络，并创建带有多个加密层的数据包，这些加密层描述了网络中的路径。这种新颖的交付方法得名于这样一个事实，即封装消息的许多加密层很像一层层的洋葱皮。

想象一下图 19.11 中的网络。计算机 A 想要访问计算机 B，但是不想透露其位置。TOR 软件选择了这样一条路径：这条路径包含了穿越 TOR 网络内不同节点的一系列跳数。路径的步骤封装在不同加密层中。计算机 A 向计算机 T1 发送数据包。T1 丢弃会揭示数据包始发自计算机 A 的信息，然后打开下一层，这一层表明将数据包发送给 T5。T1 不知道数据包的目的地，它只知道 T5 是下一条。T5 接收数据包，然后丢弃与 T1 相关的源信息，然后打开下一层，发现应该将数据包发送给 T7。

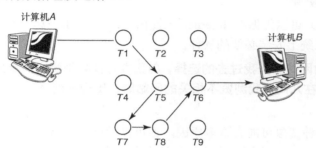

图 19.11

TOR 网络通过一系列节点发送数据包，并逐步展开地址信息，以模糊数据包元和网络路径

数据包在 TOR 网络中颠簸行进，直到与最初的源和路径相关的所有关联都被丢弃掉。如果数据包被交付到另外一个 TOR 节点，对 Internet 的其他部分来讲，这个数据包是完全不可见的。如果数据包在 TOR 网络的一个出口节点（这里是 T6）出现，并交付到开放的 Internet 中的某处，从出口节点到目标的最后一跳可能是可见的，但是攻击者或者间谍机构无法追踪到数据包的起源。

TOR 还支持隐藏服务，比如在 TOR 网络上运行的网站，这样就可以脱离当局的视线。臭名昭著的"丝绸之路"商店（已经变成毒品和其他违禁品的线上市场），就是一个运行在 TOR 网络上的隐藏服务。

美国的爱德华·斯诺登曾经使用 TOR 网络，向华盛顿邮报和卫报的调查记者传输有关国家安全局间谍的机密消息。

尽管隐私倡导者对 TOR 网络寄予厚望，但是 TOR 网络仍然是不完善的。当局已经成功地使用恶意软件类型的攻击渗透了 TOR 网络，专家正在试验使用先进的度量指标，通过监测出口节点和出口节点的流量来获得网络中流经的数据信息。

19.4 小结

Internet 与信息相关，而且有些信息与你相关。如果你想在一个恶意的网络中保护自己的数据和身份，就需要用到一些其他的工具。本章讲解了加密以及一些依赖于加密的安全特性，比如数字证书、TLS、IPSec 和 VPN。你还学习了广告商和网络供应商如何使用 web cookie 来跟踪用户行为，还学习了隐私敏感的用户如何使用 TOR 网络保护他们的匿名性。

19.5 问与答

问：Bill 的加密软件将其公约发送给 John，以便 John 在向 Bill 回送消息时用于加密。Bill 接收到了使用他自己的公钥加密的消息。他能确认消息是 John 发的吗？

答：Bill 不确定消息是 John 发的。公钥加密本身只提供机密性，但不确保真实性。下一次 John 应该发送一个数字签名或者数字帧数来证实他的身份。

问：我需要为公司完成一些绝密工作，但是下周我不在公司。我过去经常使用电话连接以拨号的形式进入公司网络，但是我的新笔记本却没有猫（调制解调器）。我应该借助于什么接入公司网络而不担心被窃听呢？

答：虚拟专用网（VPN）可以为你在 Internet 上提供一条安全的连接。你需要在笔记本和办公室的防火墙/路由器系统上安装必要的软件。

问：像 YouTube 这样的网站基于我过去的选择，向我推荐视频是我喜闻乐见的，但是我不希望某一天购买的产品会在几周后我浏览不相关的网站时，出现在网络广告中。我们应该怎么做？

答：你当前所经历的这种现象可能有许多原因，你可以尝试禁用 Web 浏览器的第三方 cookie。第三方 cookie 是在 Internet 上跟踪用户行为的常用工具。

19.6 测验

下面的测验由一组问题和练习组成。这些问题旨在测试读者对本章知识的理解程度，而练习旨在为读者提供一个机会来应用本章讲解的概念。在继续学习之前，请先完成这些问题和练习。有关问题的答案，请参见"附录 A"。

19.6.1 问题

1. Ellen 必须想方法让几个古老的网络应用程序在 Windows XP 计算机上运行。她需要使用这些古老的应用程序为通信提供机密性。她应该使用 TLS 还是 IPSec？

2. 如果一名入侵者哄骗 Kerberos 客户端向错误的服务器发送会话票证，则会发生什么情况？

3. 会话 cookie 和持久化 cookie 之间的区别是什么？

4. 我在 Web 浏览器上禁用了 Do Not Track，但是广告厂商似乎还在跟踪我。我是有些地方做错了吗？

19.6.2 练习

1. 在你的 Web 浏览器中找到隐私设置，然后寻找一种方法来查看系统上存储的 cookie。找到与你经常访问的站点相关的 cookie，看自己是否可以识别本章中讲述的一些属性，比如域、超期日期以及某种形式的用户标识符。

2．尝试禁用第三方 cookie，然后查看是否会对你的浏览体验造成影响。然后尝试禁用所有的 cookie。注意：如果你习惯了让网站自动识别你，在禁用了所有 cookie 的情况下，你可能会遇到一些不便。如果想要避免重新出入所有的首选项和配置设置，可以在另外一台计算机上尝试，或者在当前的计算机上安装另外一个浏览器。

19.7 关键术语

复习下列关键术语。

➢ **高级加密标准（AES）**：一种对称加密算法，支持的密钥长度有 128、192 和 256 位。

➢ **匿名网络**：通过隐藏消息来源并提供匿名上网的方式来保护匿名性的一种网络。

➢ **非对称加密**：使用不同密钥进行加密和解密的一种加密技术。

➢ **Blowfish**：一种对称加密算法，支持的密钥长度高达 448 位。

➢ **浏览器 cookie（或 HTTP cookie）**：通过 HTTP 报头传输的一个文本字符串，提供了与网络连接有关的状态信息。

➢ **证书机构（CA）**：监督证书创建和交付过程的中央机构。

➢ **数据加密标准（DES）**：一种对称加密算法，一度非常流行，但是现在因为其 56 位的密钥长度而不再被认为是安全的。

➢ **数字证书**：用来分发公钥的一个加密数据结构。

➢ **数字签名**：用来验证发送者身份和数据完整性的加密字符串。

➢ **Do Not Track（DNT）**：一个 HTTP 报头，表示用户不希望跟踪其行为的意愿。

➢ **加密**：系统地改变数据，使得未授权用户不可读的过程。

➢ **加密密钥**：加密算法中使用的数值（通常是保密的），用来加密或解密数据。

➢ **IPSec（IP Security）**：一个安全协议系统，包含了 IP 协议的扩展。

➢ **KDC（密钥分发中心）**：在 Kerberos 网络中管理密钥分发过程的服务器。

➢ **Kerberos**：一个网络认证系统，旨在在恶意网络上保护对服务的访问。

➢ **私钥**：非对称加密中用到的密钥，用于保守秘密，而且不在网络上分发。

➢ **公钥**：非对称加密中使用的密钥，会在网络上分发。

➢ **SSL（安全套接字层）**：最初由 Netscape 开发且运行在 TCP 协议上的一个安全协议系统。SSL 已经被 TLS 正式替代。

➢ **对称加密**：一种加密技术，其中加密密钥和解密密钥是相同的或相关的。

➢ **第三方 cookie**：指定的域与设置 cookie 的域不同的一个 cookie。

➢ **TLS（传输层安全）**：基于 SSL 的一个安全的传输层协议。

➢ **TOR 网络**：用来匿名上网的一个流行工具（和网络）。

➢ **X.509**：描述数字证书的过程和格式的一个标准。

第 6 部分　工作中的 TCP/IP

第 20 章　电子邮件　313

第 21 章　流与播　328

第 22 章　生活在云端　341

第 23 章　物联网　353

第 24 章　实现一个 TCP/IP 网络：系统管理员
生命中的 7 天　362

第 20 章

电子邮件

本章介绍如下内容：

- ➤ E-mail；
- ➤ SMTP；
- ➤ **垃圾邮件**。

即使你不是一名计算机专业人士也可注意到，电子邮件的使用在当今世界中已经变得极其普遍。不管是职业关系还是个人关系，现在都依靠电子邮件进行快速、可靠的远距离通信。本章将介绍一些重要的电子邮件概念，并演示电子邮件服务是如何在 TCP/IP 网络上运转的。

学完本章后，你可以：

- ➤ 描述电子邮件消息的各个部分；
- ➤ 讨论电子邮件传递过程；
- ➤ 描述 SMTP 传输是如何工作的；
- ➤ 讨论邮件检索协议 POP3 和 IMAP4；
- ➤ 描述邮件应用程序的角色。

20.1　什么是电子邮件

电子邮件消息是首先在一台计算机上编写完成，然后穿过一个网络，传输给另一台计算机（可能在附近，也可能在地球的另一端）的电子信件。电子邮件的开发，始于网络发展历史的早期。在计算机刚被连入网络时，计算机工程师们就想知道，是否人类和机器都能够通过那些相同的网络链接进行通信。

当前的 Internet 电子邮件系统开始于 ARPAnet 时期。绝大多数 Internet 的电子邮件基础设施源自于 1982 年发布的两个文档：RFC 821 "Simple Mail Transfer Protocol" 和 RFC 822 "Standard for the Format of ARPA Internet Text Messages"。此后的文档已经改善了这些规范，

包括定义新版本 SMTP 的 RFC 2821（之后更新为 RFC 5321）和 RFC 2822 "Internet Message Format"（之后更新为 RFC 5322）。这些年，还有一些其他被提议的电子邮件格式得到了开发（比如 X.400 系统，以及若干专利格式），但是基于 SMTP 的电子邮件的简单性和多功能性，已经使其成为 Internet 上最具影响力的格式和事实上的标准。

　　电子邮件是在用户界面仍基于文本的时期被发明的，其最初目的就是传输文本。电子邮件消息格式是为了高效传输文本而设计的。最初的电子邮件规范并不包括用来发送二进制文件的规定。电子邮件高效性的主要原因之一是，ASCII 文本传输起来轻巧而且简单。但是，如果电子邮件只能发送 ASCII 文本，则掣肘颇多。在 20 世纪 90 年代，电子邮件格式被扩展至包含二进制附件。附件可以是任何类型的文件，只要它不超出相应的电子邮件应用程序所允许的最大尺寸。本章将会讲到，这些附件通常被编码为多用途 Internet 邮件扩展（Multipurpose Internet Mail Extensions，MIME）格式。现在，用户可以在其电子邮件消息中附加图形文件、电子表格、字处理文档和其他文件。

20.2　电子邮件格式

　　电子邮件应用程序将电子邮件消息汇编成 Internet 传输所需的格式。在 Internet 上发送的电子邮件消息由两个部分组成：报头和主体。

　　类似消息的主体，报头也以基于 ASCII 的文本形式传输。这种报头包括一连串关键字字段名称，后面跟着一个或多个逗号分开的值。使用过电子邮件的任何人，都熟悉绝大多数邮件报头字段。其中一些重要的报头字段如表 20.1 所示。

表 20.1　　　　　　　　　　　　　　一些重要的电子邮件报头字段

报 头 字 段	描　　述
收件人（To）	邮件接收者的电子邮件地址
发件人（From）	邮件发送者的电子邮件地址
日期（Date）	消息发送时的日期和时间
主题（Subject）	消息主题的简要描述
抄送（Cc）	将会收到一个消息副本的其他用户的电子邮件地址
密件抄送（Bcc）	将会收到一个隐蔽消息副本的用户的电子邮件地址。隐蔽消息副本是指其他收件人所不知道的消息副本。在"密件抄送"字段里列出的任何电子邮件地址，都不会出现在其他收件人所接收到的报头中
回复（Reply-To）	将接收答复消息的电子邮件地址。如果这个字段没有给定，那么答复将转到"发件人"字段中所提及的地址

　　在报头之后，是一个空白行，而紧跟着那个空白行的就是消息的主体（电子信件的实际文本）。

　　用户经常想在电子邮件消息中发送更多的东西，而不只是文本。已经出现许多种通过电子邮件传输二进制文件的方法。早期的策略包括将二进制位转换为某种 ASCII 对等物。最后所得到的文件看起来像是 ASCII 文本。实际上，它就是 ASCII 文本，但是你无法读懂它，因为它只是一堆代表原始二进制码的杂乱的字母。BinHex 工具（最初为 Macintosh 而开发）和 Uuencode 工具（最初为 UNIX 而开发）采用了这种方法。电子邮件客户端必须具有必要的解码工具，才能将相应的文件转换回它的二进制形式。

对于通过电子邮件发送二进制文件，一种更加普遍而通用的解决方案已经通过 MIME 格式显现出来了。MIME 是一种用来扩展 Internet 电子邮件能力的通用格式。启用了 MIME 的电子邮件应用程序，会在传输之前，把二进制附件编码成 MIME 格式。当收件人下载电子邮件消息时，其计算机上启用了 MIME 的电子邮件应用程序将解码相应的附件，并将其恢复至最初形式。

MIME 为 Internet 邮件带来了如下一些创新。

> 扩展的字符集。MIME 并不局限于标准的 128 位 ASCII 字符集。这意味着可以使用它传输特殊字符以及在美式英语中不存在的字符。

> 文本行长度和消息长度无限制。

> 针对附件的标准编码技术。

> 可以将图像、声音、链接和格式化文本集成到邮件消息中。

绝大多数电子邮件客户端应用程序都支持 MIME。MIME 格式在好几个 RFC 中均有描述。

20.3 电子邮件的工作方式

经过多年的发展，电子邮件的界面已经发生了很大改变。从用户的角度来看，在 iPhone 上查收邮件的 Hotmail 界面，看起来与 20 世纪 80 年代在 VT100 终端上使用的基于文本的电子邮件工具有很大的不同。然而，主要的差异在于用户如何与消息系统进行交互。无论电子邮件的界面如何变化，跨越网络将消息从源服务器传输到目的服务器的过程是类似的。

与其他 Internet 服务相似，电子邮件也是围绕客户端/服务器的过程构建的。不过，电子邮件过程要稍微复杂一些。概括地说，电子邮件事务两端的计算机均充当客户端，而邮件消息则通过这两者之间的服务器在网络上传递。电子邮件交付过程如图 20.1 所示。一个电子邮件客户端应用程序（有时称为电子邮件阅读器）向一个电子邮件服务器发送一则消息。该服务器读取预期收件人的地址，并将邮件消息转发给与目的地地址相关联的另一台电子邮件服务器。邮件消息被存储在那台目的地电子邮件服务器的某个邮箱中（邮箱类似于传入的邮件消息的一个文件夹或者是队列）。该消息地址所指向的用户时不时登录这台电子邮件服务器查看邮件消息。在过去，标准的过程要求用户计算机上有一个客户端程序来下载在此用户邮箱中等待的消息，随后用户才能阅读、存储、删除、转发或答复相应的电子邮件消息。这种方法仍然很普遍，但是比较新的技术（比如 IMAP 和 webmail）允许用户在服务器上管理其邮件，而不必将它们下载到本地邮件文件夹。

本章后面会讲到，一个客户端应用程序留心向外发送邮件和登录到相应的服务器下载所传入邮件的细节。绝大多数用户通过电子邮件客户端的界面，与上述电子邮件过程相互作用。发送一则电子邮件消息以及在服务器之间转发它的过程，是由一种称为简单邮件传输协议（Simple Mail Transfer Protocol，SMTP）的电子邮件协议管理的。

电子邮件地址为服务器提供转发邮件消息所需的寻址信息。越来越流行的 Internet 电子邮件地址格式如下所示：

用户@服务器

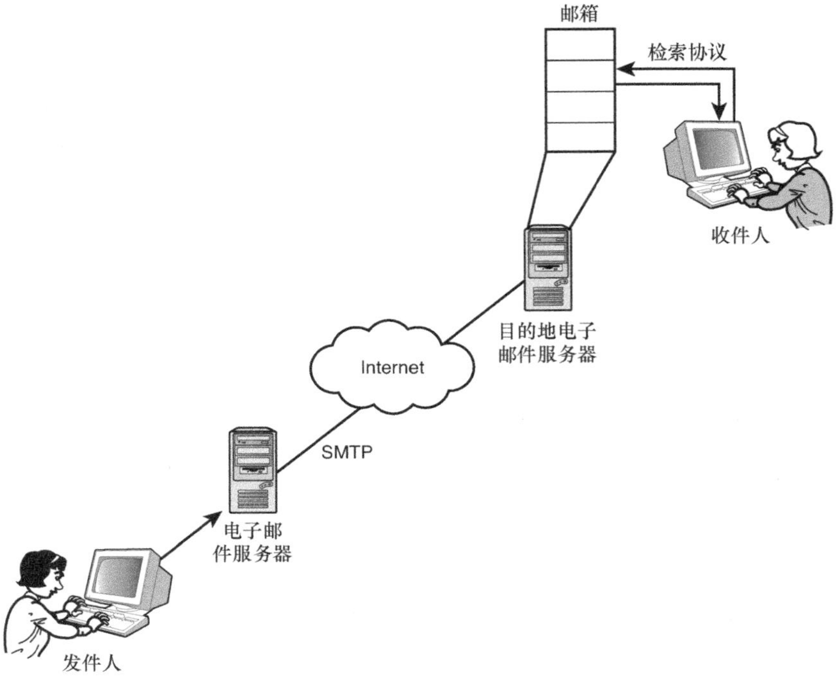

图 20.1

电子邮件交付过程

在这种标准格式中，@符号之后的文本就是目的地电子邮件服务器的名称。而@符号之前的文本，则是收件人在该电子邮件服务器上的邮箱名称。@符号之后的文本通常表示为一个 DNS 域名：

```
BillyBob@Klondike.net
SallyH@montecello.com
coolprof@harvard.edu
```

第 10 章中讲到，域名系统（DNS）服务器存储了一条 MX 资源记录，这条记录将电子邮件服务器与域名关联起来。因此只要将消息发往某个域名，域名解析系统会将消息定位到与该域名相关联的电子邮件服务器上。

By the Way

> **注意**：其他格式的电子邮件地址
>
> 尽管电子邮件地址的标准形式（@符号之后是域名）相当普遍，但是也存在其他地址形式。比如，如果电子邮件服务器位于本地网络中，则服务器名称也可以是一个主机名。有些电子邮件程序甚至允许用户将目的地服务器表示为 IP 地址，前提是知道邮件收件人的电子邮件服务器的 IP 地址。这里的关键点是，消息是交付到特定电子邮件服务器上的一个特定邮箱中。@符号前面的部分指定了邮箱，而@符号后面的部分指定了服务器。

电子邮件地址的格式，强调有关 Internet 电子邮件的一个重要观测结论：电子邮件消息的目的地并不是收件人的计算机，而是收件人在电子邮件服务器上的邮箱。从电子邮件服务器上将等待着的电子邮件消息传输到收件人计算机，这最后一步实际上是一个单独的过程。

本章后面会讲到，这最后一步是通过某种邮件检索协议来管理的，比如邮局协议（Post Office Protocol，POP）或 Internet 消息访问协议（Internet Message Access Protocol，IMAP）。

为了提高传递效率，有些网络使用分级的电子邮件服务器体系。在这种情况下（见图 20.2），一台本地的电子邮件服务器向中继电子邮件服务器转发消息。中继电子邮件服务器接着把相应的邮件发送给目的网络上的另一台中继服务器，然后，这台中继服务器再把邮件消息发送给与收件人相关联的本地服务器。

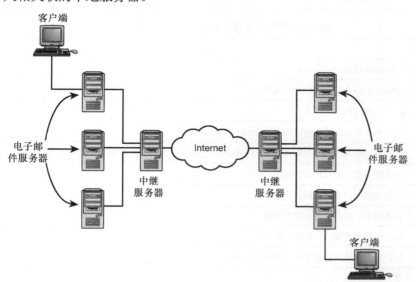

图 20.2

中继服务器通常可以增加邮件传递过程的效率

20.4　简单邮件传输协议（SMTP）

SMTP 是电子邮件服务器用来在 TCP/IP 网络上转发消息的协议。发起一则电子邮件消息的客户端计算机，也使用 SMTP 向某台本地服务器发送该消息以进行传输。

用户永远都不必使用 SMTP 交谈，因为 SMTP 通信过程在后台进行。不过，有时候需要知道一点 SMTP 知识，以便理解与未送达邮件相关的出错信息。而且，程序和脚本有时会直接访问 SMTP，向网络管理员发送电子邮件警告和警报。

与其他的 TCP/IP 应用服务相似，SMTP 也通过 TCP/IP 协议栈与网络进行通信。电子邮件应用程序的职责很简单，因为该应用程序可以依靠 TCP/IP 协议软件的连接和验证服务。默认情况下，SMTP 通过与 SMTP 服务器端口 25 的一个 TCP 连接进行通信。客户端与服务器之间的对话，由客户端发出的标准命令（和数据）以及不时地从服务器发出的三位响应代码组成。表 20.2 显示了一些 SMTP 客户端命令。相应的服务器响应代码如表 20.3 所示。

表 20.2　　　　　　　　　　　　　　　　　**SMTP 客户端命令**

命　　令	描　　述
HELO	你好（客户端请求与服务器建立一个连接）
MAIL FROM:	放在发送用户的电子邮件地址之前
RCPT TO:	放在接收用户的电子邮件地址之前

续表

命　令	描　述
DATA	宣告开始传输消息内容的意向
NOOP	要求服务器发送一个 OK 答复
QUIT	要求服务器发送一个 OK 答复并终止会话
RESET	中止邮件事务

表 20.3　　　　　　　　　　　　　　部分 SMTP 服务器响应代码

代　码	描　述
220	<domain>服务已经准备好
221	<domain>服务正在关闭传输通道
250	所请求的动作成功完成
251	用户不在本地。消息将被转发给<path>
354	开始发送数据。用字符串<CRLF>.<CRLF>（它表示一行上的一个句点）结束数据
450	由于邮箱忙，动作没有被执行
500	语法错误：命令未被识别
501	语法错误：参数或自变量有问题
550	由于未找到邮箱，动作没有被执行
551	用户不在本地。尝试把消息发送给<path>
554	事务处理失败

向电子邮件服务器发送一则消息的过程大致如下。本章前面提到，这个过程被用来从始发客户端向本地的电子邮件服务器发送一则消息，然后再从那台本地服务器向目的服务器或中继路径上的另一台服务器转发该消息。

1．发送端计算机向服务器发出一个 HELO 命令。发送者的域名作为一个参数包含在其中。

2．服务器返回响应代码 250。

3．发送方发出 MAIL FROM:命令。发送消息的用户的电子邮件地址作为一个参数包含在其中。

4．服务器返回响应代码 250。

5．发送方发出 RCPT TO:命令。消息收件人的电子邮件地址作为一个参数包含其中。

6．如果服务器可以为此收件人接收邮件，那么该服务器将返回响应代码 250。否则，该服务器将返回一个表示问题的代码（比如响应代码 550，表示没有找到用户邮箱）。

7．发送方发出 DATA 命令，表示它准备开始发送电子邮件消息的内容。

8．服务器发出响应代码 354，指示发送方开始传输消息内容。

9．发送方发送消息数据，并且在一行上以一个句点（.）结束。

10．服务器返回响应代码 250，表示邮件已被接收。

11．发送方发出 QUIT 命令，表示传输完成，当前会话应该被关闭。

12. 服务器发送代码 221，表示传输通道将被关闭。

网络采用 SMTP 通信过程，将电子邮件消息发送到目的地电子邮件服务器上的用户邮箱。该消息一直在用户邮箱中等待着，直到用户登录后查看相应的邮件。根据所用协议或电子邮件客户端类型的不同，该消息要么被用户下载到计算机进行查看和处理，要么被用户直接在服务器上编辑和管理。

20.5 检索邮件

上一节所描述的 SMTP 交付过程，其目的并不是向某个用户交付邮件，而是向该用户的邮箱交付邮件。用户必须访问该邮箱，才能查看邮件。这个额外的步骤可能会使上述过程复杂化，但是具有下列优点：

➢ 服务器将继续为用户接收邮件，即使用户的计算机并没有连接到网络中；

➢ 电子邮件交付系统不受收件人的计算机或位置的影响。

后面这条优点是许多电子邮件用户都很熟悉的一个特性。这一特性使用户能够从多个位置检查电子邮件。从理论上讲，任何能够访问 Internet 而且安装电子邮件客户端应用程序的计算机，都可以被配置来检查用户邮箱中的消息。你可以在家里、办公室或者宾馆房间里检查自己的邮件。访问邮箱和下载消息的这个传统过程，需要有一个邮件检索协议。在随后的小节中，你将学习到有关邮局协议（POP）和 Internet 消息访问协议（IMAP）的知识。你还将学习到有关 webmail 的内容，那是一种比较新的可选方案，允许用户通过普通的 Web 浏览器访问其邮箱。

> **注意：** 电子邮件和网络安全
>
> 实际上，网络安全架构（比如防火器）有时会阻止用户从陌生位置查看和发送电子邮件。

By the Way

持有用户邮箱的电子邮件服务器，通常必须同时支持 SMTP 服务（用于接收传入的消息）和一种邮件检索协议服务（用于允许用户访问邮箱）。这个过程如图 20.3 所示。这一交互需要 SMTP 服务和邮件检索服务之间的协调与兼容，这样数据才不会在两个服务同时访问同一个邮箱时发生丢失或破坏。

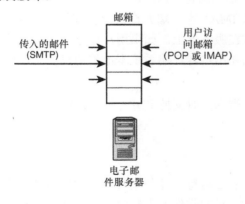

图 20.3

SMTP 服务应用程序和邮件检索服务应用程序必须协调对邮箱的访问

20.5.1 POP3

邮局协议版本3（POP3）是一种被广泛使用的消息检索协议。POP3 在 RFC 1939 中有描述，随后的 RFC 对其进行了扩展和改进。客户端发起一个 TCP 连接，到电子邮件服务器上的 POP3 服务器应用程序。默认情况下，POP3 服务器在 TCP 端口 110 上倾听连接请求。在连接被建立之后，客户端应用程序必须向电子邮件服务器发送用户名和密码信息。如果登录凭证被接受，那么用户就可以访问邮箱并下载或删除消息了。

与 SMTP 客户端相似，POP3 客户端使用一连串四字符命令与服务器进行通信。服务器使用少量字母应答从而进行响应，比如+OK（表示当前命令已经被执行）和−ERR（表示当前命令导致一个错误）。这些响应还可能包括额外的参数。邮箱中的每一则消息均由一个消息编号来索引。客户端向服务器发送一条 RETR（检索）命令来下载一则消息。DELE 命令将从服务器上删除一条消息。

POP3 客户端和服务器之间发送的消息，对于用户来说是不可见的。这些命令作为对用户在电子邮件客户端用户界面内活动的响应，由电子邮件客户端应用程序发出。

POP3 的一个缺点是，只能在服务器上实现有限的功能。用户只能在邮箱里列出相应的消息、删除消息和下载消息。对消息内容的任何操作都必须在客户端进行。这一限制会在从服务器向客户端下载消息时，造成延迟和增加网络流量。于是，更新、更强大的 IMAP 协议被开发出来，以弥补其中的一些不足之处。

20.5.2 IMAP4

Internet 消息访问协议版本4（IMAP4）是一种与 POP3 类似的消息检索协议。不过，IMAP4 提供了几种 POP3 所不具有的新特性。有了 IMAP4，你可以浏览基于服务器的文件夹，以及不必先把消息复制到自己的本地计算机上，就可移动、删除和查看那些消息。IMAP4 还允许你保存特定的设置，比如客户端窗口外观，还允许使用指定的搜索字符串在服务器中搜索消息。你还可以创建、删除和重新命名服务器计算机上的邮箱。

在无需下载即可在服务器上管理和访问消息的事实，使得 IMAP 与 webmail（后面将会讲到）很相似。然而，与 webmail 不同的是，IMAP 是通过传统的电子邮件客户端程序（而非 Web 浏览器）来工作的。大多数 IMAP 客户端允许用户将邮件消息放置到目录中，并选择是将每个目录存放在本地还是存放在服务器上。如果用户通过另一台计算机访问邮箱，也可以访问基于服务器的消息。而存储在用户客户端系统本地的消息安全性要高一些，而且搜索更加高效，还支持离线访问。

绝大多数现代的电子邮件客户端都同时支持 POP3 和 IMAP4。

20.6　电子邮件客户端

电子邮件客户端在用户的工作站上运行，并与某台电子邮件服务器进行通信。本章前面讲过，本地工作站并不与电子邮件消息的收件人直接建立一个连接。相反，该工作站使用电子邮件客户端向某台电子邮件服务器发送消息。该服务器再把相应的消息发送给收件人的电子邮件服务器。在常规的电子邮件场景中，将要接收相应消息的用户先访问电子邮件服务器上的个人邮箱，然后将该消息下载到用户的工作站。这个过程中的第一步和最后一步（向最初那台服务器发送消息和从接收服务器下载消息）通常都由电子邮件客户端应用程序完成。

电子邮件客户端提供以下 3 个功能：

➢ 使用 SMTP 向一台外发电子邮件服务器发送出站消息；

➢ 使用 POP3 或 IMAP 从一台电子邮件服务器收集传入的电子邮件消息；

➢ 充当阅读、管理和撰写邮件消息的用户界面。

电子邮件客户端必须能够同时充当 SMTP 客户端和邮件检索（POP 或 IMAP）客户端。

本章前面所讨论的电子邮件协议为电子邮件通信提供了一个清晰的路线图，电子邮件客户端也与此相似。具体如何配置某一电子邮件客户端的细节可能各不相同，但是如果你熟悉本章所描述的那些过程，那么就会很容易搞清楚如何让它工作（用户需要知道的是，与认证和加密相关的安全特性在网络层之外还提供了一个额外的复杂层。有关如何安全设置邮箱账户的信息，请咨询你的 ISP 或电子邮件管理员）。与其他的网络客户端应用程序相似，电子邮件客户端也通过相应的协议栈与网络进行通信。带有电子邮件客户端的计算机必须有一个有效的 TCP/IP 实现，而且它必须被配置得能够使该电子邮件应用程序通过 TCP/IP 到达相应的网络。

在确定你的计算机正作为某个 TCP/IP 网络上的客户端正确运行之后，你需要从你的某位网络职员那里获得另外一些参数，以便在系统上配置一个电子邮件客户端。如果你是一名家庭用户，请通过 ISP 获得这些信息。如果你是一名公司用户，请从你的网络管理员那里获得这些信息。

你需要知道以下信息：

➢ 电子邮件服务器的完全限定域名，以用来向外发送邮件。这个服务器通常接收主机名 SMTP，后面跟着相应的域名（例如，SMTP.rosbud.org）；

➢ POP 或 IMAP 服务器完整的完全限定主机名；

➢ POP 或 IMAP 服务器上一个电子邮件用户账户的用户名和密码。

配置一个电子邮件客户端的任务，很大程度上就是获得这些参数并把它们输入该电子邮件客户端程序。

对于绝大多数操作系统来说，电子邮件客户端程序已经逐渐融入其标准的桌面环境。Windows 系统用户通过 Windows Mail 或 Outlook 邮件客户端访问邮件；Apple Mail 是 Mac OS X 系统上的标准；Linux 系统通常带有一种流行的开源邮件客户端，比如 Evolution 或 Mozilla Thunderbird。

电子邮件客户端常常与其他相关工具融为一体，提供日历、日程安排和通信簿功能。邮件客户端还可以解释多种文件扩展名（.doc、.txt、.pdf、.jpg）和加载适当的查看程序，以读取发来的附件。如果使用适当，这种与其他应用程序的集成非常方便，但是它也造成了全新一代的宏病毒和蠕虫（主要侵袭 Windows 系统）通过电子邮件附件传递。一种典型的宏病毒可能会访问用户的通信簿，以获得新的电子邮件地址，然后向该通信簿中的其他用户自动发送电子邮件（见图 20.4）。最近的 Windows 系统使用的额外的防范措施来防止这种攻击，但是通过电子邮件传播的蠕虫和病毒在 Window 95 和 Windows XP 时代却相当常见。

图 20.4

电子邮件病毒

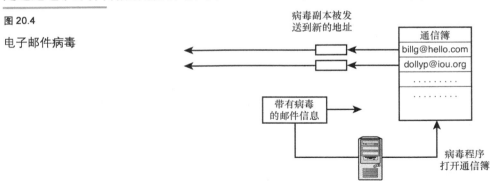

By the Way

注意：留意你的点击

　　虽然随着公众意识和杀毒技术有效性的提高，通过电子邮件传播病毒的问题在最近几年已经得到了控制，但是这些病毒在过去造成了相当大的破坏。这里的要点是，接受附件并单击通过电子邮件递送的链接，会对你的系统造成风险。请查阅你的操作系统厂商文件，查找有关如何配置系统以最小化该风险的建议。

20.7　webmail

　　万维网的兴起，产生了一个全新的、围绕 Web 技术设计的电子邮件分类。这些基于 Web（或 webmail）的电子邮件工具，并不需要全功能的电子邮件客户端应用程序。用户直接使用 Internet 浏览器访问相应的网站，然后通过一个 Web 界面访问电子邮件。因此，用户的电子邮件可以从任何能够连接到 Internet 的计算机上访问。Hotmail、Yahoo! Mail 和 Google 的 Gmail 都是 webmail 服务的实例。这些服务通常是免费的，或者几乎是免费的，因为提供商通过广告就可以获得足以支持整个基础设施的款项。

　　webmail 既通用，又易于使用。对于习惯使用 Web，又不想必须配置和排错某一电子邮件程序的非技术性的家庭用户来说，webmail 是一个很好的选择。现在，有些公司在某些情况下使用 webmail，因为其防火墙允许 HTTP 流量，且阻止 SMTP。webmail 可能看起来不安全。Internet 上的任何人都知道如何到达 Yahoo!站点，而且可能知道如何到达 Yahoo!邮件站点。但是要记住，传统的电子邮件也没那么安全，除非你采取措施来保护它。任何拥有你的用户名和密码的人，都可能查看你的邮件。主流的 webmail 站点均提供安全登录和其他安全措施。如果你正考虑一种小型的本地 webmail 服务，最好了解一下该系统的安全性。

　　对 webmail 的最大抱怨，通常是它的性能。由于该邮件系统并不实际存在于客户端计算机（它不同于 Web 浏览器），所有撰写、打开和移动消息的琐事都发生在网络连接的瓶颈中。相反，传统的电子邮件客户端都在会话开始时下载所有新的消息，而且所有与撰写和存储消息相关的动作都发生在客户端上。在不考虑性能损失的情况下，对于许多 Internet 用户来说，webmail 的极度便利性可以确保它仍然是一个重要的选择。

> **注意**: webmail 仍然是电子邮件
>
> webmail 的主要目的是为用户提供一种收发消息的手段。尽管 webmail 可能看起来像是一个全新的概念，但是它与图 20.1 中所描述的普通电子邮件系统没有多大差别。它们之间的差别是，在 webmail 中，用来读取和发送电子邮件的软件驻留在电子邮件服务器上，而且收件人通过 Web 界面访问该软件。在后台，webmail 系统仍然使用 SMTP 在网络上传输电子邮件消息。

By the Way

20.8　垃圾邮件

在电子邮件技术领域，没有什么新发展比垃圾邮件的兴起更具影响力了。垃圾邮件（spam）是乱糟糟地堆满上百万 Internet 用户邮箱的大量电子邮件消息的绰号。那些消息大肆宣传银行贷款、减肥药、慈善骗局以及各种各样围绕一时快感这个主题的产品和服务。从技术上讲，垃圾邮件就是电子邮件，那也正是它得逞的原因。路由某条消息的电子邮件服务器，并不知道该消息是由一个可憎的自动化模式生成的，还是由收件人心爱的某个人生成的。

幸运的是，接收者有一些方法来识别和消除垃圾邮件。有些用来对抗垃圾邮件的技术都基于 TCP/IP 原理，因此与本书有关。不过，正如你将看到的那样，垃圾邮件的制造者都善于找到绕过那些对抗手段的方法，因此没有永久的解决方案。比较新的技术把精力主要集中在分析电子邮件消息的文本上。

在垃圾邮件产业刚刚启动时，各个收件人就开始认识到，许多垃圾邮件都来自少数特定的电子邮件地址。垃圾邮件反对者们已经积累了大量的、被认为与垃圾邮件相关的地址数据列表。这些列表被称为黑名单。防火墙、邮件服务器或者是客户端程序都可以扫描发来的消息，找出黑名单中的地址。

不过，垃圾邮件制造者们经常更换 IP 地址和域名，以避开黑名单。黑名单被认为是很好的第一道防线，但是它并不足以完全控制垃圾邮件。事实上，传统的黑名单正变得越来越不相干，因为垃圾邮件制造者们已经通过完善技术来绕过它们。一种策略是，利用安全漏洞较大的公司的邮件服务器来转发垃圾邮件消息。SMTP 邮件服务器只是等待来自客户端的消息，然后转发它。当然，这里的观念是，只有邮件服务器的所有者才会使用它转发消息。但是，没有被适当锁住的邮件服务器可以被任何人使用，其中包括位于另一个位置的垃圾邮件制造者（见图 20.5）。有时，合法的公司和完全无辜的个人会发现他们自己出现在了电子邮件黑名单上，那是因为垃圾邮件制造者正利用他们的服务器作为中继站。

垃圾邮件反对者们已经通过他们自身的补救办法来回击这种策略。通过把邮件服务器放置在公司防火器内侧，并在防火墙处阻止发来的 SMTP 请求（见图 20.6），公司即可保护自己不会成为垃圾邮件中继站。如图 20.6 所示，来自防火器内侧的邮件客户端，可以使用相应的邮件服务器转发消息，但是位于外侧的客户端却无法到达该邮件服务器。这一技术对于控制垃圾邮件来说十分有用。不过，它也会造成一些局限性。对于一名来自这种本地网络的用户，在他带着笔记本电脑旅行或从某个外部位置检查邮件时，就可能会发现，如果不重新配置电子邮件客户端以指向另一台 SMTP 服务器，便无法发送消息（在第 19 章中讲到，通过 VPN 连接，笔记本用户可以直接从远程位置连接到本地网络，从而避免了该问题）。一种逐渐流行起来而且更为灵活的解决方案是，让 SMTP 服务器位于防火墙外侧，但是需要通过电子邮件客户端来进行身份验证。当代大多数电子邮件客户端应用程序都支持这种验证设置，以用于向外发送邮件。

图 20.5

垃圾邮件制造者们有时可以利用其他人未经保护和没有疑心的电子邮件服务器发送其消息

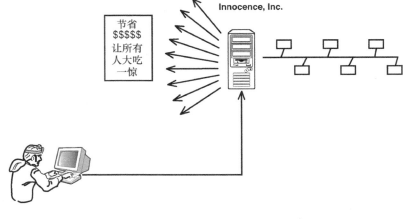

图 20.6

在防火器后面放置 SMTP 服务器以及阻止发来的 SMTP 请求，可以保护服务器免遭垃圾邮件制造者的滥用

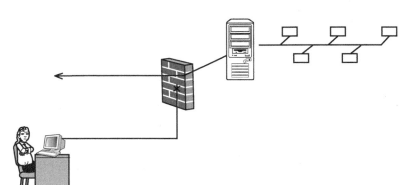

有些垃圾邮件制造者甚至闯入无辜用户的计算机，然后配置这些系统发送垃圾邮件。这些被感染了的计算机常常会在它们被察觉之前，发送成千上万条消息。一些网络管理员已经通过使用白名单（一个允许向所在域发送邮件的地址列表）来进行对抗。这种技术可以起作用，但是它对许多组织来说，限制的程度过高了。

另一种防御手段被称为灰名单。灰名单系统临时拒绝来自某一未知源的消息。如果相应的消息是合法的，那么发送服务器会再次传输该消息；然而，垃圾邮件服务器通常都是自动化的工具，它们没有被设计成在交付失败时再次进行传输。如果服务器没有再次发送，那么相应的消息就被假定为垃圾邮件。等到垃圾邮件服务器确实找到机会再次发送时，Internet 的黑名单积累服务很可能就已经收集到了发送垃圾邮件的地址。因此，灰名单积累常常和黑名单积累一起使用。

许多对抗垃圾邮件的工具，依赖于对消息内容的分析。有些术语和短语更是经常出现在垃圾邮件报头和消息中。一些垃圾邮件过滤器根据规则封存消息。例如，某一过滤器可能会封存咒骂语，或者是其他与免费解剖描述相关的术语。更加完善的方法（比如 Bayesian 垃圾邮件过滤技术）采用概率统计技术来分析消息内使用的词语，并给出一个得分，以此表明该消息为垃圾邮件的可能性。一些垃圾邮件消息怪异的词语选择和含义模糊的语言，反映出垃圾邮件制造者希望能够溜过这些针对内容概率的过滤器网络的想法。

这些过滤工具中的一部分有产生误报的倾向，在其中，合法消息由于表现出像垃圾邮件的样子而被封存。最好的过滤技术提供一种方法来"训练"相应的过滤器，通过向它展示所有被误解的正确事件，使其能够重新计算相应的概率，而且不会再犯相同的错误。

20.9　网络钓鱼

对于世界各地的系统管理员来讲，尽管通过电子邮件分发的蠕虫、病毒和其他恶意软件仍然是个问题，但是随着操作系统的改进以及及时打上安全补丁，入侵者过去通过电子邮件附件来进行恶意行为的鬼把戏慢慢行不通了。

有些攻击者如今也不再向受害者发送恶意附件，而是更愿意发送一个指向恶意站点的链接。对电子邮件客户端来说，这个链接看起来像是一个普通的 URL。当用户单击链接时，电子邮件阅读器将打开 Web 浏览器来访问这个恶意站点，随后恶意站点采取某些行为（通常是执行恶意脚本）来损害受害者的系统。这类攻击被称为网络钓鱼。

尽管网络钓鱼攻击是通过电子邮件发起的，但是攻击更多的与 HTTP 和 Web 安全系统相关。网络钓鱼攻击已经变得相当常见，攻击者有时会精心制作虚假网站以诱骗毫无戒心的用户点击，然后再发送精心制作的邮件消息，以冒充银行、信用卡公司、公共事业公司和医疗保健提供商。正如"如果你不知道附件是什么，就不要点击"那样，如果你不知道链接指向哪里，也不要点击。有关网络钓鱼工具的更多细节，请见第 11 章。

注意：保护邮件的私密性

　　在电子邮件系统开发之初，隐私和安全不是主要问题。最初的电子邮件规范对与用户相关的敏感信息几乎没有提供任何保护。近些年来，电子邮件用户对邮件消息的私密性和真实性越来越看重。完美隐私（Pretty Good Privacy，PGP）等工具提供了一种方式来对邮件消息进行加密，以防止邮件信息被窃取，但是这些工具也有其局限性。有关 PGP 和其他电子邮件保密技术的细节，请见第 19 章。

By the Way

20.10　小结

本章描述了在电子邮件消息离开你的计算机之后所发生的事情。你看到了电子邮件交付过程幕后的细节，还学习了有关 SMTP 以及诸如 POP3、IMAP4 和 webmail 之类邮件检索技术的知识。本章还讨论了电子邮件客户端应用程序的角色，并且描述了为了控制和遏制垃圾邮件消息而进行的努力。

20.11　问与答

问：我可以发送消息，但是无法连接到邮件服务器下载新的消息。我应该检查些什么？

答：你的电子邮件客户端应用程序使用 SMTP 发送消息，并使用一种邮件检索协议（可能是 POP 或 IMAP）来检查服务器上收到的消息。可能你的邮件检索协议的传输有问题。许多网络针对发来的消息和外发的消息使用不同的服务器。你的 POP 或 IMAP 服务器可能宕机了。查看你的电子邮件客户端应用程序中的配置对话框，那里有你的 POP 或 IMAP 服务器的名称。尝试 ping 一下该服务器，看它是否响应。

问：一家土耳其的会计师事务所从我的公司订购了 14 台计算机。他们坚持要求那些计算机所包括的电子邮件应用程序必须支持 MIME。为什么他们如此固执？

答：电子邮件最初是为了支持 ASCII 字符集而设计的，那是为使用英语书写的用户而开发的一个字符集。其他语言中使用的许多字符都不在 ASCII 字符集中。MIME 扩展了该字符集，使其包括其他非 ASCII 字符。

20.12　测验

下面的测验由一组问题和练习组成。这些问题旨在测试读者对本章知识的理解程度，而练习旨在为读者提供一个机会来应用本章讲解的概念。在继续学习之前，请先完成这些问题和练习。有关问题的答案，请参见“附录 A”。

20.12.1　问题

1．什么是 MIMIE，以及它的用途是什么？
2．什么协议用来发送电子邮件消息？
3．什么协议用来从用户的邮箱中检索电子邮件消息？
4．用户对 webmail 最大的抱怨是什么？
5．webmail 的优点是什么？

20.12.2　练习

1．如果你有一个 Internet 账户，请打开你用来发送和查看电子邮件的电子邮件客户端。试着弄清楚 SMTP 服务器（用于发送邮件）和 POP 或 IMAP 服务器（用于接收邮件）是在哪里配置的。

2．如果你真的觉得自己喜欢冒险，那么请问一个好朋友，你是否可以在该朋友的计算机上配置一个电子邮件客户端来检查你的电子邮件账户。有些电子邮件客户端支持多个电子邮件账户。或者，你可以配置一个你的朋友目前不在使用的内置式电子邮件客户端。

By the Way

注意：SMTP 保护

你可能会发现，你可以从你朋友的 ISP 网络检查自己的邮件，但是不能从其网络向你自己的 ISP 网络上的 SMTP 服务器发送邮件。许多 ISP 并不允许外部的电子邮件消息试探它们的 SMTP 服务器。

20.13　关键术语

复习下列关键术语。

➢ **黑名单**：一个不允许向当前域转发邮件消息的服务器列表。

➢ **电子邮件主体**：电子邮件消息中包含消息文本的部分。

➢ **电子邮件客户端（电子邮件阅读器）**：一种客户端电子邮件应用程序，负责发送邮件、检索邮件和管理用户用来与邮件系统交互的界面。

➢ **电子邮件报头**：电子邮件消息的开头部分，由信息字段和相关的值组成。

➢ **灰名单**：通过拒绝首次递送和等着查看相应的服务器是否再次发送同一消息来探测垃圾邮件服务器的系统。

➢ **Internet 消息访问协议（IMAP）**：一种增强型邮件检索协议，提供 POP 所没有的几种特性。例如，你不必先从服务器上下载邮件消息，即可访问那些消息。

➢ **邮箱**：电子邮件服务器上的一个位置，为用户存储发来的消息。

➢ **多用途 Internet 邮件扩展（MIME）**：一种扩展 Internet 邮件性能的电子邮件格式。

➢ **邮局协议（POP）**：一种在 Internet 上使用的流行的邮件检索协议。POP 使用户能够登录到电子邮件服务器上，并下载或删除等待中的消息。

➢ **简单邮件传输协议（SMTP）**：一种用来在 TCP/IP 网络上发送邮件的协议。

➢ **webmail**：一种允许用户通过普通的 Web 浏览器访问电子邮件消息的系统。

➢ **白名单**：允许向所在域转发邮件消息的一个地址列表。

第 21 章

流与播

本章介绍如下内容：
- ➤ **流协议**；
- ➤ **多媒体链接**；
- ➤ **播客（Podcasting）**；
- ➤ **VoIP**。

Internet 并不是为播放音乐和收看电视剧而创建的。在 Internet 流的时代，必须要引入新的理念和新的协议。本章将讲解用于 Internet 的多媒体技术。

学完本章后，你可以：
- ➤ 描述基于 UDP 的 RTP 及其辅助协议；
- ➤ 描述 RTMP 以及基于 TCP 的流；
- ➤ 讨论传输层可选的 SCTP 和 DCCP；
- ➤ 讨论基于 HTTP 的自适应比特流；
- ➤ 描述 HTML5 的新媒体特性，包括媒体源扩展和<video>元素；
- ➤ 解释什么是"播客"，以及它是如何工作的；
- ➤ 描述一些重要的 VoIP 协议。

21.1 流问题

世界各地的用户拥有全部的网络连接、传输介质、视频监视器和 PC 扬声器，供应商和持有卓越见识的人员开始想知道，Internet 是否会使得电视频道、电话机和广播站都被废弃掉？Internet 能支持语音通信吗？提供商能够按需（乃至实时）地将多媒体节目流向用户吗？

多年以来，专家和企业家们一直在谈论一种电视/计算机组合系统，但是早期的型号总是未能达到预期目标。一部分原因是 Internet 带宽的不足，另外一方面的原因是家庭用的计算机硬件没有完全达到相应的标准。

现在，对于愿意负担其费用的用户来说，使用电视/计算机盒子（box）已经成为一种现实，而且 Internet 电话服务也正变得十分普遍。像 Hulu 和 YouTube 这样的在线服务为用户提供了无尽的播放列表，通过这些播放列表，用户可以收看电影、电视节目和家庭视频，而 Facebook 页面甚至一些其他的普通网站都提供方便的链接，指向网站中嵌入的音频和视频。没有硬件和 Internet 基础设施方面的进步，这些发展都不会发生，但是按需的多媒体新世界还需要 TCP/IP 协议系统得到一些增强。

多媒体流为协议系统提出了几个问题，其中最重要的问题可能是服务质量（QoS）。Internet 是为传输文件和有限的消息而设计的，而不是用于交互式或连续服务的。数据报根据路由器所做出的决定，沿着它们自己的路径传输，而且无法保证它们会以一种统一的、连续的流形式到达。流需要高性能，而且性能要稳定和连续到足以使得音视频给人一种比较自然的感觉。

当然，另一种传输多媒体内容的方法是，直接把它保存到一个文件里，然后通过电子邮件、Web 链接、RSS feed 或者某一音乐共享应用程序来传输该文件。本章还将讲解多媒体链接及其工作方式，但是这些技术与其他任何文件传输情况没有多大差别，因此相对于多媒体流来讲，这些技术不会给 TCP/IP 协议系统带来与之相同的难题。本章主要讲解与流相关的问题。

21.2　多媒体文件简介

当访问网站上的多媒体链接来播放音视频内容时，你很可能访问的是以多媒体文件格式存储在服务器上的一个文件。网站上（比如 YouTube）的视频文件包含了大量用于定义文件内容的信息。

多媒体文件（比如.webm 或.mov 文件）的规范定义了视频和音频数据的编码格式。该规范还涉及一个容器格式，这个容器格式描述了视频、音频、元数据和其他信息是如何存储在文件中的。容器文件包含如下内容：

> 视频数据，采用某些视频编码格式进行编码；
> 音频数据，采用某些音频编码格式进行编码；
> 同步信息，用来对齐音频和视频数据；
> 字幕或其他定位信息；
> 元数据（关于数据的数据，比如作者或标题）。

编码器设备接收数据流，然后使用名为编解码器的程序（或硬件设备）将数据编码为所需格式。

用于视频文件格式的规范包含了"哪种容器格式与视频格式一起使用"的信息。虽然容器通常等同于视频文件格式本身，但并非总是如此。两个视频文件格式可能使用同一种类型的容器文件。例如，.webm 文件格式使用了 Matroska 容器规范，而有几种视频格式使用的则是 MPEG4 容器格式。

在最基本的场景中，多媒体文件被放置在服务器上，等待访客通过 Internet 点击链接进行访问。

　　在客户端，视频播放应用程序或者是带有必要插件或扩展的浏览器（这种情况更常见）用来访问多媒体文件类型，并通过网络连接接收编码后的数据，然后再使用必要的编解码器将数据解码，将其恢复为音频和视频信息以及元数据，最后播放视频剪辑。

　　由于本书讲解的是 TCP/IP 网络互连，因此这里的首要问题是，视频和音频数据如何从服务器发送到客户端？与 TCP/IP 中的其他情况一样，这个问题有许多答案。首先，客户端可以使用文件服务（比如 FTP）简单地下载多媒体文件（如同下载其他文件那样）。当然，如果只是下载文件并在本地播放，则并不需要任何特殊考虑，而且协议栈也不需要具有多媒体功能。

　　出于下面这些原因，Web 发布商和用户可能不想将多媒体文件下载下来。

> 用户不想存储整个文件（多媒体文件可能会相当大），或者是担心在下载文件时会带来安全风险。

> 用户可能不想浪费时间等着文件下载。所谓的 Web 体验，就是在单击链接后能迅速访问资源，而下载一个多媒体文件可能需要花费好几分钟。

> 文件的所有者可能不想让别人下载并复制文件（尽管总是可以找到下载文件的方法，但是通过制造一些下载障碍，则会迫使企图下载文件的用户付出额外的努力才能成功）。

　　流是许多技术的集合，它提供了一种方法使得网络将适量的多媒体内容发送给客户端。客户端以实时或近乎实时的方式"消费"（显示）这些内容。流的概念实际上是音频/视频业界内标准实践的一种扩展。在标准实践中，一个连续信号从摄像机传递到麦克风、前置放大器，然后通过一系列滤波器传递到混音器，最后到达广播介质或录音设备。在这种情况下，当连续信号从现场事件传递到消费者时，网络自身就成为传输路径上的一个步骤。

　　现在，任务变成了如何在网络上获得流媒体信号？可以想象，作为内容的连续流出现的多媒体，实际上被拆分成数据包大小的大量数据，并在网络上传输。流处理问题的部分解决方案采用了多种方法将数据提供给协议系统。两种常见的方法如下所示：

> 在传输层进行交互（通过标准的 UDP 或 TCP 传输协议）；

> 另外一种流传输协议取代传统的传输层协议。

　　最近几年，出现了一种新的解决方案，它通过应用层的 HTTP 协议与协议栈进行交互。使用 HTTP 具有许多好处。首先，HTTP 允许通过对标准 Web 服务器的扩展来传输流，从而将专用网络组件的需求降至最低。此外，HTTP 已经在整个网络中得以应用，因此更容易将流解决方案与浏览器、防火墙和 Internet 的其他标准组件进行集成。本章后面将讲到，HTML5 的新规范（见第 17 章）包含了一些新的特性，增强了对流媒体的支持。

　　你不必在网上四处冲浪，就可在网页中找到所嵌入的视频和音频图像。单击一个链接就可以收听一个声音、观看视频、欣赏一段声乐。

　　许多多媒体链接只是一些文件。在第 17 章中讲到，带有 HREF 属性的<a>标记会引用另外一个资源。在前面的例子中，那个资源是页面。然而，引用可以指向任何类型的文件，只要浏览器知道如何解释文件的内容即可。现代的浏览器能够处理许多不同类型的文件格式。在 Windows 系统中，文件扩展名（文件名中在点号后面的部分，比如.doc、.gif 或.avi）告诉浏览器或操作系统，该使用哪个应用程序打开文件。其他一些操作系统甚至不需要文件扩展名就可以确定文件类型。如果浏览网页的计算机安装了打开相应视频或音频文件的必要软件，而且浏览器或操作系统经过配置后可以识别该文件，则网页可以通过一个普通的链接来引用该文件，然后计算机将在该链接被单击时执行相应的文件。

常见的视频文件格式如下所示。

- **.webm**：针对互联网而设计的一种开放的媒体格式。
- **.ogg**：由 Xiph.org 基金会维护的一种自由格式。
- **.avi（音视频交错）**：Microsoft 公司开发的一种音/视频格式。
- **.mpg（动画专家工作组）**：一种流行的高质量数字视频格式。
- **.flv**：Flash 视频使用的一种格式。
- **.mov（QuickTime）**：Apple 公司最初为 Mac 系统开发的 QuickTime 格式，现在可以广泛用于其他系统。

Internet 上有多种可用的音频文件格式，但是专属的 MP3 格式是到目前为止最常见的下载和播放音乐文件所用的格式。

当在客户端计算机上安装多媒体软件时（比如，当安装 QuickTime 查看器时），安装程序通常会注册文件扩展名，以便计算机能够使用安装后的程序打开这些文件。在有些情况下，如果正确的应用程序或插件无法播放文件，用户就会被带往某个下载站点，并自动安装打开程序。

注意：辅助的应用程序

浏览器有时使用其他应用程序来打开和执行文件的事实，表明整个 HTTP 生态系统（HTTP、HTML、Web 服务器、Web 浏览器）本质上是一种交付方法，非常像 TCP/IP 下面的那些层。

By the Way

有时，链接提供了连接到某个真实多媒体流的可选项。位于 Internet 上的流服务器向单击链接的用户按需提供音频和视频流。

在其他情况下，流被 Web 脚本所隐藏，或者故意隐藏起来。有时，某个多媒体流的 URL 实际上被封装在一种被称为元文件的小型文本文件中。地址栏中引用的资源可能就是相应的元文件，它们可能拥有.pls、.ram、.asx、.wax 和.wvx 等扩展名。如果想知道链接指向哪里，你可以在 Internet 上找到几种工具，来帮助找出某个隐藏的多媒体流的位置。

21.3 实时传输协议——UDP 上的流

针对及时、可靠的交付问题，已经出现了几种解决方案，但是对于 Internet 流这一难题，最重要的解决方案可能就是实时传输协议（RTP）。RTP 为在 TCP/IP 上传输音视频流定义了一种包格式和一种标准的方法。RTP 的名称预示着它是一种传输协议，但是事实上要稍微复杂一些。RTP 并不替代原有的传输协议，相反，它构建在 UDP 之上（见图 21.1），并且使用 UDP 端口以到达 Internet。

　　考虑到与 UDP 传输相关的可靠性问题，你可能觉得奇怪：RTP 是如何侥幸成功使用 UDP 的呢？在第 6 章中讲到，开发人员可以编写他们自己的可靠性机制，并用于 UDP。就 RTP 来说，有一种称为实时控制协议（Real-Time Control Protocol，RTCP）的伴随协议，为 RTP 会话监视服务质量。这允许应用程序对流进行调节，即通过改变流速率或者可能切换至一种较低的资源密集型格式或图形分辨率。这种方法并没有完全消除这里的问题，但是它确实为监视数据包的流动提供了额外的选项。

图 21.1

RTP 利用 UDP 来提
供网络流传输

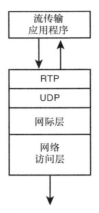

　　RTP 最初是在 RFC 1889 中描述的，后者后来被 RFC 3550 和后续的更新所取代。RTP 报头中包含的字段如图 21.2 所示。

图 21.2

RTP 报头格式

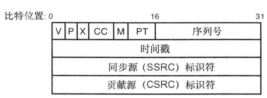

> ➤ **版本**：RTP 的版本。
> ➤ **填充**：示意当前数据包是否包含一个或更多填充性八位组。
> ➤ **扩展**：示意报头扩展的存在。
> ➤ **CSRC 计数**：固定报头之后的 CSRC 标识符的数量。
> ➤ **标记符**：标记帧边界以及数据包流中其他重要的点。
> ➤ **载荷类型**：载荷的格式。
> ➤ **序列号**：一个代表当前会话中位置的数字，每个数据包递增 1。这个参数可以被用来检测丢失的包。
> ➤ **时间戳**：载荷中第一个八位组的采样时刻。
> ➤ **SSRC**：识别一个同步源。
> ➤ **CSRC**：为数据包载荷识别贡献源。

　　一个可选的 RTP 扩展报头，允许不同的应用程序开发人员进行修改试验，以改进性能和服务质量。一些厂商已经开发出他们自己的 RTP 版本，它们有着各不相同的兼容度。

使用 RTP（或是其他任何流协议）的音频/视频应用程序，必须提供某种形式的缓冲，以确保稳定的音频或视频输出流。缓冲区是用来在数据被接收时临时存储它们的一块内存。缓冲使得应用程序能够以一个稳定的速率来处理输入，即使其到达的速率可能不同。只要缓冲区没有完全空或者完全满，接收数据的应用程序即可恒速处理输入。

RT 协议簇中还提供另一种协议，称为实时流传输协议（Real-Time Streaming Protocol，RTSP）。RTSP 发送命令，允许远程用户控制流。你可以把 RTSP 看作类似电视遥控器之类的东西。RTSP 并不参与实际的流传输，但是它允许用户向服务器应用程序发送像暂停、播放和录制那样的命令。

一个典型的流传输场景如图 21.3 所示。语音输入通过一个音频接口进行接收，然后传输给某个计算机应用程序，在那里，它被转换为某种数字格式。流传输软件把流拆分为离散的数据包，通过 RTP 和 TCP/IP 协议栈，向某个流客户端传输，数据在那里被接收进一个缓冲区，然后被某个音乐播放器应用程序连续地从缓冲器中读出，该程序再把声音输出至一对立体声扬声器。期间，RTCP 协议向参与会话的应用程序提供服务质量信息。如果这是一段预先录制的视频或音频文件，而不是一名真实的歌手在现场演唱，那么客户端上的用户就可以在客户端应用程序中选择选项，通过 RTSP 向服务器发送开始或停止命令。

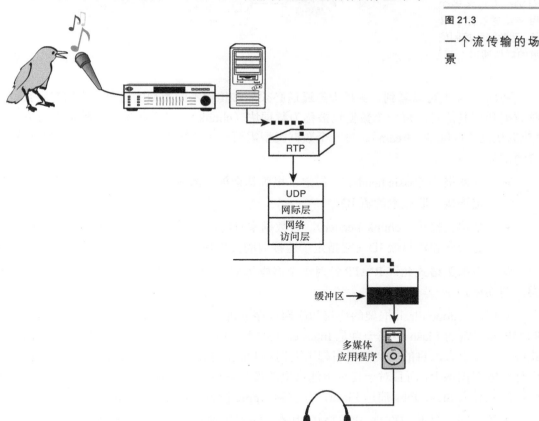

图 21.3

一个流传输的场景

21.4　实时消息协议——TCP 上的流

流媒体技术的一家早期领袖是 Macromedia 公司，该公司后来被 Adobe 收购。Macromedia 和 Adobe 开发和维护了一套称之为 Flash 的协议和组件。实时消息协议（Real-Time Messaging Protocol，RTMP）最初是 Flash 协议族的一部分。Adobe 随后发布了 RTMP 的一个版本，供公众使用。当然，该公司仍然对该技术保持一定的控制。

RTMP 的基本版本是一个流媒体协议使用 TCP 传输协议的例子。让 TCP 处理连接控制，则意味着 RTMP 可以更轻量级、更简单（因为无需处理所有的连接细节）。从另一方面来说，依靠 TCP 也意味着 RTMP 必须接受嵌入 TCP 的常规连接例程，而无法针对流媒体场景来优化连接进程。

RTMP 通过多个虚拟通道来运行，这些虚拟通道用来发送视频、音频和控制信息（见图 21.4）。RTMP 协议将流数据拆分为数据包大小的分段（默认情况下，音频为 64 字节，视频为 128 字节）。

图 21.4

RTMP 流包含多个用来发送视频、音频、元数据和控制信息的虚拟通道

在图 21.4 中可以看到，各种虚拟通道必须能够传输不同类型的信息，比如音频数据、视频数据和控制信息。每一个数据包被称为数据块（chunk），发送数据的各种虚拟通道被称为"数据块流"（chunk stream）。每一个数据类型需要一个略微不同的报头类型。RTMP 报头包含两部分。

➢　基本报头（basic header），指定了报头其余部分的格式，并包含了一个将数据包与指定连接关联起来的流 ID。

➢　数据块报头（chunk header），与数据本身的细节相关，比如数据类型、时间戳、消息长度和消息流 ID（它指定了连接内的数据块流）。

这个双报头格式允许 RMTP 针对一个多媒体演示，能同时打开和关闭用来传递各种数据类型的连接。

就组成 Adobe Flash 框架的协议和应用程序来讲，RTMP 只是其中的一部分。多年以来，RTMP 和笼统的 Flash 协议一直是 Internet 上占主导地位的多媒体格式，但是 Flash 已经日渐式微。一些引人注目的安全问题引起了人们对 Flash 的关注，有些专家说，Flash 无法很好地运行在触屏设备上，而且对于使用电池供电的设备来说，Flash 也相当耗电。在 2010 年，Apple 公司的领导人 Steve Jobs 痛斥 Flash，并宣称 Apple 设备不再支持 Flash。

大约在同一时期，HTTP 和 HTML 中的一些创新带来了一些新的可能性，使得无需 Flash 这样的外部协议框架，就可以采用流的方式来处理多媒体内容。

21.5 SCTP 和 DCCP——取代传输层

有些专家认为，UDP 和 TCP 从根本上来说都不适用于流场景，他们提出的一种更好的方法是，针对传输层创建一个全新的协议，这个协议是针对多媒体流而设计的，并且进行了优化。两个比较著名的尝试如下所示。

流控制传输协议（Stream Control Transmission Protocol，SCTP）首次出现在 RFC 2960 中，现在涵盖该内容的文档为 RFC 4960。SCTP 是一种面向连接的传输协议（因此更像 TCP），但是与 UDP 一样，SCTP 更面向消息。SCTP 还提供通过单个连接同时维持多个消息流的能力。

数据报拥塞控制协议（Datagram Congestion Control Protocol，DCCP）在 RFC 4340 中描述，它也借鉴了 TCP 和 UDP 中的特性。DCCP 是面向连接的（类似 TCP），交付速度快，但不可靠（类似 UDP）。

SCTP 和 DCCP 都执行某种称为拥塞控制的功能。从其名称中可以看到，DCCP 提供了一种拥塞控制机制。拥塞控制是减少与 TCP 有关的各种重传问题以及提供更有效带宽利用的一种方法。DCCP 协议所使用的算法会调整数据流的特征，以优化吞吐量和减少重发数据包的数量。

现在，已经有 SCTP 和 DCCP 的实现可以使用了。

21.6 HTTP 上的流

通过直接与协议栈的低层进行交互，RTP、RTMP 和 SCTP 等技术将协议开销降至最低，这意味着在其他所有因素相同的情况下，它们能够能快地传输流，并减少延迟。然后，这些专用的流协议也为基础设施带来了复杂性，因为你需要专用的服务器工具来处理这些协议。

在当今的 Internet 上存在海量的多媒体，专家已经开始好奇，是否有可能使用普通的 Web 服务器作为流媒体的工具。第 17 章中讲到，Web 服务器实际上是一个 HTTP 服务器，因此这个问题演变为：在 HTTP 上处理多媒体流是否可行。

与其他网路流媒体技术一样，在 HTTP 上传输流，也需要将流媒体拆分为数据包大小的小型数据块，然后发送并重组这些数据块，以重建原始的内容。由于 HTTP 位于协议栈的高层，因此协议系统需要更多的处理。当然，这种方法的优势是，进行编码的软件从本质上来讲是另外一种形式的 Web 服务应用程序，它可以利用现有的协议基础设施，而无须通过为低层添加不同的新协议进行转换。

HTTP 流的目的和需求与早期的流媒体方法类似，都需要某种类型的编码软件（或设备）为音频、视频和元数据创建并行的流，并将流拆分为数据包，然后在网络上传输，最终到达接收应用程序。好消息是，由于 HTTP 流是一种相对较新的技术，而且是针对功能强大的计算机和要求很高的小型移动设备创建的，因此这种方案相当复杂，而且能够高效地利用网络带宽。

如今大多数的 HTTP 流解决方案都使用了一种被称为自适应比特率（Adaptive Bitrate）

流的技术。自适应比特率流最初是作为在网络上播放 DVD 的一种方式而开发的。DVD 论坛（DVD Forum）的首份规范于 2002 年出现。多年以来，专家开始意识到，自适应比特率流的概念已经被应用到了更一般的流媒体案例中，这一技术得到了不断提升和扩展。

在图 21.5 中可以看到，自适应比特率流将数据编码为不同的比特率。客户端可以根据自身的能力以及网络的当前状态选择一种比特率。客户端首先请求最低的比特率。如果下载速度大于这个比特率，则客户端请求高一点的比特率，这样循环往复，直到找到最优的传输速度。由于自适应比特率流将缓冲的需求降至最低，因此可以很好地应用于移动设备。通过以最低的速率开始传输，然后逐步上升的方式，自适应比特率流确保了能高效地启动视频传输，这样观众就不会因为网络卡顿而一直等待。

图 21.5

在自适应比特率流中，编码器是普通 Web 浏览器的一个扩展。编码器使用多个比特率生成多媒体流，客户端可以找到与带宽最匹配的比特率，从而降低了缓存的需求

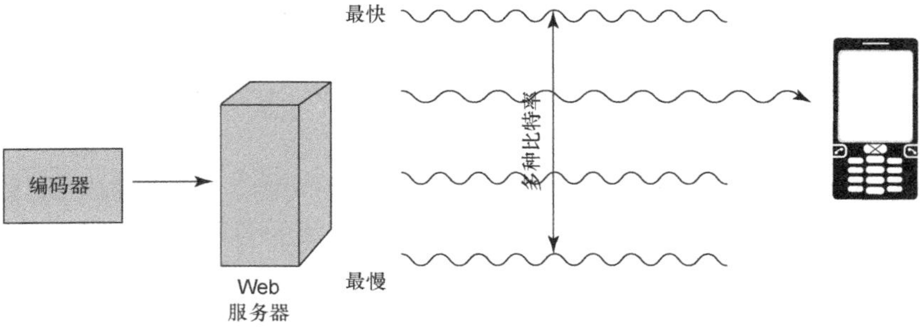

有多家供应商已经实现了与之类似但格式略有不同的自适应比特率流。Apple 的 HTTP Live Streaming（HTTP 直播流）就是一种自适应比特率技术，用作 iOS 系统的默认流媒体技术。Microsoft 使用了 Smooth Streaming（平滑流）特性，并借助于 ISS Web 服务器的一个扩展来提供 HTTP 流媒体功能。因 Flash 而颇受指责的 Adobe，也实现了 Adobe Dynamic Steaming（动态流）作为 RTMP 的一种替代方案，用在 Flash 媒体服务器中。当前唯一作为开放的国际标准的自适应比特率流技术是 HTTP 上的 MPEG 动态自适应流（MPEG Dynamic Adaptive Streaming over HTTP，MPEG-DASH）。

虽然这些 HTTP 流媒体技术都很相似，但是它们是不同的，相互不能完全兼容。然而，当客户端浏览器没有提供原生支持的时候，浏览器插件可用来提供兼容性。例如，Apple 的 HTTP Live Streaming（HLS）唯一得到了 Apple Safari 和 Microsoft Edge 浏览器的原生支持，而其他浏览器只能使用 Flash 或者 QuickTime 插件来访问 HLS 流。

21.7　HTML5 和多媒体

在第 17 章讲到，HTML5 的新标准使用多个新特性向新的 Internet 张开怀抱，其中最重要的特性是媒体源扩展（Media Source Extension，MSE）特性。MSE 可以让 Web 开发人员使用 JavaScript 生成媒体流。换句话说，你可以在 HTML 内处理有关发起和管理一个媒体流的所有细节，这也降低了 Flash 这类用来管理媒体流的框架的需求。

HTML5 中另外一个可用的扩展是加密媒体扩展（Encrypted Media Extension，EME），它

用来访问受 DRM 保护的媒体。

HTML5 中包含<video>元素，可以用来定义和播放视频内容。注意，<video>元素不支持流媒体，而且无法用来播放整个电影，相反，它主要用于由浏览器下载并播放视频剪辑的场合。<video>元素可以指定视频在页面中的宽度和高度，src 和 type 属性用于指定视频文件的文件名和文件类型，你也可以包含一个可选的消息，以便在浏览器无法播放视频时显示这个消息。

```
<video id="TrailerVideo">
 <source src="http://cool_movies.com/trailer.mp4"
         type='video/mp4; codecs="avc1, mp4a"'>
  Your browser does not support the video tag.
</video>
```

可以包含多个 src 元素，以免其中的第一个元素是浏览器所不支持的文件类型。也可以为视频添加控制按钮，比如 Stop 和 Play 按钮。有关<video>元素的细节，请见万维网联盟的维基页面（https://www.w3.org/wiki/HTML/Elements/video）。

21.8 播客

在多媒体文件可供下载和按需提供连续流的这种两重性之间，是一种被称为 Podcast 的中间（或者至少在概念上截然不同的）创造物。播客（Podcasting）来自 Apple 公司著名的 iPod 设备，但是现在这个术语有了更广泛的用途。

Podcast 订阅通过 RSS feed 交付多媒体（通常是音频）内容。RSS 最初用来向用户提供或发送新闻，有一点像通过 Internet 投递早报。如果用户订阅某个 RSS 新闻服务，内容就会自动交付到用户的桌面。这里的要点是，用户不必出门或在某个网站上查找新闻。在相应的订阅建立之后，新内容就会被自动"推"到读者面前（见图 21.6）。

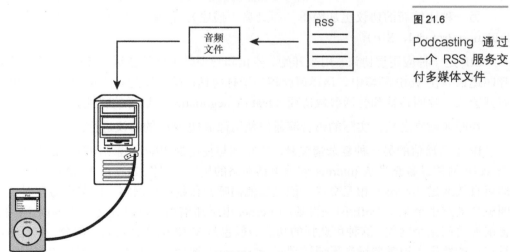

图 21.6

Podcasting 通过一个 RSS 服务交付多媒体文件

Podcast 现象的目标是，利用 RSS 工具，直接把多媒体文件交付给查看程序。结果也已证明，RSS 提供了一种方法，将某个文件附加到新闻消息。那种附加特性后来成了 Podcasting

的传播媒介。

Podcast 客户端应用程序管理 Podcast 文件，并提供更新通知。iTunes 用户可以轻松地接收 Podcast，而其他音乐播放器也提供该特性。iPodder 是一种开源的 Podcast 客户端，可以与 Windows、Mac、Linux 和 BSD 系统一同使用。

Podcast 的整个目的就是定期接收更新，这意味着无论是谁正在服务器端上生成那些 Podcast，都需要提供某种正在进行的节目安排。普通大众的 Podcast 已经在世界各地广为流行，通过 RSS 的神奇功能，向订阅者播送定期访谈、how-to 讨论、音乐电视和喜剧节目。

21.9　VoIP

Internet 电话通信现在十分常见。与传统的电话服务相比，TCP/IP 电话服务通常比较便宜，而且更加通用。在许多方面，Internet 电话只是另一种形式的语音流，因此对于 RTP 是用来传输 VoIP 通信的最流行的协议，应该不会感到惊讶。但是，交谈的过程只是难题的一部分。找到某个用户、打电话、建立会话以及得体地结束会话，这些事都需要新的工具和协议。

如果你期望自己的 IP 电话服务与传统的电话网络相连接，你就要面对这样一个问题：提供一个控制系统，它能兼容（或者至少能够通过接口连接）传统电话系统上使用的等效控件。

IP 电话通信可以通过一种实际的硬件电话设备（与电话机相似，但是它旨在与 TCP/IP 一起工作）进行，也可以通过一种被称为软件电话（soft phone）的计算机应用程序进行，那种程序可以提供电话的功能，从麦克风设备接收音频输入，向扬声器或头戴式耳机发送音频输出，并且通过所在计算机上的 TCP/IP 联网软件与世界相连。在这两种情况下，相应的电话都通过网络发送必须被通话另一端的电话所接收和解释的信号。

有几种协议可用来发起和管理 VoIP 电话呼叫。国际电信联盟的 H.323 协议系统是一个大型的协议簇，用来管理 VoIP、电话会议和其他通信任务。许多 VoIP 系统都是针对 H.323 而设计的。

另一种比较新的协议更加简单（而且易于描述），即通常所说的会话初始协议（Session Initiation Protocol，SIP）。

SIP 是一种应用层协议，用来开始、停止和管理某个通信会话。SIP 向远程用户发送一个呼叫邀请。在 VoIP 环境中，该邀请就相当于打电话。除了发起和终止呼叫外，SIP 还具备像召开会议、呼叫转移和会话参数协商（feature negotiation）这样的特性。

在呼叫建立之后，实际的语音流通信使用像 RTP 这样的协议进行。

IP 电话通信的另一种复杂情况是，成功地与使用老式陆上线路的打电话者建立联系。一个 VoIP 网关设备充当从 Internet 到该电话网络的接口（见图 21.7）。VoIP 呼叫者无需网关，即可直接通过 Internet 相互交谈，但是当他们呼叫传统电话网络上的某个号码时，相应的呼叫就会被路由至某个 VoIP 网关设备。Internet 电话通信用户可以订阅一个 VoIP 网关服务，以便能够访问某个网关。这种可选择的功能一般也是 VoIP 电话合同的一部分，但是通过网关进行连接的费用，通常要远高于通过端对端 Internet 通话技术呼叫某个用户的费用。对于按月付费的用户来说，通过 Internet 通往世界各地的端对端通话，通常都是免费的（或者是接近免费）。

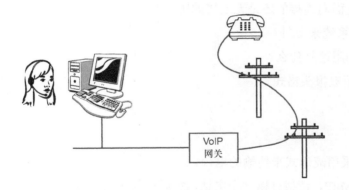

图 21.7

一个 VoIP 网关充
当到传统电话网
络的接口

21.10 小结

本章介绍了一些在 Internet 上提供多媒体流传输的技术。你学到了有关 RTP、RTSP、RTCP 和 RTMP 的知识。本章还介绍了 SCTP 和 DCCP 传输协议，并且讨论了 HTTP 上的自适应比特率流。你还学习了播客（Podcasting）以及本章最后介绍的 VoIP。

21.11 问与答

问：为什么主要的传输层协议都不适合流传输？

答： UDP 比较快，但是不可靠；TCP 比较可靠，但是用来确保交付的那些控制使得它比较慢，而且容易重发数据包。

问：RTP 的两个姊妹协议（RTCP 和 RTSP）的用途是什么？

答： 当 RTP 提供流传输时，RTCP 监视和报告服务质量。RTSP 用于开始或停止相应流的控制命令。

问：在 HTTP 上传输流媒体的好处是什么？

答： 使用 HTTP 意味着流媒体的传输可以通过 Web 服务器进行。而且，防火墙和 NAT 设备都配置为支持 HTTP，这也就降低了排错和重新配置的需求。

21.12 测验

下面的测验由一组问题和练习组成。这些问题旨在测试读者对本章知识的理解程度，而练习旨在为读者提供一个机会来应用本章讲解的概念。在继续学习之前，请先完成这些问题和练习。有关问题的答案，请参见"附录 A"。

21.12.1 问题

1. 缓冲在 RTP 中的作用是什么？

2. 什么是 RSTP，它的用途是什么？

3. SCTP 和 DCCP 是面向连接的还是无连接的协议？

4. Podcast 使用什么系统来交付？

5. 什么是 SIP，它的用途是什么？

6. 为什么 RTMP 使用双报头格式？

21.12.2 练习

1. 查找并收听一个采用流形式来传输的电台。

2. 如果你可以使用 VoIP，请拨打以一个电话，然后将其通话质量与传统电话进行比较。

3. 查找并收听一个 podcast。你可以收听 podcast.com。

4. 观看一个 YouTube 视屏，然后将其视频清晰度与电视的清晰度进行比较。

21.13 关键术语

复习下列关键术语。

➢ **自适应比特率流**：一种在 HTTP 上传输流的技术，可以对比特率进行动态协商，以优化带宽，降低缓存。

➢ **编解码器**：一个用来编码和解码音视频数据的应用程序或硬件设备。

➢ **容器文件格式**：用来在单个文件内封装多媒体流的组件（比如视频数据、音频数据、同步信息、元数据）的格式。

➢ **数据报拥塞控制协议（DCCP）**：一种可选的传输层协议，用于流传输应用程序。

➢ **加密媒体扩展（EME）**：HTML5 的一个特性，支持受 DRM 保护的媒体。

➢ **会话参数协商**：应用程序或设备之间的一种协商，为当前连接达成一组共同的特性。

➢ **媒体源扩展（MSE）**：HTML5 的一个特性，可以让开发人员使用 JavaScript 来生成和管理媒体流。

➢ **播客（Podcasting）**：一种用来通过 RSS feed 交付多媒体文件的技术。

➢ **实时控制协议（RTCP）**：一种为 RTP 提供服务质量监控的协议。

➢ **实时消息协议（RTCP）**：由 Adobe 维护的一个流协议，它使用了 TCP 传输协议。

➢ **实时流传输协议（RTSP）**：一种为 RTP 提供控制命令的协议。

➢ **实时传输协议（RTP）**：一种流行的流传输协议。

➢ **会话初始协议（SIP）**：一种用来管理 VoIP 通信的协议。

➢ **流控制传输协议（SCTP）**：一种可选的传输层协议，用于流传输应用程序。

➢ **VoIP**：在 TCP/IP 网络上进行的电话通信服务。

第22章

生活在云端

本章介绍如下内容：

- ➢ 软件即服务（SaaS）；
- ➢ 基础设施即服务（IaaS）；
- ➢ 平台即服务（PaaS）；
- ➢ 虚拟主机托管；
- ➢ 弹性云。

所有人都在讨论云，但是术语"云计算"却因为语境的不同，其含义各有千秋。本章将从终端用户和 IT 专家的角度来讲解云。

学完本章后，你可以：

- ➢ 解释为什么软件即服务工具在移动时代日渐流行；
- ➢ 定义 SaaS、IaaS 和 PaaS 云服务；
- ➢ 描述数据中心如何使用虚拟化；
- ➢ 描述弹性主机托管；
- ➢ 解释平台即服务是如何区别于 EC2 类型的弹性云服务的。

22.1 什么是云

在对流行词汇趋之若鹜的行业，术语"云计算"作为最响亮的口号之一开始兴起。IT 公司、电话公司、广告商，以及服务器机房已经相当拥挤、IT 预算已经超标的那些普通公司，都对云投入了巨大的热忱。但是，云计算到底是什么呢？

"云"意味着很多东西，因此很难采用单个定义，但是就总体来说，云计算是这样一组技术——它模糊了本地计算机、家庭网络和 Internet 之间的区别。你可能会疑惑，"这不是万维网应该做的事情么？"你说对了。用户现在称之为"云"的一部分，实际上是 Web 和基于

HTTP 的 Web 服务架构（见第 18 章）的进一步演进。

将云与其他普通的 Web 行为区分开来的两个特征如下所示：

➤ 服务具有交互性和个性化；

➤ 服务采用某种形式的订阅基础（subscription basis）来提供。

然而，这些特征有时也不相同。

云计算革命就是在 Internet 上提供曾经在本地计算机或本地网络上提供的那些服务。就其最简单的形式来讲，云是坐落于 Internet 上的一台服务器，执行本地文件服务器曾经执行的工作。在个人计算机发展的早期，字处理文档或者其他个人文件都存储在创建这些文档所用的系统上。随后，在局域网时代，文件存储在只能通过通过 LAN 来访问的文件服务器上，而且这个文件服务器由 LAN 的主人或者为供职于这个内部组织的其他人来管理。

到了云时代，文件服务器位于 Internet 上的某处，归他人所拥有。用户（或公司）通过付费的形式访问服务——这个费用可以定期评估，也可以根据使用率来评估。在某些情况下，云服务的供应商并不是直接向顾客收费，而是通过广告或者扫描人口统计数据来赚钱。

由于可以通过 Internet 来访问服务，因此用户可以在世界各地、使用不同的计算机来访问。云模型另外一个显著的好处是，LAN 的主人无须做任何事情来管理服务器，只要付费即可。维护和系统管理的任务交给了云服务来处理。云服务甚至可以管理备份，具有容错功能，这意味着会自动保护用户的数据，以免丢失。

构成云的服务，基本上可以分为下面 3 类：

➤ 软件即服务（SaaS）；

➤ 基础设施即服务（IaaS）；

➤ 平台即服务（PaaS）。

下文将描述这些相关但又非常不同的技术，并讲解它们是如何构成"云"这一全球性现象的。

22.1.1 软件即服务——用户的云

术语"软件即服务"（SaaS）可以应用到运行于 Web 服务器（而不是用户的桌面环境）的大量用户应用程序中。其中很多应用程序都是经典的生产力工具，比如字处理程序、电子表格和演示软件。很多其他的流行在线应用程序也属于该类别。

在 SaaS 的世界中，唯一的客户端是 Web 浏览器，其他所有的事情都在服务器上运行。例如，用户可以连接到一个在线的字处理工具，并在 Web 浏览器中写文章。这种方式的最主要的好处之一是，用户可以通过任何 Web 浏览器来访问相同的文章。用户可以通过学校中的计算机登录，也可以通过位于世界另一端的酒店的计算机登录，从而访问同一个在线文档。而且服务厂商还提供了容错功能，这样用户就不用担心因为硬盘故障而导致文档丢失的情况了。

SaaS 工具已经存在了多年，但是它们最近才随着像 Google Docs（见图 22.1）这样的工具套件的出现，而逐渐流行起来。Apple 的 iWork 套件的在线版本为 iPhone 和 iPad 用户提供了相似的服务。

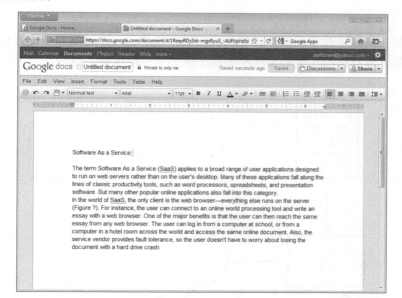

图 22.1

Google Docs 和其他类似的 SaaS 工具以在线方式提供了与经典的桌面生产力工具（比如字处理程序和电子表格）相似的功能

　　SaaS 工具的范围已经远远超出了 Google Apps 提供的经典的生产力服务。从理论上讲，如今常见的一些 Internet 工具也属于 SaaS 工具（比如，iTunes 音乐 App、Flickr 照片管理器，以及 Gmail webmail 服务）。有关这些工具的完整介绍，可以在网上找到。出于讲解的需要，需要重点记住的一点是，尽管从用户体验的角度来看，这些工具激动人心，而且是革命性的，但是从实质上来讲，它们仍然是使用 TCP/IP 连网技术来实现的，这些技术包括：

> 通过 HTTPS 的加密登录和访问；

> 通过 HTTP 传输的 HTML；

> 对客户端工作区和其他客户端/服务器端脚本技术进行高效更新的 AJAX；

> 允许用户高效存储和检索数据的 XML，以及基于 REST 和 SOAP 的 Web 服务组件；

> 管理和维护客户端工作区，以及与后端数据库或基于 XML 的数据存储进行通信的 Web 服务应用程序。

　　当然，使用相同 TCP/IP 协议进行的所有通信，都会通过统一资源标识符（URI）来传输资源位置信息。

　　基于云的存储和备份是一种快速增长的云范式（cloud paradigm）应用程序。网络备份技术已经存在多年，并在企业网络中得到了广泛应用。在前面章节中讲到，Internet 其实就是另外一种 TCP/IP 网络，因此这些技术也可以很容易地应用到 Internet 环境中。为了让基于云的存储和备份有更为广泛的应用，工程师们实现了与之相关的必要技术，并同时指明了实现云存储和备份所需要的条件：快速的网络和丰富、便宜的在线存储。

　　尽管专家呼吁用户要定期进行数据备份，但是大量的用户对此根本不屑一顾，而云备份服务可以自动执行该任务。如图 22.2 所示，用户的家用系统中存在一个某种形式的备份代理程序。每隔一定的时间间隔（通常由用户来定义），操作系统会唤醒客户端代理，用于收集从上一个备份后发生过修改的文件（或者是所有的文件，这取决于用户的设置），然后再连接到备份服务，并将文件传输到服务器位置。大多数高端的服务会为数据备份和恢复过程使用某些形式的加密。

基于云的存储提供了从其他位置的其他计算机访问数据的能力。存储服务还可以处理容错问题，而且"数据是离线存储的"这一事实也增加了额外的一层保护，以防数据因为火灾或其他灾害而丢失。

图 22.2

每隔一定的间隔，操作系统就会唤醒备份代理程序，后者将文件发送到基于云的备份服务中

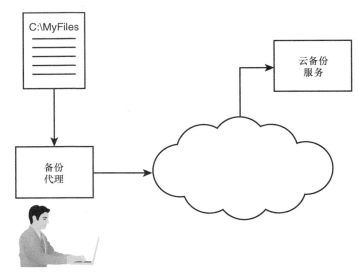

在线备份解决方案的价格相对低廉（某些情况下，每个月只要 5 美元，当该解决方案与其他服务绑定时，甚至是免费的）。许多隐私保护倡导者在过去提到的一个问题是，其他人也可以获得你的数据。其中很多在线备份服务坦率地承认（或者不会否认），通过扫描在线数据，它们可以获得市场信息和用户统计信息。即使你关闭了账户，也不能保证它们不会删除你的数据。

如果你使用了 SaaS 离线工具，实际上也有必要使用在线文件存储；然而，即使使用本地应用程序来存储数据，在线存储也逐渐成为一种流行的选项。尤其是在充斥着大量廉价的便携式计算机和移动设备的世界中，它们的存储空间受到限制，而且在没有方便而且可用的备份介质时，在线存储无疑成为其首选。

22.1.2　基础设施即服务——IT 云

鉴于 SaaS 的目标是取代标准的桌面应用程序，被称为基础设施即服务（IaaS）的另外一种形式的云计算，则将关注点放在了使用虚拟系统取代网络硬件上面。

IaaS 业界的目标是提供虚拟化的计算机资源。它不是安装、配置和管理你自己的服务器，而是从云供应商那里租一台虚拟的服务器（见图 22.3）。虚拟服务器系统通常根据你选择的操作系统（Windows 或某种形式的 Linux 系统）进行了预先配置。只需支付订阅费用，这台服务器就归你使用了，你就可以随意配置和操作了。你可以安装应用程序、存储文件，以及执行在传统的硬件服务器上执行的任何操作。用户通常使用前面章节讨论的标准命令行工具（比如 SSH），或者使用 VPN 来管理虚拟服务器并与之通信。

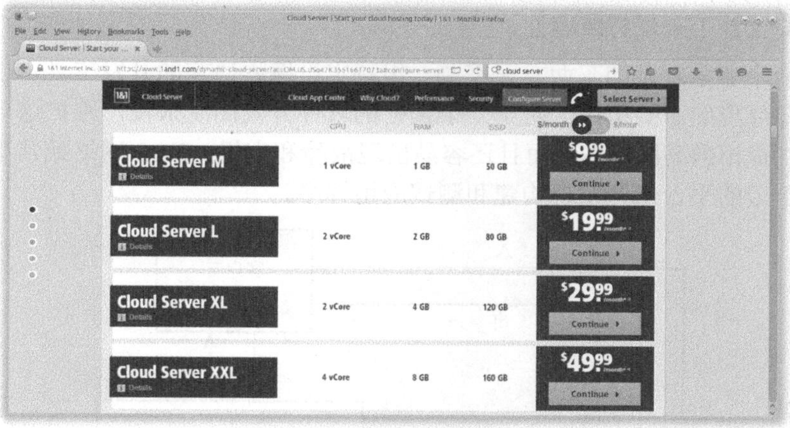

图 22.3

云供应商通常提供了一系列的资源规格各异的虚拟服务器系统

云供应商的规模经济使得虚拟服务器托管对许多网络来说都是很合算的。许多供应商允许顾客选择 RAM、存储空间和其他规范，以进一步优化虚拟服务器。对于单个用户来说，租用一台服务器的价格仍然会超出一台低端服务器系统的摊销成本（也很便宜），但是下面这些考量使得虚拟服务器相当有竞争力。

➤ 不必安装或维护操作系统。

➤ 自动提供备份和容错。

➤ 自动提供安全更新和系统升级。

➤ 虚拟服务器不占用任何空间，也不耗电。你不会被线缆绊倒，也无须时常扫灰浮尘。

这些考量对家庭用户来讲很重要，但是对企业或其他机构设置来说，它们更重要。为了维护本地服务器的环境，企业要在其 IT 员工身上花费成千上万（甚至数百万）美元。而且，服务器机房也需要占据空间，这对企业来说也成本不菲。一种常见的场景是混合云，它要求将一些云托管的资源集成到现有的本地服务器环境中。当公司对计算机资源的需求增加时，它不是扩张服务器机房，也不是取代现有的服务器环境，而是租用一台虚拟服务器，从而提供方便的增量扩展（而这通常是不可能的）。

按月租用云托管主机的这一基本场景产生了许多方便且强大的变体。有些供应商按小时出租服务器空间，这使得顾客只在业务尖峰时段的超流情况访问虚拟资源。本章后面将讲到，有些新技术甚至可以提供虚拟系统的自动配置，以动态响应顾客的工作量需求。

在当今的 IaaS 云环境中，整个网络都可以存在于云中，并装配虚拟路由器和交换机。有些供应商甚至会在云中提供高性能计算（High-Performance Computing，HPT）集群，以应对计算密集型的建模和大数据应用程序。

22.1.3 平台即服务——开发者云

云计算的第三种形式称之为平台即服务（PaaS）。PaaS 云提供了一个用于运行顾客自己的应用程序的平台。就其最基本的定义来说，PaaS 有点像软件即服务，即客户提供软件的地方（见图 22.4）；但是在实践中，PaaS 的概念要更广。在 PaaS 中，"平台"指的不止是硬件和操作系统。一个现代的企业应用平台，包含库、API 以及其他组件，这些组件必须通过配置变更、系统升级和安全补丁来保持兼容性。

软件开发平台是一个非常复杂的东西，它需要一组特定于编程语言的开发工具，以及用于模拟各种可能的用户环境的必要组件。对于一个繁忙的软件开发团队来说，维护这个完整的开发环境，通常要花费相当高的成本，而且还容易出现故障和宕机。PaaS 网络最常用于开发人员，他们使用基于云的平台来开发、构建和测试应用程序。

图 22.4

平台即服务：客户的应用程序在云中运行。只要应用程序符合 API 的要求，细节就不再重要

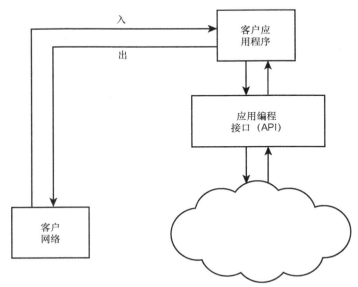

22.1.4 虚拟化和容器

虚拟化是在计算机内重新创建现实世界中的某种类型的对象或进程的行为。对计算机内的虚拟化来说，一个常见的用途就是虚拟另外一台计算机。换句话说，在一台计算机上运行的一个进程执行真实计算机的功能，而且在网络看来，该进程就像是一台真实的计算机。这个虚拟的计算机（通常称之为虚拟机）能够运行应用程序，监管外部进程，甚至可以通过它的网络地址与远程计算机通信。

图 22.5 展示了一个典型的虚拟化场景。运行虚拟机的计算机（具有真实的硬件）被称为主机系统（host system）。在主机上运行的虚拟计算机被称为客户系统（guest system）。在大多数现代虚拟化场景中，被称为 hypervisor 的一个组件运行在主机上（或者直接运行在硬件上，或者作为虚拟系统运行），它用来抽象和管理客户系统。

各种虚拟化技术从 20 世纪 60 年代起就已经出现了，这个概念已经在大规模的生产环境中得以实现，原因是计算机的速度越来越快，性能也足够强大，从而能够支持与作为内部进程运行的整台虚拟机相关的密集负载进程。当然，主机系统必须运行为客户提供虚拟环境的软件，这样客户才能像在真实的硬件上运行。

许多厂商提供了适用于工业环境的虚拟机软件，其中包括 VMware、KVM、Xen 和 Microsoft 的 Hyper-V。由于下面几个原因，虚拟化技术在最近几年逐渐流行起来。

➢ **空间**：通过在单台主机上运行多个虚拟计算机，可以减少服务器机房所需的面积，

从而节省了大量的资金，而且当公司无法扩展器服务器机房的面积时，可以为公司提供一种扩展方法。

➢ **功率**：推动虚拟化趋势的部分原因是通用费用（utility costs）。与一组硬件服务器相比，运行多个虚拟系统的单个主机使用的功率要小很多。

➢ **可扩展性**：可以根据需要来开启和停止新的虚拟系统。

➢ **安全性**：虚拟空间提供了额外的一层安全保护来防止入侵；如果攻击者进入了客户系统，一种沙箱类型的安全环境也可以阻止入侵者访问主机。如果有一台客户系统不断受到威胁，可以简单地将其删除和替换。

➢ **兼容性**：虚拟系统可以运行无法在主机上运行的程序。例如，针对先前的 Windows 版本创建的遗留应用程序无法在当前的 Windows 系统中运行，但是可以运行在使用先前操作系统的虚拟计算机上。

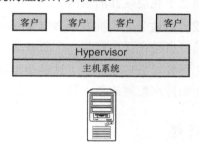

图 22.5

一台单独的物理计算机可以是多台虚拟客户系统的主机。每一台客户机作为真实的计算机出现在网络上

一旦你开始将一个完整的计算机系统当作像计算机进程一样的东西，它就不会占据空间，而且可以根据需要出现或消失，那么，你就为自己开启了一个部署和管理计算机的新世界。

操作系统领域的最新进展导致了一种与虚拟化类似的新技术的发展，这种新技术就是容器。与虚拟机一样，容器是一种可移植的、孤立的操作系统，可以充当计算机中的计算机。然而，容器不需要独立的客户操作系统。相反，每一个容器都分配了部分系统资源，并采用共享的方式访问其所在系统的内核。

由于容器不需要独立的客户操作系统，因此相比传统的虚拟机，其效率更高。换句话说，应用程序使用的整体资源可以更多，而系统开销使用的资源将更少。图 22.6 所示为传统虚拟化和容器环境之间的区别。

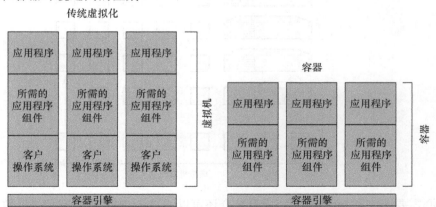

图 22.6

容器不再使用独立的客户操作系统。应用程序以及运行程序所需的组件捆绑在一起，在容器引擎的帮助下，直接在主机上运行

容器伴随着 Linux 进化而来，而且 Linux 仍然是实施容器的最流行的操作系统。在 2015 年，Microsoft 宣称已经在 Windows 服务器中融入了容器的功能，因此容器现在可以同时应用在 Microsoft 和 Linux 网络环境中。

22.1.5　配置和编排

虚拟机和容器可以让应用程序在一个可移植的独立空间内执行，这个独立空间包含了特定于应用程序的任何组件。这种新的范式导致人们采用一种全新的方式来思考操作系统的角色。操作系统供应商过去花费大量的时间向系统中添加组件，确保系统可以运行任何应用程序。现在容器或者虚拟机掌握了许多细节，这使得基本系统能够相对轻量化和通用一些。这种新方法与低成本硬件的结合，以及按小时或按周期的托管模型的出现，催生了一种新模型，这种新模型将应用程序看作一种更加独立于底层硬件的东西。

在这个新模型中，一个新虚拟机或容器被分配给拥有最多容量（capacity）的基本系统。如果所有的系统满负荷运转，配置工具将自动在云中发起一个新系统，来扩展容量。

OpenStack 和 Kubernetes 这样的工具针对云环境提供了这种类型的可扩展编排和配置。在下一节将讲到，这种强大的用于自动编排和配置的新工具导致了数据中心的出现。

22.1.6　现代数据中心的兴起

廉价的文件存储和快速的 Internet 连接产生了一个名为数据中心的新概念，我们可以将数据中心看作一个存储并且处理大量数据的地方。数据中心通常是充满服务器和存储阵列的大型建筑物。典型的数据中心是像 Google 或 Amazon 这样的 Internet 公司巨头，它们需要放置大量的数据，而且这些数据还需要方便 Internet 用户的访问。

数据中心中存放着物理计算机系统的机架，每一个系统都运行多个虚拟计算机系统。而且整个基础设施设计精良，可以提供容错和负载均衡（见图 22.7）。虚拟系统通常跨物理硬件分布，以均衡服务器的负载。在某些情况下，网络可以通过将进程移动到其他系统，对服务器过载或系统性能恶化做出响应。

图 22.7

在数据中心内，虚拟机实例部署在一组安装在机架上的服务器上，以平衡负载

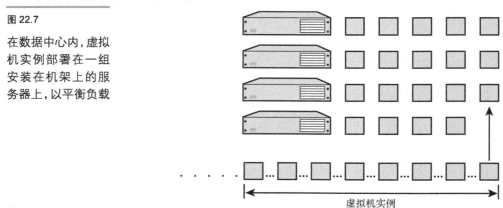

虚拟机实例

当然，数据中心需要连接到 Internet 上，而且公众还可以通过 TCP/IP 来访问和寻址数据

中心。在内部，数据中心的本地网络通常使用专有的超高速光纤网络，或者是其他可以提供数据共享和存储性能的高级技术。

当代 IT 数据中心的巨大能力为今天我们熟知的 IT 云产业提供了一个合适的计算环境。

22.1.7 弹性云

早在几年以前，Amazon 就意识到，它的数据中心有大量的额外容量，多年以来一直处于空闲状态。之所以设计数据中心，就是希望在高峰时段（比如圣诞节假期）能够发挥其功能，应对用户的大量订单，而在一年的其他时间中，服务器的部分容量却处于闲置状态。为了让这些额外的容量有用武之地，Amazon 在 2006 年 7 月推出了 Amazon Web 服务（Amazon Web Service，AWS）。AWS 开启了云 IT 的新纪元。

在 Amazon 的 AWS 的中心，是一个名为弹性计算云（Elastic Compute Cloud，EC2）的服务。Amazon 的 EC2 弹性云服务可以让用户根据需要创建和部署虚拟机实例。该服务称为"弹性的"，是因为它可以轻易扩展，以适应客户的访问高峰。用户不再按照月度或年度来租用虚拟服务器，EC2 可以以每小时为基础提供不同规模的虚拟服务器。当负载提升时，你可以使用更多的计算机空间，而当负载回落时，虚拟服务器就可以退出服务，并停止计费（见图 22.8）。

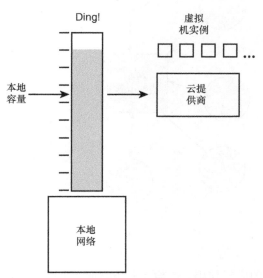

图 22.8

在一个弹性云场景中，当需要处理的负载超出了本地网络的容量时，过量的负载将会发送到云提供商，然后提供商安排其他的虚拟机实例处理这些负载

许多网络使用了编排和配置工具的自动化功能（见前一节），以将自己的网络与弹性云进行集成。

其他几家云厂商现在也提供了类似于 Amazon 的 EC2 弹性云服务。这些服务相当流行，原因很简单：用户只有在使用这些服务时，才付费。而且，客户的家庭网络不用再承担最大的工作负载。本地网络可以回落到稳态的流量水平，而用于高峰服务的额外容量则由云来提供。

22.2 私有云

本章大部分内容的重点是,将云看作由商业供应商提供的一组运行在 Internet 上的服务。如果你有一个足够大的网络,也可以在不需要用到商业云提供商的情况下,发挥云的强大作用。当然,只有少数几家公司有资源自行构建私有的数据中心,这些公司发现,相较于以付费的方式让其他公司管理整个云过程,自己进行管理反而更合算。此外,出于安全性和问责原因,有些公司更愿意自行控制他们的数据。

无论出于什么原因,对大型甚至中型的公司来说,私有云变得越来越常见。公有云能做的事情,私有云也可以做,比如为企业员工和客户提供 SaaS、IaaS 和 PaaS 功能。许多公司选择了私有云的配置,原因是他们判断得出,使用私有云可以省钱。在图 22.9 中可以看到,私有云使得公司无须在其分支机构部署服务器机房以及相应的工作人员,而是将计算机业务和工作人员整合到一个数据中心,为整个公司服务。此外,公司也可以将数据中心安置到一个最佳的位置,比如租金和电力都很便宜,而且不会因为天气原因而导致宕机的场所。

图 22.9

私有云环境使得公司无需在其分支机构部署服务器机房以及相应的工作人员,因此在硬件、人力、房租甚至电力方面节省了成本

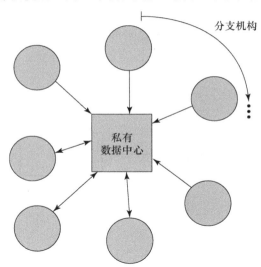

22.3 计算的未来

虚拟化、数据中心和云技术的广泛使用,产生了与 Internet 计算的未来有关的有趣问题。在云的世界中,真正需要在客户端计算机上运行的唯一应用程序是 Web 浏览器。其他所有的应用程序,甚至像打印这样的服务,都可以通过云服务来管理。

操作系统作为传统平台来运行任意程序与并与设备进行对话的这一传统概念,可能最终会因为客户端只需要支持一个浏览器,服务器只需要运行虚拟机和容器,而丧失其重要地位。运行特定应用程序的客户系统可能会"瘦身"到只剩下必要组件来运行程序的地步。

22.4 小结

云计算使用虚拟化、高带宽的连接，通过现代数据中心的强大功能，在 Internet 上提供应用程序的处理和复杂的服务，而且其细节是对用户来说是看不见的。本章讲解了云计算的基本类型，包括软件即服务、基础设施即服务、平台即服务，还讲解了虚拟化、容器以及在云计算环境中处于核心地位的大规模数据中心。

22.5 问与答

问：主机系统和客户系统的区别是什么？

答： 在虚拟化环境中，客户系统是一台作为一个进程运行在另外一台计算机上行的虚拟计算机。主机系统是基于硬件的计算机，它用于执行虚拟系统。

问：传统的 Web 主机托管和 IaaS 虚拟托管的区别是什么？

答： 在传统的 Web 主机托管场景中，客户将 HTML 页面和相关的文件上载到主机托管提供商，然后由提供商来管理服务器系统。在 IaaS 虚拟托管场景中，主机托管提供商为客户提供的是一个完全虚拟的系统，而且由客户来管理这个系统。

22.6 测验

下面的测验由一组问题和练习组成。这些问题旨在测试读者对本章知识的理解程度，而练习旨在为读者提供一个机会来应用本章讲解的概念。在继续学习之前，请先完成这些问题和练习。有关问题的答案，请参见"附录 A"。

22.6.1 问题

1．为什么 SaaS 在移动时代开始流行起来？

2．我写了一份有关海洛因成瘾的学生报告，并存储在我的在线文件存储账户中。从此以后，我总是看到有关美沙酮成瘾康复计划的广告。是有人在监视我吗？

3．我们公司的网站流量有时会超出我们本地服务器农场的容量，我是使用一个弹性云解决方案呢，还是使用 PaaS 呢？

4．为什么许多网络使用容器，而不是传统的虚拟化工具呢？

22.6.2 练习

为了对 SaaS 先睹为快，我们尝试一个流行的 SaaS 工具集，一个带有免费使用选项的常见工具是 Zoho CRM。在创建账户时，需要提供用户名、邮件地址和密码。如果你在 Google Docs 站点上创建了用户账户，就可以免费使用它。

22.7 关键术语

复习下列关键术语。

- ➤ **云计算**：一组用来提供在线服务的宽泛技术，所提供的在线服务可以最大程度地降低用户端的复杂度。
- ➤ **容器**：一种允许应用程序在一个可移植的独立环境中运行的技术，它不需要传统虚拟化中使用的独立客户操作系统。
- ➤ **数据中心**：用于在线数据存储的一个大型设施。在云计算产业中，现代数据中心是一个重要的组件。
- ➤ **弹性云**：一个云服务，可以根据不断变化的需求提供轻易扩展的处理能力。
- ➤ **客户系统**：作为另外一台计算机内的一个进程来运行的虚拟系统。
- ➤ **主机系统**：一台基于硬件的物理计算机，用来充当虚拟客户系统的主机。
- ➤ **基础设施即服务（IaaS）**：一种云计算格式，它允许客户租用虚拟服务器和其他虚拟网络资源，并有客户来部署和管理。
- ➤ **平台即服务（PaaS）**：将用户的应用程序以基于云的形式来执行的一种服务。
- ➤ **软件即服务（SaaS）**：一组在线工具，它提供的服务与普通的桌面应用程序相似。
- ➤ **虚拟化**：在一台计算机内重新创建真实世界中的对象或进程的行为。

第 23 章

物联网

本章介绍如下内容：

> 什么是物联网；

> IoT 方案；

> MQTT；

> RFID。

随着 TCP/IP 网络越来越大，它也变得越来越拥挤。网络最初是用作大型计算机之间相互通信的工具，然后逐渐成为小型计算机之前相互通信的工具。当前，通信双方已经成为相当相当小的计算机，比如平板和手持设备。在高科技行业梦幻般的市场描述中，未来的网络可以与"一切"进行通信，更好的表述应该是"许许多多的东西"。本章讲解了物联网技术，这是旨在让网络借助于当前已有的环境与带电设备（electrical object）进行交互的一组新兴技术。

学完本章后，你可以：

> 定义物联网（IoT）的概念；

> 解释封闭 IoT 系统和开放 IoT 系统之间的区别；

> 解释 MQTT 协议是如何支持 IoT 实施的；

> 讨论射频识别（RFID）。

23.1 什么是物联网

物联网（Internet of Things，IoT）是一个宽泛的术语，指的是让用户通过一个网络接口管理所有类型的带电设备的一组技术。家庭环境中的常见设备，比如电灯泡、恒温器、音乐播放器，都是家庭网络的一部分，因此可以对它们进行自动化和远程控制。启用 WiFi 的电源插座为 IoT 增加了另外一个维度，可以借助于网络打开或关闭几乎所有的电气设备，无论这些设备是否具有 IoT 意识。

现在有许多可用的 IoT 产品，有些家庭和办公室已经正式采用 IoT 技术，如果一个家居产品的名字带有"智能"前缀，则表明它具备 IoT 能力。你可以查看当地的大型商店或者线上零售商，查找"智能电灯泡""智能恒温器"和"智能烤箱"。当近距离观看这些产品时，发现它们与普通产品非常像，但是它们包含了某种形式的联网功能，并且内置了能够响应远程控制的固件。

IoT 看上去无异于魔术，当然也像科幻小说，但它是建立在本章前面讲解的同一类技术基础上的。术语"物联网"包含了各种各样的产品和技术，但是从概念上来讲，物联网的整个环境与其他网络场景并无二致。图 23.1 所示为 IoT 网络场景一瞥。

该网络环境包含如下组件：

➢ 基本的联网技术（让设备与控制系统进行通信的手段）；

➢ 支持基本联网技术的 IoT 设备；

➢ 消息和管理平台——与 IoT 设备通信并管理基础设施的一个框架。

图 23.1

IoT 网络场景一瞥。消息和管理平台与所连设备进行通信。用户与一个用户接口应用程序进行交互

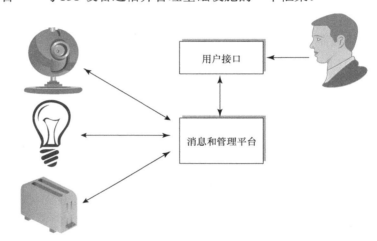

绝大多数 IoT 产品并不是使用网线连接，而是使用无线网络连接。许多产品使用的是 802.11 无线联网标准，这与你的笔记本和无线路由器使用的标准一样（见第 9 章）。有些 IoT 产品使用蓝牙或其他 IEEE 802.15 无线个域网（Wireless Personal Area Network，WPAN）技术。

IoT 产品通常包含了某种类型的芯片，这种芯片具有内置的无线联网支持。然而，网络只是解决方案的一部分。IoT 产品还需要在固件中具有某种客户端或控制代理，以便接收指令、控制硬件，以及向管理平台回送状态消息。

在本章后面将讲到，管理平台是附加到物联网网络中的一个新组件。管理系统可以具有多种形式，其中包括本地系统或某种形式的在线服务。

接口应用（见图 23.1）有时以这样一种方式被内建到管理平台中，即让平台和接口充当一个应用。在其他情况下，平台更像是网络栈中的一个层，支持许多不同的接口选项。有些更为高级的 IoT 场景甚至允许使用一个完整的脚本接口，这样一来，你可以自行编写脚本来控制灯泡、扬声器、恒温器以及烤面包机。

23.2 IoT 平台

现在有大量的产品供应商提供了某种形式的 IoT 产品。IoT 设备包括本章前面讨论的那些产品（灯泡、恒温器、扬声器），还包括门锁、百叶窗、车库门开启器、风扇、门铃和加湿器。除了那些能够做某些事情的工具和产品，监控环境的产品也是 IoT 设备，比如运动传感器、温度传感器和安保探头。

前面讲到，这些智能产品很像普通的家庭用品，只不过它们装配了必要的工具，用于与 IoT 管理平台进行通信并接收控制命令。

在管理平台和设备之间传输的命令，通常是一个较短的文本消息，它包含了指令、确认和状态信息。这种类型的通信适用于简单消息协议（Simple Messaging Protocol），在某些情况下运行在 HTTP 之上，在其他情况下则运行在应用层（位于传输层之上）。本章后面将讲到，有些可用的 IoT 通信协议实际上是通过修改为即时消息传递开发的协议得来的。

IoT 的应用很大程度上源自 IoT 平台供应商描绘的宏伟蓝图，他们说服 IoT 产品工商应制造能兼容其平台的产品。平台供应商通常会给产品制造商提供某种规范或开发工具，用于描述如何让产品能参与到它们的平台中。与其他高科技行业一样，不同的 IoT 平台供应商在编写规范时使用了各种不同的方法。规范之间最大的不同归结为自从 Internet 出现之日起就有的经典辩论：是开放系统还是封闭系统。

例如，Apples 的 HomeKit 家庭自动化平台，对能参与其 IoT 网络的供应商和产品具有相当严格的控制。这些供应商需要向 Apple 的 MFi 硬件许可项目申请一个许可证（license），才能获得 HomeKit 技术规范的一个副本，据报道，这通常需要数个月的时间，而且每个产品都需要一个内置的认证芯片。所有的产品都必须经过一个彻底的测试过程，而且通过测试的产品都要在其包装上放置一个封条，注明"Works with Apple HomeKit"（适用于 Apple Homekit）。

这种封闭的系统方法（比如 Apple 的这种）提供了一种很高的验证，从理论上来讲，封闭系统内几乎不会发生与实施和兼容性有关的问题，但是它为供应商制造了障碍，运营商都觉得这个过程太过费事。而且，这种方法还将供应商与 Apple 的解决方案绑定，这使得它们很难（或不可能）将产品应用到其他的 IoT 平台环境。

其他供应商倡导更加开放的规范——一个简单的规则手册，确保产品供应商能够据此创建兼容 IoT 的设备，而且这些设备可以与多家平台供应商协同工作。换句话说，这更像是 TCP/IP 协议簇针对 IoT 消息传递的一个扩展。

为 IoT 传递消息使用一个通用且开放的解决方案似乎是理想的，唯一复杂的是，在 IoT 业界的这一早期阶段，当前有许多不同的标准在运行，谁也不清楚最终哪个标准会胜出，成为市场领头羊。

一些开放的 IoT 选项如下所示。

➢ **IoTivity**：来自开放互连基金会（Open Connectivity Foundation，OCF）的一个规范的参考实现。OCF 是由一大批产品供应商领导的一个企业集团。IoTivity 以受限应用协议（Constrained Application Protocol，CoAP）为基础。

➢ **Chatty Things**：一个基于可扩展消息处理现场协议（eXtensible Messaging and

Presence Protocol，XMPP）的标准，XMPP 是一个开放的消息处理协议，前身是 Jabber 消息系统。

> **MQTT**：由结构化信息标准促进组织（Organization for the Advancement of Structured Information Standards，OASIS）支持的一个消息处理协议。Microsoft Azure 的 IoT Hub 解决方案使用了 MQTT，Amazon 的 IoT 平台、EVERYTHING IoT 平台以及其他方案也使用了 MQTT。

Google 的 Nest IoT 解决方案使用的是 Firebase 规范，它看起来介于完全开放的规范和完全封闭的规范之间。Firebase 受控于 Google，但是它的使用条款要比 Apple 开放，就如同 Google 的 Android 开发环境要比 Apple 的 iOS 开发环境开放那样（与好坏无关）。

消息处理协议定义了开发设备的规范，使得设备可以参与到网络中。嵌入在设备固件中的一个代理应用向管理平台（用于接收命令和发送状态信息）发送和交换消息。然后由产品公司供应商设计一种方法，将这些状态和控制信息转换为控制硬件的真实指令。

与本书前面讲解的其他所有网络场景一样，IoT 设备不关心发送消息的设备是哪种类型，只要通信双方遵守协议的规则和格式即可。IoT 管理系统具有多种不同的形式，具体如下。

> **普通的计算机**：近年来，已经出现了多种软件应用、用来控制 IoT 环境，这些应用运行在 Linux/Windows/Mac OS 上。

> **基于硬件的设备**：IoT 营销的一个早期概念是，提供一台中央控制器硬件设备，为与 IoT 网络的通信提供一个中央接口。幕后，这些设备的行为类似于普通的计算机，但是用户的配置选项更少，因此不用费很多劲就可以让系统运转起来。尽管 IoT 设备在市场上依然存在，但是面对新兴的云解决方案，这个设备选项似乎没有了用武之地。

> **智能手机**：有些 IoT 解决方案允许用户直接通过智能手机管理 IoT 网络。一个显著的例子是 Apple 的 HomeKit，它支持在 HomeKit 认证的设备和 iPhone 或其他 iOS 设备之间直接通信（借助于 iOS 的 Home 应用）。

> **云**：基于云的管理平台在云端维护着家庭 IoT 网络的一个地图，用户通过某种形式的 HTTP 浏览器客户端系统与云接口进行交互。

要重点记住的是，这些管理平台可以支持许多不同的接口选项。换句话说，为了通过智能手机与 IoT 网络进行交互，你不需要非得有一个基于智能手机的管理平台。在图 23.2 中可以看到，基于云的解决方案仍然可以从基于智能手机的接口中接收输入信息。图 23.2 所示的场景中，使用 IoT 消息处理和控制协议发送的消息将被云端的一个应用来处理。想要与云系统交互的用户，只需在手机上打开一个应用，开启一个到云应用程序 Web 界面的普通 HTTP 连接。用户可以调整设置，比如调低恒温器或关闭电灯，云应用程序会打开一个到设备的连接，发送必要的信息。

云解决方案的好处（图 23.2 中描述的场景）是，它将复杂性与用户接口进行了隔离，并让智能手机的应用尽可能简单。手机与云应用程序进行交互的方式，就如同与其他任何网站交互时一样——都是通过简单且经过测试的 HTTP 命令。云供应商解决了如何与各种设备进行交互的问题，而且只需要解决一次即可，而不用每次在手机硬件和软件发生变化时再处理。当手机中的软件在升级之后，云应用程序依然可以运行，而无需大量的排错和 bug 处理工作。

图 23.2

通过智能手机管理基于云的 IoT 解决方案；云处理 IoT 消息的细节；手机通过一个普通的基于 HTTP 的 Web 应用进行连接

当然，云解决方案的劣势是，云供应商可以跟踪与你的家庭生活有关的大量细节信息：你的起居作息时间、喜欢的音乐、家中的温度。供应商知道，许多用户对这些信息并不敏感。然而，随着智能设备越来越智能，用户被打扰的程度将变得越来越重要。

许多主流的 IoT 平台供应商提供了基于云的解决方案，比如 Google 的 Nest、Microsoft Azure 的 IoT Hub，以及 IBM 的 Watson IoT 平台。与其他云产品一样，云解决方案的另外一个好处是，你总是可以通过其他设备或者在远程位置访问基于云的用户界面。

23.3　近距离了解 MQTT

MQTT 之前被称为 MQ 遥测传输（MQ Telemetry Transport，MQTT），是一种在多个 IoT 实施中使用的消息处理机制，它提供了 IoT 消息处理的一个有用示例。MQTT 在 1999 年首次提出——早于 IoT 时代。在 2013 年，IBM 向 OASIS 标准过程提交了 MQTT 3.1，MQTT 当前是一个 OASIS 标准。MQTT 最初作为一种通用的消息处理协议，用于在服务之间传输信息。它除了在 IoT 中使用之外，还在其他的消息处理场景中得以应用。Facebook 的 Messenger 服务就使用了 MQTT，而且 MQTT 还在 OpenStack 云平台上充当服务间通信的一种协议。MQTT 运行在 TCP/IP 协议栈中的 TCP 协议之上，因此是一种应用层协议。

MQTT 是作为一种超级简单、轻型的消息处理协议而设计的，能够很好地应用于 IoT 场景。MQTT 之所以非常适合 IoT，源自这样一个特点：它是一个简单的分层系统，可以对网络上的资源和活动（用 MQTT 行话来讲是"主题"）进行分类。例如，起居室里的顶灯可以按照主题进行如下表示：

```
/House/Livingroom/OH_Light
```

网络中有兴趣接收有关起居室顶灯信息的其他设备，将订阅主题/House/Livingroom/OH_Light。将信息放到网络上的过程称之为发布（publishing）。想要关闭起居室顶灯的设备，将向/Home/Livingroom/OH_Light 发布请求。

MQTT 代理（broker）充当网络的中心通信点。代理可以是硬件设备，也可以是运行在本地计算机上的一个服务，还可以是通过某种形式的网关设备来访问的一个云服务。如图 23.3 所示，接口设备发布请求。IoT 设备接收来自代理的请求。从 IoT 网络回送到接口设备的状态和传感器信息将以相反的顺序来处理。例如，温度传感器向代理发布当前的温度，再由代理将这个信息发布到用户设备。

图 23.3

MQTT 代理管理
MQTT 网络上的通信。想要接收起居室顶灯信息的设备，需要提交表示顶灯的主题

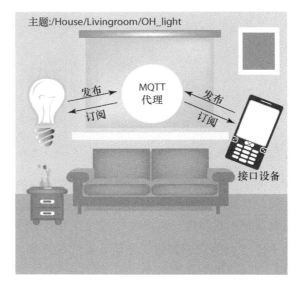

术语"发布"和"订阅"看起来让人困惑——为什么不说"发送"和"接收"呢？这之间的区别相当重要。通过订阅一个资源，设备针对来自这个资源的信息打开了一个通道。设备不必发送这个信息的请求，但是在 HTTP 和其他类似的协议中，则有必要发送这个请求。与订阅相关的消息被动态推送给设备。在另一方面，术语"发布"则暗示这可能有多个接收人。在 MQTT 中，消息从一个设备发布一次，然后代理将这个消息转发到所有订阅了的接收人。这个过程将设备上的通信流量降至最低。

发布模型催生了其他强大的技术来简化通信。例如，主题字符串中可以接受一个通配符（#），这意味着设备可以发布、订阅一个更通用的主题。主题/House/Livingroom/#会向起居室中的所有设备发送一条命令，而/House/#会引用家庭中的所有设备。

本节讲解的示例只是一个使用了 MQTT 的复杂消息处理场景的简化。当然，MQTT 和其他消息处理协议对用户来说基本上是看不见的，只有订阅过程是通过用户与用户界面应用程序进行交互而创建的，旨在配置和定义 IoT 环境。

23.4　射频识别

IoT 的目的是将网络扩展到人类世界，这一目的的部分解决方案用到了参与网络的交互式智能设备（本章前面进行了讲解）。据许多 IoT 拥护者讲，另外一部分的解决方案是让网络智能地识别环境中的对象——无论是否对这些对象进行了配置，使其充当交互式 IoT 设备。在环境中用来识别对象的常见工具有条形码阅读器，以及能够识别照片中的产品或自然物体

的智能手机应用程序。

传统的条形码阅读器或照片识别应用程序都是强大的工具，但是它们都需要用户的介入。据专家和远见卓识者说，IoT 真正的威力是让系统在无需用户介入的情况下，做到无缝识别物体。系统识别物体，如果有些事情看起来值得关注，则会进行呼叫，引起用户的关注。

一种越来越常见的识别技术是射频识别（Radio Frequency Identification，RFID）。RFID 是一种识别和跟踪物体所附标记（tag）的技术。这个标记可以像一粒米那样小，可以嵌入到标签（label）、衣服、包装和门禁卡中。有些兽医甚至在小狗或小猫的皮肤下面植入了一个 RFID 芯片，以便轻松识别。

RFID 标记有两种类型。有源标记（active tag）有一个本地电源（通常是电池），可以发送信号以便 RFID 阅读器识别物体。另外一种类型是无源 RFID 标记（对本章主题来说更为有趣）。无源标记不需要本地电源，而是从 RFID 阅读器设备的扫描波中收集能量，并使用该能量发送一个识别信号。

RFID 阅读器的功能有点像条形码阅读器，唯一不同的是，RFID 阅读器不需要与物体进行直接的视距接触。当阅读器经过无缘标签附近时，它将采集信号，用来识别标记。有些标记的目的就是用来充当一个标记，传输一个 96 位的电子产品代码（Electronic Product Code，EPC），用来在相似的物体之间进行区分。在图 23.4 所示的场景中，阅读器（可以是一台智能手机或其他设备）读取标识符，然后自动引用云中的数据库，找到与产品相关的更多详情。其他标记存储与所附的物体相关的重要信息。据报道，新版的美国护照中所用的 RFID 标记，存储了纸质的护照文本中出现的所有用户信息。

图 23.4

RFID 从标记上读取一个 96 位的 EPC 代码，然后引用一个在线数据库，查询产品信息

员工的门禁卡就用到了 RFID 标记。在安全的工作环境中，分散在办公室中的 RFID 阅读器可以让公司跟踪员工在工作环境中的运动。

RFID 也给零售业带来了启示。有些商店使用 RFID 来跟踪资产或者用于监控偷窃行为。零售商也可以将标记用作促销用途。比如，当顾客经过一个待售的商品，或者出现在顾客当前购物清单上的商品时，顾客手机上的应用程序可以发出一个通知。

RFID 也带来了安全和隐私层面上的关注，但是 RFID 在许多行业已经司空见惯，技术也相当成熟、完备。IoT 与 RFID 相关技术的结合，让用户对 IoT 的整体环境有了一个广泛的认识，并且能够以联网的方式访问带电设备，以及识别不带电的设备。

23.5 总结

物联网（IoT）是将网络的威力扩展到普通计算机和移动设备之外，以容纳当前环境中其他物体而做出的一种努力。本章讲解了 IoT 环境的结构以及几种可用的 IoT 平台。我们还近距离了解了 MQTT 消息处理协议，该协议得到了多个 IoT 平台供应商的采用。本章最后讲解了 RFID 技术。

23.6 问与答

问：我想让我的 IoT 配置在首次设置时就生效，而不关心是否会涉及或扩展到新设备。我应该购买封闭系统还是开放系统？

答： 像 Apple HomeKit 这样的封闭系统，要求产品供应商经历一个严格的批准程序，要针对 IoT 产品提供一个严格的测试项目。就你的情况而言，这可能是一个好的选择。但是，需要注意的是，当你需要进行扩展时，可供选择的产品会较少，而且产品费用也不低。此外，必须注意的是，很多开放系统也提供了某种形式的硬件认证。

问：我真的很喜欢物联网，但是我对隐私相当看重。在一个 IoT 系统中，我应该注意什么呢？

答： 许多 IoT 解决方案需要针对设备和客户进行安全的认证，有些方案甚至添加了连续的加密。因此，要找一个加密的解决方案。而且，如果你对隐私相当看重，你可能需要选择一个本地托管的解决方案，而非基于云的解决方案，因此基于云的数据更容易遭受数据挖掘。

23.7 测验

下面的测验由一组问题和练习组成。这些问题旨在测试读者对本章知识的理解程度，而练习旨在为读者提供一个机会来应用本章讲解的概念。在继续学习之前，请先完成这些问题和练习。有关问题的答案，请参见"附录 A"。

23.7.1 问题

1．MQTT 通配符的好处是什么？
2．为什么 MQTT 订阅需要设备维护一个连续的 TCP 连接？
3．无源 RFID 标记是如何在不需要电池以及其他永久电源的情况下运行的？

23.8 关键术语

复习下列关键术语。

➢ **Chatty Things**：载入一个基于可扩展消息处理现场协议（XMPP）的 IoT 标准。

➤ **受限应用协议(CoAP):** 在 IoTivity 和其他 IoT 措施中使用的一个 TCP/IP 应用层协议。

➤ **Firebase：** Google 的 Nest IoT 解决方案使用的云消息处理协议。

➤ **物联网：** 允许用户管理集成环境中的带电设备的一组技术。

➤ **IoTivity：** 一个 IoT 系统的参考实现，它以 CoAP 和开放互连基金会（OCF）为基础。

➤ **MQTT：** 由 OASIS 支持的一个消息处理协议，应用在许多 IoT 解决方案和其他消息处理环境中。

➤ **MQTT 代理：** 在 MQTT 网络上管理通信的一个中央组件。

➤ **射频识别（RFID）：** 一种识别和跟踪物体所附标记（tag）的技术。

➤ **RFID 阅读器：** 读取 RFID 标记的设备。

➤ **RFID 标记：** 一个微型芯片，可以响应 RFID 阅读器发出的信号，并回送识别信息。

第 24 章

实现一个 TCP/IP 网络：系统管理员生命中的 7 天

本章介绍如下内容：

> ➢ 运转中的 TCP/IP；
> ➢ 网络管理员的生活。

本书前面的章节介绍了很多构成 TCP/IP 网络的重要组件。在本章中，你将在真实情景中（尽管是假设的）观察这些组件。学完本章后，你将能够描述 TCP/IP 网络的各个组件是如何相互作用的。

24.1 Hypothetical 公司简史

Hypothetical 公司是一家大型公司。该公司白手起家，并多次夸大初始禀赋（即白手起家）。自从 1987 年成立以来，Hypothetical 公司一直致力于假想（hypothetical）的生产和销售。该公司的宗旨是：

不管购买者愿意出什么价，随时创造和销售最佳的假想。

为了顺应经济发展的趋势，Hypothetical 公司也于近期开始转型。目前该公司的战略焦点是对其自身进行调整，使得假想是一种服务，而不是一个产品。这个从表面上看来无伤大雅的改变，已经在执行方面产生了严格甚至偏激的度量标准，而且那些度量标准的混乱结果，已经导致员工士气低下，小额商业物品的偷窃行为也日渐增多。

一个由总裁、副总裁、业务主管和总裁的侄子（他在邮件室工作）组成的士气委员会分析了不满的状态，并且赞成该公司长期以来拒绝计算机的政策必须终止（该公司的官方格言是："在石器时代，就可以得到我在商业上取得成功所需的一切。"那个拒绝计算机的政策是其官方格言的自然结果，但即使是在假想行业这个不冷不热的穷乡僻壤，该政策仍被认为是时代性的错误）。

该委员会成员（其中一些人是在公共部门内获得其技能的）投票决定，立即以一个批量折扣价，购买 1 000 台不同型号的计算机，并设想系统或硬件的所有差异稍后都会得到解决。

他们把那 1 000 台计算机放置在该公司分散的房间和董事会会议室内的办公桌及工作台上，并使用能够适合那些不同型号适配器端口的任何数据传输介质，把它们连接在一起。令他们吃惊的是，所组成网络的性能并不在可接受的范围之内。实际上，这个网络根本不满足要求，于是该公司开始找人来解决该问题，否则将承担整个失败的责任。

24.2 Maurice 生命中的 7 天

Maurice 始终坚信他会找到一份工作。在很小的时候，他就已经会改编他的"糖果运动边唱边踩脚"（Candy Kinetic Sing-and-Stomp）舞蹈垫来演奏德沃夏克的《新世界》交响曲，而且从那时起，他便已经在完成计算机领域不可能之事方面显示出非凡的才能。但是，他实际上并没有想到，在毕业后这么快就会找到一份工作。他当然没有预料到，在他停下来想要借用厕所而随意选择的公司办公室里，会碰到一次面试。如果有后知之明的话，他当时应该认识到，这可不是一个有上升趋势的工作，但是他太年轻了，轻率地接受了担任 Hypothetical 公司网络管理员的工作。他告诉面试人员，他根本没有经验，但是他们似乎并不介意，并且说，他缺少经验正好，因为那样他们就可以少付一些薪水给他了。他们没有请他出去，反而立刻把一张 W-4 表放在他面前，并递给他一支笔（译者注：当一个人开始在美国工作时，他需要填写 W-4 表，其中包括姓名、社会安全号码及被抚养人数，在发工资时，会根据申报的被抚养人数确定要扣除的税款，工资里还需扣除社会安全基金和医疗保险等）。

当然，他还购买了一本书。通过学习本书，他对 TCP/IP 有了一个全面的认识。

第一天：开工

当 Maurice 第一天来上班时，他就知道，他的首要目标就是要把所有那些计算机连接到网络上。一份快捷的产品清单显示，那些计算机包括一些 DOS 和 Windows 机器、一些 Linux 计算机、一些苹果机、几台古老的 UNIX 机器以及其他一些不认识的计算机。由于这个网络应该是在 Internet 上的（士气委员会的几项士气提升措施需要访问不知名的娱乐网站），Maurice 知道该网络需要使用 TCP/IP。他执行了一次快速检查，来看网络上的计算机是否已经运行了 TCP/IP。例如，他在 Windows 计算机上使用 IPConfig 工具来输出 TCP/IP 参数。在 UNIX 和 Linux 机器上，他使用的是 ifconfig 命令。

在大多数情况下，他发现 TCP/IP 确实在运行着，但是令他惊讶的是，他发现 IP 地址的分配完全是混乱的。那些地址似乎是随机选择的。没有哪两个地址有任何相似的、可能已经用作网络 ID 的位数。每一台计算机都认为自己是在一个单独的网络上，而且由于没有为任何一台计算机指定默认网关，网络之外的通信几无可能。Maurice 问他的主管（在邮件室工作的总裁侄子），是否已经为该网络指定了某个 Internet 网络 ID。Maurice 猜想，该网络一定有某个预先指定的网络 ID，因为该公司有一个到 Internet 的固定连接。但是总裁侄子说，他不知道什么是网络 ID。

Maurice 问总裁的侄子，那些因为卖给他们这 1 000 台计算机而获利的零售商们，是否配置过这些计算机中的某一台。总裁的侄子说，他们在争论着合同而突然离开办公室之前，配置了一台计算机。总裁的侄子将 Maurice 带到那台获利零售商们已经配置过的计算机前。它有两根计算机电缆接出来：一根到公司网络，一根到 Internet。

"一个多宿主系统，" Maurice 说。总裁的侄子似乎没有特别在意。"这台计算机可以充当网关，" Maurice 告诉他，"它可以把信息路由到 Internet，直到我们购买了新的专用设备来取代它。"

总裁的侄子看上去不是很有耐心，希望立即切换到一个他而不是 Maurice 掌握更多知识的话题。那台计算机好像是一台具有 18 年历史的老式 Windows NT 系统。Maurice 考虑是否告诉总裁的侄子，他从未听说过有人使用一台多宿主的 Windows NT 计算机作为某个公司网关，许多专家都把这种事称作"真正敷衍的配置"。如果当时购买了一台网关路由器，结果就会比较好。但是，这是他第一天工作，因此没有提出自己的建议。计算机毕竟是可以充当路由器的，只要它被配置为用于 IP 转发。一根以太网电缆从那台网关计算机引向网络的其余部分。Maurice 对此计算机快速执行了 IPConfig，获得了其以太网适配器的 IP 地址。他预感，获利零售商应当在离开之前，已经在这台计算机中配置了正确的网络 ID。这里的 IP 地址是198.100.145.1。

根据那个点分十进制地址的第一个数字（198），Maurice 知道这是一个 C 类网络。在 C 类网络上，前 3 个字节构成网络 ID。"这里的网络 ID 是 198.100.145.0。"他告诉总裁的侄子。他还检查了 TCP/IP 配置，以确保 IP 转发功能已经启用。

Maurice 想到，根据 C 类地址空间中的可用主机 ID，该网络将只能支持 254 台计算机。但是他推断，那可能不会是什么问题，因为许多用户都并不想要他们的计算机，因此不太可能会有超过 254 名用户同时在某一时刻访问该网络。他为士气委员会成员这样配置 IP 地址：

```
198.100.145.10              President
198.100.145.3               Vice president
198.100.145.8               Chief of operations
198.100.145.5               Nephew
```

他接着为其他计算机配置了主机 ID。他还输入那台网关计算机的地址（198.100.145.1）作为默认网关，从而使信息和请求可以被路由到公司网络之外。对于每一个 IP 地址，他都使用了 C 类网络的标准网络掩码：255.255.255.0。而且 C 类网络的这 24 个网络位在无类域间路由（CIDR）地址模式中会以 198.100.145.0/24 的形式出现。

Maurice 使用 ping 工具测试该网络。在每一台计算机上，他都输入 ping 和网络上另一台计算机的地址。例如，在计算机 198.100.145.155 上，他输入 ping 198.100.145.5，以确保这台计算机的用户能够与总裁的侄子通信。同时，作为好习惯，他总是 ping 这里的默认网关：

```
ping 198.100.145.1
```

对于每一次 ping，他都接收到来自目的计算机的应答，确保连接能够正常工作。

Maurice 当时想，这个网络的配置根本不需要一天时间，并且他感觉这将是一份轻而易举而且有利可图的工作，但是没想到，他配置的最后一台计算机竟然无法 ping 通网络上的其他计算机。在一番仔细探究之后，他注意到该计算机好像属于一个完全不同类型的物理网络。

有人曾经试图通过在那个过时的无名网络适配器的端口中插入一根 10BASE-2 以太网电缆，来将它与网络的其余部分连接起来。而在那根电缆不合适时，那家伙使用一颗钉子跳线，并且用了特别多的布基胶带把整个组装部件缠起来，使它看上去好像是在"阿波罗 13"上使用过的东西似的。

"明天再说，"Maurice 说。

第二天：分段

第二天 Maurice 来上班时，他带来了自己将会用到的东西：路由器。而尽管他提前到了，但是仍然有许多用户已经不能忍受他了。"这个网络到底出了什么事？"他们说，"这实在是太慢了！"

Maurice 告诉他们，他还没有完成。网络可以使用了，但是大量设备都直接抢着使用传输介质，就使得速度非常慢。而且，一些针对不同网络架构配置的计算机（例如昨天最后他发现的那台计算机）无法直接与其他计算机进行通信。Maurice 在关键位置安装了一些路由器，从而使它们可以减少网络流量，以及把不同物理架构的网络设备整合在一起。当然，他必须找到一台路由器支持前面所说的那个过时的架构，但是这并不困难，因为 Maurice 有许多接线。

Maurice 还知道，划分一些子网会比较适宜。他决定把 C 类网络 ID 之后的最后 8 位分开，从而可以使用 3 位作为子网号，其余 5 位作为那些子网上的主机 ID。

为确定子网掩码，他写出一个 8 位二进制数（表示那最后八位组），前 3 位（子网位）为 1，其余位（主机位）为 0：

```
11100000
```

因此，子网掩码的最后八位组是 32+64+128 或 224，完整的子网掩码为 255.255.255.224。

通过这个掩码，他很容易地发现，地址的网络部分和子网部分是 8+8+8+3=27 位，也就是 CIDR 的前缀是/27。子网范围的 3 位提供了 8 种可能的位组合。尽管有些路由器支持全 0 和全 1 的子网位，但是一般不建议使用。在 CIDR 表示法中，子网是由地址范围中最低的地址来确定的，而且后面跟着 CIDR 前缀/27。他通过改变最后一个八位组中的 3 个子网位确定了最低的地址，如下所示：

位	值	子网
00100000	32	198.100.145.32/27
01000000	64	198.100.145.64/27
01100000	96	198.100.145.96/27
10000000	128	198.100.145.128/27
10100000	160	198.100.145.160/27
11000000	192	198.100.145.192/27

Maurice 为分段后的子网添加了子网掩码，并分配了 IP 地址。在所分配的 IP 地址中，其中的 3 个子网位在处于同一子网中的所有计算机上是相同的。他还改变了许多计算机上的默认网关值，因为最初的网关已经不在子网上。他使用一个路由器端口（该端口与子网连接）

的 IP 地址作为子网中计算机的默认网关。

第三天：动态地址

网络现在运行得很好，Maurice 也因此而获得了很好的名声。有人甚至建议他作士气委员会候选人。然而，那个总裁的侄子对此观点持有异议。他说，Maurice 不适合士气委员会或任何委员会，因为到目前为止，他尚未达到他的工作目标。士气委员会明确规定，该公司网络应该有 1 000 台计算机，而迄今为止，Maurice 给了他们一个只有 256 台计算机的网络。"如果士气委员会的指示被忽视，我们如何能够指望士气会改善呢？"他补充道。

By the Way

注意：更少的地址

实际上，在第二天进行的子网划分增加了不可用地址的数量。现在网络只有 245 个地址。在子网内，实际可用的地址数量不是 2^n，而是（2^n-2），其中 n 是地址中的主机 ID 位数。Maurice 觉得没有必要把这个事实告诉总裁的侄子。

但是，Maurice 如何能够使用少于 254 个的主机 ID，让 1 000 台计算机访问 Internet 呢？他的第一步是向总裁的侄子指出，如果想让 1 000 台计算机同时出现在网络上，就会让充当 Internet 网关的多宿主 Windows NT 系统因为无法承受其负担而崩溃。因此总裁的侄子被迫将该缺陷报告给了士气委员会，而且会上一致同意购买一台最先进的路由器/网关设备。他们通过减少食堂里沙拉的分量，而同时保持其价格不变的情况下，筹足了购买设备的费用。

这台新买的路由器通过 DHCP 提供了动态 IP 地址的分配功能。而且该设备具有 NAT 功能，这意味着 Maurice 可以对网络进行设置，使其使用私有的、不可路由的地址空间，这样他就可以搞定 1 000 台计算机的地址了。他对 DHCP 服务器进行了配置，使其提供从 10.0.0.0～10.255.255.255 私有地址范围之内的地址。对去往 Internet 的流量，路由器会将其私有地址转换为上面提到的可以在 Internet 上使用的真实地址（该地址由 Internet 服务提供商来提供）。

将路由器配置为 DHCP 服务器比较容易，至少对 Maurice 来说是如此。因为他仔细阅读了有关文档，而且不惧于在 Web 上寻求帮助（他需要确认的是，他在第二天安装并配置的内部路由器能够传递 DHCP 信息）。这里的困难部分是，手动配置那 1 000 台计算机中的每一台，以访问 DHCP 服务器，并且动态地接收 IP 地址。要想在 8 小时内配置这 1 000 计算机，他必须每小时配置 125 台计算机，或者是每分钟两台多一点。这对任何人来说，几乎是不可能的，但是 Maurice 除外。他赶在下午 6 点的公共汽车到来之前及时完成了。

第四天：域名解析

Maurice 意识到，他为此网络草率进行的动态地址分配配置，留下了一些未解决的冲突。除了 Hypothetical 公司外，其他任何公司都不会出现这些冲突，它们确实存在而且十分严重。

公司总裁私下告知 Maurice，他期望自己（公司中级别最高的官员）的计算机能拥有在数字上最低的 IP 地址。Maurice 从来没有听说过这样的要求，而且在他的所有资料中都无法找到参考，但是他向总裁保证，这不会是什么问题。他简单地将总裁的计算机配置为使用静态 IP 地址 10.10.0.2，并且将把总裁的地址排除在 DHCP 服务器分配的地址范围之外。Maurice 补充道，他希望总裁能够理解，不乱动网关路由器内部接口配置的重要性，该网关路由器具有更低的地址：10.0.0.1（实际上，Maurice 可以将该地址修改为更高的地址，但是他不想这么做)。总裁说,他不会介意是否有计算机拥有更低的 IP 地址,只要该计算机不属于别的员工就行。他只是不希望有人拥有比他的地址更低的 IP 地址。

只要在该网络中没有其他高层管理人员出于虚荣心而要求为其分配特定的 IP 地址,Maurice 和总裁之间的商定就不会对该网路的进一步发展造成任何阻碍。给副总裁和业务主管分配较低的 IP 地址也很容易,但是一群中层管理人员(相互之间没有严格的级别划分)开始争吵谁的计算机将是 10.10.0.33,谁的将是 10.10.0.34。最后,该管理班子被迫转移到一家网球休养所,在那里,他们解决了相互之间的问题,并且以友爱的心态开始每一场比赛。

在此期间,Maurice 实施了一项他知道他们会接受的解决方案。他架起一台 DNS 服务器,从而每一台计算机都可以通过名称而不是地址进行识别。每一名管理人员都有机会为其各自的计算机选择主机名。于是,身份的度量标准将不再是谁拥有在数字上最低的计算机地址,而是谁拥有最新颖的主机名。中层管理人员主机名的一些示例包括:

- Gregor;
- wempy;
- righteous_babe(正义宝贝);
- Raskolnikov(拉斯柯尔尼科夫,《罪与罚》的主人公)。

DNS 服务器的出现,还使该公司离其长期目标——完全的 Internet 访问,更近了一步。这台 DNS 服务器(通过与其他 DNS 服务器的连接)使得该公司能够完全访问 Internet 主机名,例如在 Internet URL 中使用的那些。

Maurice 还花几分钟申请了一个域名,从而使得该公司有朝一日能够在万维网上通过其自己的网页销售它的假想。

第五天:防火墙

尽管最近取得了那么多联网成果,但是该公司的士气仍然很低。员工们就像去看电影的人因影片糟糕而退场似的,快速地辞职和离开。这些员工中的许多人都知道公司网络的秘密,因此管理人员担心那些心怀不满的人,可能会采取网络破坏行为作为某种报复。管理人员要求 Maurice 实施某项计划,使得网络资源得到保护,但是网络用户仍可以尽可能完全地访问本地网络以及 Internet。Maurice 询问预算情况,而他们告诉他,他可以从咖啡机旁的罐子里拿点零钱。

Maurice 卖掉了那 1 000 台计算机中的大约 50 台,并使用所得的钱款购买了一个商业防火墙系统,它将保护该公司网络免受外部攻击(那 50 台计算机完全没有使用过,而且一直阻塞着通向服务入口的走廊。大楼管理员至少有 6 次想要扔掉它们了)。该防火墙提供许多安全特性,但是最重要的一个特性是,它允许 Maurice 封闭 TCP 和 UDP 端口,以阻止外部用户访问内部网络上的服务。Maurice 关掉了所有非必要的端口。他保持 TCP 端口 21 为打开状态,用于提供对 FTP 的访问,因为在 Hypothetical 公司中,信息通常以大型纸质文档方式分发,对此,FTP 是一种理想的传递形式。Maurice 仔细配置了该防火墙,使 FTP 访问只被授权用于连接到一台保护良好的 FTP 服务器计算机。

第六天:Web 服务和 IoT

这个网络终于既安全又组织良好了。士气委员会决定利用这一新建立的连通性，暗中监视其员工，以对生产率有所了解。出乎他们意料的是，他们确定没有人做事。对于新订单的处理远远落在后面，因为该公司没有自动化手段记录、登记和处理新的假想订单。访问者应该通过 FTP 下载新的假想。该服务器上的一则公告指示客户向公司总部发送付款，而在那里，每一个信封都被吸烟室里的志愿者们小心地打开和检查了。

Maurice 在上述防火墙之前放置了一台 Web 服务器，并配置了它，使得客户可以通过 HTML 表单来下订单。在此 Web 服务器的前面，他还放置了另一个防火墙，为该服务器和其他接入 Internet 的计算机创建了一个 DMZ（非军事区）。在 Web 服务器前面的防火墙上，他打开了周知的 TCP 端口 80，以便来自 Internet 的 HTTP 流量就能够到达 Web 服务器，他还针对通过 HTTPS 传输的加密 Web 流量打开了 443 端口。然后，他在内部网络上配置了另一台 Web 服务器，并设计了一个 Web 服务应用程序来处理订单和跟踪库存。每一名员工桌面上的一个小型客户端应用程序，通过 XML 格式交换 SOAP 消息，与该服务器进行通信。外面的那台 Web 服务器（通过一个安全的连接与那台内部服务器相连），向内部传递来自 Web 的订单。该服务器被连接到一个跟踪客户交易的后端数据库，同时，一个信用卡处理服务的安全连接为网站访问者提供了安全的交易途径。

生产率快速增长，使得大家有更多时间来喝咖啡休息一下，而该公司也很快发现其人员过剩。会计组的 3 名成员几乎被解雇，但是他们很快通过强化其检查办公家具的专业，确保连续的桌椅拥有连续的序列号，来保证其未来的重要性。

士气委员会从成功中获得新生，并开始考虑采取一些措施来增强团队的凝聚力。"如果"，他们开始沉思，但是因为其计划太过非凡，以至于无法用语言表达。所以，他们将计划写到纸上并将其交给了 Maurice。他们的打算是通过定量供给光源以节约能源，并打造一个多元化和独特的文化企业。每位学徒或新员工能够获得大约 50 流明/平方米（即 50 勒克斯），这个数值等同于一个昏暗的车库所需的照明。随着员工地位的提高，他们将获得更多的光源，发货室的工作人员可以获得大约 200 勒克斯，而营销团队可以获得 500 勒克斯（通常用于标准的商业照明）的上限值。该公司的领导们将获得更多的照明，其中业务主管沐浴在 800 勒克斯的光照下，而公司总裁则漂浮在灿烂的灯海中。

此外，这样的照明不仅会停留在员工隔间的上方，而且会从走廊到园区一直跟随着员工。入口通道、会议室、快餐店甚至是设备间的照明都将随着在它附近出现的每一位员工的亮度配置进行动态调整，并不断调整亮度以反映这些员工的身份。

Maurice 知道，要想实现这一古怪的目标，则需要用到当代的科技。尽管该公司之前没有任何先例，但是 Maurice 做了一个方案并提交给士气委员会，并让他们意识到今后任务的重要性，士气委员最终同意为这一尝试慷慨资助。Maurice 将办公室中的所有照明设备替换为"智能"的照明设备，这些智能的照明设备能在物联网（IoT）网络中运行。然后他购买了一台 IoT 设备，与所有的照明设备进行通信。

每一位员工都会佩戴一个带有 RFID 跟踪芯片的徽章，这个徽章允许 IoT 网络跟踪出现在办公室中的员工。Marrice 在办公室的关键位置安装了 RFID 阅读器设备，用于将阅读到的数据报告给 IoT 设备，然后针对任意时刻出现在办公室中的员工提供一个详细的位置视图。

Maurice 现在有了发送员工位置和控制照明设备的方法。剩下的唯一任务是编写一个脚本，接收来自 RFID 阅读器的位置书，并调整这个区域中的光照以反映员工的级别。这次他使用的是 Python 脚本，但是需要从零开始编写整个脚本，因为之前世界上的任何公司都没有类似策略的先例。

在最初的测试阶段，这一方案运行良好，但是很快出现了一个问题。当有多个员工出现在同一个位置时，光照级别是应该反映最高地位的员工呢，还是应该反映最低级别的员工？Maurice 开发了一种算法将光照级别进行了平均处理，这样一来，流明总数将反映站在光照设备下所有员工的综合状态。这一方案对士气委员会的大部分人来说都是可接受的，但是总裁却比较失望，他觉得公司无法体验到他闪亮登场时的全部效果。作为妥协，士气委员会决定，当总裁进入某一办公室时，灯光会闪烁三次，然后临时变成足以让员工遮蔽双眼的最高的亮度级别，最后再转变为平均亮度。

Maurice 被授予早下班的权利，但他还是留下来为网站配置一个性能增强的逆向代理系统。

第七天：签名与 VPN

新的 Web 服务基础设施给 Hypotheticals 公司带来了史无前例的成功，该公司突然被新的订单所淹没。本地服务器很快就不堪重负，Maurice 约见了一家弹性云提供商，要求他们在业务高峰时段提供额外的处理能力。然而，由于订单处理系统是完全自动化的，因此全体雇员没有特别注意到这一时来运转的情况，并继续把营业日的绝大部分时间花在计划其他的会议上。不过，这一成功没有逃脱该公司竞争对手的注意。特别是有一家竞争对手尤其关注。尽管这家厂商不是因其高质量或高效服务而驰名，但是该公司通过维持非常低的开销（因为其总部位于一辆废弃的 18 轮卡车里）来生存。

这家竞争对手不是通过革新，而是以他们唯一知道的方式——通过模仿来做出反应。可是，这种模仿超出了技术的简朴、纯净，并很快跨入了商标侵权的黑洞。该公司开始声称，他们实际上就是 Hypotheticals 公司，并开始像 Hypotheticals 公司一样做生意。由于交易发生在远端，客户们没有确保对方身份的独立手段。

幸运的是，Maurice 已经准备好了一个解决方案，由于公司的其他人都在喝咖啡工休，所以他能够在最小限度的中断下实施它。他与一家第三方数字证书机构签订了一个协议，并建立了一个数字证书系统，用于向用户证明，与他们打交道的是真正的 Hypotheticals 公司。为了庆祝这一措施的成功，公司罕见地举办了一次办公室聚会，Maurice 的领导能力再次得到了大家的认可，并得到了上层领导的经济奖励。在庆祝活动结束后，他被叫去与业务主管闭门会谈。那个主管问 Maurice，联邦法律是否禁止在 Internet 上对体育事件进行大额钱款的赌博。Maurice 告诉他，他不是一名律师，不知道赌博法律的细节。

那个主管转换话题问，Maurice 是否知道一种方法，通过它，所有在 Internet 之上的通信都会严格得到保密，这样，就没有人能够发现他在说什么或者是在和谁通信。Maurice 告诉他，他所知道的最佳技术是虚拟专用网络（VPN）。虚拟专用网络是公共线路上的一种专用的加密连接。VPN 提供的连接，其保密性几乎和点对点连接差不多。

"我立刻需要那样的一条线路，"该主管边说，边沉思着退回了他的里间办公室。

24.3　小结

本章研究了一家假想公司内的 TCP/IP 网络。读者得以从内部角度来查看，网络管理员是如何和为什么实施 IP 编址技术、子网掩码技术、DNS、DHCP 和其他服务的。

> **By the Way**
>
> **注意**：尾声
>
> 假如你想知道后来发生了什么……
>
> 在这 7 日之后的某一天，联邦特工来到公司总部，逮捕了那名业务主管，这使得士气委员会有了一个空位，公司总裁把该位置提供给了 Maurice。

24.4　问与答

问：为什么 Maurice 决定对网络进行子网划分？

答：对网络进行子网划分，可以降低流量。

问：为什么 Maurice 让防火墙上的端口 20 和 21 为打开状态？

答：通过打开端口 20 和 21，可以提供对 FTP 服务器的访问。注意到 Maurice 在第 6 天，在防火墙外部的 DMZ 内放置了一台 Web 服务器。尽管文中没有明确提到，但是 Maurice 也有可能同时在防火墙的前面放置了一台 FTP 服务器。

24.5　测验

下面的测验由一组问题和练习组成。这些问题旨在测试读者对本章知识的理解程度，而练习旨在为读者提供一个机会来应用本章讲解的概念。在继续学习之前，请先完成这些问题和练习。有关问题的答案，请参见“附录 A”。

24.5.1　问题

1．为什么 Maurice 使用 3 位作为子网地址？

2．Maurice 在选择了 3 位用作子网地址之后，剩余的 5 位用作主机地址（可用于 30 台主机——32 个可能的地址减去全 0 的地址和全 1 的地址）。如果使用 2 位作为子网地址的话，那么可用的主机地址和子网地址分别是多少个呢？

3．为什么 Maurice 使用了一台 DNS 服务器，而不是配置主机文件呢？

24.5.2　练习

假设 Maurice 以网络管理员身份开始第 2 周的工作，他应该如何进行如下配置呢？

➢　网络监控；

➢　VoIP；

➢ Kerberos；

➢ IPv6；

➢ 语义 Web。

24.6 关键术语

复习下列关键术语。

➢ **无类域间路由（CIDR）**：在无需参考 IP 地址所属类的情况下，就可以确定一个 IP 地址中网络位数的一种表示法。

➢ **动态主机配置协议（DHCP）**：提供动态分配 IP 地址功能的协议。

➢ **DMZ**：位于一台前端防火墙的后面，同时位于另外一台用于保护内部网络的防火墙（限制更为严格）前面的一个中间区域，该区域中放置着 Internet 服务器。

➢ **域名系统（DNS）**：对 TCP/IP 网络上的资源进行命名的系统。

➢ **防火墙**：限制网络对内部网络进行访问的一个设备或应用程序。

➢ **物联网（IoT）**：一组技术的统称，旨在将家庭、办公环境中散布的家用产品和其他杂项设备进行联网，并提供远程控制。

➢ **网络地址转换（NAT）**：一种允许内部网络使用不可路由的私有 IP 地址进行操作的技术。通过该技术，可以将 Internet 上的流量发送到内部网络，也可以将内部网络中的流量发送到 Internet 上。

➢ **ping**：用来检测主机之间连通性的一个诊断工具。该工具相当常见，以至于它经常作为动词使用。"ping 一下"就是使用 ping 工具来检测 TCP/IP 配置的连通性。

➢ **分段**：使用路由器对物理网络进行分割。

➢ **子网**：IP 地址空间的一种逻辑划分，它是用 TCP/IP 网络/子网 ID 来定义的。

➢ **虚拟专用网络（VPN）**：穿越公共网络的一条加密的专用通道。

附录

附录 A　问题与练习的答案　　　　　　　　　375

附录 B　资源　　　　　　　　　　　　　　385

附录 A

问题与练习的答案

第 1 章

问题

1. 网络协议是一组用于网络上的计算机（或其他设备）之间通信的规则和数据格式的集合。

2. 端点验证和动态路由特性使得 TCP/IP 可以在分散的环境中运行。

3. DNS（域名系统）负责将域名映射为 IP 地址。

4. RFC 是一个描述某个 Internet 标准或报告的文档，它们来自于帮助 Internet 运行的工作组。

5. 端口是用来将数据路由到适当网络应用程序的逻辑通道。

练习

1. 访问 www.rfc-editor.org，并浏览几个 RFC。

2. 访问 IETF，在 datatracker.ietf.org/wg/ 上查看几个活跃的工作组。

3. 访问 IRTE，查看几个正在进行中的研究。

4. 访问 ICANN，了解 ICANN 的使命。

5. 阅读 RFC 1160，了解 IAB 和 IETF 的早期历史（直到 1990 年）。

第 2 章

问题

1. 数据链路层和物理层。

2. 网际层。

3. UDP 更简单，而且速度更快，但是它不具备 TCP 所具有的错误检测和流量控制功能。

4. 在数据向下传输到下一层之前，会先在数据中附加一个特定层的报头。

练习

1．TCP/IP 协议栈各层的功能如下。

➢　网络访问层：提供物理硬件的接口。

➢　网际层：为数据报提供逻辑寻址和路由。

➢　传输层：提供错误检测、流量控制和确认服务。

➢　应用层：提供网络排错设施、文件传输、远程控制和其他基于网络的实用工具。此外，它还提供应用程序用来访问网络的 API。

2．IP 和传输层处理数据报。

3．只有网络访问层需要修改，栈的其他部分保持不变。

4．"可靠"意味着 TCP 使用错误检测和确认来确保将每一个 TCP 分段发送出去。

第 3 章

问题

1．CRC（循环冗余校验）是一个用来检验数据帧中的数据没有被破坏的校验和。

2．当以太网上的两个节点在同一时刻开始传输数据时，会发生冲突。当节点检测到有冲突发生时，就会报告发生了冲突检测。

3．以太网的物理地址是 48 位。

4．ARP 提供了物理地址和逻辑 IP 地址之间的链路。

练习

1．ARP 和 RARP 与物理地址和 IP 地址有关。

2．以太网、IEEE 802.11（WiFi）和 IEEE 802.16（WiMax）是 3 种常见的网络体系。

3．MAC 层提供了网络适配器的接口。逻辑链路控制层提供了帧错误检测功能，并可以管理子网中网络节点之间的链路。

第 4 章

问题

1．TTL 字段用于统计在丢弃一个 IP 数据报之前，还剩余多少跳数。它的用途是防止数据报在网络中无限循环。

2．网络 ID 是 8 位，主机 ID 是 24 位。

3．八位组是一个 8 位的数据片，如今通常将其称为字节。

4．IP 地址是计算机或网络设备上的一个独立网络接口的地址。

5．ARP 用于将 IP 地址映射为物理地址。RARP 用于将物理地址映射为 IP 地址。

练习

1. 答案 = 43

   答案 = 82

   答案 = 214

   答案 = 183

   答案 = 74

   答案 = 93

   答案 = 141

   答案 = 222

2. 答案 = 00001101

   答案 = 10111000

   答案 = 11101110

   答案 = 00100101

   答案 = 01100010

   答案 = 10100001

   答案 = 11110011

   答案 = 10111101

3. 答案 = 207.14.33.92

   答案 = 10.13.89.77

   答案 = 189.147.85.97

第 5 章

问题

1. 子网 ID 位是从主机 ID 中借的。

2. 因为子网划分功能已经被纳入到 CIDR 中。

3. "无类别"指的是不再使用传统的网络地址分类（A、B、C、D），而是使用 CIDR 前缀来取代。

4. 主机 ID 字段是 6 位，所以可以有 $2^6-2=62$ 台主机。

5. 将几个较小的网络合并为一个较大的网络范围的技术是超网。

练习

1. CIDR 地址是 180.4.0.0/14。

2. 子网 ID 从主机 ID 借走了 3 位，主机 ID 中还剩下 5 位。因此，子网中可以存在 $2^5-2=30$

台主机。

3．子网 ID 是 3 位，因此有 $2^3-2=6$ 个可能的子网。有些厂商支持全 0 和全 1 的子网，此时则意味有 8 个可能的子网。

4．最低的主机地址是 195.50.100.1。

5．最高的主机地址是 195.50.101.254。

第 6 章

问题

1．TCP 端口 25 运行的是 STMP（简单邮件传输协议）。

2．UDP 端口 53 运行的是域名系统。

3．TCP 是一个流协议。数据作为字节流进行传输，而且没有记录的概念，因此，该问题没有任何意义。

4．被动打开状态表示应用程序愿意接受连接。主动打开状态则是一个希望连接到同一台主机或远程主机上另外一个应用程序的请求。

5．采取 3 个步骤。

第 7 章

问题

1．ping 工具用来检测网络连通性。

2．HTTP，超文本传输协议。

3．POP3（邮局协议版本 3）和 IMAP（Internet 消息访问协议）。

4．DNS，域名服务器。

5．NIP，网络时间协议。

第 8 章

问题

1．两种动态路由的类型是距离矢量路由和链路状态路由。

2．一台路由器在两个或多个网段之间路由流量，因此每个网段都需要一个网络接口。

3．BGP，边界网关协议。

4．因为当网络使用超网技术合并之后，几个路由表条目可以在路由表中合并为一个单一的条目。

5．OSPF 是链路状态路由的一个例子。

练习

1．当前使用的 3 种路由协议是 RIPv2、OSPF 和 BGP。

2．OSPF 可以使用几个参数来计算一条路由的开销，而 RIP 只能使用跳数来计算。

3．静态路由很简单。但是，如果网络比较大时，静态路由就不够灵活，而且因为复杂度提升而不可管理，此时，网络中的任何变化都需要系统管理员来处理。

第 9 章

问题

1．PPP（点到点协议）是在在电话线路上传输 IP 数据报的最常见协议。

2．适用于家庭使用的两种宽带技术是电缆宽带和数字用户线路（DSL）。

3．帧中继、HDLC、ISDN 和 ATM 是 4 种常见的 WAN 技术。

4．独立的 BSS 网络也可以称为 ad hoc 网络。

5．Hub 创建了一个类似于传统以太网线路的环境，在其中，它会将所有的消息发送到所有的端口，以便每一台计算机都可以看到这些消息。交换机则维护一个物理地址表，而且只将消息发送给有接收意图的计算机。

练习

拨号连接要比宽带连接（比如 DSL 和电缆调制解调器）慢。在使用拨号连接时，会占用电话线，因此，当使用拨号连接的计算机在通常在每一次使用完网络之后，都需要与网络断开。这让 Internet 的便利性大打折扣。

第 10 章

问题

1．CNAME；它用来将一个别名映射到 A 记录中指定的一个名称上。

2．DNSSEC 使用一个 DS 资源记录（存储在父区域中）来识别和认证存储在子区域中的 DNSKEY 资源记录。将 DS 记录存贮在父区域中可以让查询遍历必要的信任链，以验证查询响应的真实性。

第 11 章

问题

1．许多代理服务器都会缓存之前浏览的页面。该技术被称为内容缓存，它可以让代理服务器在本地提供页面，因此要比从 Internet 上的某台服务器请求页面更快。

2．许多（甚至大多数）计算机程序都包含隐藏的错误或不安全的代码，它们会允许入侵者通过欺骗程序来获得访问权限。这些错误通过更新来不断进行纠正。如果你想让你的系统保持安全状态，则需要在潜在的入侵者找到使用漏洞进行入侵的方法之前，先行安装已经弥补了该漏洞的一个更新。

3．验证用户提供的输入一种预防缓冲区溢出攻击的重要方法。在使用缓冲区溢出攻击时，攻击者使用一个专用的大字符串来溢出输入缓冲区，从而导致程序做一些意外甚至是危险的事情。

第 12 章

问题

1．DCHP 中继代理。

2．DNS 服务发现（DNS-SD）使用 PTR 记录来装配（assemble）服务实例的一个浏览列表，并使用 SRV 记录来获得用于服务的 DNS 主机名和端口号。TXT 记录提供了与服务有关的附加信息。

第 13 章

问题

1．在广播中，网络段中的所有主机都可以读取信息，即使信息与其无关。而多播则将接收者限制到一个主机组中，该主机组可以是本地网络中所有主机的一个较小的子集。

2．IPv6 自动配置可以根据唯一的物理（MAC）地址生成一个地址。主机在采用这个自动配置的地址之前，需要先进行重复地址检测。这些步骤降低了地址冲突的可能性。

3．6to4 隧道系统使用的 IPv6 前缀是 2002::/16。

第 14 章

问题

1．当网络停止运行时，要尝试的第一件事情是 ping 一些远程站点。

2．使用 arp-a（在有些 UNIX 系统上是 arp –g）来查看 ARP 缓存。

3．使用 netstat –p tcp 来获得当前的 TCP 连接列表。

4．使用 netstat –r 来查看路由表。

5．SSH 提供了加密，还提供了一些使其比 Telnet 更安全的其他保护措施。

第 15 章

问题

1. put 命令是将一个文件上传到服务器的基本命令；而 mput 命令可以在一个命令行中将多个文件上传到服务器。

2. 不能。TFTP 只能传输文件。无法使用 TFTP 来查看远程目录。

3. Samba 最初是为了促进与 Windows 系统的互操作性而设计的。在 Microsoft 使用的 SMB 文件服务协议中，它充当一个开源的服务器和客户端。CIFS 是 SMB 的一个开放标准版本。Samba 支持 CIFS，尽管术语 SMB 仍然在 Samba 社区广泛使用。

第 16 章

问题

1. 一个真正的一级网络都具有对等约定功能，可以让它与所有的其他一级网络，以免费的方式共享流量。二级网络可能也有一些对等约定功能，但是可能也需要购买访问其他网络的权限。这些分类只是理论上的，因为商业提供商之间真正的约定细节是不对公众开放的。

2. scheme 指定了读取 URI 的格式，通常与一个协议或服务有关。

3. scheme 位于字符串开头的冒号双斜线的前面。

4. 流行的 scheme 包括 http、https、ftp、ldap、file、mailto 和 pop。

5. index.html。

第 17 章

问题

1. 如果服务器和浏览器被配置了不同的会话参数，则协商阶段可以让它们就必要的公共设置达成一致，以进行成功的通信。

2. HTML 内容位于<html></html>标记之间。在这两个标记内是<head>部分和<body>部分。<head>部分包含标题、类型和控制设置。<body>部分包含将要显示在 Web 浏览器窗口中的内容。规范要求在第一个 HTML 标记之前有一个！DOCTYPE 语句，不过该语句经常被忽略。

3. 该场景通常是通过服务器端的脚本来处理。由于数据库位于网络连接的服务器端，因此在将完整的代码装配在服务器上，效率会更高，也更安全。

4. 当然，在新系统中会发生许多事情，但是就本例而言，很有可能是你的 Web 浏览器没有被配置为识别和读取 PDF。取决于你的浏览器和操作系统，解决方案是安装一个合适的浏览器插件，或者是将一个 PDF 阅读器与 PDF 文件类型关联起来，这样你的浏览器就知道如何处理这些文件了。

5．RDF 三元组类似于一个简单的语句，其组成部分是主体、谓词和对象。

6．HTML5 将很多像 Flash 这样的工具的功能（比如绘图和视频播放）直接集成到了 HTML 中。

第 18 章

问题

1．CMS 和 Web 服务器完美集成，来管理和发布 Web 内容；CMS 实质上是 Web 服务器系统的一个扩展。将 CMS 放置到一台独立的计算机中，会产生性能问题，甚至会引发安全问题。

2．每一个节点都可以充当客户端和服务器。

3．是文档使用的一个通用术语，它描述了 XML 数据集的结构。尽管当前存在几种模式语言，但是术语"模式"也专门用来描述使用 W3C 的官方 XML 模式语言编写的 XSD 模式文件。

4．PUT 替换整个资源。而 POST 则只将用来更新资源的信息发送到服务器。

5．REST 强调的是简单、完整的操作，它可以让系统停留在一个完整的可预测的状态中。而 PUT 方法是等幂的，也就是说，无论某个命令执行多少次，相同的行为必定会产生相同的结果。而更为开放的 POST 方法，可能只更新记录的一部分，或者是造成服务器所执行的某些任意变化，由于不能保证等幂性，因此 POST 方法在 REST 架构中的地位降低。

6．由于 REST 将所有的服务器操作隐藏在服务器之内，远离了接口，因此它可以提供更好的而且更可以预见的安全性。

第 19 章

问题

1．TLS 运行在传输层之上，因此使用了 TLS 的应用程序必须能够感知 TLS 接口。而 IPSec 则运行在协议栈的低层，因此应用程序无须知道 IPSec。就本场景来说，IPSec 对 Ellen 来说更合适。

2．没有。会话票证是使用服务器的长期密钥加密的，只要入侵者无法访问服务器的长期密钥，就无法破解票证。如果入侵者通过某种方式发现了服务器的长期密钥，则可以解密票证，提取会话密钥，并可能冒充服务器。

3．会话 cookie 不能分配一个特定的超期日期，而且只有在站点会话结束之前有效。持久化 cookie 则在给定的超期日期之内都有效，当用户后续再次访问网站时，可以用来识别该用户。

4．你可能什么都没有做错。Do Not Track 是一个自愿项目，许多网站现在仍然不支持它。

第 20 章

问题

1．MIME 是多用途 Internet 邮件扩展，它用来将非 ASCII 附件编码为邮件消息。

2．STMP（简单邮件传输协议）用来发送消息。

3．POP3（邮局协议）或 IMAP（Internet 消息访问协议）用来从用户的邮箱中检索电子邮件消息。

4．对 webmail 最大的抱怨是因为 Internet 的瓶颈而带来的性能问题。

5．webmail 易于使用和配置，因此对非技术用户来说是一个不错的选择。因为它使用的是 HTTP，因此可以穿越防火墙（而 STMP、POP3 和 IMAP 可能无法通过防火墙）。最后，webmail 使得用户可以通过任何接入到 Internet 的计算机来查看邮件。

第 21 章

问题

1．缓冲使得应用程序可以使用恒定的速率，将声音/视频发送给用户，从而保证了声音和视频看起来很自然。

2．RSTP（实时流传输协议）可以让终端用户将命令发送到流传输服务器，就像远程控制那样。

3．SCTP 和 DCCP 都是面向连接的。

4．Podcast 通过 RSS 来交付。

5．SIP 是会话初始协议，它用于开始、停止和管理一个通信会话。

6．多媒体流包含许多组件，而且每个组件都需要略微不同的报头信息。RTMP 因此提供了一个基本的报头，其中的信息与流半身相关，还提供了一个单独的块报头，其中的信息与数据包内的数据类型有关。

第 22 章

问题

1．由于它们将应用程序从客户端转移到服务器，因此在使用最小的资源来运行客户端的环境中，SaaS 成为理想之选。

2．听起来像是。有些（并非所有的）线上存储提供商会扫描存储的文件，以查找营销信息。

3．尽管可以使用很多选项（取决于具体细节），但是在该场景中，它只需要偶尔使用处理功能，因此弹性云解决方案无疑更好。

4．由于容器不需要完整的客户操作系统，它需要的开销也很小，因此要比传统的虚拟化解决方案更有效。

第 23 章

问题

1．通配符（#）可以通过一个主题列出多个对象，这样你可以订阅来自房间中所有设备的消息，或者发布一个命令，将房间中的所有设备关闭。

2．MQTT 是一种推送技术——设备通过订阅（而非请求）来接收数据。连接会保持打开状态，这样消息可以通过一个连续的通道轻松传递给设备。

3．无源 RFID 标记从 RFID 标记阅读器的扫描波中捕获能量，并使用该能量回送信号。

第 24 章

问题

1．子网位的理想位数取决于子网的数量和每个子网的大小。为了进行子网划分而借用主机的位数时，主机的位数会减少。此时，Maruice 基于现有的网络条件做出了一个判断。一个 3 位的掩码可以让每个子网有 30 台主机。

2．一个 2 位的掩码会导致主机地址只有 6 位可用，也就是说，可用的主机地址是 2^6 个主机地址减去全 0 的地址和全 1 的地址，即 62 个地址。两个子网位会生成 2^2 个或 4 个可用的子网（如果也使用全 0 和全 1 的子网），或者是生成 2 个子网（不使用全 0 和全 1 的子网）。

3．Maurice 需要花费时间来单独配置每一个主机文件，或者是创建一个可以复制网络上主机文件的脚本。而且，只要当网络中有变动发生，就必须对主机文件进行更新。

附录 B
资源

　　如果你觉得 Internet 一定是寻求与网络协议有关的信息的绝佳场所，那你太正确了。TCP/IP 信息的最详细来源是 Internet RFC。使用正式的技术语言编写的 RFC 可能会令人生畏，但是从 RFC 中可以找到与 TCP/IP 协议相关的几乎任何问题的答案。互联网中的搜索引擎明白 RFC 的重要性，只要你在搜索栏中输入了 RFC 以及协议名字（比如 RFC HTTP），搜索引擎就可以找到相应的文档。

　　在当今的网路中，存在多个完整的 RFC 文档库。RFC 编辑站点（https://www.rfc-editor.org）或许是最古老的文档库，可以追溯到 DARPA 时期。我比较喜欢 https://tools.ietf.org 站点，因为它在每一个 RFC 的上面，都有一个方便的链接汇总，这些链接指向当前你正在阅读的 RFC 的更新版本或替代版本，这可以让我们更容易地得知当前 RFC 文档是否过期。RFC 的 URL 具有如下格式：https://tools.ietf.org/html/rfc2616（将 2616 替换为你想要查找的 RFC 编号）。

　　维基百科（免费的百科全书）的编辑和作者在编译完整的关于 TCP/IP 协议原理的条目集合时（包括许多指向其他来源的链接），也遇到了很多麻烦。万维网联盟也在维护自己的 Web 相关主题的标准和文档库（https://www.w3.org）。

　　本章讨论的基于 UNIX 的工具（比如 TCP/IP 实用工具 ping、ifconfig、nslookup 等），都有一个本地文档系统，这个系统以 UNIX 的 man 命令为基础。如果你是在 Linux 或 Mac OS 中的类 UNIX 命令行下工作，只需输入 man 命令以及命令名字即可：

```
man ping
```

　　上述命令将显示 ping 命令的文档。如果你的系统不是类 UNIX 系统，你只需要在搜索引擎中输入 man ping，通常就可以找到线上的 man 页面。

　　当然，如果在特定的操作系统内配置和排错 TCP/IP 网络软件时遇到了问题，则与之相关的最佳信息来源是操作系统厂商。Microsoft 在 TechNet 网站（https://technet.microsoft.com）维护了一个详细的文档和排错信息数据库。Apple 也提供了一个支持站点（https://support.apple.com），当然，你可能无法在这个网站上找到协议细节相关的信息。Linux 的信息来源更加多样化，请与你的 Linux 厂商进行确认。

下面所列的图书也可以充当本书以及本书之前版本的参考资料。当下面的图书有了新版本时，新版本和版权日期将在括号中显示。

- *Internetworking with TCP/IP Principles, Protocols, and Architectures*, Volume 1; by Douglas E. Comer; Prentice Hall (6th edition © 2014)。

- *Inside TCP/IP*; by Karanjit S. Siyan; New Riders Books (© 1997)。

- *DNS and BIND*; by Paul Albitz and Cricket Liu; O'Reilly and Associates (5th edition © 2006)。

- *Building Internet Firewalls*; by Elizabeth D. Zwicky, Simon Cooper, and D. Brent Chapman; O'Reilly and Associates (© 2000)。

- *Network Security Essentials*; by William Stallings; Prentice Hall (6th edition © 2017)。

- *Hacking Exposed: Network Security Secrets and Solutions*; by Joel Scambray, Stuart McClure,and George Kurtz; Osborne/McGraw Hill (7th edition © 2012)。

- *802.11 Wireless Networks: The Definitive Guide*; by Matthew S. Gast; O'Reilly and Associates (3rd edition © 2017)。

- *IP Addressing and Subnetting including IPv6*; By J.D. Wegner and Robert Rockwell; Syngress (© 2000)。

- *IPv6 Network Administration*; by Niall Richard Murphy and David Malone; O'Reilly Media (2nd edition © 2017)。

- *HTML: The Complete Reference*; by Thomas A. Powell; Osborne/McGraw Hill (5th Edition © 2009)。

- *HTML5: Up and Running*; by Mark Pilgrim; O'Reilly Media (© 2010)。

- *The Official Samba-3 HowTo and Reference Guide*, 2nd Edition; John H. Terpstra and Jelmer R. Vernooij, editors; Prentice Hall (© 2006)。

欢迎来到异步社区！

异步社区的来历

　　异步社区（www.epubit.com.cn）是人民邮电出版社旗下 IT 专业图书旗舰社区，于 2015 年 8 月上线运营。

　　异步社区依托于人民邮电出版社 20 余年的 IT 专业优质出版资源和编辑策划团队，打造传统出版与电子出版和自出版结合、纸质书与电子书结合、传统印刷与 POD（按需印刷）结合的出版平台，提供最新技术资讯，为作者和读者打造交流互动的平台。

社区里都有什么？

购买图书

　　我们出版的图书涵盖主流 IT 技术，在编程语言、Web 技术、数据科学等领域有众多经典畅销图书。社区现已上线图书 1000 余种，电子书 400 多种，部分新书实现纸书、电子书同步出版。我们还会定期发布新书书讯。

下载资源

　　社区内提供随书附赠的资源，如书中的案例或程序源代码。
　　另外，社区还提供了大量的免费电子书，只要注册成为社区用户就可以免费下载。

与作译者互动

　　很多图书的作译者已经入驻社区，您可以关注他们，咨询技术问题；可以阅读不断更新的技术文章，听作译者和编辑畅聊好书背后有趣的故事；还可以参与社区的作者访谈栏目，向您关注的作者提出采访题目。

灵活优惠的购书

　　您可以方便地下单购买纸质图书或电子图书，纸质图书直接从人民邮电出版社书库发货，电子书提供多种阅读格式。

　　对于重磅新书，社区提供预售和新书首发服务，用户可以第一时间买到心仪的新书。

　　用户账户中的积分可以用于购书优惠。100 积分 =1元，购买图书时，在 [　　　] 使用积分 里填入可使用的积分数值，即可扣减相应金额。

纸电图书组合购买

社区独家提供纸质图书和电子书组合购买方式，价格优惠，一次购买，多种阅读选择。

社区里还可以做什么？

提交勘误

您可以在图书页面下方提交勘误，每条勘误被确认后可以获得100积分。热心勘误的读者还有机会参与书稿的审校和翻译工作。

写作

社区提供基于 Markdown 的写作环境，喜欢写作的您可以在此一试身手，在社区里分享您的技术心得和读书体会，更可以体验自出版的乐趣，轻松实现出版的梦想。

如果成为社区认证作译者，还可以享受异步社区提供的作者专享特色服务。

会议活动早知道

您可以掌握 IT 圈的技术会议资讯，更有机会免费获赠大会门票。

加入异步

扫描任意二维码都能找到我们：

| 异步社区 | 微信服务号 | 微信订阅号 | 官方微博 | QQ 群：436746675 |

社区网址：www.epubit.com.cn

投稿 & 咨询：contact@epubit.com.cn

TCP/IP

入门经典（第6版）

SAMS

Teach Yourself

本书内容：

- 理解TCP/IP的角色、工作机制以及发展变化；

- TCP/IP网络访问层、网际层、传输层和应用层；

- 设计具有可扩展性以及能够抵御攻击的现代网络；

- 使用加密、数字签名、VPN、Kerberos、Web跟踪、cookie、匿名网络和防火墙来解决安全和隐私问题；

- IPv6与IPv4的区别和共存，以及如何将IPv4迁移到IPv6网络上；

- 配置动态寻址、DHCP、NAT和零配置；

- 建立高效可靠的路由、子网划分和名称解析；

- 在基于云的环境中使用TCP/IP；

- 将IoT设备集成到TCP/IP网络；

- 使用最新的TCP/IP工具和实用程序提升效率；

- 提供高性能的媒体流和网络广播；

- 对与连通性、协议、名称解析和性能等相关的问题进行排错；

- 从头到尾实现一个TCP/IP网络。

24章阶梯教学

本书对驱动Internet运行的TCP/IP协议系统进行了详细的讲解，在介绍 TCP/IP协议栈运行机制的同时，还探究了当今Internet上可用且丰富的服务。读者将掌握配置和管理真实网络的方法，深入理解网络排错等相关的知识。本书还囊括了当前Internet中出现的一些新技术，比如跟踪和隐私、云计算、移动网络，以及物联网等。

实用的动手示例帮助读者学以致用；

测验和练习测试读者掌握的知识并拓展其技能；

注意和提示用来显示解决方案和捷径。

Joe Casad是一名工程师、作家和编辑，已经独立或合作编写了12本关于计算机、网络和系统管理的图书。他当前是*Linux Pro Magazine*和*ADMIN Magazine*的首席编辑，之前是*C/C++ User Journal*的编辑和*Sysadmin*的技术编辑。

异步社区 www.epubit.com
新浪微博 @人邮异步社区
投稿/反馈邮箱 contact@epubit.com.cn

ISBN 978-7-115-48065-1

9 787115 480651 >

定价：79.00 元

分类建议：计算机 / 网络技术 / 网络协议
人民邮电出版社网址：www.ptpress.com.cn